珍藏版
Philosopher's Stone Series

立足当代科学前沿

彰显当代科技名家

绍介当代科学思潮

激扬科技创新精神

珍藏版策划

王世平　姚建国　匡志强

出版统筹

殷晓岚　王怡昀

美丽心灵
纳什传

A Beautiful Mind

The Life of Mathematical Genius and
Nobel Laureate John Nash

Sylvia Nasar

〔美〕西尔维娅·娜萨 —— 著

王尔山 —— 译

王则柯 —— 校

上海科技教育出版社

弗吉尼亚和她的孩子——小约翰和马莎。
1935年4月,西弗吉尼亚州布卢菲尔德。

随家人在得克萨斯州度假时的马莎和小约翰。约1939年。

20世纪40年代,布卢菲尔德。老约翰在公司的汽车里打盹。

纳什昂首挺立——(上左)6岁时在布卢菲尔德,(上右)1950年5月在普林斯顿毕业,时年21岁。

(下左)纳什和他的妹妹马莎在布卢菲尔德。1948年秋。

(下右)马莎、老约翰、小约翰和弗吉尼亚在罗阿诺克。

（上左）纳什在马萨诸塞州剑桥。20世纪50年代初。

（上右）麻省理工学院休息室中的伙伴们。自左至右：纳什、韦斯布卢姆、未能确认身份者、纽曼、布里克。

（左图）埃莉诺在波士顿。1956年。

（下左）埃莉诺与她和纳什的儿子约翰·戴维。1955年。

（下右）纳什和约翰·戴维。

拉德夫人、卡洛斯和他们的孩子——罗兰多和艾利西亚。约1937年,圣萨尔瓦多。

纳什日后的妻子艾利西亚。约1940年,圣萨尔瓦多。

纳什和艾利西亚在婚礼之后。1957年2月,首都华盛顿。

从左至右,未能确认身份者、纳什(站立者)、艾利西亚、布劳德夫妇。1957年夏,加利福尼亚州伯克利。

(上左)艾利西亚和纳什(用婴儿奶瓶者)在化装晚会上。1958年,尼德姆。

(上右)纳什和艾利西亚在一家中餐馆。1960年冬,巴黎。

(下左)艾利西亚怀抱儿子约翰尼。1960年,首都华盛顿。

(下右)纳什和他的侄女卡拉。1967年冬,旧金山。

纳什和他的儿子们,约翰·戴维(上左)、约翰·查尔斯(上右)。约1977年,普林斯顿铁路枢纽站。

约翰·查尔斯从拉特格斯大学获得博士学位。1985年5月。

(上左)纳什和艾利西亚出席诺贝尔奖颁奖典礼。1994年12月,斯德哥尔摩。

(上右)纳什从瑞典国王手中接过诺贝尔奖章后向观众鞠躬。

(下图)几天后纳什在乌普萨拉大学演讲。

出版前言

"哲人石",架设科学与人文之间的桥梁

"哲人石丛书"对于同时钟情于科学与人文的读者必不陌生。从1998年到2018年,这套丛书已经执着地出版了20年,坚持不懈地履行着"立足当代科学前沿,彰显当代科技名家,绍介当代科学思潮,激扬科技创新精神"的出版宗旨,勉力在科学与人文之间架设着桥梁。《辞海》对"哲人之石"的解释是:"中世纪欧洲炼金术士幻想通过炼制得到的一种奇石。据说能医病延年,提精养神,并用以制作长生不老之药。还可用来触发各种物质变化,点石成金,故又译'点金石'。"炼金术、炼丹术无论在中国还是西方,都有悠久传统,现代化学正是从这一传统中发展起来的。以"哲人石"冠名,既隐喻了科学是人类的一种终极追求,又赋予了这套丛书更多的人文内涵。

1997年对于"哲人石丛书"而言是关键性的一年。那一年,时任上海科技教育出版社社长兼总编辑的翁经义先生频频往返于京沪之间,同中国科学院北京天文台(今国家天文台)热衷于科普事业的天体物理学家卞毓麟先生和即将获得北京大学科学哲学博士学位的潘涛先生,一起紧锣密鼓地筹划"哲人石丛书"的大局,乃至共商"哲人石"的具体选题,前后不下十余次。1998年年底,《确定性的终结——时间、混沌与新自然法则》等"哲人石丛书"首批5种图书问世。因其选题新颖、译笔谨严、印制精美,迅即受到科普界和广大读者的关注。随后,丛书又推出诸多时代感

强、感染力深的科普精品,逐渐成为国内颇有影响的科普品牌。

"哲人石丛书"包含4个系列,分别为"当代科普名著系列"、"当代科技名家传记系列"、"当代科学思潮系列"和"科学史与科学文化系列",连续被列为国家"九五"、"十五"、"十一五"、"十二五"、"十三五"重点图书,目前已达128个品种。丛书出版20年来,在业界和社会上产生了巨大影响,受到读者和媒体的广泛关注,并频频获奖,如全国优秀科普作品奖、中国科普作协优秀科普作品奖金奖、全国十大科普好书、科学家推介的20世纪科普佳作、文津图书奖、吴大猷科学普及著作奖佳作奖、《Newton-科学世界》杯优秀科普作品奖、上海图书奖等。

对于不少读者而言,这20年是在"哲人石丛书"的陪伴下度过的。2000年,人类基因组工作草图亮相,人们通过《人之书——人类基因组计划透视》、《生物技术世纪——用基因重塑世界》来了解基因技术的来龙去脉和伟大前景;2002年,诺贝尔奖得主纳什的传记电影《美丽心灵》获奥斯卡最佳影片奖,人们通过《美丽心灵——纳什传》来全面了解这位数学奇才的传奇人生,而2015年纳什夫妇不幸遭遇车祸去世,这本传记再次吸引了公众的目光;2005年是狭义相对论发表100周年和世界物理年,人们通过《爱因斯坦奇迹年——改变物理学面貌的五篇论文》、《恋爱中的爱因斯坦——科学罗曼史》等来重温科学史上的革命性时刻和爱因斯坦的传奇故事;2009年,当甲型H1N1流感在世界各地传播着恐慌之际,《大流感——最致命瘟疫的史诗》成为人们获得流感的科学和历史知识的首选读物;2013年,《希格斯——"上帝粒子"的发明与发现》在8月刚刚揭秘希格斯粒子为何被称为"上帝粒子",两个月之后这一科学发现就勇夺诺贝尔物理学奖;2017年关于引力波的探测工作获得诺贝尔物理学奖,《传播,以思想的速度——爱因斯坦与引力波》为读者展示了物理学家为揭示相对论所预言的引力波而进行的历时70年的探索……"哲人石丛书"还精选了诸多顶级科学大师的传记,《迷人的科学风采——费恩曼传》、《星云世界的水手——哈勃传》、《美丽心灵——纳什传》、《人生舞台——阿西莫夫自传》《知无涯者——拉马努金传》《逻辑人生——哥德尔传》《展演科学的艺术家——萨根传》《为世界而生——霍奇金传》《天才的拓荒者——冯·诺伊曼传》《量子、猫与罗曼史——薛定谔传》……细细追踪大师们的岁月足迹，科学的力量便会润物细无声地拂过每个读者的心田。

"哲人石丛书"经过20年的磨砺，如今已经成为科学文化图书领域的一个品牌，也成为上海科技教育出版社的一面旗帜。20年来，图书市场和出版社在不断变化，于是经常会有人问："那么，'哲人石丛书'还出下去吗？"而出版社的回答总是："不但要继续出下去，而且要出得更好，使精品变得更精！"

"哲人石丛书"的成长，离不开与之相关的每个人的努力，尤其是各位专家学者的支持与扶助，各位读者的厚爱与鼓励。在"哲人石丛书"出版20周年之际，我们特意推出这套"哲人石丛书珍藏版"，对已出版的品种优中选优，精心打磨，以全新的形式与读者见面。

阿西莫夫曾说过："对宏伟的科学世界有初步的了解会带来巨大的满足感，使年轻人受到鼓舞，实现求知的欲望，并对人类心智的惊人潜力和成就有更深的理解与欣赏。"但愿我们的丛书能助推各位读者朝向这个目标前行。我们衷心希望，喜欢"哲人石丛书"的朋友能一如既往地偏爱它，而原本不了解"哲人石丛书"的朋友能多多了解它从而爱上它。

上海科技教育出版社
2018年5月10日

学者对谈

"哲人石丛书":20年科学文化的不懈追求

◇ 江晓原(上海交通大学科学史与科学文化研究院教授)
◆ 刘兵(清华大学社会科学学院教授)

◇ 著名的"哲人石丛书"发端于1998年,迄今已经持续整整20年,先后出版的品种已达128种。丛书的策划人是潘涛、卞毓麟、翁经义。虽然他们都已经转任或退休,但"哲人石丛书"在他们的后任手中持续出版至今,这也是一幅相当感人的图景。

说起我和"哲人石丛书"的渊源,应该也算非常之早了。从一开始,我就打算将这套丛书收集全,迄今为止还是做到了的——这必须感谢出版社的慷慨。我还曾向丛书策划人潘涛提出,一次不要推出太多品种,因为想收全这套丛书的,应该大有人在。将心比心,如果出版社一次推出太多品种,读书人万一兴趣减弱或不愿一次掏钱太多,放弃了收全的打算,以后就不会再每种都购买了。这一点其实是所有开放式丛书都应该注意的。

"哲人石丛书"被一些人士称为"高级科普",但我觉得这个称呼实在是太贬低这套丛书了。基于半个世纪前中国公众受教育程度普遍低下的现实而形成的传统"科普"概念,是这样一幅图景:广大公众对科学技术极其景仰却又懂得很少,他们就像一群嗷嗷待哺的孩子,仰望着高踞云端的科学家们,而科学家则将科学知识"普及"(即"深入浅出地"单向灌输)给他们。到了今天,中国公众的受教育程度普遍提高,最基础的科学教育都已经在学校课程中完成,上面这幅图景早就时过境迁。传统"科普"概念既已过时,鄙意以为就不宜再将优秀的"哲人石丛书"放进"高级科普"的框架中了。

◆ 其实,这些年来,图书市场上科学文化类,或者说大致可以归为此类的丛书,还有若干套,但在这些丛书中,从规模上讲,"哲人石丛书"应该是做得最大了。这是非常不容易的。因为从经济效益上讲,在这些年的图书市场上,科学文化类的图书一般很少有可观的盈利。出版社出版这类图书,更多地是在尽一种社会责任。

但从另一方面看,这些图书的长久影响力又是非常之大的。你刚刚提到"高级科普"的概念,其实这个概念也还是相对模糊的。后期,"哲人石丛书"又分出了若干子系列。其中一些子系列,如"科学史与科学文化系列",里面的许多书实际上现在已经成为像科学史、科学哲学、科学传播等领域中经典的学术著作和必读书了。也就是说,不仅在普及的意义上,即使在学术的意义上,这套丛书的价值也是令人刮目相看的。

与你一样,很荣幸地,我也拥有了这套书中已出版的全部。虽然一百多部书所占空间非常之大,在帝都和魔都这样房价冲天之地,存放图书的空间成本早已远高于图书自身的定价成本,但我还是会把这套书放在书房随手可取的位置,因为经常会需要查阅其中一些书。这也恰恰说明了此套书的使用价值。

◇ "哲人石丛书"的特点是:一、多出自科学界名家、大家手笔;二、书中所谈,除了科学技术本身,更多的是与此有关的思想、哲学、历史、艺术,乃至对科学技术的反思。这种内涵更广、层次更高的作品,以"科学文化"

称之，无疑是最合适的。在公众受教育程度普遍较高的西方发达社会，这样的作品正好与传统"科普"概念已被超越的现实相适应。所以"哲人石丛书"在中国又是相当超前的。

这让我想起一则八卦：前几年探索频道（Discovery Channel）的负责人访华，被中国媒体记者问到"你们如何制作这样优秀的科普节目"时，立即纠正道："我们制作的是娱乐节目。"仿此，如果"哲人石丛书"的出版人被问到"你们如何出版这样优秀的科普书籍"时，我想他们也应该立即纠正道："我们出版的是科学文化书籍。"

这些年来，虽然我经常鼓吹"传统科普已经过时"、"科普需要新理念"等等，这当然是因为我对科普作过一些反思，有自己的一些想法。但考察这些年持续出版的"哲人石丛书"的各个品种，却也和我的理念并无冲突。事实上，在我们两人已经持续了17年的对谈专栏"南腔北调"中，曾多次对谈过"哲人石丛书"中的品种。我想这一方面是因为丛书当初策划时的立意就足够高远、足够先进，另一方面应该也是继任者们在思想上不懈追求与时俱进的结果吧！

◆ 其实，究竟是叫"高级科普"，还是叫"科学文化"，在某种程度上也还是个形式问题。更重要的是，这套丛书在内容上体现出了对科学文化的传播。

随着国内出版业的发展，图书的装帧也越来越精美，"哲人石丛书"在某种程度上虽然也体现出了这种变化，但总体上讲，过去装帧得似乎还是过于朴素了一些，当然这也在同时具有了定价的优势。这次，在原来的丛书品种中再精选出版，我倒是希望能够印制装帧得更加精美一些，让读者除了阅读的收获之外，也增加一些收藏的吸引力。

由于篇幅的关系，我们在这里并没有打算系统地总结"哲人石丛书"更具体的内容上的价值，但读者的口碑是对此最好的评价，以往这套丛书也确实赢得了广泛的赞誉。一套丛书能够连续出到像"哲人石丛书"这样的时间跨度和规模,是一件非常不容易的事,但唯有这种坚持,也才是品牌确立的过程。

最后,我希望的是,"哲人石丛书"能够继续坚持以往的坚持,继续高质量地出下去,在选题上也更加突出对与科学相关的"文化"的注重,真正使它成为科学文化的经典丛书!

2018年6月1日

对本书的评价

◇

一部有关几乎失控的创造力以及一个受到内在心魔激励、最终被其征服的数学天才的引人入胜的传记。一部展现令人难以置信的写作和报道技巧的佳作。

——曼德尔(Michael J. Mandel),

《商业周刊》

◇

《美丽心灵》描述了一个感人至深的故事,展示了神秘的数学世界和精神错乱的悲剧。

——辛格(Simon Singh),

《纽约时报书评》

◇

对纳什一生引人入胜的概述和他那个时代学术界历史有趣的描述……一个奇妙的诱人之谜。

——道格拉斯(Claire Douglas),

《华盛顿邮报》

◇

《美丽心灵》可与伦勃朗肖像画媲美,充满着幽暗的阴影和夺目的灯光效果……绝妙的写作和不同寻常的魅力……总之,一部才华横溢的书。

——巴图夏克(Marcia Bartusiak),

《波士顿环球报》

◇

西尔维娅·娜萨写出了一部读起来像是杰出小说的约翰·纳什的传记。

——古斯坦(David Goodstein)，

《纽约时报》

◇

读者在随纳什一家经历了他的癫狂时期之后，将他的康复以及重新建立与妻子的联系纽带的能力看作一种胜利……《美丽心灵》是我读过的少数几部催人泪下的学者传记。

——曼(Charles C. Mann)，

《华尔街日报》

◇

这部内容丰富、精工细作的著作，出人意料地也是一个富有诗意的关于爱情和成长的故事。

——安东(Ted Anton)，

《芝加哥论坛报》

◇

知识分子传记的一个成功典范……有能力阐述一个关于理性的微妙理论的人后来变疯的事实，赋予《美丽心灵》一种绝妙的戏剧性的紧张气氛。

——博因顿(Robert S. Boynton)，

《新闻日报》

◇

娜萨写出了一部扣人心弦的报告，它牵涉到一个令人难以置信的人物、一个"美丽"的心灵以及可怕的精神错乱。她也写出了一则非常动人的爱情故事，一部在充满噩梦与天才的世界里人类的亲密关系居于中心地位的报告。

——怀亚特(Richard Jed Wyatt)与贾米森(Kay Redfield Jamison)，

《新英格兰医学杂志》

◇

纳什的人生是一个引人注目的精神旅程。娜萨的一流传记为我们描述了这个旅程。

——德夫林(Keith Devlin),
《新科学家》

◇

[娜萨]是一个才华横溢的采访者,在一些地方似乎揭开了远远超出人们想象的内幕……甚至提到1994年诺贝尔经济学奖令人震惊的延误,最终导致这个奖的一次彻底改革。

——米尔诺(John Milnor),
《美国数学会公报》

内容提要

在这本感人至深的生动传记中,西尔维娅·娜萨逼真地再现了一个数学天才的一生。他的生涯被精神分裂症所打断,但是在经受30年毁灭性的精神疾病困扰后,竟奇迹般地康复,并因年轻时在博弈论方面的奠基性工作,获得1994年诺贝尔经济学奖。本书追溯了小约翰·福布斯·纳什(John Forbes Nash, Jr., 1928—2015)在30岁以前短暂而辉煌的传奇生活,他解决了一系列数学界公认的难题,成为一颗璀璨的明星。

在盛名的顶峰,纳什遭受了灾难性的精神崩溃,陷入可怕的精神错乱。他辞去在麻省理工学院的教职,沉浸在一系列奇怪的幻想之中,最后成为普林斯顿一个在黑板上乱涂数字命理学疯话的梦幻般幽灵人物。他几乎被世界所遗忘——直到他从癫狂中苏醒并重新获得世界的关注。本书作为一本出色的传记,同时引人入胜地描述了天才们杰出而又脆弱的本性。

本书获1998年美国书评界传记奖,2000年美国数学联合政策委员会传播奖。

本书已译成6种语言出版,并被改编成同名奥斯卡获奖影片《美丽心灵》。

作者简介

西尔维娅·娜萨(Sylvia Nasar),1983—1989年为《财富》杂志作家,1990年为《美国新闻与世界报道》专栏作家,1991—1999年任《纽约时报》经济记者,1999—2000年为普林斯顿大学访问学者,2000年为剑桥大学金斯学院和丘吉尔学院访问研究员,2001年起任哥伦比亚大学新闻学院商务新闻奈特教授。

献给艾利西亚·埃丝特·拉德·纳什

这是另一场比赛,今天终于可以挥舞胜利的棕榈枝。

人类的爱心孕育了这一切,我们生活在其中,感受它的和善、快乐和柔弱。

微风中,最平庸的小花,也带给我无尽的沉思,眼泪不由得往下落。

——华兹华斯,《不朽的丰碑》

001 — 前言

009 — 序言

第一篇　美丽心灵

001 —

003 — 第一章　布卢菲尔德(1928—1945年)

024 — 第二章　卡内基工学院(1945年6月—1948年6月)

036 — 第三章　宇宙的中心(普林斯顿,1948年秋)

048 — 第四章　天才的学校(普林斯顿,1948年秋)

059 — 第五章　天才(普林斯顿,1948—1949年)

071 — 第六章　弈棋(普林斯顿,1949年春)

077 — 第七章　冯·诺伊曼(普林斯顿,1948—1949年)

082 — 第八章　博弈论

089 — 第九章　讨价还价问题(普林斯顿,1949年春)

094 — 第十章　纳什的对手想法(普林斯顿,1949—1950年)

104 — 第十一章　沙普利(普林斯顿,1950年)

111 — 第十二章　天才之战(兰德,1950年夏)

126 — 第十三章　博弈论在兰德

137 — 第十四章　征兵(普林斯顿,1950—1951年)

143 — 第十五章　一个优美的定理(普林斯顿,1950—1951年)

目 录

150 — 第十六章　麻省理工学院

158 — 第十七章　坏男孩们

170 — 第十八章　实验（兰德，1952年夏）

176 — 第十九章　赤色分子（1953年春）

180 — 第二十章　几何学

193 — **第二篇　割裂的生活**

195 — 第二十一章　奇点

197 — 第二十二章　特别的友谊（圣莫尼卡，1952年夏）

200 — 第二十三章　埃莉诺

211 — 第二十四章　布里克

216 — 第二十五章　被捕（兰德，1954年夏）

224 — 第二十六章　艾利西亚

236 — 第二十七章　求爱

242 — 第二十八章　西雅图（1956年夏）

248 — 第二十九章　死亡与婚姻（1956—1957年）

255 — 第三篇　文火在燃烧

257 — 第三十章　奥尔登小径与华盛顿广场(1956—1957年)

267 — 第三十一章　原子弹工厂

275 — 第三十二章　秘密(1958年夏)

284 — 第三十三章　计划(1958年秋)

289 — 第三十四章　南极洲皇帝

300 — 第三十五章　身处暴风眼(1959年春)

306 — 第三十六章　鲍迪奇大楼的黎明(麦克莱恩医院,1959年4—5月)

319 — 第三十七章　疯子的茶会(1959年5—6月)

325 — 第四篇　失去的岁月

327 — 第三十八章　世界公民(巴黎和日内瓦,1959—1960年)

346 — 第三十九章　绝对零度(普林斯顿,1960年)

353 — 第四十章　死寂塔楼(特伦顿州立医院,1961年)

363 — 第四十一章　一段强制理性时期(1961年7月—1963年4月)

377 — 第四十二章　"破裂"问题(普林斯顿与卡里尔诊所,1963—1965年)

390 — 第四十三章　独居生活(波士顿,1965—1967年)

403 — 第四十四章　独处在奇怪的世界(罗阿诺克,1967—1970年)

416 — 第四十五章　范氏大楼的幽灵(普林斯顿,70年代)

427 — 第四十六章　一段平静的生活(普林斯顿,1970—1990年)

目 录

437 — 第五篇　弥足珍贵

439 — 第四十七章　病情缓解

449 — 第四十八章　诺贝尔奖

475 — 第四十九章　最大的拍卖（首都华盛顿，1994年12月）

481 — 第五十章　再度觉醒（普林斯顿，1995—1997年）

495 — 主要文献

500 — 致谢

503 — 校译后记　爱是无法抗拒的

506 — 再版后记　爱在风雨飘摇时

前　言

2006年6月，我到圣彼得堡试图寻找那位解决了庞加莱猜想的40多岁的数学家。此人被描述为一位头发蓬乱、留着长指甲的隐士，住在森林里，把蘑菇当做粮食，有资格获得一枚菲尔兹奖章以及一百万美元现金奖金，但他却不仅从媒体的视野里消失了，也从数学界消失了。而另一边，北京有人声称自己抢在此人前面解决了庞加莱猜想。这是一个非常精彩的选题，前提是，我们可以找到此人。

在俄罗斯度过了令人精疲力竭的四天以后，我和我的同事们依然没有找到有谁曾在过去漫长的岁月里与此人或他的家人有过一面之缘或讲过话。就在我们差不多宣布放弃的时候，我们几乎是误打误撞地闯入了此人母亲的公寓，然后，天哪，我们就见到了那个"隐士"，当时他穿着运动外套，脚上是一双意大利休闲鞋，很显然正在一边吃午餐，一边看电视上的足球比赛。

他示意我们坐下并让我们说明来意。

"我叫西尔维娅·娜萨，"我这样开了头，"我是纽约来的记者，我正在了解……"

他打断了我的话，"你是一个写作者？"

我点点头。

"我没有看过那本书，"他说，"但我看了拉塞尔·克罗（Russell Crowe）主演的电影。"

这就是说，不管你身在地球哪个角落，你得多么离群索居，才有可能没听说过激动人心的约翰·纳什（John Nash）的故事。

已经有很多很多故事,写的是了不起的人们的人生起伏。但没有几个故事(在真实的故事里更显稀缺)有一个推向顶峰的结尾。然而,纳什的故事就有这么一个结尾。纳什的人生故事的结尾,就是他那奇迹般的复苏。

正是这一达到高潮的结尾,使纳什的故事在全世界读者心中引起了共鸣,其中又数那些遭受毁灭性精神疾病折磨的患者或深爱他们的亲朋好友的共鸣来得最为强烈。

在同名电影里,有这么一幕:当纳什的生活看上去再无半点希望之际,妻子艾利西亚(Alicia)握住纳什的一只手,按在自己的胸口,说:"我一定要相信,不同寻常的事情有可能发生。"

不同寻常的事情确实有可能发生。

在我收到的读者来信当中,我最喜欢的一封来自一个无家可归者。信放在一个很脏的信封里,信封上没有写回邮地址,信的内容潦草地写在一张荧光橙色纸上,署名是"伯克利宝贝"。在《纽约时报》收发室发生炭疽邮包恐慌后,这么一封信是不可能被接收的。

后来发现,信的作者竟然曾经担任《纽约时报》本地新闻部夜班文本编辑,那是他在20世纪70年代中期被确诊患有妄想型精神分裂症以前的工作。确诊以后,他就改用"伯克利宝贝"的名字,变成一个被遗忘的伤心人,跟范氏大楼的幽灵没有多大差别。

他在信里写道:"纳什的故事给了我希望,让我相信,我也可能恢复过来。"

纳什在30多年后逐步恢复过来,当初正是他人生旅途这一高潮结尾让我留意到他的故事。20世纪90年代初期,我在《纽约时报》担任经济记者。有一回,当我就一些贸易数据采访普林斯顿大学一位教授,他提起一个传言,说一个喜欢在数学系大楼流连的"疯子数学家"可能上了诺贝尔经济学奖的最后候选名单。"你说的不会就是纳什均衡那个纳什吧?"我问。他让我给数学系的几个人打电话进一步了解一下。等我打完电话,我就意识到,这是一个集童话、希腊神话以及莎士比亚悲剧为一体的故事。

我没有马上动笔。有过不少入选最后候选名单却没获奖的先例,因此,这时候就在一份报纸报道他的故事,属于某种对隐私的侵犯。无论如何,1993年的诺贝尔经济学奖的确授予了别人。但是,第二年,我在诺贝尔奖公告里看到了纳什的名字。我立马赶到我的编辑面前,给他讲了这个选题,居然就把他说哭了。

这是一个难度很大的报道。那些对纳什的情况有所了解的人,哪怕只知道一星半点,不是拒绝接受采访就是根本不肯跟我讲话。最终还是纳什的妹妹马莎(Martha)首先打破沉默,谈到了纳什的疾病的本质,这病毁了纳什的生活。

作为另一位博弈论先驱,劳埃德·沙普利(Lloyd Shapley)在提到20世纪40年代末期作为研究生的纳什写下关于博弈论的重要论文时,这样写道,"他并不成熟,他讨人嫌,他是乳臭未干的小孩。挽回他声誉的是他那个敏锐、富有逻辑的美丽心灵。"

现在你们知道我是从谁那里找到这部传记的书名了。

因为纳什的故事已经广为人知,所以我在这里只说一些不那么引人注意的细节,包括这本书是怎么做出来的,以及在书和电影推出以后又发生了什么。

1995年6月,我在耶路撒冷。那时我已经报了这本书的选题,也得到一家出版社的支持,正准备在普林斯顿高等研究院待一年时间。但糟糕的是,到那时为止,我还没能见到我的主人公,跟他的交流也没有超过电话里的只言片语。然后,我发现他要到耶路撒冷参加一个博弈论研讨会,我觉得我也应该去。

有人可能记得纳什是怎么说冯·诺伊曼(John von Neumann)的,后者给过纳什一些建议,可能是一个博士研究生曾经得到的最糟糕的建议。万幸的是,纳什决定忽略这些建议。对我而言不幸的是,他显然也拒绝了他的许多朋友和支持者的建议,他们建议他跟传记作者合作。

"亲爱的娜萨女士,"一封典型的回复是这样开头的,"我已经决定了,采取瑞士式的中立态度……"

大家都听说过西方谚语"举全村之力"。你得花几个星期努力调查,才能拿出一份6行的个人简历,附带一份纳什作品书目。你得采访几百个人,才能一点一点还原他的整个故事。没有谁能说出关于纳什的完整故事,哪怕是他的儿子或艾利西亚也不行。

实践证明,将千百个细节(这些细节来自几百次采访、几十封书信以及一些零散文件)组织起来,而后变成一个叙事文本,是可以做到的。其中一个原因是数学圈就像一个希腊合唱团,他们围观、评论、回忆、提供背景并解释状况。

但根本原因在于纳什一直是一颗明星,这辈子都是,他周围的人们就没办法忘记他,再不去惦记他。我们当中有几个人可以在多年以后,依然长久地、灿烂地闪耀在别人的记忆里,哪怕那时童话早已幻灭?……

当然,还有一个原因是艾利西亚从来没有怀疑,非同寻常的事情有可能发生。她想把这个故事公之于众,因为她认为这对于精神疾病患者而言是令人鼓舞的。

有一次朋友问纳什:"艾利西亚在哪儿?"纳什回答:"在跟西尔维娅吃晚饭呢。"过了一会儿,又补充一句,"希望她们不是在说我吧。"

其实艾利西亚对纳什的隐私是极度保护的,举止也是极度谨慎的。只有一次例外:我们在她的银行地下室里一一查看她收在保险箱里的宝贝,从中寻找照片。然后她找到一些5厘米见方的快照,上面是她、纳什和费利克斯·布劳德(Felix Browder)在加利福尼亚大学伯克利分校游泳池聚会的情形——就是这组照片,促使《名利场》主编格雷顿·卡特(Graydon Carter)改变主意,没有毙掉打算发在这本杂志上的书摘。[制片人格雷泽(Brian Grazer)告诉我,他之所以买下这本书的版权,就是因为格雷顿让他这么做。]

现在,艾利西亚拿着这些照片,吃吃地笑了,说:"他可不是有着最迷人的长腿么?!"

纳什倒是自始至终没有答应接受我的采访。

传记,不管有没有得到主人公的授权,一旦出版,那么,传记作者与传记主人公的会面,常常发生在律师的办公室里。我们见面时可不是这样。

相反,我们是在百老汇戏剧《艾米的观点》上演时见面的,该剧主演是登奇(Judy Dench)。纳什告诉我们,这是他第一次观看百老汇戏剧。他和艾利西亚喜欢《证据》多一些。当时我坐在他们后排,可以看到他们笑得很开心。而《证据》的作者奥伯恩(David Auburn)告诉我,他从纳什的故事得到灵感,将剧中一对姐妹设定为一位发疯了的数学家的女儿。

目睹别人康复是一种叫人感到特别愉快的经历,哪怕是很小的细节,比如再度学会驾驶,以及在星巴克喝咖啡。在《纽约时报》一个关于诺贝尔奖得主以及他们如何使用这笔奖金的报道里,我问过纳什,这个奖对他的生活有什么影响,他说,嗯,现在他可以在星巴克买两美元一杯的咖啡。"穷人就做不到。"他会这样解释。

目睹别人康复以及这个进程是如何打动成千上万读者,同样令人感到不可思议。很多人告诉我,他们再不会无视街头偶遇的某个头发蓬乱、衣衫不整、朝天大声说着什么的陌生人,他们会对自己说,这些人也是别人的孩子、别人的兄弟姐妹,也有自己的过去,说不定还像纳什一样有未来。这就是故事的力量。

我第一次到同名电影拍摄现场去,当时导演霍华德(Ron Howard)正在下东区拍摄婚礼的场景。所有主创人员都在,因为《纽约时报》来了一个记者,要一个一个采访我们。

我见到了戈兹曼(Akiva Goldsman),没有他把小说改编成剧本,这电影就无从谈起,更别说拿到奥斯卡奖。戈兹曼想到了一个巧妙的主意,在电影的上半部分让观众从纳什的角度看世界。让观众进入纳什的角度,再把观众眼前的世界颠倒过来,这时候,观众不仅深深地被剧情吸引,也体会到了不能区分幻觉与现实是怎样一种状况。

在霍华德给纳什和艾利西亚看过这部电影之后,我给他们打电话,问:"怎么样,约翰,你觉得这电影怎么样?"

现在我已经不记得当时的具体措辞,但我记得他提到他喜欢三件事:

第一,很有趣。

第二,作为动作片爱好者,约翰觉得这电影的节奏有点太快了。

第三……

"我觉得主角拉塞尔·克罗有那么一点像我。"他说。

为了避免你当真以为纳什是在拿自己开玩笑,这里补充一个例子:在纽约大学电影学院为导演霍华德举办的问答会上,来自柯朗研究所的一些数学家确实特地走到霍华德面前,很认真地告诉他,在那幕白T恤的戏里,纳什长得就跟拉塞尔·克罗一样。

这电影让纳什成了名人。有一次,我坐在前往孟买的航班上,准备在一个博弈论研讨会上采访另一位诺贝尔经济学奖得主森(Amartya Sen)。坐在我左边的女士问我为什么要去印度,刚好这时空乘送来了一份印度报纸,封面上刚好就有纳什(他是研讨会的主旨演讲嘉宾)的照片,就放在森的照片旁边。我所要做的就是指给我的邻座看。在孟买,就跟在北京和其他邀请他作演讲的地方一样,他要面对千百位记者和祝福者的追逐。

纳什的故事对孩子们和青少年也有吸引力,因为他们发现,原来,非常年轻而且被视为古怪的人也有能力取得了不起的成果,压倒其前辈,而这让他们激动不已。同时,这让数学变得很酷。

亲爱的纳什先生:

您好!我叫埃莉(Ellie),今年9岁。我是女生,我非常仰慕您,您在很多方面都是我的榜样。我觉得您是有史以来最聪明的人。我真希望可以变成您这样。我真的喜欢数学,惟一的问题是我的数学成绩不是特别好。我可以做到的,我喜欢数学,我只是成绩不够好而已。您小时候是不是也这样?请回信。爱您的埃莉。

附记:我喜欢您的名字。

西尔维娅·娜萨

序　言

这里矗立着一尊雕像，那是牛顿，
默默无言，却光彩照人。
大理石有幸标志他超人的才华，
思想永远在未知的海洋孤独地航行。

——华兹华斯

小约翰·福布斯·纳什（John Forbes Nash, Jr.），数学天才、理性行为理论创立者、富于幻想力的一部思想机器，已经和他的同样是数学家的来访者一起坐了差不多半个小时。那是1959年春季一个工作日的傍晚时分，虽然才5月，天气却很热，令人不太舒服。纳什颓然坐在医院会客室一角的椅子上，身上随意穿着的那件尼龙衬衫，松松垮垮地盖在他的没有系皮带的长裤上。他的魁梧身躯现在就像一个布娃娃一样缺乏活力，他的线条优美细致的五官没有任何表情。他一直呆呆地盯着哈佛教授麦基（George Mackey）左脚前方不远处，几乎一动不动，只是不时拨弄一下垂落到额前的长长黑发。麦基正襟危坐，被沉默压得透不过气来，并且非常清楚地意识到会客室的所有门都上了锁。麦基再也控制不住自己，尽量使语气温和，但听上去仍有些愠怒，"你，一个数学家，"他开始说道，"一个致力研究理论和逻辑证明的人，怎么能相信外星人正在给你发送消息呢，怎么能相信你被来自太空的外星人选中,要来拯救世界呢,怎么能……"

纳什终于抬起头,用类似某种鸟类或者蛇一样冰冷而不动声色的目光,紧紧盯着麦基。"因为,"他慢慢地回答,带着温和适度的南方人特有的慢条斯理的语气,好像自言自语一般,"我的有关超自然生物的想法是以和我的数学思想一样的方式,出现在我的脑海里,所以我会认真对待。"

这个来自西弗吉尼亚州布卢菲尔德的年轻天才,英俊,傲慢,而且非常古怪。他在1948年闯入数学界,在以后的10年里以对人类理智的信心和对人类生存的悲观忧虑交织而闻名。纳什证明他自己是——用卓越的几何学家格罗莫夫(Mikhail Gromov)的话说——"下半个世纪最引人注目的数学家"。策略博弈、经济竞争、计算机建筑学、宇宙的形状、虚构空间的几何学、素数的神秘,动用了他的广阔的想象力。他的想法属于那种非常深奥而又完全出人意料的类型,无疑会推动科学思考进入新的方向。

关于天才,数学家哈尔莫斯(Paul Halmos)写道,"有两种类型,一种就像我们大家一样,只不过更加卓越,而另一种就明显具有非同寻常的智慧的灵光。我们都能跑,其中一些人可以在5分钟里跑完2千米,但是我们中间绝大多数人根本不可能取得足以和巴赫(Bach)伟大的G小调赋格曲媲美的成就。"纳什的天才就属于那种神秘的类型,更容易使人联想到音乐和艺术,而不是全部科学的老祖宗。这不仅仅是指他的头脑运转更加灵敏,记忆力更加出众,或是他更能集中精力。事实上,直觉的火花稍纵即逝,不能用常理解释。就像伟大的数学直觉大师黎曼(Georg Friedrich Bernhard Riemann)、庞加莱(Jules Henri Poincaré)、拉马努金(Srinivasa Ramanujan)一样,纳什先看到一个幻象,然后才开始构筑耗费心力的证明过程。不过,即便他可能愿意尝试解释某个令人震惊的结论,对于那些企图跟随他的逻辑的人而言,他所选择的真正途径却始终是一个谜。20世纪50年代就在麻省理工学院认识纳什的纽曼(Donald Newman)曾经这样描述他:"其他人通常会在山上寻找攀登顶峰的道路。纳什却干脆爬上另外一座山,再反过来从那个遥远的山峰用探照灯照射这座山。"

没有人比纳什更对原创力着迷、更蔑视权威,也没有人认真妒忌他的罕见的独立性。早在青年时代,他的身边就已经出现20世纪的科学泰斗——爱因斯坦(Albert Einstein)、冯·诺伊曼和维纳(Norbert Wiener),但是他没有加入任何一个学派,不是任何人的门徒,基本上是在既没有引导者,也没有跟随者的状况下前进。在他所做的从博弈论到几何学等多个学科的几乎所有工作之中,他对广为接受的知识、公认的方式以及根深蒂固的规律都持怀疑态度。他差不多一直是独立工作,依靠自己的头脑。通常他一边散步,不时用口哨吹出巴赫的作品,一边进行思考。纳什掌握的数学知识,主要并非来源于学习其他数学家已经取得的成果,而是自己重新发现这些成果中蕴藏的真理。他迫切希望取得一鸣惊人的成就,因此从不松懈,随时准备捕捉真正重大的问题。当他全神贯注地思考某个新的难题时,会留意到那些精通这个领域的人早就放在一边的细节,那些人这样做要么是因为天真幼稚,要么就是刚愎自用,而他不一样,他从不认为自己已经精通某个领域。即便是在学生时代,他对旁人的怀疑、疑虑和嘲笑的漠视就已经到了令人畏惧的地步。

纳什对理性以及纯粹思维的力量抱有旁人难以望其项背的坚定信念。这无论是对一个非常年轻的数学家而言,还是在计算机、空间旅行和核武器的新时代看来,都是如此。爱因斯坦就曾经责备他居然想不学物理学就修正相对论。他的偶像是牛顿(Newton)和尼采(Nietzsche)这样的孤独的思想者和超人。计算机和科幻小说使他着迷。他把计算机称作"会思考的机器",认为它在某些地方比人类优越。他一度被药物可能提高体力和智力水平的主意所蛊惑,而由超理性生物组成的异类通过自学能将所有感情置之度外的念头也曾使他上当。他的难以控制的理性使他愿意把生活中的决策,比如上第一部电梯或者等下一部、应该把钱存在哪个银行、应该接受哪一份工作或者要不要结婚,统统转化为利弊的计算以及与感情、习俗和传统分离的算法或数学规律。即便是别人在走廊里随口同他打声招呼这样的小事情,也会在他那里引发一个令人颇为恼火的问题:"你究竟为什么要向我打招呼?"

他的同辈人基本上认为他实在不可理喻。他们说他"孤僻"、"傲慢"、"无情"、"孤立"、"幽灵一般"、"隔绝"和"古怪"。他跟同行们只是混合在一起,却没有真正结合。他沉醉于自己的隐秘世界,根本不能理解别人操心的世俗事务。他的举止稍微有些冷淡,有些高高在上,还有一点秘而不宣的样子,暗示了某种神秘而非自然的东西。尽管他孤傲离群,却也会滔滔不绝地谈论外太空和地缘政治倾向,搞一些孩子气十足的恶作剧,或者毫无来由地大发脾气。这样的爆发其实也多半和他的沉默一样难以捉摸。到处都可以听到人们说同一句话:"他和我们不一样。"一位在普林斯顿高等研究院工作的数学家这样描述他在普林斯顿拥挤的学生舞会上第一次遇见纳什的情景:

> 我从那里的一大群人当中一下子就注意到他。当时他坐在地上,身边围了半个圆圈的学生,正在讨论什么问题。他使我感到不安,给我一种奇怪的感觉。我觉察到一种特别陌生的东西,他在某些地方与众不同。我并不了解他究竟有多大本事,也根本想不到后来他会作出那么大的贡献。

但是他确实作出了自己的贡献,而且非同凡响。特别鲜明的对照是,他的许多原创性的想法,本身并不晦涩。1958年,由于纳什在博弈论、代数几何学和非线性理论方面取得的成就,《财富》杂志推举他为同时活跃在纯粹数学和应用数学两个领域的新一代天才数学家中最杰出的人物。纳什有关人类竞争原因的观察,体现在他的理性冲突与合作的理论中,成为20世纪最具影响力的成果之一,给年轻的经济学带来了根本性的转变,其程度不亚于孟德尔(Mendel)发现基因遗传现象、达尔文(Darwin)建立自然选择模式以及牛顿确立天体力学原理分别在生物学和物理学引发的彻底革命。

第一个认识到社会行为可以作为博弈对局进行分析的人,是在匈牙利出生的伟大学者冯·诺伊曼。1928年,冯·诺伊曼在一篇关于会客室博弈的论文里首先尝试寻找竞争中间蕴藏的逻辑和数学规律,并且取得成功。就像布莱克(Blake)将宇宙视为一粒沙子那样,大科学家善于从细小而熟悉的日常生活现象里寻找解决庞杂而艰深的问题的线索。牛顿通过摆弄木球洞察天空的秘密,爱因斯坦盯着一艘逆水而行的轮船入了神,冯·诺伊曼则在扑克对局里得到了灵感。

冯·诺伊曼认为,一个表面上看来类似扑克对局的微不足道的娱乐游戏,可能由于两个原因而变成解释更加严肃的人类事务的钥匙。首先,扑克和经济竞争一样需要某种特定类型的逻辑推理,也就是基于价值的某些内部协调系统("多比少好")进行利弊的理性计算。其次,在打扑克和经济竞争当中,任何一个行动者的结局并不仅仅取决于他自己的行为,还同时依赖于其他人的行为。

一个世纪以前,法国经济学家库尔诺(Antoine Augustin Cournot)曾经指出,如果参与经济活动的其他主体人的数目为零或者数目很大,经济选择的问题就可以得到很大程度的简化。独居荒岛的鲁滨孙·克鲁索(Robinson Crusoe)当然不必理会别人,不必担心他们的行为会不会影响到自己。同样,亚当·斯密(Adam Smith)的屠夫与面包师,也不需要考虑对方。他们所在的世界有那么多行动者,各人的行为实际上彼此抵消。但是,如果一方面不止一个主体人,而另一方面他们的数目又不足以使各方的影响降低到可以忽略不计的地步,策略行为就会提出一个表面看来难以克服的问题:"我认为他认为我认为他认为如何如何……如此可以一直追究下去。"

对于两人零和博弈，其中一方之失就是另一方之得，冯·诺伊曼可以就上述循环推理问题给出一个令人信服的解决方式。不过，得失总和为零的零和博弈是经济学最少应用的模式（按照一个作者的说法，零和博弈是一个极端情况，它与博弈论的关系就像是12小节勃鲁斯小调与爵士乐的关系，是一个历史性的出发点）。在有许多行动者参加，而且可能出现互利的情况下，也就是在经济学的标准情节中，冯·诺伊曼的超人才华却导致了失败。他认定局中人将被迫结盟，达成一致的协定，仰仗某种更加高级且集中的权威，确保协约得到施行。他的这种想法很可能反映了他所在的那一代人具有的猜疑态度，是大萧条、世界大战激战正酣以及释放出来的个人主义的产物。尽管他不同意爱因斯坦、罗素（Bertrand Russell）和英国经济学家凯恩斯（John Maynard Keynes）的自由主义观点，他却和他们一样相信从个人角度看来也许合理的东西也有可能带来社会混乱，并且积极支持流行一时的解决核武器时代政治冲突的途径：建立世界政府。

年轻的纳什具有完全不同的天赋。在冯·诺伊曼注重群体的地方，纳什却聚焦在个人身上，并且通过这种方式使博弈论与现代经济学联系起来。在他21岁那年完成的薄薄27页的博士论文中，纳什创立了一个理论，适用于可能出现互利的博弈，而且发明了一个概念，可以帮助局中人打断那个无休止的推论链："我认为你认为我认为如何如何……"他的观点就是，只要每个局中人独立选择作出针对别人的最佳策略的最佳反应，就可以解决这个博弈。

就这样，一个表面上看来漠视他人感情、更别说顾及他自己感情的年轻人，却可以非常清楚地观察到，最人性化的动机和行为其实同数学本身一样神秘，人类发明的理想的柏拉图式理念世界看来是由纯粹的自省者发明的（而且在某种程度上与最迟钝、最世俗的天性有关）。不过，纳什是在阿巴拉契亚山脉脚下一个兴旺城镇长大的，当地的财富来源于咆哮不已的初级工业：铁路、煤矿、废金属和电力。个人的理性和利己主义，而不是有关某种集体财产的一致协定，似乎已经足以创建一个可以忍受的秩序。从他对自己家乡的观察，到他注意到个人使自己的优势最大化，同时使自己的劣势最小化所必需的逻辑策略，其间跨越的距离其实并不长。纳什均衡（Nash equilibrium）只要一经解释，大家就会觉得这是显而易见的，但是，通过用他的方式系统阐明经济竞争问题，纳什证明一种分散了的决策过程实际上可能是连贯一致的，从而为亚当·斯密的著名隐喻"看不见的手"提供了一个更新且更复杂的解释。

还不到30岁，纳什的洞察力和发现就为他赢得了广泛的赏识、尊敬和自主行事的权力。他在数学专业的顶峰取得了辉煌的成就，四处旅行、演讲、教学，会晤同时代最著名的数学家，自己也名闻遐迩。他的天才还为他赢得了爱情。他和一个崇拜他的年轻漂亮的物理系学生结了婚，成为一个孩子的父亲。人们甚至可以说，这是一个了不起的策略。这样的天才，这样的人生，看起来真是一个十全十美的组合。

许多伟大的科学家和哲学家，其中包括笛卡儿（René Descartes）、维特根斯坦（Ludwig Wittgenstein）、康德（Immanuel Kant）、维布伦（Thorstein Veblen）、牛顿和爱因斯坦，都具有相似的古怪而孤僻的个性。心理学家和传记作者早已注意到，感情冷漠、性格内向特别有助于科学创造力，就像急剧变化的情绪有时可能造就艺术杰作一样。英国精神病学家斯托尔（Anthony Storr）在《创造动力学》一书中认为，一个"怕爱几乎与怕恨一样强烈"的人之所以转向创造性工作，可能不仅出于一种冲动，要体验审美的快乐或才思滚滚的愉悦，也是为了保护自己不要陷入由孤独隔离与人际交往两种相互冲突的需求所引起的忧虑之中。法国哲学家和作家萨特（Jean-Paul Sartre）以同样的语调将天才称为"正在寻求出路者的一个伟大发明"。至于为什么人们常常愿意为了创造某件东西而承受挫折

和不幸的遭遇,即便这样做不会得到很好的回报,斯托尔这样认为:

> 一些具有创造力……受到精神分裂症或压抑性格主导的人……运用他们的创造力进行防御。如果创造性工作可以保护一个人免受精神疾病困扰,那么他热切向往创造就一点也不奇怪了。精神分裂症状态……是以感到毫无意义和徒劳无功为特征。对于大多数人,与别人交往在很大程度上满足了他们寻求生命的意义和重要性的需求。但是对于精神分裂症患者,这样的事情不会发生。创造性活动是一个非常合适的方式,让他表达自己……这种活动是孤立的……[但是]创造的能力及其带来的成果通常都会被视为我们的社会所具有的价值。

当然,在那些具有"一种持续一生的社交孤立倾向",并且"漠视他人的态度和感觉"的人当中,没有几个真的具备杰出的学术或其他创造才能,而上述两者就是所谓的精神分裂症人格。同时,绝大多数具有如此古怪而孤僻性格的人不会死于严重的精神疾病。相反,按照哈佛精神病学家冈德森(John G. Gunderson)的说法,他们易于"沉醉在孤僻的活动里,而这些活动多数涉及机械、科学、未来学或其他非人文学科……[而且]很可能由于围绕工作任务而与他人渐渐建立一个稳定却疏远的关系网络,从而显得越来越自在"。具有科学天才的人,无论多么古怪反常,很少真的发疯,而这一点就是创造力可能具备保护性的最强有力的证据。

纳什却是一个悲剧性的例外。在他的生活的辉煌表面下,到处都是混乱和矛盾:他和其他男人的纠葛;一个秘密情人以及一个被忽略的私生子;对崇拜自己的妻子、培养他成长的大学乃至自己的祖国都怀有一种深刻的矛盾心理;与此同时,对失败的恐惧挥之不去且日益增长。这些混乱的状况源源不断,满溢出来,终于冲破了他小心构筑的生活的脆弱堤防。

纳什从举止古怪滑向心智狂乱深渊的可见征兆,最早出现在他30岁那年,当时他将要被提升为麻省理工学院的正教授。他的奇怪举止如此神秘而短促,以至于那所大学的一些年轻同事认为他只不过是在拿他们开玩笑,而这个玩笑只有他自己才明白。1959年冬季的一个早上,他拿着一份《纽约时报》走进教工休息室,并不特别对着某一个人,宣布刊登在报纸头版左上方一个角落的一篇报道,隐含了居住在另一个银河系的生物发出的密码信息,只有他一个人才看得懂。甚至几个月以后,他已停止了教学,并且愤怒地辞去教授职务,被送进了位于波士顿郊区的一个私营精神病医院时,一位曾经在萨科(Sacco)与万泽蒂(Vanzetti)一案中作证的全国最有名的精神病医生仍然坚持认为他完全正常。只有少数几个目睹他的离奇变态行为的人,其中包括维纳,看出了其中的真相。

步入30岁,纳什出现最具灾难性、变化多端、神秘莫测的精神疾病——妄想型精神分裂症——的第一个具有破坏性的症状。在以后30年里,纳什一直备受严重的幻象、幻听、思维与情绪错乱的困扰,意志力完全被摧毁。得了这种人人害怕的有时也被叫做"精神癌症"的疾病之后,纳什放弃了数学,沉醉于命理学和宗教预言,相信自己是一个"具有伟大而神秘意义的救世主式人物"。他多次逃往欧洲,曾经6次被强行送入医院,治疗时间加起来有一年半左右。他尝试过各种药物和休克疗法,症状也确实出现过短暂的缓解,唤起人们的希望,却总共才维持了几个月。最后,他变成游荡在普林斯顿大学校园的一个满怀忧伤的幽灵。往日那个才华横溢的研究生,如今衣着怪异,自言自语,在黑板上留下稀奇古怪的信息,年复一年。

精神分裂症的起源仍然是一个谜。这种疾病的描述最早出现在1806年,但是没有人知道这种疾病——或更确切地说,这类疾病——是不是在那以前就早已存在,只不过一直没有人给它下一个定义;或者它是一种类似艾滋病的灾难,出现在产业革命的初期。据说无论在哪个国家,约有

1%的人口会死于这种疾病。没有人知道这种病为什么落在这个人，而不是另外一个人身上，尽管有人怀疑这是遗传下来的弱点与生活压力共同作用的结果。从来没有人证明环境——战争、监禁、药物或者养育——可以独立诱发精神分裂症。现在有一种新的看法，认为精神分裂症具有一种在家族内部遗传的倾向，不过这个看法本身显然不能解释为什么单单某一个人会成为不折不扣的精神分裂症患者的问题。

在1908年首先创造"精神分裂症"这一术语的布洛伊勒(Eugen Bleuler)将其描述为一种"思维、感觉以及与外部世界的关系的特定类型的改变"。这个术语指的就是心智功能的一种分裂，"对精神人格的内在协调的一种特殊破坏"。对于出现早期症状的患者来说，所有官能、时间、空间和身体都会发生错乱。各种症状，比如听见声音、荒谬幻象、极度冷漠或兴奋、冷淡他人，如果单独拿出来进行考察，没有一种是精神分裂症独有的。患者之间的症状差别以及同一患者在不同时期的症状差别如此明显，以致根本不存在什么"典型病例"的说法。甚至能力丧失的程度也有很大的差别，而能力丧失的问题在男性身上显得更加严重。当代顶尖学者戈特斯曼(Irving Gottesman)认为，症状可以是"轻微、中等、严重乃至完全摧毁能力"。纳什患病时年届30，其实这种疾病可以在青春期到中年早期的任何时间发作。第一次发作可能持续几星期、几个月乃至几年时间。有些患者一生当中可能只有一两次发作。牛顿一直是一个古怪而孤僻的人物，很明显曾在51岁那年经历了一次精神崩溃，看到妄想幻象。这次发作可能由他与一个年轻男人之间极不愉快的依恋及金丹术实验失败的打击引起，牛顿的学术生涯也因此画上了句号。不过，大约过了一年时间，牛顿就康复了，得以继续担任一系列地位崇高的公职，接受多种荣耀。更加常见的情况就像纳什的情况一样，患者多次发作，而且越来越严重，间隔也越来越短暂。康复几乎不可能达到百分之百的程度，预后包含了从社会可以忍受一直到可能不需要永久住院治疗，但实际上却再也不能继续正常生活的整个宽广范围。

与其他症状相比,这种疾病最基本的特征在于患者令旁人深感不可思议,难以接近。精神病学家记录说,患者感到自己被一条"难以描述的鸿沟"与其他个体隔离开来,这些个体"完全陌生、奇怪、难以置信、离奇,不能引起共鸣,甚至可能达到阴险、可怕的地步"。对于纳什,精神病的侵袭戏剧性地加强了许多认识他的人原本已经存在的一种感觉,即他根本上就是与他们隔绝的,叫人捉摸不透。正如斯托尔所写的那样:

> 无论一个压抑的人会有多么忧郁,观察者一般都会发现其中仍然存在某种情感交流的可能性,而具有精神分裂症特征的人则显得孤僻离群,难以接近。他远离人类交往的特点使旁人更难依据人类的知识或经验了解他的精神状况,因为他不会和别人交流自己的感觉。假如这样一个人得了精神病(精神分裂症),与旁人和外界缺乏接触的特点就会更加明显,结果是患者的举止和言辞变得不合逻辑和难以预测。

精神分裂症与得到广泛接受、但是实际上并不正确的有关疯狂的看法矛盾,这些看法认为疯狂就是情绪陷入巨大的漩涡或是头脑发热引起神志失常。精神分裂症患者不会像脑部受伤者或早老性痴呆病患者那样,从此以后永远缺乏判断力或处于迷惑之中。他可能对眼前的现实世界的某些方面有很好的把握,而这也是很常见的。当纳什发病的时候,他跑遍了欧洲和美国,取得了合法的协助,还学会了编写复杂的计算机程序。精神分裂症还与躁狂抑郁的疾病(现在称为狂躁—抑郁症)完全不同,过去人们经常将两者混为一谈。

精神分裂症可能是一种推理疾病,尤其是在早期的时候。进入20世纪,研究精神分裂症的最出色的学者指出,这种疾病的患者包括头脑聪慧的人,幻象常常由微妙、世故、复杂思绪的紊乱所引起,尽管这不是惟一的原因。1896年,克雷珀林(Emil Kraepelin)首先给这种紊乱下了定义,他将这种疾病称为"早发性痴呆",并不认为它是理智遭到摧毁的过程,而说它给"情感生活和意志力带来严重破坏"。拉特格斯大学心理学家萨斯(Louis A. Sass)认为它"不是逃离理智,而是陀思妥耶夫斯基(Dostoevsky)设想的那种严重疾病的一种恶化……至少在它的某些形式上是这样……是一种得到提高而不是减弱的自觉意识,是要隔绝情感、直觉和意志力,而不是理智"。

纳什患病初期的情绪可以描述为一种提高了的自觉意识、失眠症患者的清醒和警觉,而不是躁狂或抑郁。他开始相信他看见的许多东西,比如一个电话号码、一个红色领结、一条沿着人行道小跑的狗、一个希伯来字母、一个出生地、《纽约时报》上的一句话,都有一种隐藏的意思,只有他能看懂。他发现这样的信号越来越强烈,以致忘记了自己通常会考虑的事情和急务。与此同时,他认为自己处于广阔无边的洞察力的边缘,并宣称已找到一个办法,解决纯粹数学中最大的难题,也就是黎曼猜想。后来,他说他正致力"改写量子物理学基础"。再过了一些时候,他不断给以前的同事写信,宣布已经发现数字和《圣经》文本的巨大阴谋和秘密含义。在给被他称为"一个伟大的巫师和数字命理学家"的代数学家埃米尔·阿廷(Emil Artin)的一封信中,纳什写道:

> 我一直在考虑Algerbiac*问题,已经注意到一些有趣的东西,也许你也会感兴趣……不久前,我注意到依赖于十进制的数字命理学计算未必就是最本质的东西,语言和字母表结构也可能包含古老文化的定式,妨碍明确的理解或不带偏见的思维……我马上写下一连串新的符号……这些是与基于连续素数的乘积,通过符号表示整数的系统有关(这实际上很自然,不过也许

---

* 原文如此,系英文"代数"的误拼。——译者

在计算上不是那么理想,但是适用于神秘的宗教仪式、咒语等)。

形成精神分裂症倾向可能与纳什作为数学家的奇特思维方式密切相关,而这种可怕的疾病摧毁了他进行创造性工作的能力。他的一度富于启示性的见解日益朦胧,变得自相矛盾,充满隐秘的意义,只有他自己才明白。他一直认为宇宙是合理的,现在这个信念却变成一个讽刺,因为他认定万物都有意义,万物都有其存在的理由,没有任何事物是随机或巧合的。在大多数时间里,他的夸张的幻象使他与失去一切的痛苦现实隔离开来,但是接着就会出现可怕的清醒时刻。他不断辛酸地抱怨,说自己再也不能集中精神,也不记得数学内容,并且认定这是休克疗法造成的。有时他会告诉别人,说这样无所事事使他感到羞愧,觉得自己毫无价值。更常见的情况是,他无言地表达自己正在承受的痛苦。有一次,是在20世纪70年代,他和平时一样,独自坐在普林斯顿高等研究院餐厅的一张桌子旁。高等研究院是学者的宁静港湾,在这里他曾经同爱因斯坦、冯·诺伊曼和奥本海默(Robert Oppenheimer)这样杰出的学者讨论过自己的想法。据那里的一个职员回忆,那天早上,纳什站起来,向墙壁走去,在那里站了好长时间,把头撞到墙上,很慢,一次又一次,双目紧闭,握紧拳头,苦恼扭曲了他的面孔。

在70年代和80年代,纳什本人仍然处于梦境一般的精神状态,像个在普林斯顿校园游荡的幽灵,喜欢在黑板上乱写,还研究宗教文本,但是他的名字却开始出现在从经济学课本、进化生物学论文、政治学专著到数学杂志的各个领域。相比之下,人们较少直接引用他在50年代完成的论文,而是更多地将他的名字作为一个形容词,放在已经得到广泛接受,并且成为许多研究课题必备的基本条件前面:"纳什均衡"、"纳什谈判解"(Nash bargaining solution)、"纳什程序"(Nash program)、"德乔治—纳什结果"(De Giorgi-Nash result)、"纳什嵌入"(Nash embedding)、"纳什—莫泽定理"(Nash-Moser theorem)、"纳什破裂"(Nash blowing-up)。1987年,新版的大型经济学百科全书《新帕尔格雷夫》问世,编写者指出,那场横扫经济学的博弈论革命,"很显然完全是由冯·诺伊曼和纳什的基本数学定理所引发,别人的任何贡献都不能与他们相比"。

纳什的想法变得越来越有影响力,且涉及的领域又是这样迥然不同,几乎没有人会把创立博弈论定理的纳什与作为几何学家或系统分析家的纳什联系起来,但他本人却仍然寂寂无闻。大部分曾经运用过他的理论的年轻数学家和经济学家都根据他的论文的发表日期,想当然地以为他已经去世。一些同行知道事实并非如此,却又因为深知他的悲剧性疾病,有时也确实把他当做逝者一般看待。纳什的名字曾经出现在计量经济学学会1989年度的会员提名名单中,此举却被学会官员认为非常具有想象力,只是毫无益处,从而加以否决。在《新帕尔格雷夫》里刊登了6位博弈论先驱者的简介,却没有纳什的小传。

那时候,纳什每天都会去普林斯顿转悠,几乎每天早餐时间就出现在高等研究院,有时向人索取雪茄或零钱,不过在大多数情况下他都自行其是,犹如一个沉默的神秘人物,消瘦而苍白,独自坐在角落里,喝咖啡,抽烟,摊开自己永不离身的一堆破纸头。

戴森(Freeman Dyson)是20世纪理论物理学巨人之一,一度也是数学天才,完成了十多部内容丰富的科学普及著作,广受欢迎。他比纳什大约年长5岁,当时年过六旬,是每天都能在普林斯顿高等研究院见到纳什的人之一。戴森是个身材瘦小而思维活跃的人,有6个孩子,性格合群,对那些同行看来非同寻常的人很感兴趣,也是愿意向纳什打招呼却又不指望得到回答、只是表示尊敬的人之一。

大约是在80年代末期的一个阴暗的早晨,他如常对纳什道早安。"我看见你的女儿今天又上了电视新闻。"纳什对戴森说。戴森的女儿埃丝特

(Esther)是计算机方面经常被提及的权威人士。戴森从来没有听过纳什说话,后来回忆说:"我没想到他居然知道她,这真是太美妙了。我仍然记得自己当时的震惊之情。我觉得最奇妙的还是这个缓慢的苏醒。渐渐地,他就这样清醒了一些。还没有任何人曾经像他这样清醒过来。"

接着出现了更多的康复迹象。大概是在1990年,纳什开始利用电子邮件与邦别里(Enrico Bombieri)通信,邦别里在多年里一直是普林斯顿高等研究院数学部的明星人物。邦别里是一个富有勇气和学识的意大利人,曾经获得"数学界的诺贝尔奖"——菲尔兹奖。他还画油画,采集野生蘑菇,小心擦亮经过雕琢的宝石。邦别里是一个数论专家,长期致力于解决黎曼猜想。两人之间的交流集中于纳什开始叫做ABC猜测的几个猜测和计算。这些信件显示纳什开始再次从事数学研究,邦别里说:

> 他基本上一个人待在那里。不过从某个时候起,他开始和人们交谈。接着他多次谈到数论,有时是在餐厅边喝咖啡边谈。后来我们开始利用电子邮件通信。他的思维非常敏锐……所有的建议都非常精彩……没有半点老生常谈的废话……通常如果有人在一个领域起步,人们只会留意那些明显的东西,那些已知的东西。但这次不是那么一回事,他从一个稍稍有些不同的角度看待事物。

精神分裂症仍然被广泛认为是一种使人癫狂的衰退性疾病,能够自然康复的病例非常少见,经历了像纳什那样漫长而严重的发病期之后更是如此,以至于一旦出现康复的迹象,精神病医生一般都会对原来的诊断产生疑问。而像戴森和邦别里这些人,多年以来一直看见纳什在普林斯顿转悠,目睹了这个转变,在90年代初已经毫无疑问地将纳什看作"一个活生生的奇迹"。

如果说在这个学术奥林匹斯山外面也有许多人发生类似情况的话,

恐怕是站不住脚的,纳什的变化即便对普林斯顿校园里的人来说也是充满戏剧性。在1994年10月第一个周末,校园里发生了这么一件事。

那天,一个数学研讨会刚刚结束。当时纳什已经开始参加类似的研讨会,有时还会提问或者提出一些猜测,这次也不例外地来了,现在他正打算离开。普林斯顿大学数学教授、纳什的密友库恩(Harold Kuhn)在门口赶上他。库恩当天早些时候曾经打电话到纳什的家里,提议说也许他们两人可以在会后谈谈,然后一起吃午饭。那天的气候很温和,户外的景色格外诱人,高等研究院的树林如此葱翠,两人就在一片宽广的草地边缘的一张长椅上坐下来,正好面对数学部大楼,面前有一个优雅的小型日本式喷泉。

库恩和纳什相识已经有近50年时间。20世纪40年代末,他们一起在普林斯顿大学读研究生,上课的教授相同,认识同样的人,在同样的数学精英圈子里畅游。他们读书的时候还不是朋友,不过库恩因为将大部分工作时间放在普林斯顿,从来没有与纳什失去联系,而且随着纳什渐渐变得更加易于接触,库恩设法和他建立了一种相当经常性的联络。库恩是一个精明干练、精力充沛、成熟老练的人,从来不会拘泥于"数学人格"。库恩不是一个典型的学者,对艺术和自由主义政治的起因充满热情,他对别人生活感兴趣的程度和纳什远离别人的程度相当。他们实在是奇怪的一对,不是因为个性或经历相仿,而是由于许多共同的记忆和熟人而走到了一起。

库恩事先已经把自己将要说的话作了预演,现在很快就说到了点子上。"我有件事要告诉你,约翰。"他开始了。同平常一样,纳什起初不能直视库恩的脸,而是盯着远处某个地方。库恩继续说下去:纳什次日早晨应该在家里接到一个重要的电话,大约是在6点钟,这个电话应该是从斯德哥尔摩打来的,打电话的人应该是瑞典科学院的行政秘书。库恩的声音突然变得沙哑而富有感情色彩,纳什已经回过头来,开始留意每一个字。

"他将要告诉你,约翰,"库恩最后说,"你已经获得诺贝尔奖。"

这就是小约翰·福布斯·纳什的故事,是一个人的心智之谜的故事。这个故事分为三幕:天才,疯狂,再度觉醒。

第一篇

美丽心灵

第一章

布卢菲尔德

1928—1945年

> 并不是我慧眼独具,我深知孤独有自我完善的魔力。
>
> ——华兹华斯

在纳什最初的记忆里,一定有他两三岁的时候,听外婆在位于古老的塔兹韦尔大街的房子前客厅里弹钢琴的情景,那所房子坐落在微风轻拂的山上,俯瞰西弗吉尼亚州的布卢菲尔德市。

他的父母就是在这个客厅里结的婚,那天是1924年9月6日,星期六。早上8点,在基督教赞美诗的合唱声中,蓝色绣球花、一枝黄花、多毛金光菊以及白色、金色的雏菊花篮点缀整个房间。32岁的新郎身材高大,非常英俊。比他小4岁的新娘体态轻盈,有一双深色的眼睛。她的棕色贴身天鹅绒长裙突出了纤腰和修长优雅的背部。这是她自己缝制的,也许是由于父亲刚刚去世而选择了这种深沉的颜色。她怀抱一束和房间里的花儿一样的当时时兴的鲜花,浓密的栗色头发上也别着许多花朵。这样打扮的效果相当出色,完全不会遮掩她的美貌。富有活力的棕色和金色也许会使一位皮肤比较白皙、比较典型的南方女子看上去显得苍白憔悴,但是在她身上却进一步美化了娇艳的肤色,使她焕发出一种炫目而又成熟稳重的气质。

整个仪式由基督美国新教圣公会和布兰德街卫斯理宗教会派教堂的牧师们主持，简短而朴素，只有少数几个家庭成员和老朋友出席。到了11点，新婚夫妇已经来到这座建于19世纪80年代的庞大的白色老房子那装饰华丽的铁门门口，向大家挥手告别。接着，根据几个星期之后刊登在阿巴拉契亚电力公司内部简讯上的一段描述，他们登上新郎的闪闪发光的崭新道奇牌轿车，准备穿越北方几个州做一次"广阔的旅行"。

这个婚礼的浪漫风格以及蜜月的冒险精神，透露出这对新人的某些特质。他们不再是花季少年，正是这些特质将他们与这个美国小镇的其他人区别开来。

用女儿马莎·纳什·莱格（Martha Nash Legg）的话来说，老约翰·福布斯·纳什（John Forbes Nash, Sr.）"举止得体，勤奋，非常认真，是一个在各个方面都很保守的人"。但是他的思维非常敏捷，喜欢寻根问底，绝对不是一个平凡的闷蛋。他生于得克萨斯州，周围都是乡间上等阶级的教师和农民、虔诚朴素的清教徒和苏格兰浸礼会教友，他们是从新英格兰和南方腹地西行迁居而来的。他在1892年出生于外祖父母家位于得克萨斯州北部红河岸边的种植园，是马莎·史密斯（Martha Smith）和亚历山大·昆西·纳什（Alexander Quincy Nash）的三个孩子当中的小儿子。在人生的头几年，他一直住在得克萨斯州谢尔曼城，他的祖父母都是教师，创办了舍曼学院（后来改名为玛丽·纳什女子专科学院），这是一项谨慎适度却又具有革新精神的成就，得克萨斯州中产阶级人家的女儿们就是在这里开始学习举止仪态、定期锻炼的价值以及一些诗歌和植物学知识。他的母亲曾是这里的学生，后来又在这里任教，直到她和学院创办者的儿子结婚为止。祖父母去世之后，老约翰的父母负责管理学院，直到后来天花流行，学院被迫关闭。

老约翰的童年是在学识丰富的浸礼会教友圈子里度过的，但是却一点也不快乐。这个阴影很大程度上来源于他父母的婚姻。马莎·史密斯的讣告里提到"许多沉重的负担、责任和失望情绪，大大影响了她的神经系统和体力"。她的主要负担是亚历山大，他是一个古怪、反复无常的人，一事无成，还是酒鬼，喜欢调戏别的女子，也许是在学院关闭之后抛下妻子和三个孩子离家而去，更有可能是被扫地出门。没有人知道亚历山大究竟是在什么时候离家以及后来又有什么遭遇。不过，他在家里待了很长时间，足以令孩子们产生永不改变的憎恨之情，还在他的最小的孩子心中种下深深的渴望，从小向往成为值得尊敬的人。"他非常在意外表，"他的女儿马莎后来这样提到自己的父亲，"他希望一切都非常得体。"

老约翰的母亲是一个非常聪慧、足智多谋的女子，在与丈夫分居之后，马莎·史密斯独立养活自己和两个儿子、一个女儿。她在贝勒大学担任行政人员多年，这是设在得克萨斯州中部贝尔顿城的一所浸礼会教友开设的女子学院。讣告里说她具有"优秀的行政才能"和"非凡的管理技巧"。按照《浸礼会教派标准》的说法，"她是一个不同寻常的女性……具备管理大型企业的能力……是真正的南方绅士阶级的忠实女儿"。她虔诚、勤奋，被形容为一个"高效而富于献身精神的"母亲，但是她终生为克服贫困、疾病和精神低落所作的斗争，以及成长在一个没有父亲的家庭所带来的羞辱，还是在老约翰的心中留下重重创伤，也使他在日后对自己的孩子不能流露真情，而总是有所保留。

生活在充满痛苦的家里，老约翰很早就从科学技术王国里找到了安慰和坚实寄托。他进入得克萨斯农业与机械学院，钻研电子工程，1912年毕业。美国卷入第一次世界大战不久，他就应征入伍，大部分时间是在法国第144步兵军需师担任中尉。他返回得克萨斯州的时候，没有继续为通用电气公司工作，却想在得克萨斯农业与机械学院给工程学专业的学生上课。以他的背景和兴趣而言，他当然很有希望投身于学术工作。不过，即便真有这样的希望，最后也是一无所获。那个学年即将结束的时候，他同意接受阿巴拉契亚电力公司(即现在的美国电力公司)在布卢菲尔德的一个职位,而他在那里一待就是38年。到了6月,他住进了布卢菲尔德的出租屋里。

玛格丽特·弗吉尼亚·马丁(Margaret Virginia Martin),被人亲切地称为弗吉尼亚,与老约翰订婚时拍摄的照片显示,她是一个笑容迷人、生气勃勃的女子。她穿着入时,身材苗条,有一段记录将她誉为"当地最有魅力而又最有教养的年轻女子之一"。她喜欢交际,精力充沛,与沉默而保守的丈夫相比,她更加奔放,没有那么拘谨,而且在儿子的生活中扮演了更加积极的角色。她的活力和影响力如此之大,以至于多年以后,她的儿子约翰已经步入而立之年,病情相当严重,家里发出一份通知说她由于一次"精神崩溃"而被送入医院治疗,他却拒绝相信,认为这是不可能的事情。1969年,他以同样的怀疑态度接受了她去世的消息。

和自己的丈夫一样,弗吉尼亚也是在一个推崇教会和高等教育的家庭里长大的,不过两者的相似之处到此为止。她是深受欢迎的医生詹姆斯·埃弗里特·马丁(James Everett Martin)和他的妻子埃玛(Emma)侥幸养大的四个女儿之一,他们在19世纪90年代初期从北卡罗来纳州移居布卢菲尔德。马丁一家是当地一个富裕而有影响力的家庭。经过多年的积累,他们在城里有了许多产业,最后,马丁医生放弃医生的工作,专心经营自己的房地产投资项目,并且积极参与民政事务。有些记录说他曾经做过邮政局长,另一些记录则说他做过这个城镇的市长。马丁夫妇的地位没能保护他们的孩子免遭不幸——他们的第一个孩子是男孩,在婴儿期就夭折了;弗吉尼亚是第二个孩子,12岁时得了猩红热,治愈之后却发现一只耳朵完全聋了;她的一个弟弟在火车意外中丧生,而她的一个妹妹死于伤寒。不过,总体而言,她的成长环境仍然比老纳什的困境好得多。马丁夫妇同样受过良好的教育,并且要求女儿们都能接受大学教育。埃玛本人就由于从田纳西州一所女子学院毕业而显得与众不同。弗吉尼亚起先在马莎·华盛顿学院读书,后来转到西弗吉尼亚大学,学习的科目包括英语、法语、德语和拉丁语。当她初次邂逅自己未来的丈夫时,她已经做了6年的教师。她生来就是当教师的料,而她后来也将这种才能传给了她的天才儿子。和丈夫一样,她见识过自己家乡所在的州那些小城镇以外的世界。结婚之前,她和布卢菲尔德的另一名年轻女教师伊丽莎白·谢尔顿(Elizabeth Shelton)花了几个夏天的时间四处旅行,还在不同的大学旁听课程,其中包括加利福尼亚大学伯克利分校、纽约的哥伦比亚大学、夏洛茨维尔的弗吉尼亚大学。

新婚夫妇蜜月旅行回来后,就和弗吉尼亚的母亲和妹妹们住在塔兹韦尔大街的房子里。老纳什继续在阿巴拉契亚公司工作,经常驾车在州里巡视设在人迹罕至地区的电力线路。弗吉尼亚没有回去教书。在20世纪20年代,和全国大多数学区一样,默瑟县的学校系统也设有婚姻屏障,女性教师一旦结婚就会失去工作。不过,与她被迫辞职无关的一点是,她的丈夫坚信自己应该养活妻子,并且使她从此不需要工作。他认为妻子不得不工作维生是件丢人的事情,而这种想法也是他自己的成长历程留下的问题之一。

布卢菲尔德*得名于遍布四周山谷、即便到了今天仍然沿着大街小巷盎然生长的蔚蓝色的菊苣。这个边远小城由于四周起伏的群山蕴藏了丰富的煤而逐渐兴起,这片山区被誉为"弗吉尼亚州或西弗吉尼亚州可以找到的最荒芜、最粗犷、最浪漫的地方"。诺福克—西部公司凭着一股"平庸和无知"的劲头,在19世纪80年代修建了一条从罗阿诺克通往布卢菲尔德的铁路,在广阔的波卡洪特斯煤矿最东面跨越阿巴拉契亚山脉。在很长一段时期里,布卢菲尔德一直是贫困的边沿地区,犹太商人、非裔美国

---

* 布卢菲尔德(Bluefield),意为"蓝色的原野"或"蓝田"。——译者

建筑工人和塔兹韦尔县的农民在这里辛勤谋生,那些经营煤矿的百万富翁大多数住在6千米以外的布拉姆韦尔,他们和经历战争的意大利、匈牙利和波兰移民劳工,以及约翰·L·刘易斯(John L. Lewis)*、矿工联合会代表坐在一起,就合同的细节进行谈判,这些谈判通常导致流血的罢工和资本家封闭工厂。在赛尔斯(John Sayles)的电影《马特万》里就有这样的描述。

不过,到了20世纪20年代,布卢菲尔德的地位已经发生改变。因为刚好处于连接芝加哥和诺福克的铁路线上,这个城镇开始成为一个重要的铁路枢纽,引来了一批属于富有的白领阶层的中层管理人员、律师、小业主、神职人员和教师。拥有花岗石办公大楼和商店的真正意义上的市中心开始建立起来。漂亮的教堂也出现在城镇的各个地方。带有漂亮小花园的房子整洁舒适,木槿花围绕,星星点点散布在小山上。小镇渐渐有了一份报纸、一家医院和一个养老院。包括私立幼儿园、舞蹈学校及分别为白人和黑人设立的两个小型学院的教育机构日益兴旺。广播、电报、电话、铁路乃至汽车逐步消除了这里与外界隔绝的孤立感。

小纳什后来用并非只有讥讽的语气说布卢菲尔德不是"一个学者社区"。这里的忙忙乱乱的重商主义、新教徒的值得尊敬的品格以及小镇独有的欺下媚上的风气,自然难与培养出冯·诺伊曼和维纳的知识分子乐园布达佩斯以及英国剑桥相比。不过,随着纳什的成长,小镇还是拥有了一个相当大的团体,他们对科学很有兴趣,具备工程学方面的才能。和老约翰一样,他们是被这里的铁路、设施和矿业公司吸引而来的。他们当中有些人起初是为公司工作,后来变成高中或两所浸礼会教派学院之一的教师。在纳什的自传文章里,他将"学习世界的知识,而非眼前这个社区的知识"描述为"一种挑战"。但是,布卢菲尔德实际上还是为一个喜欢寻根

---

* 约翰·L·刘易斯(1880—1969),美国劳工领袖。——译者

问底的心灵提供了相当不错的有利环境,不可否认这是一种脚踏实地的环境;纳什后来成为具有多方面才能的数学家,并且形成实用主义的个性特征,看来仍然与他在布卢菲尔德度过的岁月不无关系。

新婚燕尔的老约翰夫妇更像是努力奋斗者。他们绝对是美国新兴的向上攀登的中产阶级的成员,结成紧密的同盟,致力于为自己建立财务保障,在这个城镇的社会金字塔里谋求一个值得尊敬的地位。和布卢菲尔德那些更加富有的居民一样,他们也成了圣公会教徒,不再停留于自己青年时代去过的正统派教堂。与西弗吉尼亚州大多数家庭不同的是,他们同时还是坚定的共和党人,但没有注册成为党员,因此可以在政党预选中给一个民主党堂兄弟投票。他们积极参加社交活动,加入布卢菲尔德新建的乡村俱乐部,这个俱乐部后来取代新教徒的教堂,成为布卢菲尔德社交生活的中心。弗吉尼亚是几个女子读书、桥牌和园艺俱乐部的成员,老约翰是慈善互助会的成员,还是工程学学会会员。后来,他们惟一有意避免的中产阶级做法就是将孩子们送入私立中学。按照女儿的解释,弗吉尼亚是"一个公立学校思想家"。

在20世纪30年代的大萧条年代,老纳什在阿巴拉契亚公司的工作一直保持稳定。与他们的邻居和在教堂认识的朋友相比,尤其是和小业主相比,这个年轻家庭的经济状况要好很多。老纳什的薪水尽管说不上优厚,却胜在非常稳定。节俭的个性也帮了大忙,所有涉及金钱支出的决定,无论数目多么微不足道,也要精心考虑;通常情况下这些决定总会撤销、推迟或者削减。在那些日子里,既不能办理银行按揭,也没有养老金,哪怕对一个正在逐步晋升的全国最大公司的年轻的中级管理人员也是如此。过去,如果两人出现争执——他们很少在孩子们面前这样做——弗吉尼亚总是责怪丈夫,说他很可能会在她比他先去世的情况下娶一个年轻女子,让这个女人恣意挥霍掉她辛辛苦苦节省下来的钱。(实际上,他们的积蓄还是相当可观的。尽管老纳什比弗吉尼亚早去世大约13年,尽管老纳什住院治疗的花费高昂,弗吉尼亚却几乎没有动用她的资金,最终可以将一份信托基金留给她的孩子们。)

尽管老纳什夫妇开始为人父母的时候仍然寄居在埃玛·马丁拥有的一套出租屋里,但很快就可以搬到自己的朴素而舒适的房子里了,这房子带有三个卧室,坐落在城里最好的地区之一——乡村俱乐部山上。老纳什以低价从附近一个阿巴拉契亚煤矿加工厂买来的这幢房子,部分由矿渣砖头建成,外表看来与散布在山上的煤矿家庭的豪宅没有任何相似之处。不过它距离俱乐部所在的山顶只有几百米的路程,是根据当地一位建筑师的设计建成,拥有当时小城镇中产阶级梦想得到的一切舒适和便利条件:一个起居室,弗吉尼亚的桥牌俱乐部可以在这里举行符合时尚的聚会;壁炉、内置式书橱、带有早餐区的整洁的小厨房,以及星期天举行有鸡肉和鸡蛋饼的晚餐会的餐厅;一个真正的地下室,以后如果需要雇用住在家里的仆人,这里也可以改装成一个女仆的房间;两个孩子各有自己单独的卧室。

不论他们怎样被迫节俭,纳什一家总可以保持衣冠整洁。弗吉尼亚有漂亮的衣服,大部分是她自己缝制的,而且可以每星期去一次美容院。等到他们搬进自己的房子,她还请了一个清洁女工,每星期来一次。弗吉尼亚一直有自己的汽车,基本上是道奇牌的轿车,当时这个牌子即便在中产阶级家庭里也不是寻常之物。当然,老约翰有公司配备的汽车,通常是一辆别克。老纳什夫妇是一对忠诚的伴侣,志趣相投。

1928年6月13日,差不多就在父母结婚之后第四年,小约翰·福布斯·纳什出生。他第一次看见日光不是在家里,而是在布卢菲尔德疗养院,这是坐落在中央大街上的一家医院,现在早已改作他用。除了这个再次显示纳什夫妇惬意的生活状况的细节之外,没有人知道他是怎么来到这个世界的。弗吉尼亚冬天怀孕的时候有没有得过流行性感冒？有没有其他并发症？分娩的时候有没有借助外力？虽然病毒感染子宫或者一个细微的分娩伤害可能与他后来的精神病有很大关系，却没有任何记录或回忆表明确实存在类似的伤害。所有仍然健在的人都记得，那个大个子的金发婴儿看上去很健康，出生不久就在塔兹韦尔大街马丁家房子对面的圣公会教堂接受了洗礼，并以父亲的名字命名。不过，大家都比较亲切地叫他约翰尼(Johnny)。

他是一个奇特的小男孩，孤僻而内向。有一种观点一度盛行，认为虐待、忽略或抛弃使孩子在很小的时候就不指望从人际关系中寻求满足，从而形成精神分裂症气质。但是小纳什显然不符合这种现在已经受到怀疑的说法。他的父母充满爱心，母亲尤其如此。根据许多小时候与众不同、并且受到孤立的杰出人物的传记，一般人可以想象，一个内向的孩子可能对试图闯入的成年人作出的反应，就是进一步退缩到自己的秘密世界，要不就是那些使他顺从的努力反而激起他要按自己的方式行事，那些冷漠的总是嘲弄人的伙伴也可能引发同样的后果。但是，纳什童年实际上在许多方面都同当时美国小镇有教养阶层的模式一致，这暗示他的气质可能是天生如此。

正如他对外祖母弹钢琴有清晰的印象所表明的那样，小纳什幼年的大部分时间是在母亲、外祖父母、姨妈和亲戚家的孩子们陪伴下度过的。他出生后没多久，老纳什一家就搬到了高地大街的一所房子里，只要步行就可以很方便地来到原来的塔兹韦尔大街，弗吉尼亚继续到那里做客，甚至在1930年生下小纳什的妹妹马莎之后也是如此。不过，到了小纳什七八岁时，姨妈们就开始认定他是一个书呆子，有点古怪。马莎和其他孩子骑木马、用老式旧书做纸娃娃、在"几乎有些吓人却非常漂亮的"阁楼玩过家家或者躲猫猫，小纳什却好像总是坐在客厅里埋头读书或者看杂志。在家里，尽管母亲一再要求，他却对邻居的孩子不理不睬，宁可独自留在室内。他的妹妹将大部分的闲暇时间花在游泳池里,要不就是玩橄榄球和儿童足球游戏,或者挥舞长而易断的树枝,加入到其他孩子那里,用沙果打仗。但是小纳什却躲在一边,玩他的玩具飞机和火柴盒做的汽车。

尽管当时小纳什看起来不是什么神童,但却是一个聪明、好奇的孩子。他的母亲一向是他最亲密的人,认为让他受教育应该成为自己充沛精力的一个基本落脚点。"母亲是一个天生的教师,"马莎这样说,"她喜欢读书,喜欢教学,并不仅仅是一个家庭主妇。"弗吉尼亚积极参与父母—教师联合会活动,并且自己教小纳什,直到4岁那年将他送进一所私立幼儿园。后来,她作出安排使他可以在小学低年级跳一级。即便在这段时间,她还在家里辅导他。到了上高中的时候,母亲就让他去布卢菲尔德学院读英语、科学和数学。老纳什对自己儿子的教育没有施加这样明显的影响。与弗吉尼亚相比,他和孩子们的关系不那么密切,但他还是和孩子们分享自己感兴趣的东西,比如星期天例行驾车外出检查电力线路的时候带上小纳什和马莎。更重要的是,他可以回答小纳什不停提出的有关电、地质、天气、天文以及其他技术领域和自然界的问题。一个邻居记得,老纳什和孩子们说起话来总是把他们当做成年人看待,这位邻居说:"他从来没有给过小纳什一本涂色图册,而是给他许多科普书籍。"

在学校里,小纳什的年少无知和社交障碍远比他拥有的任何特殊的智力更加明显。他的老师认为他是一个学习成绩低于智力测验水平的学生。他们说他做白日梦,要不就是唠叨个没完,不注意听老师的教导,这成了他和母亲之间出现某些争执的重要原因。他四年级的成绩报告单显示,数学和音乐成绩最糟糕,评语指出他需要"加倍努力,改变学习习惯,遵守规章制度"。他握笔的姿势就像拿着一根棍子,字体歪歪扭扭,有时还要用左手写字。老纳什坚持要他只用右手写字。弗吉尼亚终于把他送去参加当地一所秘书专科学院开设的书写课程,在那里他学会写一种印刷体，并且学会打字。弗吉尼亚的剪贴簿上有一张剪报，上面的照片显示他在9岁或10岁的时候，和一排排十几岁的女孩坐在一个教室里，他的眼睛正向上翻，看上去一定是感到非常无聊。在整个高中时代，人们都在抱怨他的字体，说他老在课堂上讲话，甚至"垄断了班级的讨论"。

他最好的朋友是书本，他对自学总是乐此不疲。纳什在他的自传文章里间接提到自己的爱好：

> 我的父母给了我一部百科全书，叫做《康普顿插图百科全书》，我还是一个小孩子的时候就通过读这本书学到了很多东西。在我们家或者外祖父母家还有其他具有教育价值的书籍可供我阅读。

一天中最美好的时光就是晚饭后，老纳什会来到起居室旁边的小小的家庭娱乐室，这里只有一个卧室走廊那么大，他在桌边坐下。小纳什可以趴在收音机前面，听古典音乐和新闻报道，要不就是读那部百科全书，钻研家里堆放的早已磨损的《生活》和《时代》杂志，并向他的父亲提问题。

他最热衷的事情是做实验。约莫在12岁的时候，他就把自己的房间变成一个实验室。他笨手笨脚地修理收音机，电子器件胡乱摆了一地，还做化学实验。他的一个邻居记得他曾经摘下家里的电话听筒，不知怎么摆弄一番，电话铃居然响了起来。

尽管没有亲密的同伴，他却喜欢在其他孩子面前表演。有一次，他用通电的电线缠住一大块磁铁，握在手中，要让大家看看他能"承受"多大的电流而不退缩。又有一次，他念上一段古老的印第安咒语，据说可以使人免受毒叶藤之害。他当着十几个小男孩的面，把毒叶藤的叶子包在其他植物的叶子里，一口吞下去。

一天下午，他去看刚刚来到布卢菲尔德的一个流动演艺团。他和一帮小孩围聚在一起看一个穿插节目。只见一个男人坐在一把电椅上,两手各握一把剑,火花在两把剑锋之间迸射、飞舞。此人用挑衅的口吻问台下有没有人敢试一试。小纳什当时只有12岁,走上前去夺过两把剑,表演了同样的把戏。"这没什么了不起。"当他回到孩子们那里时这样说。"你究竟是怎么做到的?"其中一个孩子问。"静电。"纳什平静地回答,接着开始给大家进行详细的解释。

小纳什不喜欢同龄孩子的游戏,也没有要好的朋友,让他的父母深感忧虑。尝试让他变得更加"全面发展"是这个家庭的重要工作。不管他的明显的自行其是是他的气质问题或是由他的父母试图改变他的天性而引起的,结果是他退缩到自己的秘密世界中去。马莎经常和小纳什吵架,她记得:

> 纳什永远与众不同。[我的父母]知道他不同寻常,也知道他很聪明。他总是要按自己的方式做事。母亲坚持要我帮助他,把他引入我的朋友圈里。她要我给他介绍女朋友,她是对的,但是我并不十分乐意向大家介绍我的有点古怪的哥哥。

纳什夫妇敦促儿子参加社交活动的劲头,就和他们教育他学习一样,可以说不遗余力。先是让他参加童子军营和礼拜日读经班,然后是在沃德舞蹈学校上课,还加入了"奥尔登协会",这是一个致力改善其会员举止礼仪的青年组织。直到上高中,外向的马莎和朋友们玩的时候,还努力把她的哥哥拉进来。放暑假期间,纳什夫妇坚持要求小纳什出去打工,其中一项就是在《布卢菲尔德每日电讯报》工作。为了将他送进这家报社,"他们没等天亮就早早起床,"马莎说,"他们觉得帮助他全面发展是很重要的事情。如果一个人有着像纳什这样的大脑,这件事就显得更加重要了。我的母亲和父亲不想让他终日留在屋里,醉心于自己的爱好和发明。"

小纳什没有公开反抗，他非常认真地去了童子军营、舞蹈学校、读经班，后来也接受了由他妹妹按照弗吉尼亚的意思安排的约会。不过，他这么做主要是为了取悦父母，特别是取悦他的母亲，结果既没有结交朋友，社交才能也没有任何长进。他仍然认为那些让同龄人感到兴奋和好玩的东西，比如从事体育运动、去教堂、在乡村俱乐部跳舞、拜访亲戚家的孩子，都很令人厌倦，只会妨碍他集中注意力看书和做实验。马莎记得有一次弗吉尼亚要求他和全家一起出席阿巴拉契亚电力公司举办的晚宴。小纳什去了，不过整个晚上都在搭电梯上上下下。电梯显然把他迷住了，直到最后不知道为什么坏了，弄得他的父母很尴尬。他在暑期打工的时候，也有办法自得其乐。纳什的一个同学回忆说，纳什曾经在布卢菲尔德一家供应优质纯银制品的公司工作，某天突然擅离岗位，长达几个小时，后来才发现他原来躲在一个角落里装配一个设计精巧的老鼠夹子。在一个舞会上，他将一堆椅子推进舞池，和椅子跳舞，而并不试图去邀请一个姑娘。

弗吉尼亚一直用剪贴簿记录她的孩子们的生活和成绩。其中一本有一篇已经褪色发黄的文章，作者是某个帕特里（Angelo Patri），是从一份报纸上剪下来的，上面有她用钢笔写的字句、线条和圆圈，显然反映了她对孩子的希望和担心：

> 古怪的小花样和怪癖影响一个人的成长。要想完全压制它们，按照时钟、年历和教条行事，直到个人迷失在众人的模糊的灰色地带，这在我们的历史上还从未办到过……生命——生命的灿烂本质——并非能够通过听从另一个人的规矩而达到圆满。毫无疑问我们拥有同样的饥渴，只不过它们是针对不同的事物，有不同的形式，在不同的季节出现……打开你自己的日程，跟随它进入正午，你自己的正午，否则你就只有坐在外面的

一个大厅里听钟声的份儿,永远没有机会去到足够高的地方,敲响你自己的钟声。

小纳什的数学才华最初是在他小学四年级时显露出来的,具有讽刺意味的是,他的算术成绩只有B-。老师告诉弗吉尼亚,说他不懂怎么做功课,不过母亲很清楚孩子绝对已经找到自己的方式去解决问题。"他总是想用不同的方式做事情。"他的妹妹马莎评论说。更多类似的例子随之而来,特别是在高中阶段,当老师好不容易才做出一个勉强、冗长的证明,他常常可以告诉大家,其实只要两三个绝妙的步骤就能解决问题,干脆利落。

纳什的祖先没有显示任何数学天才的迹象,数学也没有弥漫在他的家庭气氛中。弗吉尼亚喜欢写作,老纳什虽然对科学技术的最新发展很感兴趣,却并不精通抽象的数学。纳什想不起来有没有跟父亲讨论过自己后来的研究工作。马莎对晚餐桌上讨论的回忆只限于一起研究单词、儿童读物和时事新闻。

纳什第一次接触数学可能是在十三四岁左右,当时他得到一本名为《数学大师》的杰作,作者是贝尔(E. T. Bell)*,他在自传文章里提到了这段经历。贝尔的这本书出版于1937年,可能使纳什第一次窥见真正的数学。这是一个由数学符号和诱人秘密组成的神秘王国,与学校里教的那些霸道而沉闷的算术和几何法则没有任何联系,甚至也与纳什在化学和电子实验当中进行的有趣而非常琐碎的计算无关。

《数学大师》是一些生动却未必精确的人物传略,它的神气活现的作者是加利福尼亚理工学院的一名数学教授,宣称自己对把数学家形容为"不修边幅、全无常识的梦想家"的"数学家的传统形象的荒谬谎言"非常厌恶。他向读者保证说,历史上那些伟大的数学家是一个具有非凡活力,

---

* 中译本《数学大师》,徐源译,上海科技教育出版社,2012年。——译者

甚至有些冒险精神的群体。他通过描述早熟婴儿、如同怪物一般迟钝的教育权威、极度的贫困、充满嫉妒的对手、爱情故事、忠实的支持者以及各种各样的夭折现象（有些是由决斗引起的），试图证明自己的观点。为了维护数学家的声誉，他甚至在回答"有多少大数学家是性变态者"的问题时，给出了"没有"的答案。"有些人终身未婚，通常是由经济能力不足所致，不过大多数人都有美满的婚姻……在这里讨论的数学家当中，惟一一个可能引起弗洛伊德主义者兴趣的是帕斯卡(Pascal)。"这本书甫一问世就十分畅销。

真正使贝尔讲述的故事引人入胜，而且具有学术诱惑力的精髓，在于他对数学问题的生动描述，这些问题曾在他记录的人物年轻时激发起他们的研究热情。贝尔还用活泼的语调保证说，有一些艰深而美妙的问题可以由业余爱好者（具体而言就是14岁左右的男孩）来解决。引起纳什注意的是贝尔描写费马(Fermat)的文章，费马是有史以来最伟大的数学家之一，同时也是17世纪法国一个绝对因循守旧的执法官吏，他的一生"平静、刻苦、平淡无奇"。费马与牛顿、笛卡儿分享了发明微积分学和解析几何的荣誉，不过他的主要兴趣却是在被称为"高等算术"的数论。数论"研究普通的整数1，2，3，4，5…之间的相互关系，这些数字在我们刚刚学会说话的时候就已经会说了"。

在纳什看来，试图证明有关素数——那些除了自身和1以外没有其他因子的神秘整数——的"费马大定理"的过程带来了一种方法上的顿悟，像爱因斯坦、罗素这样的数学天才，都曾在青少年时代经历过类似的具有启示性的时刻。爱因斯坦这样回忆他12岁那年初次了解欧几里得几何的"奇观"：

> 这里有一些说法，比如一个三角形的三条高线交于一点，尽管并不明显，却可以得到完满证明，从而使一切疑问变得没有理由。这样一种透彻性和确定性给我留下了难以描述的印象。

纳什没有讲过自己成功证明与费马大定理有关的一个问题的感受，这个问题说的是，如果n是任意整数，p是任意素数，那么，n自乘p次所得乘积减去n，得到的差可以被p整除。不过他在自己的自传文章里提到了这件事，着重描述了初次接触费马大定理后取得具体成果、发现和体会了自己的智能的激动心情——就像从无人留意的图案或意义中发现奇迹，这个时刻使他终生难忘。这种激动对于许多未来的数学家具有决定性的影响。贝尔讲述了成功解决费马留下的一个难题怎样引导德国著名数学家高斯(Carl Friedrich Gauss)在自己具备同样天才的两个领域里作出了选择。"正是这个发现……引导这个年轻人选择数学而不是哲学作为自己一生的工作。"

尽管证明费马大定理的念头令他神往，上述经历仍未使纳什的脑子里产生他本人也许可以成为一个数学家的想法。虽然他读高中的时候已经在布卢菲尔德专科学院选修了数学，并且在大学四年级时已经对数论很有研究，他仍然相当坚决地准备跟随父亲的足迹，做一名电气工程师。直到他进入卡内基工学院之后，由于他已经掌握足够的数学知识，可以免修大部分的入门课程，纳什的教授们才开始告诉他，说数学对于一些出类拔萃的人来说是一个现实的职业选择。

1941年12月7日，日本人对夏威夷的珍珠港海军基地发动袭击，那时纳什在高中一年级正读到一半。几天后，纳什和莫普(他这样称呼自己的妹妹)在父亲的指导下学习怎样用5.6毫米口径步枪射击。父亲驾车将他们带到山脊上，电力公司在那片草木丛生、积雪覆盖的松林里砍伐出一片宽阔的空地。他指着山脚下被煤烟熏黑的乌云盖住的小镇，用他同孩子们说话时一贯的温和、拘谨的语气告诉他们说，在打到他们群山环抱的西弗吉尼亚家乡以前，日本人不会甘心停步，因为只有摧毁这里的运煤列车才是破坏美国战争机器的惟一办法。

他说,一支5.6毫米口径步枪只是用来打松鼠的,你不可能用它打死哪怕一只鹿或一头熊。不过,对于妇女和儿童,它比重型枪支更易于掌握。他们实在没有选择余地。日本人不会满足于炸毁列车,他们还会进攻城市,把人们聚集起来,杀死所有平民,甚至对他们这样的学生也不放过。如果你学会用这支枪射击,你也许可以阻止某个企图追踪你的人,以便让自己有时间找到藏身之所,躲在那里等待军队前来营救。多年以后,当纳什在某个地方看到入侵者的秘密符号,并且认定只有他自己才能保卫整个宇宙的安全时,就会焦虑成疾,持续几小时或几天发抖、流汗、失眠。不过,在那个明朗的12月下午,当他碰到那支步枪时,却非常兴奋和快乐。

战争的消息如同雷鸣一般掠过布卢菲尔德,一节又一节满载燃煤的车厢隆隆驶出西部波卡洪特斯群山的煤田,为战争机器提供40%的维持运转必需的燃煤,部队的运兵车则挤满了水手和士兵,他们是来自艾奥瓦州和印第安纳州的圆脸的农场青年、来自匹兹堡和芝加哥的轮廓分明的工厂工人。战争将这座城镇从大萧条的睡眠状态中惊醒,并且振作起来。仓库和街道拥挤不堪,各种各样的废铁投机者和工于心计者大发横财。工人突然短缺,任何人只要想工作就能得到工作。布卢菲尔德的十几岁的少年在火车站转悠,参加战争债券宣传大会[影星加森(Greer Garson)也出席过一次]。他们在学校里加入收集马口铁罐头的活动,用他们在学校买到的整本整本的10美分邮票购买战争债券。这场战争使布卢菲尔德许多男孩迫切渴望快快长大,以免战争在他们还没有达到应征年龄的时候就结束了。不过纳什的妹妹记得他可不这么想。根据一个同学的回忆,他当时沉迷于用稀奇古怪的动物和人类的象形文字构造密码,有时这些密码被用以表达《圣经》里的句子:尽管有钱人高高在上,光彩夺目,威严庄重,我却郑重宣布自己不会妒忌他们。

对于一个具备学术天才,却又缺乏社交才能或体育兴趣,没能和同在一个城镇的同龄人融为一体的少年来说，青少年时代并不轻松。住在乡村俱乐部山上的男孩和女孩让纳什跟随他们在树林里徒步旅行、探索山洞、捕捉蝙蝠。但是他们发觉他的言谈、举止以及坚持要背上背包的行为实在令人莫名其妙。"他比一般人更容易被取笑，就是因为他太奇怪了，"住在纳什一家对面的雷诺兹(Donald V. Reynolds)说，"他觉得值得尝试的东西，我们认为非常疯狂。我们叫他'大智囊'。"有一次，邻居的几个男孩引诱他参加一个拳击比赛，他挨了一下打。不过，因为他的个子非常高大结实，不惧怕打架，这个玩笑最后变成十足的以大欺小的场面。他可从来不会放过任何可以显示他比别人更聪明、更强壮、更勇敢的机会。

无聊和慢慢发展的青少年特有的进攻性格，渐渐让纳什学会搞恶作剧，偶尔也会弄到不可收拾的地步。他用古怪的小漫画描述他不喜欢的同学。他后来告诉麻省理工学院一个数学家同事说，在他年少之时，曾经一度"喜欢虐待动物"。有一次他用装配式玩具做了一张摇椅，通上电，想让马莎坐上去。他还对邻居一个小孩搞过同样的恶作剧。布卢菲尔德商会主席沃克(Nelson Walker)给一名报社记者讲过下面的故事：

> 我比纳什小两岁。有一天我路过他在乡村俱乐部山上的房子，当时他正坐在门前的阶梯上。他叫我过去摸他的双手。我向他走过去，当我碰到他的手时，突然受到我生平经历过的最强烈的一次电击。原来他不知怎么早就把电池和电线藏在身后，所以他自己不会受到电击。可是当我碰到他的双手，就感到奔腾的火焰穿透全身，直把我惊得灵魂出窍。之后他只是微笑，我继续走自己的路。

这些恶作剧偶尔也会让他陷入困境。他在高中化学实验室里曾经造成了一次小爆炸，结果被叫到校长办公室接受训斥。另外一次，他和其他几个男孩没有遵守宵禁的规定，被警察逮住了。

大约15岁时，纳什与街道对面的两个男孩雷诺兹和柯克纳（Herman Kirchner）开始鼓捣土制炸药。他们聚集在柯克纳家的地下室（他们把那里叫做"实验室"），在那里造出了钢管土炸弹和黑色火药。他们还利用钢管和弹丸制造火炮，一次，用它射穿了一块厚木板，击中后面的一支蜡烛。一天，纳什拿着一个烧杯走进实验室。"我刚刚弄出了一点硝化甘油。"他非常激动地宣布。雷诺兹不相信他的话，叫他"走到下面水晶岩那儿，把烧杯扔在峭壁上，看看会发生什么事情"。纳什照做了。"幸运的是，"雷诺兹说，"它没响。否则他就一定会把整个山坡炸飞了。"1944年1月，这种研制炸药的游戏以令人害怕的方式告终。柯克纳当时正好是一个人，打算制造一个新的钢管土炸弹，结果炸弹在他的膝盖上爆炸，导致动脉断裂。在闻讯而来的救护车里，他因为失血过多而死。雷诺兹的父母在当年秋天就打好包袱，把他送进了寄宿学校。至于纳什，他的父母也许知道他究竟在多大程度上参与了研制炸弹的游戏，也许不知道，不过这次事故确实提醒了他们，儿子的实验可能给家里带来危险。

他实际上已经长大了，却没有结识一个密友。在他懂得怎样通过自己的学术成就改变父母对他的举止的批评时，也学会换上冷漠的坚硬外壳，武装自己，抵御旁人的排斥，并且运用自己的过人智慧进行反击。鲁宾逊（Julia Robinson）是美国数学学会首位女主席，在她的自传里，认为许多数学家在小时候都觉得自己是丑小鸭，没人疼爱，与他们那更加平常、更加顺从的同龄人在一起从来不能愉快相处。纳什明显的优越感、不友好的态度以及偶尔出现的冷酷无情，是他应付彷徨和孤独的方式。他和其他孩子缺乏发自内心的真诚交往，使他不能"明确了解自己在整个人群中的实际地位"，这种认识能帮助那些具有较多社会交往的孩子避免感到过分软弱或过分有力。如果他不信自己是值得疼爱的，那么感觉自己充满力量就是一种很好的补偿。只要他仍然有可能取得成功，就可以保全他的自尊心。

纳什选择了传统的逃避小城镇生活局限的道路：他在学校里的成绩很好。在弗吉尼亚的鼓励下，他选修了布卢菲尔德学院的课程。他贪婪地读书，大部分是未来派的幻想小说、科普杂志和真正的科学著作。"他真是一个了不起的解题高手，"他的高中化学老师后来这样对《布卢菲尔德每日电讯报》说，"只要我在黑板上写出一道化学题目，所有学生就会纷纷拿出铅笔和一张白纸，而纳什一动不动，他会用双眼盯着黑板上的方程式，接着很有礼貌地站起来，给我们讲出答案。他可以在自己的头脑里解答这个问题，从来不用拿出铅笔或纸。"少年时代的这种思维实验(Gedanken experimentation)有助于形成他后来解决数学问题的方式。他的同龄人越来越佩服他了，在战争不断从科学家中造就英雄人物的年代，纳什的同学们深信他已经成为下一个英雄的候选人。

上到高中最后一年，纳什跟两个同学威廉斯(John Williams)和劳坦(John Louthan)比较合得来，但是还算不上死党，他们两人都是布卢菲尔德学院教授的儿子。三个人一起乘坐公共汽车上学，纳什辅导威廉斯做拉丁语的翻译作业。威廉斯回忆说："我们被他迷住了。他是一个很有意思的家伙，差不多是这样吧。我记得我们从来没有去过纳什家，很大程度上我们的交往只限于学校。"他们三人还经常想出各种各样的诡计逃课。在SAT*测试推广之前，大学招生人员遵循惯例来到高中，邀请学生参加他们的入学考试。"我们花了好多个早上来做这些测验。"威廉斯说。

那年年初，在纳什的鼓动下，他们打了一个赌，说他们甚至不必翻破一本书就可以登上优等生的名单，只是现在没人记得赌注的数目是多少。三个人都觉得自己很聪明，同时看不起那些下苦功读书的学生和老

---

* SAT：学业能力倾向测验。——译者

师的温顺宠儿。"我们好像是让纳什用迷魂药麻倒了,同意打赌。"威廉斯说。纳什当时已经在布卢菲尔德专科学院上课,从来没有进过优等生联合会,只差那么零点零几分。另外两个却进入了优等生联合会,尽管大家的成绩其实只有一线之差。

老约翰建议儿子报考西点军校,这个建议也许再次反映了父亲担忧自己的儿子在没有拘束的大学里不能得到全面发展。不过,正如马莎所说,"就连我也看得出来这根本行不通。"不管纳什对于成为一个科学家抱有怎样的幻想,当他按要求在一篇文章里描述自己的职业理想时,他说希望成为一个工程师,像他父亲那样。他和老约翰合作写了一篇文章,介绍一种经过改良的公式,用于计算电缆和电线的合适张力。为了完成这个工作,他们花了好几个星期做实地测量,最后联名将结果发表在一本工程学刊上。后来纳什参加了西屋竞赛,成为全国赢得全额奖学金的10名学生之一。在纳什一家看来,这个成绩由于哈佛大学著名天文学家哈洛·沙普利(Harlow Shapley)的儿子劳埃德·沙普利也同时获奖而更加令人兴奋。纳什被卡内基工学院录取。由于战争关系,所有大学都加速教学,全年如此,这样学生就可以在三年后毕业。6月中旬,纳什离开布卢菲尔德,在邻近的欣顿乘火车前往匹兹堡。几个星期之后,庆祝希特勒战败的欧洲胜利日大阅兵隆重举行。

◇ 第二章

卡内基工学院

1945年6月—1948年6月

> 当时很少人成为数学家,那就跟成为在音乐会上演奏的钢琴家一样。
>
> ——博特(Raoul Bott),1995年

纳什去匹兹堡本来是要成为电气工程师或者化学工程师,可是他对数学的兴趣却与日俱增。没过多久他就把实验室和计算尺抛在脑后,一门心思钻研默比乌斯结(Möbius knots)和丢番图方程(Diophantine equations)。

匹兹堡到处可见冶炼厂、发电厂、污染的河流以及高耸的矿渣山,是一座充满罢工、暴力和流血事件的城市。浓重的含硫烟雾吞没了市区,以至于坐火车前来的人们常常将早晨误以为是午夜。卡内基工学院坐落在斯奎勒尔山的半山腰上,勉强算是逃出了这个地狱一般的环境。校园的建筑物原来是用象牙色的砖头砌成的,现在已经变成模糊不清的黑黄色。按照学生们俏皮的说法,这些建筑物的设计用意在于,万一卡内基(Andrew Carnegie)办学失败,可以改建为工厂。步行小径遍地都是煤烟颗粒,足足有小石子那么大。学生们课上到一半,就要把落在笔记本上的煤屑抹掉。即便是在仲夏正午,你也可以睁大双眼直视被烟雾遮掩的太

阳而不必眯起眼睛。

那时候,当地占据统治地位的精英人物都不愿接近而是躲开卡内基工学院,将他们的孩子送到东部的哈佛和普林斯顿。西尔特(Richard Cyert)在战后成为卡内基的教师,后来出任校长,他回忆说:"我来的时候,这里真是非常落后。"这所工程学院虽然已经拥有2000多名学生,却仍然和20世纪初那些专为电工和泥水匠的子女开设的职业学校没有什么两样。

不过,如同其他许多大学一样,卡内基在战后也开始发生变化。校长多尔蒂(Robert Doherty)抓住战时研究提供的大好机会,将这所工程学校变成一所真正的大学。他利用国防合同以及扩大招生的需求,积极招募数学、物理和经济学方面才气出众的年轻研究人员。数学家达芬(Richard Duffin)说:"他们确实大力促进发展理论学科。多尔蒂想把卡内基工学院变成一流大学。"

像西屋这样的总部设在匹兹堡的大公司慷慨提供了奖学金,帮助吸引少年天才进入卡内基。在1945年进入卡内基的奖学金获得者中,就有像画家沃霍尔(Andy Warhol)这样富有才气的年轻人,还有一群同纳什一样的学生,他们最终放弃了工程学科,转向科学和数学。

1945年6月,纳什坐火车来到这里,汽油配给制使汽车旅行变得很不现实。卡内基工学院仍然依照战时的模式运行:全年上课,取消大部分课外活动,关闭大部分联谊场所。不到一年时间,退伍兵蜂拥而来,教室里挤满了这些大龄学生。不过在那个6月,战争还有两个月才全部结束,校园里所见的基本上还是新生和二年级学生。获得奖学金的学生集中住在韦尔奇大楼,一起上大部分课程,这些小班课程都是由经过精心挑选的教授讲授的。教授中有一些是一流学者。比如,纳什上的第一堂物理课就是由埃斯特曼(Immanuel Estermann)讲授,这位物理学大师曾经为德国移民、1943年诺贝尔物理学奖得主斯特恩(Otto Stern)做过大部分的实验工作。

第一个学期还没有结束，纳什对工程学科的热情就消失殆尽了。机械制图课的一次不愉快的经历彻底打消了他原来的想法。"我讨厌标准化。"他后来这样写道。不过，事实证明，他重新选择的专业化学也同样不适合他的个性或兴趣。有一段时间，他曾给自己的一位老师担任实验室助理，却老是打破仪器，连连闯祸。他对在西屋实验室做的暑期工也感到很无聊，后来只好在实验室的车间里不断制作和抛光一个黄铜鸡蛋，以此打发两个月的时间。决定性的一击是他的"物理化学"成绩只得了C，这是他反复和教授争论，说这门课缺乏数学的精确性的结果。莱德（David Lide）回忆说："他就是不愿意按照教授指定的方式解答问题。"大体来说，纳什很可能会这样抱怨化学："它并不看一个人的思考能力有多强……而是看一个人能不能在实验室里正确使用移液管和滴定法。"当纳什还在实验室里挣扎的时候，就已经注意到刚刚进入卡内基的新面孔里有一群出色的年轻人。到了他上二年级那年，多尔蒂的提高理论学科水平的计划就为卡内基引来了爱尔兰剧作家约翰·米林顿·辛格（John Millington Synge）的侄子约翰·辛格（John Synge），他后来出任数学系主任。辛格的一只眼睛戴着黑眼罩，还有一个过滤器从一个鼻孔里露出来。尽管他的外貌吓人，但却充满魅力，他招募了一批年轻的学者，其中包括达芬、博特和温斯坦（Alexander Weinstein），温斯坦是一个欧洲移民，爱因斯坦一度请他担任自己的合作者。那年，曾在运筹学研究中做出开创性工作的普林斯顿拓扑学家塔克（Albert Tucker）前来讲学，卡内基当时的数学水平已经相当不错，给他留下了深刻印象，不禁承认自己觉得此行就好比"运煤到煤都纽卡斯尔一样多此一举"。

从一开始，纳什就让他的数学教授们大吃一惊，其中一个还叫他"年轻的高斯"。他选修了辛格讲授的张量分析（即爱因斯坦用来表述广义相对论的数学工具）和相对论。辛格赏识他的原创精神和追求难题的性格，开始和其他教授一起劝说他选择数学作为自己的专业,以后从事学术工作。纳什一度怀疑数学家能否成为谋生的职业,为克服这个想法他花了好些时间。不过,到了二年级中段,他的精力已几乎全放在数学上面。西屋奖学金的管理者对纳什转学数学有些不悦,但是他们得知这个消息时,已经太晚了。

大学是让许多丑小鸭发现自己是天鹅的时期,这并不仅仅限于学习方面,也包括社交场合。韦尔奇大楼里的男生年少聪慧,绝大多数都在这里找到了共同的话题,结交了性格相似的朋友,在一定程度上得到别人的认同,而这恰恰是在高中时所缺乏的,也是高中生活令人痛苦的原因之一。数学教授温伯格(Hans Weinberger)说:"我们在读高中的时候都不受欢迎,在这里才算可以和别人交谈了。"

纳什没有这么幸运。虽然老师们认定他将成为明日之星,但他的新同学却觉得他有些古怪,在社交场合显得笨手笨脚。"他是一个乡下孩子,即便用我们的标准衡量也算是不够开放的。"物理学专业的西格尔(Robert Siegel)这样认为。他仍然记得纳什从来没有出席过一场交响音乐会;举止奇特,在钢琴上来来回回弹着同一段和弦,有一回还把一个冰淇淋随手扔在自己放在休息室里的衣服上,任凭它融化;爬上正在睡觉的同学的身体,站在上面伸手关灯;输掉一局桥牌之后就大发脾气。

很少有人邀请他一起去听音乐会或者去饭店聚餐。兹韦费尔(Paul Zweifel)是一个热心的桥牌好手,曾经教纳什打牌,但纳什的爱发脾气、对牌局细节的粗心大意,使他不能成为一个理想的搭档。他曾和温伯格做过一个学期的室友,不过两人经常发生冲突,"他喜欢谈论理论方面的东西。"有一次纳什不断纠缠温伯格,以求结束一个争论。后来,纳什搬进了大楼走廊尽头的一个单人宿舍。"他孤独得不得了。"西格尔说。

在以后的岁月里,他取得越来越多的成就,他的同学们也变得越来越宽容。不过在卡内基,当他跻身其他少年的队伍中时,却成了众矢之的。

虽然没有怎么受到欺侮，因为其他男生畏惧他的力量和脾气，但是却遭到排斥，同学们经常嘲笑他。大家早已妒忌他的魁梧体型和聪慧头脑，现在更加起劲地捉弄他。"他是大家笑话的对象，因为他和我们不一样。"物理学专业的学生欣曼（George Hinman）说。"现在你的面前有一个缺乏社交经验的家伙，行为比实际年龄幼稚。你就会想方设法要让他难过。"兹韦费尔这样承认，"我们折磨可怜的约翰，真的太不近人情。我们实在令人讨厌，其实已经觉得他的精神有问题。"

那年夏天，纳什、兹韦费尔和另一个男生花了一个下午的时间，钻进卡内基地下的蒸汽管道，探索这个神秘的迷宫。在黑暗中，纳什突然转身面对两个同伴，脱口而出："天哪，如果我们被困在这里，我们就会变成同性恋者啦！"兹韦费尔当时15岁，觉得这句话实在莫名其妙。不过，到了感恩节假期，在没剩下几个人的宿舍里，纳什趁着兹韦费尔睡觉的时候爬上他的床铺，试图勾引他。

纳什在远离家庭的地方与一群男生朝夕密切相处，渐渐发现自己会被其他男生吸引。他用自己看来自然的方式讲话和行事，别人却觉得受到羞辱。兹韦费尔和宿舍里的其他男生一样，开始将纳什称为"霍默（意指同性恋者）"或"纳什-默"。"这个外号一叫开就没法摆脱了，"西格尔说，"纳什大受影响。"无疑，这个标签令他感到痛苦和羞耻，大家都体会过他的愤怒。

男生们搞了各种恶作剧捉弄他。有一次，温伯格和另外两个学生拿着一个军人用的床脚柜，把它当做攻城槌，企图撞开纳什房间的门。又有一次，兹韦费尔和另外几个学生明明知道纳什极度痛恨香烟的烟雾，却安装了一个装置，点上一包香烟，把烟雾收集起来。"我们一帮人聚集在纳什的门口，从底下将烟雾扇进去。"兹韦费尔说："几乎是一瞬间的工夫，他的房间就已经烟雾腾腾。"纳什勃然大怒。"他咆哮着冲出了房间，一把抓住瓦赫特曼(Jack Wachtman)，将他扔到床上，"兹韦费尔说，"他撕开瓦赫特曼的上衣，使劲打他的背，接着就冲出了房间。"

在其他场合，纳什用自己知道的惟一方式进行自卫。他不懂得怎样恶言谩骂、讥讽或戏弄别人，只好采取孩子气的办法表示生气。"'你这笨蛋，'他会说，"西格尔回忆道，"他公开蔑视他认为不如自己聪明的人。他对我们所有人表现这种蔑视：'你是一个自命不凡的傻瓜。'"大约过了一年时间，同学们渐渐认识到他是一个天才，他便开始在学生活动中心斯基伯大楼接待慕名前来求助的同学了。如同露天表演场地上那个握住长剑的魔术师一般，他喜欢坐在一张椅子上，叫其他学生尽管提出问题让他解答。许多学生纷纷跑来请教功课。他成了一个明星，但仍然是一个被遗弃一旁的局外人。

纳什站在行政大楼的数学系办公室门外，闷闷不乐地看着用大头针钉在公告板上的通知。这个地方即便是在阳光最明媚的日子，看起来也像是走进了林肯隧道。他在公告板前面站了好长时间。他没有排上前五名。

纳什以为荣誉唾手可得，现在他的幻想破灭了。帕特南(William Lowell Putnam)数学竞赛是专为本科生设立的一项著名的全国性比赛，由波士顿一个拥有祖传财富的家族赞助，这个家族以涌现了多名哈佛校长和教务长而闻名于世。当今，这项比赛吸引了2000人参加，在1947年3月它设立10周年之际，大约有120名选手参赛。不过，即便在那时，它已不仅只为胜利者带来荣耀，还是年轻人在数学世界取得立足之地的第一个机会。

那时和现在一样，参赛者会得到12道题目，每道题的答题时间为半小时，满分是120分。人人都知道这些题目非常难。无论是在哪一年，所有选手得分的"中位数"都是零，这表明尽管参赛者绝大多数是由所在系选拔出来的精英，仍然至少有一半参赛者没能取得哪怕只是其中一道题的部分分数。要想取胜,跻身前五名,一个年轻的数学家必须才思敏捷或特别有天分。奖品包括一笔钱,数目本身并不大,前十名各得20至40美元,排在前五位的学校代表队各得200至400美元,不过得奖者马上就会成为数学界的小明星,基本上都会被一所一流大学的研究生院录取。不同大学的研究生院对帕特南数学竞赛的成绩有不同的看法,但是,在哈佛,这个成绩一直都是非常非常重要的纪录。这一年,哈佛许诺为其中一名得奖者提供高达1500美元的奖学金。

纳什在读大学一、二年级的时候都参加了这项比赛,第二次终于进入前十名,却还不是前五名,而那时他也很自负。1946年,数学家莫斯科维茨(Moskovitz)用过去的比赛试题辅导卡内基工学院代表队。纳什可以解答莫斯科维茨和其他选手都不能解答的问题。结果,欣曼最终在1946年的比赛中进入前十名,但是纳什自己却没有做到,这在他看来无异于当头一棒。

若是换了别的19岁学生,特别是如果他曾经由于不及格而被迫放弃化学工程专业,却受到这个学院的数学老师的热烈欢迎,人人都说他将在数学领域作出一番了不起的事业,他很可能不会把失望放在心上。不过,对于一个一辈子都被同龄人排除在外的少年来说,达芬、辛格这样的教授的热情赞扬实在太少了,也来得太晚了。纳什渴望得到一种更加普遍的承认,按照他的看法,这种承认应基于一种客观的标准,不带一丝感情或个人关系的色彩。"他总是想知道自己的位置在哪里,"库恩最近这样说,"留在志趣相投者的群体里一直是非常重要的一件事。"几十年之后,纳什已经在纯粹数学领域赢得世界性的尊重,并且获得诺贝尔经济学奖,他却在自己的诺贝尔奖获得者的自传文章中暗示帕特南竞赛还在刺痛他的心,那次失败对他攻读研究生产生了极为重要的影响。今天,纳什仍然习惯于这样区分数学家:"噢,这是某某,他赢过三次帕特南竞赛奖。"

1947年秋天,达芬一言不发地站在黑板前面,皱起了眉头。他非常熟悉希尔伯特空间(Hilbert space),可是他备课的时候太匆忙了,在证明的过程中钻进了一个死胡同,毫无希望地卡住了。这种事情经常发生。

高级研究生班的5名学生开始有些坐不住了。在奥地利出生的温伯格常常可以解释冯·诺伊曼的著作《量子力学的数学基础》当中那些构思精致的要点,这部著作也是达芬选择的教材。不过现在温伯格也是眉头深锁。过了一会儿,大家的目光都聚集在那个笨手笨脚的本科生身上,他当时正在座位上坐立不安。"好吧,约翰,你到黑板这里来,"达芬说,"看看你能不能帮我摆脱困境。"纳什跳起来,大踏步走了上去。

"他比我们其他人出色得太多了,"博特说,"他很自然地就理解了一些高深的关键问题。每当达芬卡了壳,纳什就会挺身而出,助他一臂之力。我们其他人根本闹不明白在这种新情况下所要用到的技巧。""他永远都能给出好的例子和反例。"另一个学生回忆说。

课上完了,纳什还在教室转悠。"我会和纳什谈话,"达芬在1995年去世前不久说,"有一天下课后,纳什开始谈论布劳威尔(Brouwer)不动点定理。他运用反证法直接证明了这个定理。反证法就是证明如果事情不这样的话,将与已知事实发生矛盾。我不知道纳什以前究竟有没有听说过布劳威尔的名字。"

纳什在卡内基的第三学年和最后一年都选修了达芬讲授的课,19岁那年,他已经显示出一个成熟数学家的风范。达芬记得:"他努力将事物表达为某种有形的东西,试图将事物与他熟悉的东西联系起来,总是想在真正尝试某样东西之前先感受一下。他想利用小问题中出现的一些数字解答这个问题。这是拉马努金了解事物的方法,他宣称自己是从精灵那里得到答案的。庞加莱就说自己是在下车的时候想到一个大定理。"

纳什喜欢具有高度普遍性的问题。他并不擅长解决一些别致有趣的小问题。"他像是一个梦想家,"博特说,"会长时间冥思苦想。有时你可以看出他正在思考,而其他人也许正在那儿埋头苦读。"温伯格记得"纳什知道的东西比那里任何人都多,研究的问题我们根本就没法理解,掌握的知识令人惊讶。他很快就通晓数论"。"丢番图方程是他的至爱,"西格尔说,"我们没有一个人懂得那些东西,可是他在那时已经开始研究它们了。"

这些轶事清楚地说明,作为数学家终生感兴趣的东西——数论、丢番图方程、量子力学、相对论,早在纳什还是少年的时候就已让他深深着迷。至于纳什是不是在卡内基期间就已接触到博弈论,大家说法不一,纳什本人也想不起来了。不过,他确实选修了国际贸易的一门课,这是他在毕业之前读过的惟一一门正式的经济学课程。正是这门课程让纳什第一次开始认真思考其中一个观点,并最终为此赢得诺贝尔奖。

1948年春天,纳什仍在卡内基工学院念三年级,却已经被哈佛、普林斯顿、芝加哥和密歇根大学录取,这些学校拥有全国一流的数学专业研究生课程。在其中任何一所学校读过研究生,是最终获得一份理想的学术研究工作的前提条件。

哈佛是他心目中的首选。纳什告诉大家,他相信哈佛的数学系名列全国第一。哈佛的徽章和社会地位非常符合他的心意。哈佛作为一所大学,已经全国闻名,芝加哥和普林斯顿却做不到,尽管有很多欧洲学者在那里任教。在他眼里,哈佛就是龙头老大,自己将要成为一名哈佛人的前景相当具有吸引力。

问题在于,哈佛提供的奖学金比普林斯顿稍微少了一点。纳什认定哈佛之所以有点小气,是因为他在帕特南竞赛的成绩不够理想,据此,他认定哈佛其实不是真的想要他。对于这个挫折,他的反应就是拒绝前往哈佛。50年后,在他的诺贝尔奖得主自传文章里,哈佛对他的冷淡态度似乎还在刺痛他的心灵,他这样写道:"我得到奖学金,可以去哈佛或普林斯顿读研究生。但是普林斯顿的奖学金更加慷慨一些,因为我实际上没有真正赢过帕特南竞赛奖。"

普林斯顿非常热心。自20世纪30年代以来,普林斯顿数学系一直很强大,并且极力吸引最出类拔萃的研究生之中的精英。实际上,当时普林斯顿比哈佛还要挑剔,每年只接收10名经过精挑细选的学生,哈佛的人数则是在25名左右。普林斯顿根本不在乎帕特南竞赛或其他任何类似的比赛,也不在乎学生的分数成绩,他们非常注重自己推崇的数学家的意见。另外,一旦普林斯顿确定了自己想要得到的人选,就会全力以赴,紧追不放。

达芬和辛格都极力推荐普林斯顿,那里满是纯粹数学大师,比如拓扑学家、代数学家和数论学家。达芬尤其相信纳什无论其兴趣和气质都非常适合选择最抽象的数学作为职业。"当时我就觉得他会成为一个纯粹数学家,"达芬说,"普林斯顿在拓扑学领域一枝独秀,这就是我要送他去普林斯顿的原因。"至于纳什,他对普林斯顿的真正了解,仅限于爱因斯坦和冯·诺伊曼都在那里,还有另外一大批欧洲移民学者。在他看来,普林斯顿数学系包容外国人、犹太人和左倾主义者的复杂环境反而是一个微不足道的次要问题。

普林斯顿数学系主任莱夫谢茨(Solomon Lefschetz)感到纳什还在犹豫不决,就立即写信敦促他选择普林斯顿。这促使他终于接受了一份肯尼迪奖学金。这个为期一年的奖学金是整个数学系最丰厚难得的资助,不仅很少或完全不要求获得者做助教工作,还包括提供为研究生设立的普林斯顿寄宿公寓的一个房间,表明普林斯顿确实非常倾慕纳什的才华。总额为1150美元的奖学金包括450美元的学费,而且支付每年20美元的房租、每星期15美元的餐费以及其他生活开支后,还绰绰有余。

这个数字终于使纳什作出了决定。奖学金之间的差别无论从哪个现实角度来看都是微不足道的，但这笔数额很小的钱却影响了纳什的决定，这样的事情在他以后的人生旅途中还多次出现。很显然，纳什把普林斯顿的更加大方的奖学金看作衡量学校如何评价自己的一把尺子。莱夫谢茨个人的恳切要求也起了重要作用，其中的文字带有奉承这个年轻人的味道。莱夫谢茨的名言是"我们喜欢趁着前途远大的人才年轻并且仍然虚心向学的时候搜罗他们"，结果就这样一锤定音。

不过，在卡内基度过的最后一个春季里，纳什还想着另外一件事。随着毕业典礼临近，他越来越担心自己可能被征召入伍，他觉得美国可能还会卷入战争，而如果发生这样的事情，自己很可能成为步兵战士。第二次世界大战结束已经三年，军队仍然继续缩小规模，而且征兵工作实际上已经停顿下来，然而这不能让纳什安心。他是报纸的忠实读者，偏偏那个春季报纸上到处都是预兆，尤其是苏联封锁柏林，美英随即联合起来组织空投，"冷战"升温。他不愿看到自己的未来受到在他控制之外的力量的威胁，一心要抵抗一切可能威胁自己人身自由或计划的东西。

当莱夫谢茨答应帮助纳什在海军的一个研究项目里找一份暑期工，人人都察觉到他大大地松了一口气。这个项目是在马里兰州的怀特奥克进行，由莱夫谢茨过去的学生特鲁斯德尔（Clifford Ambrose Truesdell）主持。4月初，纳什写信告诉莱夫谢茨：

> 假如美国真的卷入战争，我觉得我为某个研究项目工作会比加入步兵更能起作用，也更加自在。今年夏天为政府资助的研究项目工作也许可以铺平道路，得到更令人满意的结果。

虽然纳什没有将自己的紧张情绪流露出来，这个春季的失望和焦虑却在他从卡内基毕业到抵达普林斯顿这段时间投下了阴影。

怀特奥克是首都华盛顿的一个郊区地带。1948年夏天，那里还是一片林地,沼泽遍布,空气潮湿,浣熊、负鼠和各种各样的蛇出没其间。怀特奥克的数学家来自各个地方,有的人早在战争中期就已经开始为海军工作,另外还有一些人是德国战俘。纳什在华盛顿市区找了一个房间,房东是一个华盛顿警官,他每天和两个德国同事合伙开一辆车去怀特奥克。

纳什一直期待这个夏天来临。莱夫谢茨曾保证说这份工作是纯粹的数学研究。特鲁斯德尔本人是一个很不错的数学家,也是一个宽容大度的主管,鼓励他的小组里的数学家继续钻研自己的课题。他给予纳什自由行事的权力,没有给过任何指示,也很少提到希望纳什在夏天结束离开小组的时候写出一些东西来。不过纳什似乎在研究上遇到一些麻烦。夏天开始时他曾经和特鲁斯德尔隐约提到过一些问题,最后却没有在任何一个问题上取得进展,也从来没有写出一篇论文。夏末,他不得不向特鲁斯德尔道歉,因为自己浪费了他的时间。

明显的事实是,纳什用大部分时间在周围散步,仿佛漫无目的,沉浸在自己的思绪之中。特鲁斯德尔的妻子夏洛特(Charlotte Truesdell)是这个项目的得力女助手,现在仍然记得纳什当时看上去显得特别年轻,令人惊讶,"就像一个16岁的少年",几乎不和其他人说话。有一次,当她问他究竟在想些什么,纳什反问她说,如果他把活生生的蛇放在其中一些数学家的椅子里,她(夏洛特)会不会觉得这是一个绝妙的玩笑。"他没有那样做,"她说,"不过他想了好长时间。"

◆ 第三章

宇宙的中心

普林斯顿，1948年秋

……一个优雅而拘泥礼节的村庄。

——爱因斯坦

……宇宙的数学中心。

——哈罗德·玻尔（Harald Bohr）

1948年劳动节，纳什抵达位于新泽西州的普林斯顿大学，杜鲁门（Truman）竞选连任总统宝座的活动也在这一天开始。当时纳什20岁，身穿一套崭新的套装，手里提着一个笨重的手提箱，里面塞满铺盖、衣服、信件和笔记，还有几本书。他从布卢菲尔德附近的欣顿坐火车来到这里，途经首都华盛顿和费城。怀着迫切而不耐烦的心情，他在普林斯顿中转站下了车，跳上往来中转站和普林斯顿大学之间的那辆小小的单轨列车"丁奇号"。这个铁路中转站是一个平淡无奇的中产阶级小区，距离普林斯顿只有几千米。

在他眼前出现的是一个优雅的村庄，仍然保留独立战争以前的风格，四周是平缓起伏的林地，溪流缓缓流淌，还有大片大片玉米地。普林斯顿是17世纪晚期基督教贵格会信徒建立的小镇，见证了华盛顿(Washington)指挥美国人大败英军的一场著名战役，1783年在未经正式宣布的情况下做了新生共和国的首都，历时6个月。大学各个学院的哥特式建筑物掩映在具有贵族气派的林木之间，加上石头砌成的教堂和仪表庄重的老房子，整个小镇看起来俨然是纽约和费城的富有的远郊，实际上它也就是这么一个地方。拿骚大街是这个小镇的主要街道，有些昏昏欲睡的样子，设有一排"比较好的"男士服装商店、两个酒吧、一个药房和一家银行。虽然这条街道早在战前已经铺设完毕，但是直到战后，走在上面的仍然是以自行车和行人为主。菲茨杰拉德(F. Scott Fitzgerald)在他的作品《人间天堂》中曾经将第一次世界大战时期的普林斯顿描述为"世界上最令人心旷神怡的乡村俱乐部"。爱因斯坦则在20世纪30年代说它是"一个优雅而拘泥礼节的村庄"。大萧条和战争基本上没怎么改变这个地方的面貌。普林斯顿一个富有的数学教授奥斯瓦尔德·维布伦(Oswald Veblen)的妻子梅(May Veblen)可以叫出镇上每一所房子的主人的名字，说出他们是白人还是黑人、生活富裕还是一般。初来乍到者无一例外都会被这里的高贵气派镇住。来自西部的一位数学家曾经说过："我总是觉得自己的纽扣好像没有扣好。"

即便是大学的数学系大楼里也随处可见卓尔不群而富有的人物。一个欧洲移民曾经满怀嫉妒地写道："我相信，范氏大楼(Fine Hall)是有史以来献给数学的最豪华的建筑物。"这是一座带有塔楼的新哥特式城堡，用红砖和石板砌成，具有巴黎的法兰西大学和英国牛津大学的怀旧风格。这座大楼的地基里有一个铅制的盒子，里面收藏了普林斯顿数学家的一些论文副本，以及这个行业的工具：两支铅笔，一支粉笔，当然了，还有一块橡皮擦。它的设计者是著名社会学家索尔斯坦·维布伦的侄子、我们在上面提到过的奥斯瓦尔德·维布伦，用意是使它成为一个令数学家"舍不得离开"的庇护所。环绕整个建筑的昏暗的石砌走廊最适合漫步思考，或是供数学家们彼此交谈。专为高级教授设立的9个"书房"（不是办公室！）带有精心雕刻的嵌板、内隐式文件柜、祭坛一般设置的黑板、东方式样的地毯和塞满东西的大件家具。为了适应迅速发展的数学工作的需求，每个办公室都安装了电话，每个电梯都带有一盏阅读灯。三楼那个配置完善的图书馆拥有世界上最丰富的数学刊物和书籍，每天24小时开放。喜欢打网球的数学家不必回家换衣服再来上班，因为网球场就在附近，并且配备了一个带有淋浴装置的更衣室。1921年大楼启用，一个正在读本科的诗人称其为"一个数学俱乐部，在这里还可以洗澡"。

1948年的普林斯顿之于数学界，就好比巴黎之于画家和小说家、维也纳之于精神分析家和建筑师、古雅典之于哲学家和剧作家一样。物理学家尼尔斯·玻尔（Niels Bohr）的弟弟哈罗德·玻尔曾在1936年宣称这里是"宇宙的数学中心"。当数学系的系主任们聚集一堂，召开第二次世界大战结束后的首次世界性会议时，地点就选在普林斯顿。范氏大楼容纳了世界上最具竞争力、最先进的数学系。它的邻居则是处于全国领先地位的物理系，两座大楼其实相互连接。物理系的教授维格纳（Eugene Wigner）曾在战时带着实验室的设备驱车奔走于伊利诺伊、加利福尼亚和新墨西哥，协助制造原子弹。*约莫2千米以外，在奥尔登农场的旧址上，矗立着普林斯顿高等研究院，这是柏拉图学院的现代翻版，爱因斯坦、哥德尔（Gödel）、奥本海默和冯·诺伊曼曾在这里书写板书，发表精彩的学术演讲。在这片位于纽约以南80千米的多姿多彩的数学绿洲上，来自世界各地的访问者和学生川流不息。这个星期在普林斯顿一个讲座上提到的问题，下个星期定会在巴黎和伯克利引起争论，再下个星期就会传到莫斯科和东京。

"在普林斯顿很难了解有关美国的东西，"爱因斯坦的助手因费尔德

---

* 见《乱世学人——维格纳自传》，关洪译，上海科技教育出版社，2001年。——译者

（Leopold Infeld）在回忆录中这样写道，"比在（英国）剑桥了解英国困难得多。在范氏大楼，人们说的英语带有那么多不同口音，以至于后来形成了一种混合物，叫做'范氏大楼英语'……空气里充满数学念头和公式。你只要伸出手掌，然后迅速攥紧拳头，就会觉得好像已经抓住了数学空气，手心里有几个数学公式。如果有人想亲眼看看一位著名的数学家，他根本不必专程拜访，只要静静地坐在普林斯顿，早晚这个数学家会到范氏大楼来的。"

普林斯顿大学在世界数学界独一无二的地位实际上可以说是突然取得的，其间只经历了不到12年。这所大学比合众国还要年长足足20岁。最初是长老会教友在1746年创立的新泽西学院，1896年才改名为普林斯顿大学，始终由教友执掌，直到1903年才有所改变，由伍德罗·威尔逊（Woodrow Wilson）出任校长。不过，即便在那时，普林斯顿大学仍然徒有大学之名，是一个"下等地方"、"大龄预科学校"，理科尤其如此。在这一点上，普林斯顿倒是与当时美国其他地方完全保持一致；根据一个历史学家的说法，这些地方"崇尚美国佬的发明才能，觉得纯粹数学毫无用处"。当时欧洲已经有了数十位身居要职、专门开发新数学的教授，美国却一个也没有。年轻的美国人不得不长途跋涉前往欧洲，接受文学士以外的学术培训。一个典型的美国数学家每周给本科生授课15—20学时，内容却只相当于高中数学水平，目的是赚取微薄的薪水，根本没有进行学术研究的积极性和机会。普林斯顿的数学教授因为不得不设法把二次曲线塞进深感无聊的本科生的脑子里，也许还比不上他在17世纪的前辈们，他们还能从事法律工作（费马）、伺候皇室（笛卡儿），或者同时拥有几个教授职务而教学的义务却微不足道（牛顿）。莱夫谢茨回忆1924年抵达普林斯顿的时候说，"那里只有7个人专门研究数学，我们没有办公场所，大家都要在家工作。"普林斯顿的物理学家的处境与此相仿，仍然停留在爱迪生

(Thomas Edison)和贝尔(Alexander Graham Bell)的时代,终日忙于测量电流,指导本科生实验,没完没了。20世纪20年代杰出的天文学家拉塞尔(Henry Norris Russell)由于把大部分时间花在自己的研究上,忽略了本科生的教学工作,结果与大学当局发生了冲突。不过,就轻视科学研究而言,普林斯顿其实与耶鲁、哈佛差不多。耶鲁曾连续7年拒绝向早已在欧洲享有盛名的物理学家吉布斯(Willard Gibbs)支付薪水,理由是他的研究"毫无意义"。

当数学和物理学在普林斯顿和其他美国大学痛苦挣扎时,一场数学和物理学革命已在4800千米以外的学术中心格丁根、柏林、布达佩斯、维也纳、巴黎和罗马等地蓬勃兴起。

科学史家戴维斯(John D. Davies)这样描述探索事物本质的一场戏剧性的革命:

> 经典牛顿物理学的绝对王国开始崩溃,学术界充满兴奋之情。接着,在1905年,任职于伯尔尼专利办公室的一个默默无闻的理论家爱因斯坦发表了4篇具有划时代意义的论文,堪与牛顿赢得荣耀的重要工作相媲美。最重要的一篇就是所谓的狭义相对论,指出质量就是凝结的能量,能量释放物质:一度被看作是绝对的空间与时间,其实依赖于相对运动。10年后,他系统阐明广义相对论,指出重力是物质本身的一个机能,对光的影响就如它对物质粒子的作用一样。换言之,光不是"笔直"前进的,牛顿定律并不反映真实的宇宙,只不过是通过有关重力的空想得出的结果。更重要的是,他创立了一套可描述宇宙的数学定律、结构法则和运动定律。

大约在同一时期,在格丁根大学,德国数学天才希尔伯特(David Hilbert)在数学领域发起了一场革命。他于1900年制订了一个著名的计划,目的不是别的,就是要使"数学公理化,使它可以遵循一个常规程序利用机械化加以解答"。在将现有数学置于更加稳固的基础之上的运动中,格丁根成为动力中心。"希尔伯特计划在世纪之交出现,是对已察觉的数学危机的一种回应,"历史学家伦纳德(Robert Leonard)写道,"这种努力是要推动数学家'打扫'康托尔集合论(Cantorian set theory),将数学建立在一个坚实而具有公理性质的基础上,这个基础由数目有限的公理组成……这标志着数学的重点转向抽象。"数学家日益远离"直觉的东西(在这里指的就是我们的由曲面和直线构成的世界),转向另一种状况,即将数学术语从直接经验中提取出来,在这个理论体系中如同公理一般得到简明的阐述。形式体系时代已经来临"。

希尔伯特的弟子包括后来在20世纪30年代和40年代成为普林斯顿明星人物的外尔(Hermann Weyl)和冯·诺伊曼,他们的工作强有力地推动人们用数学解决那些一直被公认为难以圆满处理的问题。希尔伯特和其他人相当成功地将公理化方法推广到一系列问题上,最显著的莫过于物理学,尤其是被称为"新物理学"的"量子力学",还有逻辑学和新兴的博弈论。

不过,在20世纪的前25年,正如戴维斯所说,普林斯顿以及整个美国学术界都"置身于这场引人注目的飞速发展之外"。促使普林斯顿转变成世界数学和理论物理学"首都"的催化剂是一个偶然事件——一个与友谊有关的偶然事件。威尔逊和他所在的时代那些受过良好教育的美国人一样,看不起数学,认为"普通人不可避免要背叛数学,因为它是一种形式温和的折磨,只有经历痛苦的练习过程才能掌握"。按照他的设想,普林斯顿将成为一所真正的大学,附带一个研究生院,拥有一个系统的教学体系,强调讲座和讨论,而不是着重练习和死记硬背,数学在这里没有任何用处。但是,威尔逊最要好的朋友范(Henry Burchard Fine)恰巧是一个数学家。正当威尔逊准备招聘文学和历史学者做教师的时候,范问了他一句:"为什么不找几个科学家呢?"完全是出于友谊,威尔逊同意了。1912年,就在威尔逊辞去普林斯顿校长职务、前往白宫做总统之后,范已成为理学院院长,着手招揽了一批优秀的科学家,其中包括数学家伯克霍夫(G. D. Birkhoff)、维布伦和艾森哈特(Luthor Eisenhart),给研究生上课。在普林斯顿校园,他们被称为"范的研究人员"。本科生们没有一个来自物理学或数学专业,他们纷纷抱怨说,"课程精彩,但是带有外国口音,难以理解,而且那是欧洲人的或者半神半人的理论说教。"

1928年,范在拿骚大街的一次自行车事故中受伤,英年早逝。假如不是几笔意外的慈善捐款从天而降,将普林斯顿变成全世界最伟大的数学家向往的地方,范的研究人员基地很可能分崩离析。许多人以为美国跃升科学强国是第二次世界大战的副产品,其实却是在19世纪繁荣的80年代一直到20世纪喧闹的20年代间积累的财富铺设了成功之路。

洛克菲勒家族通过投资煤矿、石油、钢铁、铁路和银行业积累了数百万美元的巨额财富,换言之,他们从横扫一切的产业化进程中得益,这场革命在19世纪末和20世纪初彻底改变了布卢菲尔德和匹兹堡这类城镇的面貌。当这个家族及其代表开始捐献部分财产的时候,受到对美国高等教育状况不满情绪的影响,他们坚信"不促进科学发展的国家不能自立"。洛克菲勒基金会及其分支机构知道欧洲正在兴起一场科学革命,因此他们的第一步就是派遣美国研究生出国留学,其中包括奥本海默。到了20世纪20年代中期,洛克菲勒基金会认为"与其让穆罕默德(Mahomet)到山那边去,还不如把山移到这里来"。这就是说,它决定引进欧洲学者。为了资助这个计划,基金会不仅投入了金钱,还以自身拥有的1900万美元资本作担保(相当于今天的1.5亿美元)。洛克菲勒董事会的一名智囊罗斯(Wickliffe Rose)穿梭于欧洲科学中心柏林和布达佩斯等地,收集新的主意和想法,与提出者会面。基金会则选择了三所美国大学向其提供巨额资助,普林斯顿名列其中。有了这些捐款,普林斯顿得以按照欧洲模式设立5个研究教授职位,薪水相当丰厚,同时建立了一项研究基金,用于资助在学和毕业的研究生。

1930年,首批欧洲学者抵达普林斯顿,其中包括两位青年才子,分别是希尔伯特和外尔的得意门生、生于匈牙利的冯·诺伊曼和物理学家维格纳。维格纳后来于1963年获诺贝尔物理学奖,得奖原因与他在原子弹计划中的重要工作无关,而在于他对原子和原子核结构的研究。他们两人分享由洛克菲勒资助的一个教授职位,半年时间在普林斯顿,半年时间回到原来各自所在的柏林大学和布达佩斯大学。根据维格纳的自传,他们一开始并不高兴,怀念欧洲大陆充满激情的理论讨论和咖啡室,在那里有意气相投的流动研讨会,教授和学生们一起探讨最新的研究工作。维格纳怀疑他们是不是充当了哥特式建筑的玻璃装饰。不过,热情推崇一切美国事物的冯·诺伊曼很快就适应了这里的新生活。后来,受到大萧条的影响,在欧洲做研究的机会越来越少,加上德国的大学日益排挤犹太人,他们终于留下来。

另一笔私人慈善捐款比洛克菲勒的资助来得更加出人意料,结果是在普林斯顿建立了一所独立的高等研究院。班伯格(Bamberger)一家是百货商店店主,在纽瓦克城开设了自己的第一家商店,经营纺织品发了大财。主人是两兄妹,在1929年纽约股市全面崩溃之前6星期,将持有的股票全部抛出,掌握的财富达到2500万美元。他们决定向新泽西州表示一下感恩之情,原本打算开设一所牙医学校,但医学教育专家弗莱克斯纳(Abraham Flexner)很快说服他们放弃开设医科学校的想法,转而创立一所一流的研究机构,那里没有教师,没有学生,也没有课程,只有不受外部世界变迁和压力影响的研究人员。弗莱克斯纳原本打算让经济学部成为这个研究机构的核心,不过很快就听取了别人的建议,转而认为数学是更合理的选择,因为它更"具有基础性质";另外,对于谁是最优秀者,数学家们的意见也更加集中一些。对于这个机构的地点,纽瓦克城只有油漆工厂和屠宰场，弗莱克斯纳希望招揽的超级学术明星当然不会乐意跑到这样的地方来，普林斯顿是更好的选择。据说是奥斯瓦尔德·维布伦向班伯格一家证明，普林斯顿完全可以——按照他的说法就是"从地形意义上"——被看作纽瓦克的郊区。

弗莱克斯纳满怀热情，揣着足以与富有的经理们相比的丰厚资金，开始满世界搜寻明星人物，许诺为他们提供从未听说过的高薪和充裕的额外津贴，并且保证他们拥有绝对的独立性。他的计划不早不晚恰恰与希特勒（Hitler）执掌德国政府撞在一处，德国的大学大量驱逐犹太人，人们越来越担心可能爆发另一次世界大战。经过长达三年的微妙谈判，欧洲最伟大的学者爱因斯坦终于同意成为研究院数学部的第二名成员，他在德国的一个朋友说出这样的名言："物理学的教皇走了，美国很快就会成为自然科学的中心。"奥地利维也纳的逻辑学神童哥德尔也于1933年到来，德国数学界的领袖人物外尔于一年后步爱因斯坦的后尘。作为接受邀请的条件之一，外尔坚持要求研究院同样为下一代学者提供机会。刚满30岁的冯·诺伊曼因此应邀离开大学，成为研究院最年轻的教授。简直就是在一夜之间，普林斯顿变成了新的格丁根。

普林斯顿高等研究院的教授们，最初是和大学的同事一起住在范氏大楼的豪华宿舍。1939年，他们搬进研究院刚刚落成的富尔德大楼，这是一座具有新哥特风格的砖砌大楼，坐落在英式草地中央，树木环绕，还有一个池塘，距范氏大楼只有两三千米。不过，等到爱因斯坦和其他学者搬家的时候，研究院和大学的教授们已经变成一家人，不同学派的学者在一起就像是乡里乡亲一样和睦融洽。他们一起进行研究，一起编写学刊，相互出席对方的讲座和研讨会，还一起享受午茶。高等研究院的声誉使大学可以更方便地招募到最出色的学生和教师，大学里那个相当活跃的数学系也像磁石一样吸引在研究院访问或永久工作的学者。

与此相反，一度被视为美国数学界宝地的哈佛到了40年代末已经"黯然失色"。它的传奇校长伯克霍夫去世了。它的一部分最出色的年轻学者也离开了,其中包括斯通(Marshall Stone)、莫尔斯(Marston Morse)和惠特尼(Hassler Whitney),其中两人转到普林斯顿高等研究院。爱因斯坦曾经在研究院抱怨说:"伯克霍夫是世界上最有名的反犹太人学者之一。"不论这种说法是否属实,伯克霍夫的偏见确实使他不能利用大批杰出犹太学者从纳粹德国移民过来的机会扩充哈佛。实际上,哈佛也忽略了维纳,他是他那个时代最了不起的美国出生的数学家、控制论之父、布朗运动(Brownian motion)的严密数学的发明者。不巧的是,他是一个犹太人,与后来成为诺贝尔经济学奖得主的萨缪尔森(Paul Samuelson)一样,他在剑桥的麻省理工学院找到了避难所,当时那里还只是一个工程学院,水平与卡内基工学院差不多。

卓越的美国哲学家威廉·詹姆斯(William James)和他的哥哥、小说家亨利·詹姆斯(Henry James)曾经这样写道,一群具有重要作用的天才人物将会引发整个文明的"震动和动摇"。不过,走在大街上的普通人却没有觉察从普林斯顿扩散出来的颤动,这种状况直到第二次世界大战结束才有所改变,当时那些带着可笑口音、衣着奇特、对于难以解释的科学理论怀有火热激情的学者成了民族英雄。

从一开始,来自欧洲的学者就给美国的数学和理论物理界带来了直接而震撼人心的影响。这些移民是一群天才,不仅带来了广泛而深厚的数学知识,还有一整套令人耳目一新的看法。尤其是这些数学家和物理学家在欧洲出生,了解19世纪与20世纪之交以来在欧洲进行的大量新研究的意义,非常熟悉数学在物理学和工程学中的应用。许多学者很年轻,正当研究生涯的顶峰时期。

有些历史学家将第二次世界大战称为科学家之战。由于科学需要高深的数学作基础,这场战争实际上也可以说是数学家之战,它触动了普林斯顿数学圈子里的中立主义者。普林斯顿的数学家参与了密码制作和破译的工作，取得的一个突破帮助美国赢得了中途岛之战，这一胜利成为美日海战的转折点。在英国，拥有普林斯顿博士学位、30年代曾在高等研究院工作过几年的图灵（Alan Turing）和他的小组，在布莱奇利破译了纳粹的密码，德国人对此却一无所知，这一举扭转了争夺大西洋控制权的潜艇战的局势。

奥斯瓦尔德·维布伦和他的几个副手在阿伯丁武器试验场彻底改写了弹道学，刚刚从哈佛来到普林斯顿高等研究院的莫尔斯则在美国军需品总管办公室牵头从事有关研究。另一个数学家、普林斯顿的统计学家威尔克斯（Sam Wilks）每天都根据前一天的观察，准确估计德国潜艇现在的位置。

不过，最伟大的贡献出现在武器设计制造学领域，包括雷达、红外线侦测装置、轰炸机、远程火箭和带有深水炸弹的鱼雷。这些新式武器造价昂贵，军方需要数学家发明新的方法检测它们的效力，并且找出最能发挥效力的途径。运筹学研究可以系统提供军方所需的数据。一枚炸弹需要释放多大的爆炸力才能造成某个程度的破坏？飞机应该加强防护，还是应该轻装上阵以提高速度？如果要轰炸鲁尔，该动用多少枚炸弹？所有这些问题都需要数学知识进行解答。

当然，最重要的贡献还是原子弹。普林斯顿的维格纳和哥伦比亚的齐拉（Leo Szilard）写了一封信，带给爱因斯坦，请他在上面签字，向罗斯福（Roosevelt）总统发出警告，说柏林弗里德里希皇帝学院的德国物理学家哈恩（Otto Hahn）已经成功地分裂铀原子，偷渡到丹麦的奥地利犹太人迈特纳（Lise Meitner）完成了如何通过这些成果制造原子弹的计算。丹麦物理学家尼尔斯·玻尔于1939年访问普林斯顿，传递了这个消息。"他们意识到这个新知识的军事意义，而他们的在美国出生的同行没有做到这一点。"戴维斯写道。1939年10月，战争爆发两个月以后，罗斯福作出回应，下令组建一个顾问委员会,对铀进行研究,后来就诞生了著名的"曼哈顿计划"。

这场战争丰富了美国的数学,赋予它全新的活力,巩固了移民中的佼佼者的地位,也使数学界有权要求分享战后出现的丰硕果实。这场战争不仅展现了新理论的力量,而且显示出高深的数学分析远比凭经验猜测更加优越。原子弹使爱因斯坦的相对论备受瞩目,而在这之前这个理论一直只被视为仍然有价值的牛顿力学的小修小改而已。

随着数学的地位在美国社会中重新确立,普林斯顿的名声也扶摇直上,不仅在拓扑学、代数学和数论领域独占鳌头,计算机理论、运筹学和新生的博弈论也处于领先地位。1948年,大家返回校园,豪爽乐观的情绪将30年代的焦虑和沮丧一扫而空。科学和数学被视为战后创造一个更美好世界的关键,政府希望拨款资助基础研究,军方尤其如此。学刊纷纷创办;人们制订了计划,筹备举办下一届世界数学家大会,这是自战前的黑暗日子以来的第一次聚会。

年轻一代蜂拥而来,迫切希望吸取前辈的丰富经验,同时也满怀自己独特的想法和态度。当然了,那时还没有女性学者,惟一的例外是来自牛津的卡特赖特(Mary Cartwright),那一年她正在普林斯顿。不过,普林斯顿已经打开了大门,对于一个年轻聪慧的数学家来说,出身是犹太人或外国人、带有工人阶级的口音、不是在东岸的大学毕业这样一些传统的障碍仿佛瞬间被打破了,再也不能将他拒之门外。校园里最显眼的不同就是"孩子们"和接近30岁的战争退伍兵、纳什这样20出头的学生一起上研究生课程。数学再也不是一个绅士的职业,而是一个充满活力的工作。"当时人们相信人脑可以运用数学思想做成任何事情,"那个年代的一名普林斯顿学生回忆说,"战后岁月也是危机四伏,比如朝鲜战争、冷战以及中国加入共产主义阵营,但是,说到科学,人们都非常乐观。普林斯顿校园里普遍认为你不仅就要面临一场伟大的学术革命,而且你本人就是其中的一个部分。"

第四章

天才的学校

普林斯顿,1948年秋

> 对话可以增强理解力,但是孤独却是天才的学校。
>
> ——吉本(Edward Gibbon)

纳什抵达普林斯顿的第二天下午,莱夫谢茨就在西休息室召集全体一年级研究生。他用锐利的目光注视他们,带着浓重的法国口音说他要告诉大家有关生活的真相。在整整一个小时的时间里,莱夫谢茨目光逼人,大声吼叫,不断用他的戴着手套的木头假手猛敲桌子,所说的东西既像是《圣经》的布道,又像是陆战队士官对新兵的训话。

新生们是最优秀的精英,每个人都经过精心挑选,好比在煤堆里找到的钻石。但是,这里是普林斯顿,是真正的数学家研究真正的数学的地方,和这些人相比,新生们只不过是一群娃娃,一群无知而可怜的娃娃。普林斯顿要把他们培养成人,就是这么回事!

莱夫谢茨像个企业家,精力充沛,犹如一台超负荷运转的人体机车,已经牵引普林斯顿大学数学系从"有教养的平庸之辈"脱颖而出,跻身一流行列。在他招募数学家的时候,脑子里只有一个想法:研究。他的专横而独具特色的办刊方针,使普林斯顿一度缺乏生气的《数学年刊》变成世界上最受推崇的数学学刊。他有时也因拒绝接收大批犹太学生而受到指责,说他开始走向反犹主义,他却辩解说这是因为即使这些人取得学位也不会有人愿意聘请他们。但是,没有人否认他的出色而果断的判断力。他好言劝说、发号施令甚至强迫执行,其目的都是使这个系更加强大,将学生们培养成真正的数学家,并像他自己那样坚忍不拔。

当莱夫谢茨在20世纪20年代来到普林斯顿的时候,他经常说自己是一个"隐身人"。他是系里首批犹太教师之一,大嗓门,举止粗鲁,从头到脚衣着低劣。在走廊里,人们假装看不见他,在职员晚会上也远远避开他。但是莱夫谢茨没有把这帮来自中上层白人特权阶层的缺乏男儿气概的势利之徒放在眼里,在他的生活中,早已克服远比他们更令人畏惧的障碍。他出生于莫斯科,在法国接受教育。他迷恋数学,却由于不是法国公民而不能以此为业,只好转学工程学,后来移民美国。23岁那年,一场可怕的意外事故改变了他的生活。当时他在位于匹兹堡的西屋公司工作,一个变压器爆炸,夺去了他的双手,花了好几年才得以康复。这期间他深感绝望,不过,这场事故最终却变成一股推动力,促使他追求自己的真爱——数学。他在克拉克大学攻读博士学位,这所大学因为弗洛伊德(Freud)曾在1912年举办过精神分析学讲座而闻名。不久,莱夫谢茨和另一位学数学的学生相爱并结婚,之后,在内布拉斯加和堪萨斯担任过一些微不足道的教学工作。尽管教学工作令人心力交瘁,他却利用课余时间撰写了一系列才华横溢、见解独到的论文,引起高度重视。最后,他接到普林斯顿的"召唤"。"我在西部度过的与世隔绝的孤独岁月在我的成长过程中相当于'一个灯塔里的工作',每个年轻科学家都相信爱因斯坦也有类似的经历,使他以自己的方式形成了他的思想。"

莱夫谢茨高度注重独立思考和独创精神,其他一切次之。实际上,他蔑视那些在他看来显而易见的论点的优美或刻板的证明。有人曾对他的一个定理做过一个聪明的新证明,他却不屑一顾,说:"别拿你的漂亮证明给我。在这里我们才不会费心研究那些小儿科的玩意儿呢。"据说他从来没有做过一个正确的证明,但也没有提出过一个不正确的定理。他对拓扑学的首批全面的论述是一部影响深远的著作,创造了"代数拓扑学"的术语。有人说这部著作"几乎没有一个完全正确的证明。有人传说这是莱夫谢茨在一个休假年里完成的……那时他的学生们根本没有机会进行校订"。

他了解数学的绝大部分领域,但是他讲课的时候经常语无伦次。他的一个学生罗塔(Gian-Carlo Rota)这样描述一堂几何课的开场白:"一个黎曼表面是一定形式的豪斯多夫空间(Hausdorff space)。你们知道什么是豪斯多夫空间,对不对?它也是紧的,好了。我猜想它也是一个流形。你们当然知道流形是什么。现在让我来给你们讲一个不那么平凡的定理,这就是黎曼—罗赫定理(Riemann-Roch theorem)。"

在1948年9月这个特别的下午,面对新来的研究生,莱夫谢茨只不过刚刚开始"热身运动"。"衣着整洁非常重要。拿走那个东西,"他指指一个笔杆,对一个学生说,"你看上去就像是一个工人而不是数学家。""叫普林斯顿的理发师给你剪剪头发。"他对另一个学生说。他们可以去上课,也可以不去,他不会骂人的。他还说分数没有任何意义,记录下来只是为了让那些"该死的教务长"高兴。只有作为研究生大考的综合考试才算数。

这里只有一个要求,就是每天下午必须参加午茶会。除了在这个场合,他们还能在哪里见到世界上最出色的数学系教授呢?噢,对了,如果他们愿意,可以拜访那个"芬芳的会客室"(他喜欢这样称呼普林斯顿高等研究院),看看能不能瞧见爱因斯坦、哥德尔或者冯·诺伊曼。"记住,"他总是这样重复,"我们才不会把你们当做娃娃那样,宠爱有加。"对于纳什,莱夫谢茨的开篇演讲一定像苏泽*的进行曲一样激动人心。

---

* 苏泽(John Philip Sousa, 1854—1932),美国作曲家,曾作有《星条旗永不落》等进行曲100余首。——译者

莱夫谢茨对于研究生的数学教育的看法,来源于德国和法国的研究性大学,后来成为普林斯顿大学数学系的指导方针。它的基本思想是尽快使学生投入到研究中去,同时在短时间内完成一篇过得去的毕业论文。普林斯顿大学这个小小的系本身积极从事研究而且有能力指导学生的研究,基本上与这个思想相适应,使之能得以实施。莱夫谢茨要的不是经过精心打磨的钻石,他认为在数学家的青年时代加以过分打磨会妨碍其日后发挥创造力。他的育人目标不是博学,虽然博学也令人赞赏,他要培养能作出独特而重要发现的人才。

普林斯顿给它的学生施加最大的压力,但是官僚统治的程度却很低。莱夫谢茨说过,系里对学生上课不作要求,这并不是夸大其辞。不错,系里提供课程,但是考勤和分数一样都是杜撰的东西。填写成绩报告单的时候,有些教授一律判A,有些教授会都给C,都是随手写写而已。你根本不需要上一节课就可以得到分数,学生的成绩单常常只是编造出来的东西,用来"讨好那些平庸之辈"。这里也没有课程考试。在数学系出的语言考试题中,要求学生翻译一段法语或德语的数学论文,不过这只是开开玩笑。如果你实在理不出这段文字的头绪——这种情况不大可能发生,因为这段话一般都会包含大量数学符号,文字极少——那么,你只要保证回去学会这段话,就能得到一个合格的分数。真正要紧的是"综合考试",这是一个包含5道题目的资格考试,其中3道题由系里指定,另外2道则由考生自定,在第一年的年底或最迟第二年进行。不过,即便是综合考试,有时也可能依据一个学生的优缺点而量身定做。举个例子,如果大家知道某个学生真的很好地掌握了一篇论文,不过他总共就学会了这么一篇论文,那么,如果考官们确实大受感动,就会自觉地把题目内容限制在这篇论文的范围里。学生动笔写最重要的毕业论文之前,另一件重要的事就是在系里找一个资历比较深的老师,支持自己选择的题目。

系里的教师对每个学生都了如指掌,如果他们认为某某不可能完成自己的题目，莱夫谢茨就会毫不犹豫地拒绝继续给予资助，或者干脆叫他离开。你要么成功，要么收拾包袱回家。结果是，通过了综合考试的普林斯顿学生通常可以在两三年里就取得博士学位，哈佛的学生却需要六七年，甚至长达8年的时间。哈佛，这个神圣而带魔力的名字曾令纳什无限向往，其实却是一个充满官僚主义繁文缛节和门户思想的梦魇，教师们根本没有多少时间可以花在学生身上。纳什是幸运的，因为他选择的是普林斯顿而不是哈佛，尽管一开始他也许没有意识到这一点。

人们普遍认为，无论环境如何，天才总会脱颖而出。比如印度大数学家拉马努金的传记作者就宣称，年轻的拉马努金曾经因为不及格而退学，只好屈就做家庭教师，度过了长达5年的与其他数学家完全隔绝的日子，而这段时间是他作出令人震惊的发现的关键。*但是，剑桥的数学家哈代（G. H. Hardy）最了解拉马努金，却在撰写拉马努金的讣告时，将他自己原先也认同的这种看法称为"荒谬的感情用事"。拉马努金在33岁那年去世之后，哈代写道："拉马努金的悲剧并不是他英年早逝，而是在不走运的5年里，其天才受到误导，改变了方向，在一定程度上被扭曲了。"

普林斯顿对待研究生的方式既有全面的自由，也有催促成果的沉重压力，这种结合可能最适合纳什这类有数学家气质和风格的人，为其创造了最惬意的气氛，有助于激发他的天才的第一次闪光。纳什的好运气——如果你把它叫做运气的话——就在于他登上了数学舞台，来到一个切合他的独特需求的地方。他满怀独立性、雄心壮志和完整无损的创造力来到这里，准备接受真正一流水平的训练，并将从中受益匪浅。

像其他普林斯顿研究生那样，纳什住在研究生院。这是一幢令人叹为观止的拟英国风格的大型建筑物，用深灰色的石头砌成，里面有一个天

---

* 见《知无涯者——拉马努金传》，罗伯特·卡尼格尔著，胡乐士、齐民友译，上海科技教育出版社，2002年。——译者

井。它坐落在小山坡顶上，俯瞰一个高尔夫球场和一个湖泊。研究生院距离亚历山大路另一端的范氏大楼差不多有2千米，约在范氏大楼和普林斯顿高等研究院的中间。下午的研讨会结束之后天就黑了，冬天尤其是这样，步行的话要走好长一段路才能回去，而且只要你来到这里，就不大想再出去了。大楼的选址是伍德罗·威尔逊和教务长韦斯特(Andrew West)之间的一场争吵的结果。威尔逊想让研究生和本科生住在一起，大家融洽相处，韦斯特则希望重建牛津的学院气氛，远离普罗斯佩克特街上那些喧闹而俗气的本科生餐室。

1948年，这里大约有600名研究生，什么人都有，主要是因为返回家园的退伍兵重新上学，他们的本科或研究生课程被战争打断了。研究生院与战前相比显得破旧了一些，急需彻底打扫，里面住满了学生。实际上宿舍已经供不应求，只好谢绝许多不那么走运的一年级学生，让他们住进村子里的出租屋。至于其他人，几乎都要和别人共用一个房间。纳什和托尔(Pyne Tower)住在一起，很幸运地得到了一个属于自己的房间，这是他的奖学金的好处之一。当时，除了一年级学生外，这里住了15—20个正在读二年级、三年级的数学系研究生，还有两个讲师。

正如韦斯特当初设想的那样，这里的生活阳刚、简朴而有学者风范。研究生们共用一日三餐，每周只要14美元。早餐和午餐是"早餐"室里供应的匆忙赶制的食品，让学生带走。不过在"学监大楼"里英国式餐厅供应的晚餐就显得轻松随意多了。餐厅镶着高大的玻璃窗，设有木制长桌，墙上悬挂普林斯顿显要人物的标准像，研究生院的教务长休·泰勒爵士(Sir Hugh Taylor)或仅次于他的主管带领大家作晚祷。没有蜡烛，没有美酒，不过食物非常可口。战前曾经要求学生穿着的长袍现在不需要了（后来在20世纪50年代初一度恢复，很快又取消了），不过还是要穿外套，打领带。

晚餐的气氛是男子辩论会、小圈子聚会和研究班讨论的混合体。虽然历史学、英语、物理学和经济学专业的学生和数学系的学生住在一起，但数学系的学生们却似乎遵循某种看不见的种族隔离法律，将自己与别人隔离开来，永远坐另外一张桌子。库恩、亨金(Leon Henkin)和盖尔(David Gale)是比较年长、世故的学生，喜欢在晚餐前到库恩的房间里喝一杯雪利酒。吃晚餐的时候，大家的谈话并不总是与数学有关，远比午茶时涉及的内容广泛。当年的一名学生回忆说，谈话常常围绕"政治、音乐和女孩"。政治辩论和体育讨论差不多，大家更愿意计算投注赔率和打赌，绝不仅仅是空谈一番。那年秋天，杜鲁门与杜威(Dewey)竞选总统带来了说不完的话题。研究生们作为一个更加多样化的群体，两个候选人的支持者形成势均力敌的两派，不像本科生，竟然有98%的人支持杜威。一名研究生甚至佩戴了一枚亨利·华莱士(Henry Wallace)的徽章，那是一个共产主义阵线组织"美国劳动党"支持的候选人。

关于女孩子，或者说是没有女孩子、难以见到女孩子，以及一些年长、阅历更加丰富的师兄们亦真亦假的成就也是热门话题。几乎没有人有约会的对象。女子不得进入餐厅，当然了，那时也没有女学生。一个学生吓唬教务长的妻子说，"在这里我们所有人都是同性恋者"，这句话风靡一时。在这种隔绝状态下，和女孩子约会的希望非常渺茫。几个富于冒险精神的男生在一个年轻讲师图基(John Tukey)的组织下，跑到当地一所高中参加星期四晚上的舞会，跳民间舞。但是，大部分学生都过于害羞和忸怩，连这样的事情也不敢做。数学家们很讨厌道貌岸然的休·泰勒爵士，他竭尽所能阻碍任何社交活动。一个学生曾被叫到教务长办公室，原因是在他的房间里发现了女子的内裤。事实却是，他的妹妹刚好到这里看望他，他为了保全自己的形象，当晚已经搬出去住了。有一次，院方颁布了一条看来毫无必要的规定，禁止研究生院的居住者在午夜之后在宿舍招待女子。仅有的几个确有女朋友的学生故意把这个规定理解为女子可以在宿舍留宿，只是不能招待而已。库恩就是在宿舍里度过了蜜月。女性可以和大伙儿在一起的惟一场合,是星期六在早餐厅进行的午餐。

简言之,社交活动相当普遍,要想变得真正孤独并不容易,不过也只限于和其他男生打交道,在纳什的圈子里,就是那些数学系的学生。学生宿舍里的聚会因此大多成了全男组合。那些夜晚经常有数学系的聚会,是一个学生按照莱夫谢茨的要求组织的,目的是招待数学系的某个来访者,实际上也是让学生们建立必要的学术联络,将来好找工作。

大学、研究院的教授们,以及来自世界各地的来访者,每天都在普林斯顿谈论数学,更不必说学生们自己了,这些讨论的质量、多样化和纯粹性与纳什过去的设想完全不同,更谈不上曾经体会过了。数学正在兴起一场革命,普林斯顿恰恰处于这个革命的中心。人人都在谈论拓扑学、逻辑学和博弈论,不仅有讲座、非正式座谈会、研讨会、课程以及每星期在研究院进行的爱因斯坦和冯·诺伊曼偶尔也会出席的周会,还有早餐、午餐、晚餐和晚餐之后在大部分数学系学生居住的研究生院举行的聚会,以及每天下午在休息室里进行的午茶会。当时,年轻的经济学者舒比克(Martin Shubik)正在普林斯顿学习,他后来描述说数学系"充满各种各样的想法和探索的狂热,令人目瞪口呆。哪怕一个茫然的10岁小孩光着脚,穿着破旧的蓝色牛仔裤,在茶会时间带着一个有趣的定理走进范氏大楼,也肯定有人愿意听听他的想法"。

茶会是每天的高潮,于下午3点到4点之间在范氏大楼进行,恰好在最后一节课和4点半开始的研讨会之间,研讨会可能持续到5点半或6点。每逢星期三,茶会就在西休息室进行,那里也被称为"教授室",这是一个更加正式的活动,谦逊的莱夫谢茨夫人和系里其他资深成员的夫人会穿上长裙,戴上白手套,来回倒茶和传递小甜饼。沉重的银茶壶和讲究的灰色英国骨瓷茶具都会派上用场。

在别的日子里,茶会在东休息室进行,那里也被称为"学生室",是一个使用了相当长时间、发出些异味的地方，到处都是带有软垫的皮扶手椅和低矮的桌子。将近3点时，管理员就会把茶和小甜饼送来。经过长时间独自工作、上课或参加研讨会之后，数学系的学生们都已筋疲力尽，三五成群或独自陆续来到这里。教授们几乎从不缺席，大部分研究生也是如此，还有零星几个比较早熟的本科生也来参加。整个聚会像是家庭团聚，规模小、气氛亲切。很难想象一个学生还能找到比普林斯顿茶会更好的机会，结识这么多的数学家。

谈话的内容不拘礼节，数学系的小道消息满天飞，比如谁正在研究什么、谁被哪个系教训了一顿、谁又在他的综合考试里遇到了麻烦。豪斯纳(Melvin Hausner)是普林斯顿的研究生，后来回忆说："你可去那里谈论数学，用自己的方式说说闲话，跟系里的老师们见见面，跟朋友们碰碰头，交流最近读到的数学论文。"

教授们认为自己有责任到这里来，不仅是要认识一下学生们，还要和他们分别聊天。大逻辑学家丘奇(Alonzo Church)看上去"就像是大熊猫和猫头鹰的一个杂交品种"，除非别人对他说话，否则绝不开口，有时直接走到摆放小甜饼的地方，用笨拙的手指夹起一块就走开了。富有领袖魅力的代数学家埃米尔·阿廷是一位德国歌剧演唱家的儿子，身材消瘦、举止优雅，喜欢坐在皮扶手椅上，点上一支骆驼牌香烟，向自觉不自觉地围拢在身边的弟子们谈论维特根斯坦和其他类似人物。拓扑学家福克斯(Ralph Fox)是围棋好手，几乎总是直奔围棋盘而去，同时招手要一个学生和他下棋。刚刚因为发现纤维丛而声誉鹊起的拓扑学家斯廷罗德(Norman Steenrod)是一个英俊而友好的中西部人，通常喜欢在这里下一盘国际象棋。莱夫谢茨的得力助手塔克是加拿大一个卫斯理宗教会牧师的儿子，为人拘谨，后来成为纳什的毕业论文导师。塔克进来之前总是先环顾一下整个房间，接着作一些挑剔的小调整，比如窗帘看上去有些歪，他就把它拉直；提醒某个学生不要拿太多小甜饼。有时候，这里也会出现一些来访者,他们往往就是从高等研究院过来的客人。

从某个角度看,午茶时聚集在这里的学生也像教授们一样引人注目。他们当中有贫穷的犹太人、新移民、富有的外国人、工人阶级子弟、二十多岁的退伍兵和十多岁的少年,是一个多彩而又出色的群体,他们中有泰特(John Tate)、朗(Serge Lang)、沃什尼策(Gerard Washnitzer)、库恩、盖尔、亨金和卡拉比(Eugenio Calabi)。这些年轻人大多属于羞怯、没有多少朋友而又不善交际的类型,对于他们来说,茶会无异于天堂乐园。普林斯顿大学数学系有史以来最聪慧过人的本科新生米尔诺(John Milnor)这样形容说:"在我看来一切都是那么新鲜,而那时我不善交际,害羞、与人隔绝。一切都那么不可思议,完全是一个崭新的世界。置身这个集体,我觉得就像在家里一样。"

不过,那里的气氛既友好,也不乏竞争味。茶会上的玩笑总是充满攻击性和力图胜人一筹的策略。在这个休息室,年轻的学生们小心翼翼地估计对方实力,虚张声势,摆开架势,争辩一番。在精确划分个人的价值和声望方面,没有什么别的文化可以比数学更能做到等级森严。不过,这种划分同时也总是充满悬念,不断变化,新的挑战和混战几乎每天上演。回顾本科岁月,这些学生大多是各自学校里最聪明、最出色的精英,但是现在他们却碰上了来自其他学校的佼佼者。和纳什一起入学的一个研究生承认:"竞争就和呼吸一样,我们因此迅速成长。我们是很难缠的,'这个家伙,他是个笨蛋,'我们会这样说。这样一来他就无法立足了。"

人们基本上按照不同的数学领域结为不同的派系。居于等级体系最顶端的派别是拓扑学,以莱夫谢茨、福克斯和斯廷罗德为核心。其次是分析,由莱夫谢茨在系里的主要对手博赫纳(Bochner)率领,他博学而有修养,爱好音乐和艺术。接下来就是代数学,成员包括埃米尔·阿廷和一些被选定的追随者。尽管丘奇在计算机理论的先驱研究者之间享有崇高的声望,逻辑学却出于某种原因没有得到大家的高度重视。以塔克为首的博弈论派在大家看来似乎相当没有地位,是这座纯粹数学象牙塔里一个反常的异端。每个派别都对自身的重要性坚信不移,并且有办法去贬低别人。

在纳什的一生当中,还从来没有见识过这样一个奇特的小型数学温室。这个地方很快就为他提供了迫切需要的情绪上和学术上的环境,使他可以体现自己的价值。

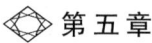

第五章

天才

普林斯顿,1948—1949年

我没让别人影响自己真是一件好事。

——维特根斯坦

数学系的讲师钟开莱(Kai Lai Chung)*经历过日本入侵其祖国中国的恐怖时刻,但当他发现教授休息室那扇门半开着,心里还是有些吃惊。这扇门通常都会上锁,难得会打开,但里面空无一人,钟开莱就喜欢在这样的时候进去看看。那里给人的感觉就像是空空荡荡的教堂,下午时分数学系名人济济一堂的庄严而令人敬畏的气派早已消失,只留下一个美丽的圣殿。

西休息室的厚厚的玻璃窗已经污迹斑斑,上面刻着牛顿万有引力定律、爱因斯坦相对论和海森伯(Heisenberg)不确定性原理的量子力学公式。日光从外面透进来。在房间的那一头,好像是为了改变这种气氛,设置了一个巨大的石砌壁炉。一边是一个雕像,显示一只苍蝇面对自相矛盾的默比乌斯带。默比乌斯曾经将一张纸条半扭过来,两端相接,形成一

---

* 后为斯坦福大学数学教授。——译者

个似乎不可能出现的东西：一个只有一面的表面。钟开莱特别喜欢阅读壁炉上镌刻的那段古怪的文字，那是爱因斯坦对科学的忠诚表白，原文是"Der Herr Gott ist raffiniert aber Boshaft ist Er nicht"，他相信这说的是"上帝是狡猾的，却并无恶意"。

在这个秋季的早晨，当钟开莱来到这扇半开的门前时，他突然停住了脚步。就在几米之外，那张占据了大半个休息室的巨大的桌子上乱七八糟铺满了稿纸，中间是一个英俊的黑头发男生。他躺在那里，两手交叉叠在脑后，嘴里轻轻吹着口哨，两眼看着屋顶，仿佛置身外面的草地上，在一棵大榆树下透过树叶仰望天空，神情极其轻松，一动不动，显然已经迷失在自己的思绪之中。钟开莱马上就认出这个与众不同的家伙就是那个来自西弗吉尼亚的一年级研究生。他觉得有点吃惊，又有点尴尬，转身离开门口，赶紧走开，以免纳什看见或听见。

一年级的学生特别自负，纳什尤其如此，而且更加古怪，很快就把其他人都比了下去。他的外表助长了这种印象，刚满20岁，看起来很年轻，也许比其真实年龄更加年轻，然而已经不再是笨拙的少年，好像刚刚从拖拉机上爬下来一般；身高1.85米，体重接近77千克，肩膀宽阔，胸肌发达，腰身细而结实。他具有运动员的体态，尽管他没有那个能耐。一个研究生回忆说那是"一个非常强壮、非常具有阳刚气概的身躯"，而按照另一个同学的说法，他"就像天神一样英俊"。他的高前额、有点突出的耳朵、线条笔挺的鼻子、丰满的双唇加上小巧的下巴，造就了一副英国贵族的容貌。他的头发垂落在前额上而不得不经常用手拨开。他的指甲很长，将大家的注意力引向他的相当柔软、漂亮的双手以及修长、优雅的手指。他的声音高亢、尖锐、冷淡而带南方口音，有时略带讽刺口气。他的讲话具有奥林匹斯山神一般的华丽气质，有点夸张，引人注目。此外，他的神情有些高傲，并会带着优越感对自己微笑。

从一开始人们就经常可以在茶会上见到他,他好像急于引起别人的注意,想要显示自己比那里的任何人都聪明。从纽约市立学院来的一个同学说:"他有本事将你可能认为重要的任何事情说得无足轻重,有时这会被当做一种奚落。"纳什讨厌别人说话滔滔不绝。如果某人说个没完,他就会跟着唠唠叨叨。有一次,纳什在黑板上写下"代数就是唠叨",正在讲话的那个学生学的就是代数专业,这行字让他觉得沮丧,说到一半就不说了。"有韧劲却不高明者"是纳什的另一个口头禅,指的是尽力做一件其实不值一做的事的人。一个学生这样描述:"纳什很愿意让每一个人看出他有多聪明,倒不是因为他需要这种尊敬,而是因为看不出这一点的人的观察力有待提高。如果有人还不知道,他就会花一点时间帮助他认识到这一点。他就是想得到更多的注意。"

纳什抓紧机会炫耀自己的成就。他会突然提起在本科生阶段时,他就已经完成高斯在代数学上的一个重要证明的崭新证明方法,而高斯的这个证明是18世纪的一个重大数学成果,现在在复变数理论的高级课程中讲授。

他还自称是一个自由思想家。在他递交的普林斯顿入学申请书上,对于"你的宗教是什么?"的回答是日本的神道教。他认为他的血统比周围的同学优越,对犹太学生来说更是如此。马丁·戴维斯(Martin Davis)是他的同学,在纽约布朗克斯区一个贫穷家庭长大,记得有一天曾和纳什一起从研究生院走向范氏大楼,一路上他都在讲述血统和天生的精英阶层。"他对于精英阶层确实有一套信念,"戴维斯说,"他反对种族融合,认为异族通婚会使种族血统遭到破坏。纳什觉得他自己的血统相当不错。"他有一次还问过戴维斯是不是在贫民区长大。

纳什看上去对一切有关数学的东西都很感兴趣,包括拓扑学、代数几何学、逻辑学和博弈论,似乎确实在一年级的时候深入学习了各个领域的知识。他后来还随口说过自己曾在普林斯顿"非常广泛地对数学进行了学习"。不过,他老是逃课,同学们根本想不起来什么时候曾经和他一起上过一堂正规课程。后来他说他上过斯廷罗德开设的代数拓扑学,教授本人实际上就是这个领域的创建者。斯廷罗德和艾伦贝格(Samuel Eilenberg)刚刚发明一些公理,奠定了同调论的基础。这些东西非常时髦,这门课程也吸引了许多学生,但是纳什却觉得这些东西对他来说显得过于形式化,几何成分太少,不合口味,于是就再也不去上课了。

在他攻读研究生期间,谁也没有看到他拿过一本书。实际上,他读书之少令人震惊。卡拉比是一个年轻的意大利移民,与纳什同一年进入普林斯顿,他说:"纳什和我在某种程度上都存在阅读困难问题,我在需要聚精会神阅读的时候难以集中注意力,当时我认为这是懒虫作怪。纳什为不读书辩护的理由就是过度学习二手知识可能损害创造力和独创精神,这反映了他对被动性和投降的厌恶情绪。"

纳什接收自己认为必需的信息的主要方式,就是对教师和同学搞一些小花招。他随身携带一块笔记板,在上面不停地给自己写纸条。卡拉比记得,那是一些留给他自己的小小的提示、想法、事实以及他想做的事情,他的字迹几乎难以辨认。有一次,他还告诉莱夫谢茨,说自己写信的时候不得不使用印有行线的笔记本纸,因为如果没有了那些行线,他的手稿就会变成一道"不规则的波浪线"。确实如此,他的笔记到处都是涂涂改改和拼写错误,甚至一些简单的单词也会写错,比如"InteresEted",其中的E就是画蛇添足。

他通过休息室里的谈话和出席前来访问的数学家的讲座来学习。卡拉比说,纳什"很有条理地提出一些精辟干练的问题,从答案之中形成自己的想法。我已经看出他的一些成果正在酝酿"。他的一些最出色的想法就是来自"他只学了一半、有时甚至理解错了的东西以及设法重组这些知识的过程,尽管他不一定可以完成重组"。

他总是提出探求性的问题。这些问题不仅涉及博弈论,而且与拓扑学和几何学有关,常常包含自己的一点猜测。米尔诺当年还是本科一年级学生,仍然记得他在休息室里提出的一个问题:

> 设 V_0 是一个 k 维奇异代数簇,嵌入在某个光滑簇 M_0 中,并且设 $M_1 = G_k(M_0)$ 是 M_0 的 k 维切平面的格拉斯曼簇,那么 V_0 自然提升为一个包含在 M_1 里面的 k 维簇 V_1。这样一直做下去,我们得到 k 维簇的一个序列 $V_0, V_1, V_2, \cdots$。那么,最终我们是否可以到达一个非奇异的簇 V_q 呢?

写到这里,米尔诺补充说,迄今为止上述猜想只在特殊情况下得到证明。

纳什显然把他的大部分时间花在思考上面。他喜欢借一辆停靠在研究生院门前架子上的自行车,沿紧密而小型的8字或更小一些的同心圆路线骑行。他在学院的方形院子里散步;沿着范氏大楼二楼阴暗的走廊滑行,肩膀紧紧抵着墙壁,就像一辆电车,始终不脱离灰暗的带装饰的墙壁。他还会溜进空无一人的休息室,更常去的是三楼的图书馆,钻到桌子或椅子下面,躺在地板上。几乎无论何时,他都在吹巴赫的曲子,通常是小赋格曲。他这样吹口哨常常导致数学系的秘书们向莱夫谢茨和塔克投诉。

豪斯纳回忆说:"他总是埋头思考。他可能独自坐在休息室里,也可能走过你的身边,却根本没有看见你。他总是在自言自语,或是在吹口哨。纳什总是在思考……如果他躺在一张桌子底下,这只是因为他正在思考。只是思考而已,你完全可以看出来。"

纳什看来很自得其乐。对单纯吸收知识深恶痛绝,强烈要求通过实践进行学习,是天才的一个最可靠的特征。在普林斯顿,纳什的思考开始变得紧迫而集中,他沉迷于从头学习。米尔诺回忆说:"这就好比他要为自己把过去300年的数学重新发现一遍。"随着这一年时间的推移,斯廷罗德渐渐变成纳什的咨询对象,他在几年以后这样写道:"与我认识的其他学生相比,纳什更加崇尚通过动手研究一个科目进行学习的方式。"

19世纪德国数学家高斯曾经抱怨说:"在我20岁以前,大量的想法汹涌而来,淹没我的思想,以至于我能控制和有时间研究的只是其中一小部分。"和他一样,纳什也被各种想法搞得应接不暇。斯廷罗德仍然记得,"在他做第一年的研究生功课期间,他就交给我一份平面上的一个简单闭合曲线的特征描述,实际上与怀尔德(Wilder)在1932年提出的结果完全一致。过了一些时间,他又在连通性的原始概念的基础上建立了拓扑学的一个公理体系,我叫他参考A·D·华莱士(A. D. Wallace)的一组论文。他在读第二年的时候,给我看了一个新型同调群的定义,事实证明这就是建立在同伦链基础上的赖德迈斯特群(Reidemeister group)。"斯廷罗德从一年级学生纳什那里看到的想法的特别之处在于,它们不是为显示一个早熟学生才华而设计的巧妙练习,而是充满数学趣味和重要意义的原创想法。

纳什随时随地准备发现问题。"他相当了解尚未解决的问题,"米尔诺说,"简直就是在盘问别人,看看什么是重要的问题,并流露出一份惊人的野心。"纳什在这种搜查过程中与在其他时候一样,显示出不同寻常的信心和高傲。抵达普林斯顿没多久的一天,他就跑去见爱因斯坦,概要说了一下自己有关修正量子理论的一些想法。

在普林斯顿的第一个秋天,纳什有时特意绕道走过繁忙的默瑟街,希望可以瞧见普林斯顿那个最引人注目的居民。多数情况下,在每天早上9点到10点之间,爱因斯坦会走出他的那幢位于默瑟街112号的装备护墙板的白色小楼,前往他在高等研究院的办公室。有那么几次,纳什设法从这位圣人一般的科学家身边走过,后者穿着松弛下垂的羊毛套衫,长裤也是松松垮垮的,脚上蹬了一双凉鞋,没有穿袜子,神情自若地走在大街上。纳什曾经想象自己怎样才能开始对话,好让爱因斯坦停住脚步,带着某种吃惊的表情打量他。不过,有一次纳什碰见爱因斯坦和哥德尔一起走,隐约听见他们用德语交谈的只言片语,伤心地想自己不懂这种语言,可能造成不可逾越的障碍,无法与这位伟人交流。

在1948年,爱因斯坦深受世人推崇已经超过25年,他的狭义相对论发表于1905年,证明光在空间传递的形式不是波,而是离散的粒子。1915年,广义相对论问世。天文学家们在1919年证明光线确实在太阳引力的影响下发生弯曲,与爱因斯坦的预言完全一致,为他带来了科学家中前无古人、也许还后无来者的崇高荣誉。爱因斯坦的政治活动分别围绕研制原子弹、核裁军、世界政府和以色列国,更为他增添了神圣的光环。

数十年来,爱因斯坦的主要科学工作有两项,其中一项已经取得成功,而另一项则彻底失败。他成功地向物理学领域最成功、最广为接受的理论之一——量子理论——的一些基本信条发起质疑,这个理论本来就是他自己在1905年证明光量子存在时建立的,后来得到玻尔和海森伯的进一步发展,他们坚信观察行为会改变被测对象。爱因斯坦在1935年对量子理论发起的进攻上了《纽约时报》的头版头条,此后从来没有任何人可以对此进行令人满意的反驳;实际上,20世纪90年代中期的最新实验数据刚刚使他的批评重获生机。

他更加关注的另一项工作就是建立一个单一的理论来描述光和引力两种现象。如同一个传记作者所说,爱因斯坦一直不能"接受宇宙被一分为二,一边是相对性,另一边是量子力学"。在他70岁生日来临前夕,他还在寻找一套适用于宇宙所有力和粒子的单一的、自洽的原理,还在琢磨后来成为他最后一篇论文的所谓的"统一场论"。

纳什并不满足于见到爱因斯坦,不久他就想让对方和他讨论问题,这从一个侧面体现了纳什的勇气和幻想的力量。在普林斯顿的第一个学期刚开始没有几个星期，纳什就在爱因斯坦位于范氏大楼的办公室里预约会见。他对爱因斯坦的助手说他有一个想法要和爱因斯坦教授讨论一下。

爱因斯坦的办公室是一个宽大、通风的房间，充足的光线从凸窗透进来，房间里有些乱七八糟。爱因斯坦的22岁的匈牙利助手凯梅尼（John Kemeny）是一个烟不离口的逻辑学家，后来发明了计算机语言BASIC，并成为达特茅斯学院院长以及调查三英里岛事件的一个考察团的团长，他引导纳什走进办公室。爱因斯坦的握手相当有力，以轻轻一扭结束。他请纳什在办公室远端的一张很大的木制会议桌旁坐下。

接近中午的日光透过窗户照进来，围绕爱因斯坦形成了某种光环。但是纳什很快就直奔自己的想法的实质，爱因斯坦非常有礼貌地听着，用手指拨弄一下脑后的鬓发，吸着他的没有烟草的烟斗，偶尔插入一个评论或提出一个问题。在他说话的时候，纳什开始注意到一种温和的模仿语言：深刻，深刻，有趣，有趣。

纳什后来回忆说，自己对于"引力、摩擦和辐射"有一个想法。他当时想到的摩擦，是一个粒子——比如光子——在空间移动时，可能由于自己的变化的引力场与其他引力场相互作用而遇到的那种摩擦。纳什充分考虑过自己的想法，因此整个会见的大部分时间里，他都在黑板上书写方程式。没过多久，爱因斯坦和凯梅尼也一起站到黑板前面来了。讨论持续了差不多一个小时。不过，到了最后，爱因斯坦只是慈祥地微笑着说："你最好还是多学一点物理，年轻人。"纳什没有立即听从爱因斯坦的建议，他也从来没有着手就自己的这个想法写一篇论文。他在年轻时代对物理学发起的这场进攻后来变成一种毕生的爱好，尽管这和爱因斯坦探索统一场论一样，不会有太大的收获。但是，几十年以后，一位德国物理学家发表了一个类似的想法。纳什显而易见地避免自己过分受到系里或研究院的任何一名教授的吸引，他的同学认为这不是害羞的问题，而是他想保护自己的独立性。当时认识纳什的一名数学家这样描述："纳什坚决维护自己的智力独立性,不想过分受到影响。他会和其他学生自由交谈,却总是担心过分亲近教授,惟恐自己被征服。他不想受到统治,讨厌在智力上存在依赖性。"

不过,他至少把一位教授——斯廷罗德——当做咨询对象。从个性气质来看,斯廷罗德与莱夫谢茨、博赫纳这样神气活现且态度专横的人大不相同,后者的演讲据说"令人兴奋,但是90%都是错的"。斯廷罗德是一个细心、有条理的人,他根据数学公式选择套装和运动外套,热衷于为犯罪这类社会问题设想一个高度符合逻辑的解决办法,哪怕实际上并不可行。斯廷罗德还很友好,热情而有耐心。纳什给他留下了深刻的印象,他觉得纳什很有魅力,以感到好玩的宽容雅量对待这个年轻人的急躁和乖僻。

纳什还是生平第一次置身于值得交谈的年轻人中间,哪怕这些人在他看来不是对手。他喜欢关心别人都在想些什么。一个同学说:"有些数学家大部分时间都在独自工作,他则喜欢交流看法。"他挑选出来的学生之一就是米尔诺,他是第一个引起纳什注意的年轻而出色的数学系学生,这样的学生有好几个。米尔诺高高的个子,举止轻快,有一张娃娃脸和一副运动员的身材,他当时只是本科一年级学生,却已经成为系里的金童子,人见人爱。在一年级期间,在塔克讲授的微分几何课上,他得知波兰拓扑学家博苏克(Karol Borsuk)的一个尚未证明的猜想,与空间里的一个纽结的曲线的全曲率有关。流传的故事说米尔诺误以为这个猜想是一道家庭作业,无论是不是这样,几天之后米尔诺带着一份书面证明过程来见塔克,他请求:"是否能行行好,帮我指出这个尝试中的瑕疵。我肯定里面有一个瑕疵,可就是找不出来。"塔克仔细研究了这则证明,还给福克斯和陈省身(Shiing-shen Chern)*看过,都没发现有什么问题。塔克鼓励米尔

---

* 陈省身(1911—2004),曾经获得沃尔夫奖的美籍华裔著名数学家,中国科学院外籍院士,1984年起任南开大学数学研究所所长,2000年回到中国,定居天津。——译者

诺将他的证明作为一个注记投给《数学年刊》。几个月后,米尔诺完成一篇精心构思的论文,提出了一个阐述纽结曲线曲率的完整的学说,博苏克猜想的证明反倒变成了其中的一个副产品。这篇论文比大部分博士论文都更有价值,于1950年发表在《数学年刊》上。米尔诺在普林斯顿的第二学期就赢得了帕特南竞赛奖,令整个系乃至纳什都非常惊讶(实际上,他后来还两次在这个竞赛中取胜,并且得到一份哈佛奖学金)。

纳什对与自己谈论数学的对象非常挑剔。佩萨科夫(Melvin Peisakoff)是后来同纳什在兰德公司共事的学生之一,他回忆说:"你不可能让他留下来长谈。他说到一半就会走开。要不就是根本不想作出回应。我记得纳什和别人谈话,从来不能文雅而温和地结束,我还记得他从来没有谈论过数学。即便是正教授,也愿意跟其他人讨论自己正在研究的问题。"

但是有一次,在休息室里,纳什曾概略地谈到自己的一个想法,另一个研究生对此很感兴趣,并且开始细心推敲这个想法。纳什说:"哎呀,也许我应该就此写一个注记,投给《美国科学院会议录》。"这个学生就说:"那样的话,纳什,别忘了提到我的工作啊。"纳什的回答是:"好吧,我会在一个脚注里说明当我产生这个想法的时候,某某也在这个房间里。"

纳什一直受人尊敬,却从不讨人喜欢。他从来没有受到邀请,去库恩的宿舍喝一杯雪利酒或和其他学生一起到拿骚大街喝啤酒。卡拉比回忆说:"他不是那种你想结为密友的人,我不知道有多少人会对他产生好感。"大部分研究生本身都有点古怪,囿于羞怯、尴尬、奇特的举止以及各种体力和精神上的不自觉的行为,不过他们一致认为纳什比他们更古怪。"纳什超出了惯例,"当时的一个研究生这样说,"假设他和20个人待在一个房间里,别人都在谈话,如果你问一个旁观者谁让他觉得古怪,这个人一定会是纳什。这不是因为他有意识地做了什么事情,而是在于他的忍耐、他的疏远。"

另一个学生回忆说:"纳什简直就像幽灵一般令人害怕,他不会正眼看你。他可能愿意花费大量时间回答一个问题,但如果觉得这个问题很愚蠢,就根本不会回答。他没有感情,其个性是骄傲与另外某种东西的混合体。他孤傲离群,但其内心其实也有[对其他人的]热情和尊重。"

如果他又在喋喋不休,那通常只是大声地自言自语。豪斯纳记得:"我们许多人常常不完全相信纳什所说的话。他说的事情如此标新立异,以致你根本不想和他一起探讨。'如果火星人占领这里,地球上会发生什么事情;面临一个充满暴力的时期,为什么会这样和那样。'你不可能理解他究竟在说些什么。纳什提出许多东西,它们都是没有完成的粗糙想法,大家并没有打算听取这些东西。我根本不想听,你和这个人在一起不会感到舒服。"

他的幽默感不仅幼稚,而且古怪。曾经有一个学生认为纳什本人应该为短暂恢复穿长袍进餐的规矩负责,这条规矩被学生们嗤之以鼻。1948年秋天离开普林斯顿的费利克斯·布劳德说:"首先,他写了一封信给泰勒,要求恢复这个规矩,而那个傲慢的笨蛋当时正在设法寻找一个这样的机会。不过这个规矩恢复之后,就再也没有人在餐厅吃饭了,这件事不会让纳什受欢迎。"

当他被激怒时,也会让大家大吃一惊。偶尔,嘲笑和讥讽可能引发暴力。有一次,纳什告诉阿廷的一个学生,说要想讨好阿廷的话,最好的办法莫过于勾引他美丽的女儿卡琳(Karin)。这个学生就是朗,人人都知道他正为自己一见到女孩子就害羞而痛苦不堪,朗随手把一杯热茶泼到纳什的脸上。纳什绕着桌子追他,将他摔倒在地,把冰块塞进他的衬衣里。又有一次,纳什拿起一个沉重的金属烟灰缸架(就是用来放玻璃烟灰缸的东西),砸在佩萨科夫的胫骨上,力道如此之大,使他足足痛了好几个星期。

1949年春天,纳什又遇到了麻烦。他在系里找到了一些有力的支持者,他们分别是斯廷罗德、莱夫谢茨和塔克。塔克是一直相信纳什确实"非常聪明,具有独创精神,只是相当古怪"的人之一,争辩说"他的创造能力……应该使人容忍他的古怪"。不过,系里不是所有人都这么想,有些人觉得纳什根本不属于普林斯顿,他们之中就有阿廷。

　　阿廷身材消瘦、面容英俊,有一双冰蓝的眼睛,声音充满谜一般的诱惑力,看上去就像一个20世纪20年代德国日间剧里的偶像人物。整个学年他都身穿一件黑色的皮革工装,脚下一双凉鞋,留着一头长发,不停地抽烟。阿廷作为"现代"代数的代表,曾经得到外尔的推荐在高等研究院担任一个职位,而这就是后来冯·诺伊曼取得的那个职位。阿廷是一个杰出的演说家,推崇波兰人和真才实学,不过他对那些不能达到他的严格要求的学生没有耐心也是出了名的。人人都知道他会在课堂上大声尖叫,向提出愚蠢问题的学生扔粉笔头。

　　阿廷和纳什在教师休息室里有过几次争执。阿廷一向喜欢和富有才华的学生交谈,但是很显然,他发现纳什不仅无礼、令人恼火,而且不学无术到了令人震惊的地步。在那年春天的一次教授会议上,阿廷说他看不出纳什有什么办法可以通过综合考试,而成绩较好的学生一般都应该在第一年年底参加这项考试。当莱夫谢茨提议向纳什颁发原子能委员会奖学金,以支付下一年的费用时,阿廷表示反对,还毫不含糊地说如果纳什离开普林斯顿,情况会有所改善。

　　在奖学金的问题上,莱夫谢茨和塔克战胜了阿廷。不过,他们劝说纳什不要在那年春天参加综合考试,而改在秋天考试。当时他仍然是安全的,但是,两年后,当他希望成为系里的助理教授的时候,他在一些教授当中不受欢迎的现象再次浮现出来。

第六章

弈棋

普林斯顿，1949年春

冯·诺伊曼，人们背后又叫他"伟人"，正在设法穿越人群。他的衣着向来整洁得体，一只手优雅地拿着一个茶杯，另一只手则拿着一个碟子。在这个春天的傍晚，学生休息室里显得特别拥挤，来自高等研究院、物理系和数学系的一大帮听众听完了某人的一个演讲，现在打算好好喝一杯午茶。冯·诺伊曼站在两个衣着相当随意的研究生身边看了一会儿，他们正弯腰盯着一块外表奇特的硬卡纸。硬卡纸是菱形的，上面布满了六角形，看上去就像浴室的地板一样。这两个年轻人正轮流在上面放下黑白两色的围棋子，现在差不多已经盖满了整个纸板。

冯·诺伊曼并没有向那两个学生或自己身边任何人打听他们正在下什么棋，而且，当他瞥见塔克教授后，就转移视线迅速走开了。不过，在当晚的教工晚餐上，冯·诺伊曼叫住塔克，刻意装出漫不经心的样子问："噢，顺便问问，他们下的是什么棋？""纳什，"塔克的嘴角只是微微动了一下，"纳什。"

弈棋是20世纪30年代移民们带进范氏大楼的充满吸引力的欧洲风俗之一。从那时开始，学生休息室就会被这个或那个游戏占据，现今是子棋,而在40年代后期玩的却是克里斯皮尔棋*、围棋,以及后来以发明人的名字命名的游戏"纳什",也叫做"约翰"。

纳什在普林斯顿读一年级的时候,天才的拓扑学家福克斯是一小队围棋爱好者的领军人物,围棋就是由他在战后引进的。福克斯是一个充满激情的乒乓球爱好者,现在又成为围棋高手,这没有什么希奇,毕竟数学是他的专长。他称得上是个专家,曾经应邀去日本下围棋,自己也请过一个著名的日本大师福田(Fukuda)在范氏大楼对弈。福田以前曾和爱因斯坦、冯·诺伊曼下过棋,并且取得了胜利,这次他也干掉了福克斯,这实在让纳什和范氏大楼中的一些居民暗自高兴。

不过,最受欢迎的还是克里斯皮尔棋,它是国际象棋的一个堂兄弟,在普鲁士流行已经长达一个世纪。《囚徒困境》的作者庞德斯通(William Poundstone)认为克里斯皮尔棋是在18世纪发明的,用作德国军事院校的一个教学游戏,原先是在一张标有德法边境地图的棋盘上玩的,上面划分了3600个方格。在布达佩斯长大的冯·诺伊曼和自己的兄弟玩过另一个版本的克里斯皮尔棋。他们在图画纸上画出城堡、高速公路和海岸线,根据一套规则攻击和躲避敌人。内战结束后,克里斯皮尔棋在美国出现,不过,庞德斯通引用一个军官的话抱怨说"只有数学家才能敏锐、机智地掌握"这个游戏,并将它和学习一门外语相提并论。30年代在休息室里出现的克里斯皮尔棋是在三个国际象棋棋盘上玩的,其中一个用来精确记录对弈双方的走子情况,只有裁判才能看见。对弈双方背靠背坐好,完全不知道对方如何走子。裁判只会告诉他们,这样走子是否遵守规则以及哪一个棋子给吃掉了。

纳什的一些同学记得,他们曾经认为纳什把自己在普林斯顿的所有时间都花在休息室里下棋了。纳什读高中的时候下过国际象棋,在这里

---

* 克里斯皮尔棋为一种双方分别在两个棋盘上下的国际象棋。——译者

则下围棋和克里斯皮尔棋,玩后者通常是跟斯廷罗德或图基对弈。他绝对算不上是一个高手,但是却有非同一般的攻击意识,弈棋带出了纳什天生的争强好胜的个性。当时的一个学生回忆说,他会大步走进休息室,大家就在那里下克里斯皮尔棋,他盯着棋盘,想也不想就用足以让对弈双方听见的声音说:"噢,白方没有在三步之前使王与车易位,真是错过了一个大好时机。"

有一次,一个新来的研究生罗杰斯(Hartley Rogers)与纳什下围棋,他后来回忆说:"他装出犯了一个错误的样子,让我以为自己逮住了他没有留意的一个地方,结果他不仅设法掌握了主动,还彻底打败了我。日本人认为这是一种非常容易招来反感的作弊方式,叫做'钩子',类似打扑克牌的时候制造假象迷惑对方的把戏。这个教训不仅说明他棋下得好,也说明他是一个出色的演员。"

这年春天,纳什发明了一种极其精妙的棋,令人目瞪口呆,迅速在休息室流行开来。这种棋其实是由丹麦人海因(Piet Hein)发明的,比纳什早了好几年,后来还在50年代由帕克兄弟公司推向市场,商品名叫"六角棋"。不过,纳什发明这种棋看来是在不知情的情况下独立完成的。

可以想象,当冯·诺伊曼从塔克那里听说他刚才看到的游戏居然是由来自西弗吉尼亚的一年级研究生凭空想出来的,内心一定感到一阵嫉妒的刺痛。当然,许多大数学家都喜欢设计棋和智力难题,从中自得其乐,不过很难设想有谁曾经发明过一种棋,会让其他数学家觉得它机智巧妙、引人入胜且不乏美学的迷人之处,而且非数学专业的人也可以玩得津津有味。那些人们爱下的棋的发明者,无论他发明的是国际象棋、克里斯皮尔棋或者15子棋,如今已经消失在时间的长河里。纳什的游戏是他的第一个真正的发明,也是显示他的天才的第一个坚实证据。

假如没有另一个研究生盖尔,这种棋很可能不会以实物的方式出现在普林斯顿大学数学系的休息室或者其他任何地方。盖尔是纽约人,战争期间在麻省理工学院的放射实验室工作,是纳什在研究生院认识的第一批同学之一,他与库恩、塔克共同主持每周一次的博弈论研讨会。盖尔迷恋数学智力难题和棋,现今已经成为伯克利的教授和《数学谍报员》的一个游戏、智力难题专栏的编辑。纳什当时知道盖尔热衷这些棋,因为盖尔习惯在研究生院的用餐时间悄悄用一把硬币摆出一个图形,或者直接画出一些格子,然后不无唐突地挑战同桌吃饭的人,问他们有谁可以解开这个谜。(50年以后,盖尔在旧金山为庆祝纳什获得诺贝尔奖而举行的一个小型晚宴上第一次与纳什重逢,他又故伎重演。)

1949年冬末的一个早晨,纳什有意在研究生院的方形院子里遇见比自己矮很多的小个子盖尔。"盖尔!我有一种包含完全信息的棋,"他脱口而出,"没有运气可言,只有纯粹的策略。我可以证明先行的一方永远是胜者,不过我不知道他会采用怎样的策略。如果先行的一方在这个游戏中失利,那是因为他犯了错误,但是没有人知道完美的策略是什么。"

纳什的描述因为过度简略而显得有些晦涩难懂,就和他平时解释事情一样。他不是按照带有六角形格子的菱形棋盘来描述这种棋,而是比划一个国际象棋棋盘。"假设在水平或垂直线上相邻的两个方格相互连接,同时处于一条确定的对角线上。"他说,接着他就开始解释对弈双方可能怎样做。

盖尔终于弄明白纳什究竟在讲什么,并深深为之着迷。他立即开始构思怎样设计一个真实的棋盘。纳什根本没有想过这件事,他只是从卡内基工学院的最后一年起就在脑子里设想这个游戏,从中取乐而已。"你可以做成一个漂亮的东西,我想。"来自一个富商家庭的盖尔说,他是一个讲究美学的人,同时又有点像个万能工匠。他当时就觉得这种棋可能具有某种商品价值,并对纳什这样讲了。

"于是我做了一个棋盘,把它留在了范氏大楼,"盖尔说,"大家用围棋的石制棋子来玩这种棋,它的精髓是其中的数学构思,我所做的只是设计工作,相当于纳什的代理人。"

"纳什"或"约翰"是具有完全信息的、分输赢的、"两人博弈"的一个精彩实例,其中一方总是有办法取胜。国际象棋和画"连城"游戏*也是具有完全信息的两人零和博弈,但是很可能以和局告终。"纳什"实际上是一个拓扑学博弈。正如米尔诺描述的那样,一个 n 行 n 列的"纳什"棋盘是一个由 n^2 个六角形组成的菱形。理想的规格是 14×14。棋盘的两条对边涂成黑色,另外两条对边涂成白色。棋手使用黑白两色的围棋棋子,轮流把棋子放在六角形上,而且一旦放下,棋子就再也不能移动。执黑者要设法用黑色棋子相互连接,构筑一条从一条黑色边界到另外一条黑色边界的连线。执白者要用白色棋子从一条白色边界到另外一条白色边界做同样的事情。对弈如此进行,直到其中一方取得成功。这种棋很有意思,因为它具有挑战性,同时也讨人喜欢,它和国际象棋不同,没有任何复杂的规则。

纳什证明了在一个对称的棋盘上,先行者总是可以取胜。他的证明极其巧妙,用米尔诺的话说就是"不可思议的非构造性的证明"。米尔诺玩这种棋玩得非常好。如果棋盘放满了黑色和白色的棋子,那么上面必然有一条连接两条黑色边界或两条白色边界的连线,不过永远不会出现两条。盖尔认为:"你可以从墨西哥步行前往加拿大,也可以从加利福尼亚游泳去纽约,可是你不能两样都做。"这就解释了为什么这种棋永远不会出现画"连城"游戏那样的和局。不过,与画"连城"游戏相反,哪怕对弈双方都想输棋,也总是有一方会取胜,不论你愿意还是不愿意。

这种棋很快就横扫休息室,也给纳什带来了许多崇拜者,其中包括年轻的米尔诺,他简直就被这种棋的创造力和优美迷住了。盖尔尝试推销这种棋。他说:"我甚至跑到纽约向几个制造商展示这种棋。约翰和我已

---

* 游戏时两人轮流在一个井字形方格内画"×"和"○",以先列成一行者得胜。——译者

经达成某种协议,如果这种棋卖掉了,我也可以得到一份收益。不过那些制造商都摇头,说一个思维棋永远也卖不出去。但是这确实是一种不可思议的棋,我又将它寄给帕克兄弟公司,不过从来没有得到回复。""六角棋"这个名字正是盖尔在给帕克兄弟公司的信中提议采用的,而帕克却将它用在那个丹麦人的棋上了。(库恩记得纳什曾向他描述过这种棋,很可能就是在研究生院一起吃饭的时候,使用的是每个点发出的6条箭头记号,在库恩看来,这就可以证明他的发明与丹麦人的成果没有任何关系。)库恩很喜欢下这种棋,给自己的孩子们做了一个棋盘,并且教会了他们。米尔诺至今仍然保存着他给自己的孩子们做的棋盘。他在纳什获得诺贝尔奖之后为《数学谍报员》写了一篇有关纳什的数学贡献的文章,一开头就充满深情地详细介绍了这种棋。

第七章

冯·诺伊曼

普林斯顿，1948—1949年

冯·诺伊曼是普林斯顿数学天空中最明亮的星星，也是新时代数学的倡导者。他在45岁那年已经成为全球公认的20世纪最具世界性、最多才多艺、最才思敏捷的数学家。正是他让美国的学术精英重新认识到数学的重要性，在这方面没人可与他相比。正如一个传记作者所说的那样，冯·诺伊曼不是奥本海默那样的名流，也不像爱因斯坦那样超然，他是纳什那一代人的行为榜样。他拥有十几个顾问头衔，不过最为人所知的还是他在普林斯顿。"我们都是被冯·诺伊曼吸引来的。"库恩这样回忆。纳什后来也是被他迷住才来到这里。

冯·诺伊曼可能是最后一个真正的博学者，他经常勇敢无畏地投身于用高度抽象的数学思想能带来新鲜观点的所有领域，取得了光辉的成就，确切地说是多个光辉的成就。从遍历定理的第一个有力证明到天气控制方法，从原子弹的聚爆装置到博弈论，从一种用于研究量子物理学的（有关算子环的）新代数学到带有预先储存程序的计算机的装配，到处都可以看到他的设想。到30岁时，他已是纯粹数学学者中的巨人，接着又成为物理学家、经济学家、武器专家和计算机科学预言家。在他发表的150篇论文中，60篇研究的是纯粹数学，20篇研究的是物理学，另外60篇研究的是应用数学，包括统计学和博弈论。1957年，他因癌症去世，享年53岁，当时他正在建立一个有关人脑结构的理论。

与简朴禁欲、超凡脱俗、被前辈美国数学家尊为偶像的英国剑桥数论学家哈代不同,冯·诺伊曼是凡夫俗子,兴趣广泛。哈代痛恨政治,认为应用数学令人厌恶,他将纯粹数学视为一种类似诗歌或音乐的美学追求,相信只有为了纯粹数学而研究纯粹数学才能取得最佳效果。冯·诺伊曼认为纯粹数学与最坚实的工程学问题并不互相冲突,就像不受他人影响的思想家与政治活动家各行其是一样。

冯·诺伊曼属于首批乘火车或飞机穿梭于纽约、华盛顿或洛杉矶的学术顾问,他们的名字频繁出现在新闻报道中。1933年,他放弃教学来到普林斯顿高等研究院,又在1955年放弃那里的全职研究工作,成为原子能委员会的权威成员。他是告诉美国人应该怎样考虑原子弹和苏联人,以及怎样考虑和平利用原子能的人之一,据说1963年库勃里克(Stanley Kubrick)导演的影片中那个核战争狂,即斯特兰奇洛夫(Strangelove)博士就是以他作为原型。他是一个激进的冷战斗士,主张向苏联发动一次先发制人的攻击,并且为核试验进行辩护。他结过两次婚,非常富有,喜欢昂贵的衣服、烈酒、高速汽车和色情笑话。他是一个工作狂,举止粗鲁,有时甚至冷酷无情。他基本上难以被人理解,长期流传在普林斯顿的一个笑话说,冯·诺伊曼其实是一个懂得怎样完美模仿人类的外星人。不过,在公开场合,他却洋溢着匈牙利人的魅力和才智。冯·诺伊曼那幢砖砌大宅位于普林斯顿时髦的图书馆区,一个了解他的数学家哈尔莫斯回忆说,他在那里举办的晚会是"经常性的、著名的和长时间的"。他可以用4种语言像连珠炮似地巧妙应答,旁征博引,从历史、政治到股市无所不知。

他的记忆力惊人,思维运转的速度也是同样不可思议。他可以迅速记住一列电话号码以及几乎其他任何东西。到处可以听到冯·诺伊曼在多次计算表演中击败计算机的故事。哈尔莫斯在一篇悼念文章里提到首次测试冯·诺伊曼的电子计算机的故事,有人提出类似"右起第四位是7的最小的2的幂是多少"这样的问题。哈尔莫斯说:"机器和冯·诺伊曼同时开始计算,结果他首先完成。"

另外一次,有人请他解答著名的苍蝇问题:

> 2辆自行车起初相距20千米,相向而行,均以每小时10千米的速度匀速前进。与此同时,一只苍蝇从向南行驶的自行车的前轮起飞,以每小时15千米的速度匀速前进,飞向向北行驶的自行车的前轮,接着折返,飞向向南行驶的自行车的前轮,如此下去,直到它被两辆自行车的前轮压扁。问题是:这只苍蝇飞行的总距离有多长?

> 有两个办法可以解答这个问题。一是首先计算苍蝇在两辆自行车之间飞行一次经过的距离,然后计算这样得出的无穷数列的总和。二是算出两辆自行车将在一个小时之后相遇,也就是说这只苍蝇只有一个小时的时间用来飞行,因此答案必然就是15千米,这种方法简便快速。当这个问题摆在冯·诺伊曼面前时,他立即就给出了答案,让提问者大失所望,说:"噢,你以前肯定听说过这个诀窍!""什么诀窍?"冯·诺伊曼反问,"我所做的就是算出那个无穷数列的总和。"

如果你知道冯·诺伊曼在6岁那年已经可以心算得出两个8位数字相除的商,就不会觉得这个故事难以置信了。

冯·诺伊曼出生于布达佩斯一个犹太银行家家庭,绝对可以说是少年老成。他8岁已经精通微积分,12岁开始阅读专为职业数学家提供的著作,比如埃米尔·博雷尔(Emile Borel)的《函数理论》。不过,他同时还热衷于发明机械玩具,并且成为熟悉拜占庭史、内战和圣女贞德审判的少年专家。等到上大学的时候,他同意学习化学工程,以此作为对父亲的一种妥协,后者担心自己的儿子不可能以数学家的工作谋生;冯·诺伊曼提出的条件就是进入布达佩斯大学。接着,他立即动身前往柏林,在那里潜心钻研数学,其中包括出席爱因斯坦的访问演讲会,每个学期即将结束之际赶回布达佩斯参加考试。19岁那年,他发表了自己的第二篇数学论文,提出了序数的现代定义,比康托尔的定义更加出色。到了25岁,他已经发表了10篇重要论文,30岁的时候这个数字已经接近40。

在柏林,作为一个学生,冯·诺伊曼经常坐三个小时的火车去格丁根,就是在那里他认识了希尔伯特。这种关系引出了冯·诺伊曼于1928年发表的那篇著名的有关集合论公理化的论文。后来,他发现了第一个具有数学严谨性的遍历定理的证明,解决了希尔伯特所谓的"紧群的第五问题",发明了一种新代数学和一个叫做"连续几何学"的新领域,这是维数可以连续变化的几何学(现在人们可以提到3.75维,而不是第4维)。他同时还由于发明了新的研究途径而成为开拓其他学科的数学家的领袖人物。冯·诺伊曼在20岁的时候,就已经完成他那篇关于会客室博弈理论的著名论文,以及有关新的量子物理涉及的数学的具有奠基意义的重要著作《量子力学的数学基础》,纳什在卡内基就读过该书的德文原作。

冯·诺伊曼先是在柏林担任编外讲师,后来去了汉堡。1931年,他在普林斯顿大学成为只上半班的教授,1933年加入普林斯顿高等研究院,当时只有30岁。战争爆发之际,他的兴趣再次发生转移。哈尔莫斯说:"在那之前他仍然是一个懂物理的顶尖纯粹数学家,之后就变成一个记得自己的纯粹理论工作的应用数学家。"在战争期间,他与莫根施特恩(Morgenstern)合作,完成了一部长达1200页的手稿,后来以《博弈论与经济行为》书名出版。从1943年开始,他成为奥本海默的曼哈顿计划中身居要职的数学家,对原子弹的贡献就是提出了一个引发核燃料爆炸的内爆方法,这个方法将研制原子弹所需的时间大约缩短了一年。

1948年,他回到普林斯顿高等研究院,成为普林斯顿的一个重要人物。他并不教书,却在高等研究院编辑刊物并接待崇拜自己的人。他不时出席范氏大楼的茶会,和奥本海默围绕能否和是否应该研制氢弹(或当时所谓的"超级武器")进行的著名辩论正进入白热化阶段。他对气象预测和控制深感兴趣,有一次还建议将北极和南极染成蓝色,从而提高地球的温度。他不仅向物理学家、经济学家和电气工程师证明拘泥形式的数学也可能为他们的领域带来全新的突破,而且使最纯粹的年轻数学家意识到,将数学应用于现实世界各个学科是非常迷人的事情。

到战争结束时,冯·诺伊曼的真正兴趣已经转向计算机,尽管他说这种兴趣是"令人厌恶的"。他并没有造出第一台计算机,但是他的有关计算机结构理论的想法却得到采纳。他还发明了计算机必需的数学技巧。他和他的合作者们发明了预先储存而非硬接线的程序、一台数字计算机模型以及一套用于天气预测的系统,这些学者当中包括后来成为IBM科学总监的戈德斯坦(Hermann Goldstine)。由于崇尚理论的高等研究院没有兴趣研制一台计算机,冯·诺伊曼就向海军推销自己的想法,理由是诺曼底登陆几乎由于低劣的天气预测而失败。他促成了最后被命名为MA-NIAC的机器的诞生,这是一个用于改善天气预测的装置。不过,最重要的一点在于,冯·诺伊曼是最清楚了解这些"会思想的机器"的潜力的学者,他在1945年蒙特利尔的一次讲话中指出,"纯粹数学和应用数学的许多分支非常需要计算工具,用以打破目前由于纯粹分析的研究方法不能解决非线性问题而形成的停滞状态。"

冯·诺伊曼接触过的每件事都浸透了他个人的迷人魅力。他勇敢无畏地远远走出数学领域,激励年轻天才争相仿效,其中就有本书的主人公纳什。他应用相似的方法解决不同的问题取得成功的经历,为那些解决实际问题胜于学术研究的年轻学者亮起了前进的绿灯。

第八章

博弈论

> 发明刻意过度简化的理论是科学的主要技巧之一,在数学分析得到广泛应用的"精密"科学领域尤其如此。如果一个生物物理学家可以有效地运用细胞的简化模型,一个宇宙学家可以有效地运用宇宙的简化模型,那么我们就有理由期待简化的博弈可能被证明为讨论更加复杂的冲突的有用模型。
>
> ——威廉斯,《策略大师》

纳什开始留意到范氏大楼里出现的一个新的数学分支。这是由冯·诺伊曼在20世纪20年代发明的一种方法,尝试将讨论的焦点放在博弈上面,以此作为人类理性之实践的背景,建立一个有关理性人类行为的系统的理论。

冯·诺伊曼与莫根施特恩合著的《博弈论与经济行为》第1版于1944年出版。当时,塔克正在范氏大楼主持一个新的博弈论研讨会,深受欢迎。海军曾在战争期间将这个理论用于反潜艇战,现在向普林斯顿大洒金钱,支持博弈论的研究工作。数学系内外以及高等研究院的纯粹数学家仍然倾向于将这个带有社会科学和军事方向的数学新分支看作"微不足道"的东西,"不过是最新的流行玩意儿罢了",是"没有社会地位的落魄者"。但是对于当时在普林斯顿就读的大部分学生来说,博弈论具有迷人的魅力,它难以捉摸,就像与冯·诺伊曼有关的一切事情一样。

库恩与盖尔一直都在谈论冯·诺伊曼和莫根施特恩的著作。纳什出席了冯·诺伊曼的一次演讲,那是塔克研讨会最早的演讲之一,他完全被这个富含尚未解决的有趣问题的宝藏深深吸引,很快就成为这个每星期四下午5点开始的研讨会的定期听众,并被称为"塔克军团"的一名成员。

数学家总是觉得博弈充满诱人魅力。就像机遇游戏引出了概率论一样,扑克和国际象棋在20世纪20年代开始引起格丁根数学家的兴趣,当时那里的地位相当于现在的普林斯顿。冯·诺伊曼首先对一个博弈作出完整的数学描述,并且证明了一个基础性的结果,这就是"极小极大定理"。

冯·诺伊曼在1928年完成的论文《团体博弈论》中这样暗示博弈论可能用于经济学:"任何事件——给定外部条件和相应情况下的参加者(假设后者按照他们的自由意愿行事),如果观察它对参加者的影响,则都可以看作一个策略博弈。"在随后的一个脚注里他还说:"这是经典经济学的基本问题:完全自私的'经纪人'在给定的外部环境下怎样发挥作用。"不过,在30年代,无论是冯·诺伊曼所作的演讲还是数学圈子里的讨论,这个理论的焦点基本上仍然维持在探索国际象棋和扑克这样的会客室博弈的范畴。一直到1938年,冯·诺伊曼在普林斯顿遇到同样是移民的同事莫根施特恩,这个理论与经济学的联系才逐步得到加强。

莫根施特恩是一个身材高大、气宇轩昂的移民,来自维也纳,带着一副拿破仑一世的傲慢神气,宣称自己是德国皇帝的父亲弗里德里希三世(Friedrich Ⅲ)的孙子。他"有一双冷峻的灰色眼睛,敏感的嘴唇",身穿三件头的套装,策马周游普林斯顿。他突然娶了一个比自己年轻许多的红发漂亮女郎——一个名叫多萝西(Dorothy)的世界联邦主义运动成员——而使他的学生们大为兴奋。莫根施特恩1902年出生于德国西里西亚,在维也纳长大并接受教育,当时正是学术和艺术热情高涨的时期。他得到洛克菲勒基金会提供的一笔为期三年的奖学金而出国留学,此后成为一名教授,同时担任一个商业周期研究机构的负责人,直到德国吞并奥地利。当希特勒进军维也纳的时候,莫根施特恩恰巧在普林斯顿大学访问,他觉得应该留下来。他加入了大学的经济学系,但不喜欢他的大部分美国同事。他想去高等研究院,因为当时爱因斯坦、冯·诺伊曼和哥德尔都在那里工作。他想了很多办法,却没有得到那里提供的一个位置。"那里缺少灵感的火花,"他在给一个朋友的信中轻蔑地提到他供职的大学时说,"它的眼界实在太狭隘了。"

从气质上看,莫根施特恩是一个批评家。他的第一部著作《经济预测》就是要证明预测经济兴衰起伏是一种徒劳的行为。一个评论员说这部著作"由于其悲观主义而引人注目,程度就和任何……理论上的创新一样"。与天文学预测不同,经济预测具有独特的可以改变结果的能力。如果预测出现一种短缺,各行各业以及消费者就会作出反应,结果反而变成一种过剩。

他的更主要的见解在于,经济学理论的失败在一定程度上应该归因于经济行为者之间的相互依赖性。他将相互依赖性看作所有经济决策的突出特征,总是批评其他经济学家忽略了这一点。历史学家伦纳德写道:"在某种程度上,他对经济学理论的日益激烈的态度是数学家对这个学科所持的批判立场的结果。"他发现,冯·诺伊曼"将注意力集中在经济学理论中央的那个黑洞上面"。按照冯·诺伊曼的一位传记作者的说法,莫根施特恩"使他对经济局势的各个方面产生兴趣,具体说来就是两个或更多的人之间交换产品的问题、垄断的问题、求大于供的市场情况以及自由竞争。正是在尝试用数学语言系统表达这些过程的一次讨论中,形成了博弈论现在的外貌"。

莫根施特恩强烈盼望可以做点"真正具有科学精神的事情"。他说服冯·诺伊曼与他合作写一篇论著，证明博弈论是一切经济学理论的正确基础。莫根施特恩早先学的是哲学，而不是数学，不可能自己构思和完成这个理论，只是充当了思想者和制作人。冯·诺伊曼几乎独立完成了这篇1200页的论著，不过最后却是莫根施特恩执笔写出了具有煽动性的绪论，并且将各个论点加以巧妙组织，使这部著作立即引起了数学界和经济学界的关注。

无论从哪个方面看，《博弈论与经济行为》都是一部具有革命性的著作。按照莫根施特恩的计划，这部著作对经济学的流行模式以及神圣高傲的凯恩斯主义观点发动了一次"猛烈的"攻击，个体动机和个体行为经常包括在内，也是将这个理论建立在个体心理学基础上的一次尝试。与此同时，这部著作还在改革社会理论的过程中用到了数学这门科学的逻辑语言，尤其是集合论与组合数学方法。两位作者用过去的科学革命的面纱包装这个崭新的理论，通过运用牛顿发明的微积分，含蓄地将他们自己的著作比作牛顿的《原理》，即把他们将经济学置于严谨的数学基础之上的努力和牛顿将物理学数学化的工作相提并论。评论员赫维茨（Leo Hurwicz）写道："只要再有10部这样的著作，经济学的未来就有保障了。"

冯·诺伊曼和莫根施特恩提出的观点的精髓在于，经济学是一个毫无希望的不科学的学科，其领导成员正在忙于推销解决当时面临的各种紧迫问题的方案，比如如何稳定就业率，他们的这些建议完全没有科学基础。实际上，当时大部分经济学理论已经经过微积分语言精心修饰，但是这一点在他们看来实属"夸张"，也是一个失败。他们认为，原因并不在于"人的因素"或者经济学变量没有得到很好的量度。说得更恰当一些，他们宣称问题还是在于"经济学的问题没有清晰地用公式加以表述，说明的时候往往用到一些含糊不清的术语,从而导致缺乏根底的数学论述先验地显得毫无希望,因为问题的真正所在并不十分明确"。

与其假装自己具备专门的经验,可以解决迫在眉睫的社会问题,经济学家更应该致力"逐步建立一个理论"。两位作者强调,崭新的博弈论就是"一个合适的工具,可以用来建立有关经济行为的理论"。"经济行为的典型问题将会与适用的博弈策略的数学解释完全一致。"在"目标的必要限制"的标题下,冯·诺伊曼和莫根施特恩承认,他们将这个崭新理论用于解决经济学问题的工作为他们得出了"其实已经相当广为人知的结果",不过他们又自我辩护说,许多著名的经济命题以前一直缺乏严谨的证明。

在得到各自的证明之前,理论根本不成其为一个科学理论。要知道,行星的运动早在牛顿计算出它们的轨道并由他的理论加以解释之前,早就已经为人所知……

我们相信,尽可能多地了解个体行为和交易的最简单的形式是十分必要的。这个观点实际上随着边际效用学派创始者的成功而被采纳,但是并未得到广泛接受。经济学家经常瞄准更大、更严重的问题,将其他所有事情统统放在一边,结果反而妨碍他们科学地说明这些问题。类似物理学这样更加古老的科学的经验告诉我们,这种缺乏耐心的行为只能阻碍前进,包括对重要问题的处理。

这部著作在1944年出版时,冯·诺伊曼的声望达到了顶峰。它在公众中引起了广泛关注,包括成为《纽约时报》令人屏息静气的头版消息,这是其他高深数学著作没能得到的礼遇,惟一的例外就是爱因斯坦有关狭义相对论和广义相对论的论文。在以后两三年的时间里,一流的数学家和经济学家相继写出了十多篇评论文章。

正如莫根施特恩已经感觉到的那样,这是一个绝妙的时机。战争启动了一场搜索,寻求系统的方法解决种类繁多的领域的问题,经济学尤其受到重视,而它原先被贴上习惯性和历史性的标签。与崭新的博弈论相当不同的另一个重要变化正在悄然出现,由萨缪尔森的著作《经济分析基础》发起,通过运用微积分和高等统计方法,使经济学理论变得更加严谨。冯·诺伊曼对这些工作持批评态度,然而这些工作实际上为人们后来比较容易接受博弈论奠定了基础。

对于《博弈论与经济行为》,经济学家确实有那么一点冷淡,至少与数学家相比是这样,而莫根施特恩对经济学的对立情绪无疑加剧了这种反应。萨缪尔森后来就曾经对历史学家伦纳德抱怨说,虽然莫根施特恩提出了"一些了不起的想法,但是他本人却缺乏数学知识支持这些想法。更重要的是(莫根施特恩)有一个令人厌恶的习惯,总是要借助这个或那个物理科学家的权威"。在普林斯顿,经济学系的系主任瓦伊纳(Jacob Viner)就对不讨人喜欢的莫根施特恩大为不屑,他问,如果博弈论连国际象棋这样的博弈也解决不了,它究竟还有什么用,因为经济问题比国际象棋复杂得多。

学生们将《博弈论与经济行为》称为"那部《圣经》",不过纳什一定很早就已经发现,尽管这部著作在数学上看来具有创新意义,其中却没有提出任何超过冯·诺伊曼的令人赞叹的极小极大定理的新的基本原理。他的推论是,冯·诺伊曼既没能运用这个崭新理论成功解决一个重要而突出的经济学问题,也没有在这个理论本身进一步取得任何重大进展,它在经济学上的应用只是重新表述经济学家们早已克服的一些问题。与此同时,这个理论发展得最完善的部分是两人零和博弈,占了全书三分之一的篇幅,由于这是完全冲突的博弈,在社会科学中显然没有多少用武之地。冯·诺伊曼关于两个以上局中人参与的博弈的理论是这部著作的另外一个重要部分,但是却没有阐述完全。他不能证明对于所有这样的博弈总是存在一个解决方案。《博弈论与经济行为》的最后80页用于研究非零和博弈,但是冯·诺伊曼通过引入一个虚构的局中人,用于消费过剩资源或弥补赤字,从形式上将这样的博弈转化为零和博弈。正如一位评论家后来所说,"这个手段确实有帮助,但是并不足以引出非零和博弈的一个完全恰当的处理办法。这是非常遗憾的事情,因为这样的博弈最有可能在实践当中大显身手。"

对于纳什这样满怀雄心壮志的年轻数学家来说,冯·诺伊曼理论中的缺陷和瑕疵显得格外诱人,这就像当年一直找不到光波赖以传播的物质以太这一令人困惑的难题吸引过年轻的爱因斯坦一样。纳什立即开始思考被冯·诺伊曼和莫根施特恩称为新理论之最重要检验的那个问题。

第九章

讨价还价问题

普林斯顿，1949年春

我们希望通过一个完全不同的角度研究交易的问题，从而达到对这个问题的一种确切的理解；这就是说，从"策略博弈"的观点出发。

——冯·诺伊曼与莫根施特恩，
《博弈论与经济行为》，第2版，1947年

纳什是在普林斯顿的第二个学期开始写第一篇论文的，这篇论文后来成为现代经济学的重要经典文献之一。"讨价还价问题"对于一个数学家是一项非常实在的工作，对年轻的数学家来说尤其如此。但是，除了纳什这样聪颖过人的数学家，没有人想到过这样的主意。在这篇论文里，纳什选择了"一个完全不同的角度"考察经济学中一个最古老的问题，提出了完全出人意料的答案，而他当时所受过的经济学训练仅仅限于在卡内基上的一门本科课程。通过这篇论文，他指出，经济学家长期以来认为属于人类心理学范畴而不能用经济学推理进行解释的行为，实际上是服从系统分析的。

交易的概念作为经济学的基础，几乎和人类历史一样悠久。自从地中海东部的国王们与埃及的法老们用金子和战车换取武器、奴隶以来，做

交易就一直是传奇故事的一部分。尽管大型的无人情味的资本主义市场逐渐兴起，其间充斥数以百万计素昧平生的买者和卖者，但富有的个人、强国的政府、工会或者大型企业的一对一的讨价还价仍然占据主要地位。不过，在亚当·斯密的《国富论》出版两个世纪之后，仍然没有任何经济原理可以说明参加一个潜在的讨价还价谈判的各方将会怎样相互作用，或者他们可能怎样划分交易利益这块饼。

在1881年最早提出这个讨价还价问题的经济学家，是一个远离尘世的牛津学者埃奇沃思(Francis Ysidro Edgeworth)。海尔布罗纳(Robert Heilbroner)在他的著作《世俗哲学家》中写道，埃奇沃思和他在维多利亚时代的同期学者首先背弃亚当·斯密、李嘉图(Ricardo)和马克思(Marx)的历史与哲学传统，尝试用物理学的数学传统取而代之。

> 埃奇沃思之所以对经济学感兴趣，并不是因为它对这个世界进行辩护、解释或者谴责，或因为它展示了通向未来的光明或灰暗的崭新前景。这个怪人对经济学感兴趣，是因为经济学与数量打交道，因为任何与数量有关的东西都可以用数学的形式来表现。

埃奇沃思将人看作大量计算得失的机器，认为完全竞争的世界具有"特别适合数学计算的特点，即某种不确定的相重性和可分性，类似于大大促进了数理物理学的无穷大和无穷小……（在原子理论以及微分学所有应用方面）"。

正如埃奇沃思非常苦恼地注意到的那样，他的发明中有一个不大站得住脚的环节，即人们完全不会按照一种纯粹竞争的方式行事，至少他们不总是按照这个方式行事。不错，他们各自行事，但是，同样常见的是他们联合起来，进行合作，达成交易，而且很显然是出于自身的利益。他们加入工会、组成政府、建立大型企业和卡特尔。他的数学模型虽然抓住了竞争的结果，但是合作的结果仍然难以捉摸。

是和平还是战争？象征经济竞争的"莫德"的情人问。两者都是，合同期间签订合同者之间遵循协议就是和平，而部分签约人对他人的条款心怀不满就是战争。

经济学的首要原则就是每个人只会受到个人利益的激励。这个原则如何起作用可以从两方面来观察，即看这个人是无须经受他的行动影响的其他人同意就可行事，还是必须经对方同意。从广泛的意义上讲，行动的第一种也许可以称为战争；第二种就是合同。

很明显，参加讨价还价的各方的行动，建立在希望合作可以带来比单独行动更好的收益的基础之上。出于某种理由，各方达成一个协议，分享这个饼。他们将怎样分饼取决于讨价还价的本事，不过在这种情况下，经济学理论力有不逮，而且没有办法从符合这个相当宽松的条件的一系列可能的答案里找出一个答案。埃奇沃思这样承认了自己的失败："一般的回答是，没有竞争的合同是含糊的。"

在接下来的一个世纪里，包括希克斯（John Hicks）、马歇尔（Alfred Marshall）和丹麦人措森（F. Zeuthen）在内的几个大经济学家接手研究埃奇沃思问题，不过结果同样是无可奈何，不了了之。冯·诺伊曼和莫根施特恩认为，答案在于将这个问题重新确定为一个策略博弈，但是他们自己却没能成功解决这个问题。

纳什采取了一个毫无先例的方法预测两个理性的讨价还价者将会怎样相互作用。他没有直接定义一个答案，而是首先写下任何一个看来可靠的答案都必须满足的一系列条件，看看这些条件会把他带到哪里去。

这就是所谓的公理方法，这个方法在20世纪20年代已经横扫数学领域，冯·诺伊曼曾将其用于他的量子理论著作和集合论论文，因此在40年代后期的普林斯顿这种方法进入全盛时期。纳什的论文是最早将公理方法用于解决一个社会科学问题的例子之一。

我们知道，埃奇沃思已经称讨价还价问题是"含糊的"。换言之，如果一个人对讨价还价者的了解仅仅限于他们的偏好，他就不可能预测他们将会怎样相互作用，抑或他们将会怎样分饼。当时，含糊性的理由也许在纳什看来是很明显的，没有足够的信息让我们作出其他猜测。

纳什的理论假定，双方对彼此行为的预期以讨价还价局势本身固有的本质为基础。能够达成交易的局势的要素是"两个有机会通过超过一种方式合作获得共同利益的个人"。根据他的推理，他们如何分饼反映了这个交易对各人各有多大价值。

他从提问着手：任何一个答案，任何一个分饼方式，应该满足什么合理的条件？接着，他拿出四个条件，运用一个构思精巧的数学证明，显示如果他的公理成立，就会存在一个独一无二的答案，使参与博弈者的效益达到最大化。从某种意义上讲，他在"解决"这个问题上的贡献，比不上将这个问题用一个简单而精确的方式进行阐述，从而证明有可能存在独一无二的答案。

纳什的论文的惊人之处不在于它的难度或者深度，甚至也不在于它的优雅和普遍性，而在于它找到了一个重要问题的答案。今天重读纳什的论文，人们多半会为它的独创性而倾倒。他的想法完全出人意料，但是具有某种基础。纳什在卡内基工学院读本科时，就意识到讨价还价问题取决于谈判者的备用选择和达成一个交易的潜在利益的结合，从而形成了他的基本想法。那时他尚未来到普林斯顿或参加塔克主持的博弈论研讨会，也没有读过冯·诺伊曼和莫根施特恩的著作。他是在当时愿意上的惟一一门经济学课上得到这个想法的。

这门关于国际贸易的课，由一个年轻聪明、来自维也纳的30多岁的移民学者霍泽利茨(Bert Hoselitz)讲授。霍泽利茨在他的课上强调理论,他本人拥有法律和经济学的学位,其中经济学学位来自芝加哥大学。政府之间和垄断寡头之间的国际协定统治了战争间隙的贸易,特别是商品贸易,霍泽利茨对国际联合企业和贸易非常在行。纳什在1948年春天他的最后一个学期选修这门课完全是为了满足学位对学分的要求。不过,如同往常一样,那个重要的尚未解决的问题充当了诱饵。

1996年,纳什告诉西北大学的博弈论学者迈尔森(Roger Myerson)说,那个问题讨论具有不同货币的国家之间的贸易协定。纳什的一个公理如果用在国际贸易的背景下,哪怕一个国家重新确定其货币的价值,讨价还价的结果也不会改变。纳什一到普林斯顿,很快就获悉冯·诺伊曼和莫根施特恩的理论,意识到他在霍泽利茨的课上想到的论点具有更加广泛的应用范围。纳什很可能是在塔克的研讨会上大致勾勒出他的想法,作为讨价还价的答案,接着,永远被纳什称为拉莫尔格的莫根施特恩催促他写出一篇论文。

纳什写出论文的传说很快就传开了,说不定他本人也起到了推动作用。传说他其实在霍泽利茨的课上已经写出了整篇论文(就像米尔诺在做课外作业时解决了博苏克的纽结理论问题的说法一样),他将这篇有关讨价还价问题的论文塞进皮箱里,随身带到了普林斯顿。纳什就是这样从此改写了历史记录。不过,当这篇论文于1950年在首屈一指的数理经济学刊物《计量经济学》上发表的时候,纳什对于是否将全部功劳归于自己显得非常谨慎:"作者希望感谢冯·诺伊曼和莫根施特恩两位教授的帮助,他们读过这篇论文的原稿,对行文方式提出了很有价值的建议。"在诺贝尔奖得主自传里,纳什明确指出,正是他对讨价还价问题的兴趣引导他进入普林斯顿的博弈论小组,而不是其他任何原因:"我接触经济学概念和问题的结果之一,就是想出了写这篇'讨价还价问题'论文的主意,后来这篇论文在《计量经济学》发表。反过来,这个主意在我还是普林斯顿研究生的时候,**勾起了我对那里的博弈论研究的兴趣**。"

第十章

纳什的对手想法

普林斯顿，1949—1950年

> 我当时其实正和冯·诺伊曼进行一项非合作博弈，而并非单纯寻求加入他的联盟。
>
> ——纳什，1993年

1949年夏天，塔克从自己的一个孩子那里感染了流行性腮腺炎。他原本打算在8月底去加利福尼亚的帕洛阿尔托，在那里度过自己的休假年。现在刚好相反，他出现在范氏大楼自己的办公室里，整理一些书籍和文件。纳什就在这时走了进来，问塔克愿不愿意指导他写毕业论文。

纳什的请求完全出乎他的意料。在纳什读一年级研究生期间，塔克和他没有什么直接接触，一直觉得他很可能会在斯廷罗德教授指导下写一篇论文。不过，纳什没有提供任何真实的原因，只是告诉塔克，说他相信自己已经得出了一些"与博弈论有关的很好的结果"。塔克当时身体不太舒服，急于回家，就答应做他的指导教授，这只是因为他确信，在他明年夏天从位于帕洛阿尔托的斯坦福大学回到普林斯顿之前，纳什应该仍然处于研究工作的起始阶段。

6个星期之后，纳什和另一名学生在拿骚饭店底层的酒吧里招待一帮研究生、教授喝啤酒,这是好歹通过了综合考试的学生必须遵守的传统。数学家们越来越吵闹,已经有点醉醺醺了。一个打油诗比赛正在热烈进行,目的是为普林斯顿数学系的一名成员作一首最狡猾而又最下流的打油诗,这名成员最好也在现场,作者必须声嘶力竭地当众宣读。一会儿,一个恰好叫做麦克白的不修边幅的苏格兰人跳了出来,手里拿着啤酒罐,开始劲头十足地一节接一节演唱一首非常流行而又下流的饮酒歌,其他人则哼唱合唱的部分:"我把我的手放在她的胸脯上/她说,'小伙子,我最喜欢这样。'/(合唱)哎呀,妈呀,天哪,我可真害臊。"

这个夜晚在古怪而又充满男性气魄的氛围下度过,标志着纳什的学生时代从此一去不复返。整个夏天,他被困在普林斯顿,炎热而痛苦,被迫放下自己正在思考的一些有意思的问题,准备迎接综合考试。幸运的是,莱夫谢茨早已安排了一个非常友善的三人考试小组,由丘奇、斯廷罗德和来自斯坦福大学的访问学者斯潘塞(Donald Spencer)组成。原本令人感到神经紧张的整个考试,相当顺利地完成了。

许多数学家都曾以亲身经历证明,将研究了一半的问题放在一边,让潜意识继续在幕后思考,确实具有价值,其中又以法国天才庞加莱的经历最为人熟悉。在一篇1908年完成的有关数学发现诞生的文章中有他一段经常被引用的话,庞加莱这样写道:

> 15天以来我都在努力证明不可能存在与我称之为富克斯函数相似的函数。我全无一点头绪,每天都在工作台边坐下,花上一两个小时;我试过大量组合,却没有得出任何结果……
>
> 我离开当时居住的卡昂,前去参加由矿山学校举办的地质学旅行。旅行的紧张节奏使我忘记了自己的数学工作;我们乘坐汽车去库唐斯开展远足等活动。就在我抬脚踏上阶梯的一刹

那,那个主意就冒出来了,明显与我以前所有想法给我的启示毫无关系。

纳什不得不中断研究而"浪费掉了的"夏天,后来带来了出人意料的收获,因为这段时间使初始阶段的几个模糊的想法得以成型和成熟。那年10月,他开始感到才思如潮。其中之一就是他对人类行为的非凡洞察:纳什均衡。

综合考试结束几天后,纳什就去见冯·诺伊曼。先前他曾趾高气扬地对那个秘书说他想讨论冯·诺伊曼教授可能感兴趣的一个问题,对于一个研究生来说,这样做相当大胆莽撞。冯·诺伊曼现在是公众人物,在偶尔进行的演讲之外与普林斯顿的研究生没有什么接触,通常也不鼓励他们前来请教研究中遇到的问题。不过这次会见却是纳什的典型做法,前一年他就带着一个刚刚萌芽的主意去见过爱因斯坦。

冯·诺伊曼端坐在一张巨大的桌子旁边,穿着昂贵的三件套西装,打了丝质领带,口袋里露出精致的手帕,整个人看上去与其说像个学者,倒不如说更像一个富有的银行总裁。他也确实和公务繁忙的行政人员一样心事重重,当时正担任12个顾问职务,"没完没了地和奥本海默争论"氢弹研制的问题,同时指导两台计算机样机的建造和程序编制工作。他做了一个手势让纳什坐下。他当然知道纳什是谁,只是对于他的来访感到有点儿困惑。

他细心地听着,微微抬头,手指轻轻敲着桌面。纳什开始描述自己已经想好的证明两个以上局中人参加的博弈的均衡方法。不过,没等他说完几个互不相关的句子,冯·诺伊曼突然打断了他的话,在纳什尚未说到这个证明的结论之前抢先说:"小菜一碟,你知道,这只不过是一个不动点定理。"

当然,这两个天才发生冲突根本不值得大惊小怪。他们从人类相互影响的两个相反观点出发研究博弈论。冯·诺伊曼经历过欧洲咖啡室的讨论,现在正合作研制核弹和计算机,认为人类是社交生物,永远保持沟通。他自然会强调联盟以及联合行动在社会中具有的重要意义。纳什倾向于人们是难以相互接触、完全独立行事的,对于他来说,建立在人们出于个人动机的反应方式上的观点,看上去要自然得多。

冯·诺伊曼拒绝纳什请求关注和赞同的做法一定很令其伤心,可能比早些时候爱因斯坦的比较委婉的推辞更让纳什痛苦。从此以后,他再也没有找过冯·诺伊曼。纳什后来将冯·诺伊曼的拒绝理解为一个早已得到社会承认的思想家对一个年轻对手的想法自然而然采取的一种防守姿态,这个看法与其说揭示了那个年纪大一些的人的实际想法,不如说显示了纳什去见冯·诺伊曼时心里正在想什么。纳什当然知道自己其实正在含蓄地挑战冯·诺伊曼,他在诺贝尔奖得主自传中提到,他的主意**"多少脱离了冯·诺伊曼和莫根施特恩那部著作的'路线'(就好比'政党路线'一样)"**。

罗马哲学家瓦雷乌斯(Valleius)第一个提出了一种理论,解释为什么天才通常不是以孤独巨人的姿态出现,而是聚集在特定城市、特定领域。他提到了柏拉图(Plato)与亚里士多德(Aristotle)、毕达哥拉斯(Pythagoras)与阿基米德(Archimedes)、埃斯库罗斯(Aeschylus)、欧里庇得斯(Euripides)、索福克勒斯(Sophocles)与阿里斯托芬(Aristophanes),不过,后来还出现了许多新的例子,包括牛顿与洛克(Locke)、弗洛伊德、荣格(Jung)与阿德勒(Adler)。他推测说,有创造力的天才将会因此激发起嫉妒心理和竞争,并且吸引年轻人,使他们受到激励,也要作出自己的原创性贡献。

在给伦纳德的一封信中,纳什进一步描述道:"我当时其实正和冯·诺伊曼进行一项非合作博弈,而并非单纯寻求加入他的联盟。当然,从心理学的角度来看,他不能对一个竞争对手的理论方式感到十分高兴也是很自然的事情。"在他看来,冯·诺伊曼从来没有不公平的行为。纳什将自己与一个挑战爱因斯坦的年轻物理学家相提并论,指出爱因斯坦最初批评卡鲁查(Kaluza)有关引力场和电场的五维统一理论,后来却支持发表这篇论文。纳什通常不大留意别人的感受和动机,在这个事件当中却反应敏捷,捕捉到某种情绪的潜流,特别是其中的嫉妒和猜疑成分。在某种程度上,他将自己遭到拒绝视为天才必须付出的代价。

与冯·诺伊曼那次灾难性会见后过了几天,纳什跟盖尔打招呼,冒冒失失地说:"我觉得我已经找到了一个办法,可以将冯·诺伊曼的极小极大定理加以普遍化。基本的想法是,在一个两人零和解中,双方的最佳策略是……整个理论就是建立在这个基础之上。无论参与人数多少都适用,也不仅仅限于零和博弈。"盖尔记得纳什说,"我会将这称为一个均衡点。"均衡的概念就是,这是一个自然的静止点,倾向于持续下去。跟冯·诺伊曼不同,盖尔看出了纳什观点的意义。"唔,"他说,"这是一个不错的命题。"盖尔意识到纳什的想法能够应用于更加广泛的真实世界环境中,远远超过了冯·诺伊曼的零和架构。"他有一个想法可以运用到裁军方面。"盖尔后来说。不过,最让盖尔入迷的还不是纳什的主意可能有些什么用处,而在于它的优美和普遍性。"其中的数学非常优美,在数学上简直是太正确了。"

结果,盖尔再次充当了纳什的代理人。盖尔回忆说:"我说这是一个了不起的结果,应该优先处理。"他告诉纳什,他可以肯定纳什已经有了一个绝妙的命题,同时也敦促纳什抢在别人想到一个相似的主意之前尽快将这个成果纳入自己的名下。盖尔建议请美国科学院的一名院士帮忙,将这个证明递交科学院每月出版的学报。"他古怪莫测,也许永远不会想到要这样做,"盖尔不久前说,"因此他把他的证明交给我,我起草了写给科学院的备忘录。"莱夫谢茨立即将这份备忘录递交科学院,结果在11月的学报上刊登出来。盖尔后来补充说:"我当然马上就看出这就是一篇博士学位论文,但是我那时并不知道它会是一个诺贝尔奖得奖作品。"

差不多50年之后,塔克临终前两个月回忆往事,已经想不起来有没有收到纳什寄到斯坦福大学请他过目的那份论文初稿,也说不出自己读了以后有什么反应,只是奇怪纳什怎么这么快就拿出了一个成果。不过,他确信自己当时没有大吃一惊。他说:"没有人知道经济学家会不会对此感兴趣。"

纳什过去常说塔克是"一台机器",暗示塔克做事很有条理,却缺乏想象力,但他选择塔克作为指导教授的做法实际上是非常聪明的。塔克是加拿大人,尽管具备卫斯理宗教会派教徒的严谨作风,却也很难得地愿意维护有违常规的主张或个人。他确实是一个非常优秀的老师,坚信学生应该选择自己真正感兴趣的研究题目,而不是那些他们认为能讨好自己教授的东西。几年后,正是塔克说服另一名不落俗套的年轻天才学生明斯基(Marvin L. Minsky),放弃他已经选作论文题目的一个沉闷的主流数学问题,转而研究他真正喜欢的大脑结构,而日后明斯基果然成为人工智能研究的先驱者。塔克一直坚持说自己除了签发纳什那篇只有27页的薄薄的毕业论文以外,其实没有再做过什么。塔克说:"我没有发挥什么实质性的作用。"不过,他鼓励纳什尽快完成这项工作,并且在系里通过答辩。库恩当时与塔克关系密切,后来回忆说:"论文本身是在塔克教授不断敦促和商议之下完成和提交的。约翰总是想增加更多的材料,而塔克就非常明智地说:'早点拿出成果来。'"

塔克对纳什的初稿的反应,就是要纳什给他的均衡概念增添一个坚实的例子,同时建议在演讲时作一些改动。塔克说:"我要他论述一个独特的案例,而不是一个一般化的例子。"这个建议在塔克看来极富美感。"当你论述一个独特案例的时候,你就必须小心阐明那些难以读懂的高深注释。"纳什对此的反应是好长时间没有说话,他其实相当恼火。"他并不赞同，基本上没有说什么。此后很长时间我没有听到他的消息。"塔克回忆说。

纳什实际上想把这篇论文连同塔克统统扔到一边去，然后和斯廷罗德开始研究另外一个题目，这是一个雄心勃勃的代数几何学的题目。他将塔克要求他作修改的建议和冯·诺伊曼的冷酷的轻视举止等同起来，理解为系里根本不愿意接受他的博弈论论文作为博士学位论文。但是，塔克有时也会执着到令人吃惊的地步，他最终说服纳什坚守自己原来的计划，并且按照他的要求进行修改。他说："纳什知道所有问题的答案，你根本不可能挑出他的一个数学错误。"在5月10日写给莱夫谢茨的信中，塔克这样写道："我没有必要看修改之后的草稿，因为他一直都在向我报告修改的进展（几乎每天如此）。""在我们有关他的研究的长期通信中，我很高兴地注意到纳什的态度出现了令人欣喜的变化。他随着工作接近尾声而变得更加合作、更加感激。我就像一个叔叔那样给他写信，不过我怀疑你或普林斯顿的其他什么人施加了某种影响，促成了他的这个变化。"

博弈论的整个大厦建立在两个定理之上，它们分别是冯·诺伊曼1928年提出的极小极大定理和纳什1950年发表的均衡定理。纳什定理可以看作冯·诺伊曼定理的一种推广，就像纳什所做的那样，不过，它同时还是一种彻底的决裂。冯·诺伊曼定理是他有关纯粹对立的所谓两人零和博弈理论的奠基石。但是，两人零和博弈与现实世界实际上没有多少联系，即便是在战争期间，也几乎总是可以通过合作得到某些好处。纳什引入了合作博弈与不合作博弈的区别。合作博弈当中，局中人可以与其他局中人订立可执行的协议。换句话说，作为一个团体，他们可以完全将自己托付给一些具体的策略。与此相反，在一个不合作博弈当中，这样的集体委托绝对不可能出现，这里没有可执行的协议。通过将这个理论扩展到牵涉各种合作和竞争的博弈，纳什成功地打开了将博弈论应用到经济学、政治学、社会学乃至进化生物学的大门。

虽然纳什采取的策略形式与冯·诺伊曼提出的想法相同,他的解决问题的方式却完全不一样。在冯·诺伊曼和莫根施特恩的那部著作里,超过一半篇幅用于论述合作理论。另外,冯·诺伊曼和莫根施特恩的解的概念,也就是那个被叫做独立集的东西,其实并不存在于每一个博弈里。与此相反,纳什在自己论文的第6页中证明,每个不合作博弈,只要局中人的数目和他们可选择的纯策略的数目都有限,就都有至少一个纳什均衡点。

《策略思维》的作者迪克西(Avinash Dixit)和纳莱伯夫(Barry Nalebuff)指出,要想体会纳什的成果的妙处,你必须从相互依赖性是博弈策略的与众不同特征的观点开始。对于一个局中人来说,一个博弈的结果取决于所有其他局中人选择做什么,反之亦然。像画"连城"游戏和国际象棋这样的博弈就包含一种相互依赖性,局中人依次行动,各人非常了解对方的行动。在一个依次行动的博弈里,一个局中人的策略原则就是展望未来、倒后推理。每个局中人都试图确定其他局中人会对自己的这一步行动产生怎样的反应,他又怎样接招,如此类推下去。每个局中人想知道自己最初的决定最终将会引向何处,并且运用这个信息作出目前的最佳选择。原则上,按照限定顺序移动直到结束的任何博弈,都可以得到完全解决,局中人的最佳策略可以通过预测每个可能的结果而加以确定。在国际象棋里,与画"连城"游戏相反,这些计算对于人脑甚至人类编写的计算机程序而言显然太复杂了,局中人只能预测未来的几步,并且根据经验尽力评估由此产生的事态。

在另一方面,类似扑克这样的博弈讲究同时进行的移动。"与依次行动的博弈的线性推理链相反,同时行动的博弈包含一个逻辑循环,"迪克西和纳莱伯夫写道,"虽然局中人在相同的时间采取行动,完全不知道其他人将会怎样行动,但是每个人却被迫注意别人反过来同样有头脑的事实。扑克就是'我认为他认为我认为他认为我认为……'的一个例子。每个人必须象征性地把自己放在其他所有人的处境上，尝试预测其结果。他自己的最佳行动是这种预测的一个不可缺少的部分。"

这样的循环推理看上去很可能不会产生任何结论，但是纳什通过运用均衡概念，即每个局中人都会选择自己的最佳反应来对付其他人的行动，从而打破了这个循环。局中人寻找一套选择，使每个人的策略都对自己最有利，其时其他所有人也按照自己的最佳策略行事。

有些时候，无论别人做什么，一个人的最佳选择都是相同的，这就叫做这个局中人的优势策略。在另外一些场合，局中人认为不论别人做什么，不选某个选择会对自己最有利，因此有一个一成不变的坏选择，叫做劣势策略。寻找均衡，应该从保留优势策略和消去劣势策略入手。不过这些都是比较特殊而相对少见的例子。在大多数博弈当中，每个局中人的最佳策略确确实实取决于其他局中人的行动，必须求助于纳什均衡的概念。

纳什将均衡定义为没有任何一个局中人可以通过选择另外一个可供选择的策略，来改善自己目前地位的一种对局情况，而这并不意味着每个人采取自己的最佳选择将会导致一个共同的最优结果。他证明在拥有任何数目的局中人的一个特定的、非常广泛的博弈类型当中，只要允许采用混合策略，就至少有一个均衡状态存在。不过，一些博弈具有许多均衡状态，另外一些则可能没有均衡，虽然这类博弈不在他定义的范围以内，但相对来说很罕见。

当今，纳什的源自策略博弈的均衡概念是社会科学和生物学相关理论的基本范式之一。纳什的洞察力在很大程度上使博弈论像《新帕尔格雷夫》一书中所说的那样，是"处理一个日益复杂化学科的有力而优美的方法，好比天体力学的牛顿方法取代了古人那些原始且专门的方法"。如同牛顿的引力理论和达尔文的自然选择理论等许多伟大科学思想一样，纳什的想法起初也显得太简单而没有意思、太狭隘而没有广泛用途,后来又变成太显而易见,以至于人们相信它不可避免总会被某人发现。正如与纳什和豪尔绍尼(John C. Harsanyi)分享1994年度诺贝尔经济学奖的德国经济学家塞尔滕(Reinhard Selten)所说:"从总体来看,没有人能够预见到纳什均衡会给经济学和社会科学带来这样巨大的影响,更不必说指望纳什的均衡点概念会对生物学的理论具有重要意义。"人们没有立即意识到它的重要性,就连它鲁莽的21岁作者本人也不例外,当然还有那位激励了纳什的天才人物——冯·诺伊曼。

第十一章

沙普利

普林斯顿,1950年

所有数学家都生活在两个不同的世界里。一个是由完美的理想形式构成的晶莹剔透的世界、一座冰宫。但他们还生活在普通世界里,事物因其发展或转瞬即逝,或朦胧不清。数学家们穿梭于这两个世界,在透明世界里,他们是成人;在现实世界里,他们则成了婴儿。

——卡佩尔(S. Cappell),

柯朗数学研究所,1966年

在21岁那年,作为数学天才的纳什已经崭露头角,与周围更大的数学家圈子联系在一起,但是作为一个人的纳什,很大程度上仍然深藏在一堵不受他人影响的古怪举止的围墙后面。他很讨他的教授们的欢心,但是与自己的同辈学生完全没有接触。他与大部分年龄相仿者的关系看来由一种气势汹汹的竞争意识和最冷酷的私心支配。他的同学们认为纳什肯定绝少感觉到任何类似于爱情、友谊或者真正的同情心的这类东西,他们所能看到的就是,他在这种情感隔绝、没有生气的状态中就像在家里一样自在舒适。

但是,这并不是事情的真相。纳什和所有人一样想要接近某些人。

他在普林斯顿的第二年刚刚开始的时候,终于找到了自己正在寻找的朋友。他和一个年纪比他大的学生劳埃德·沙普利的友谊,是纳什对其他男性产生一系列情感依附的第一次,这些男性中的绝大多数都是非常出色的数学对手,通常比他年轻一些。同他们的关系通常是从相互尊重和热情的学术交流开始,很快就变成一面倒,基本上是以拒绝而告终。他跟沙普利的关系也在不到一年以后就遭受挫折,虽然纳什在以后长达数十年的时间里从来没有完全失去和他的联络,不管是漫长的患病期间还是后来逐渐开始康复,并且和沙普利成为争夺诺贝尔经济学奖的直接对手。

当沙普利在1949年秋天第一次搬进研究生院距离纳什只有几个房门的房间时,刚刚满26岁,比纳什年长5岁零11天。没有人会比他更能与那个来自西弗吉尼亚的幼稚、粗俗、英俊、无拘无束的少年天才形成鲜明对比。

沙普利生于马萨诸塞州的剑桥,在那里长大,是美国最著名且最受尊敬的科学家之一、哈佛大学天文学家哈洛·沙普利的5个孩子之一。老沙普利是美国有教养的家庭所熟悉的公众人物,同时也是政治上最活跃的人物之一。1950年,他受到怀疑,成为首位出现在参议员约瑟夫·麦卡锡(Joseph McCarthy)最早炮制的臭名昭著的秘密信仰共产主义者名单上的著名科学家。

沙普利是一位战斗英雄,他于1943年应征入伍。他拒绝接受担任军官的安排,同年,作为驻扎在中国成都的陆军航空兵士官,因为破译日本人的天气密码而获得一枚铜星奖章。1945年,他返回哈佛,因为那里是他在应征入伍之前开始学习数学的地方,并在1948年取得他的数学专业的文学士学位。

沙普利刚刚出现在普林斯顿,冯·诺伊曼就将他视为博弈论研究领域里最明亮的年轻新星。从哈佛毕业之后,沙普利曾在兰德公司工作了一年,那是位于加利福尼亚州圣莫尼卡的一个著名的思想库,当时正在试图运用博弈论去解决军事方面的问题。后来他来到普林斯顿,从技术角度而言是请假离开兰德的。他立即被认为思路非常敏捷,而且相当高深。一个同龄人记得他"能作很好的数学演讲,知道很多东西"。他不用铅笔就能做出《纽约时报》上面那些非常艰深的数学游戏*。他是一个非常厉害、非常成熟的克里斯皮尔棋和围棋高手。"人人都知道他在弈棋中绝对独占优势,"另一个同学说,"他离开预期的路线,寻找不合常规的移动策略,谁也别想预料究竟是为什么。"他还博览群书,弹得一手好钢琴。他的举止显示他非常在意自己的出身和前途。比如,当莱夫谢茨给他写了一封信,告诉他只要来普林斯顿,就会得到一笔丰厚的资助时,他高傲而略带轻蔑地回信说:"亲爱的莱夫谢茨,这些安排令人满意,请循正式途径办理。沙普利。"

沙普利其实绝对没有他给莱夫谢茨的那封傲慢回信显示的那样自信。他的外表只能形容为相当奇怪,又高又黑,而且很瘦,以至于他的衣服从身上挂下来就像挂在一个稻草人上,还曾经让一位年轻女士联想起一只巨大的昆虫;另一个同学则说他看上去像一匹马。他通常温和的举止、尖刻的玩笑下面掩藏着暴躁的脾气和一种粗暴的、自我挑剔的性情。一旦遇到某种出人意料的挑战,他就有可能变得歇斯底里,由于狂怒而全身摇摆和颤抖。他的完美主义也达到极致,使他后来迟迟不能发表自己的大部分研究成果。此外,他因自己比普林斯顿大学数学系一些优秀的年轻人年长几岁而感到非常难为情。

纳什是沙普利在研究生院最早认识的学生之一,有一段时间他们共用一个浴室。他们两人每逢星期四就出席塔克的博弈论研讨会,现在塔克去了斯坦福大学,就由库恩和盖尔主持。若要形容纳什在两个人第一

---

* 一种比报纸上每天都有的填字游戏困难的数学游戏,通常需要借助铅笔比划思考。——译者

次讨论数学时给沙普利留下的印象，莫过于说纳什让沙普利目瞪口呆。在纳什身上，沙普利当然能够看到其他人已经看到的东西，那就是幼稚、无礼、令人厌恶，但是他比别人看到更多。他被他后来所形容的纳什的"敏锐、优美、符合逻辑的思维"弄得眼花缭乱。他不像其他同学那样，因这个年轻人的古怪风格和不可思议的行为而疏远他，只是将这些东西看作不成熟的标记。"纳什怀有敌意，是一个社交智商只有12的孩子，可是劳埃德确实非常赏识人才。"舒比克这样回忆。

至于纳什，他一直渴望得到别人的喜爱，现在又怎能不被沙普利吸引？在纳什眼里，沙普利完美无缺：一个才华横溢的数学家，战斗英雄，哈佛学生，哈洛的儿子，冯·诺伊曼的宠儿，很快也得到塔克的偏爱。沙普利在老师和学生当中一样讨人喜欢，这在普林斯顿校园是非常少有的。在这少数人中，米尔诺也算一个，他们可以在数学讨论中真正引起纳什的注意、向他提出挑战，并且有助于他寻求自己正在钻研的推理过程的种种含义。由于这个原因，再加上公开的推崇和明显的同情，沙普利因此可以占有纳什的感情世界。

纳什的举止就像一个情窦初开的13岁男孩，一度终日无情地纠缠沙普利。他曾经打断沙普利最喜欢玩的克里斯皮尔棋，有时干脆把棋子扫落在地上。他飞快地翻阅沙普利的信件，阅读他桌子上的文件，给沙普利留下一些小纸条，说"纳什来过这里！"他对沙普利进行各种各样的恶作剧。

沙普利当时最古怪的特点，莫过于宣称自己正处于一个25小时的睡眠周期。他工作和睡觉的时间令人莫名其妙，通常日夜颠倒。另一个学生回忆说："每隔一段时间他就会从我们眼前消失，这是他说的。我们相信任何事情。"在沙普利熟睡之际将他唤醒变成一个相当流行的恶作剧。"我们几个正在上一个定期举行的研究班，由德拉姆(de Rham)和小平邦彦(Kodaira)在研究院主讲。我们当然很想去参加,可是我们中间只有三四个学生有汽车,沙普利就是其中一个。这里有一个难题,沙普利喜欢很晚才睡觉,通常下午2点仍在睡梦之中,于是我们只好想尽办法弄醒他。我们将融化了的热蜡烛油滴在他的身上。我想出了另外一个办法,播放沙普利最喜欢的中国音乐。我们去掉了那小小的唱针,这样一来,唱针柄就会在每分钟45转唱片上震动不已,并且弄出令人头痛的噪音。"有一次,纳什爬上了沙普利的床铺,两腿分开骑在他身上,并用眼药水瓶往他耳朵里滴水,试图弄醒他。

有时候,这些也可能针对沙普利的其他朋友的玩笑过了火,不可收拾。沙普利和研究生院经济学专业研究生舒比克共用一个房间,后者渐渐对博弈论产生兴趣,并且和沙普利建立了持续一生的友谊。舒比克记得:"纳什想过一个恶作剧,他卸下浴室的电灯泡。灯泡下面有一个玻璃罩,他在那里灌满了水。我们很容易就会触电。他是不是有意要我触电而死?我不清楚他是不是有意的。"

纳什坚持把舒比克叫做"舒比—伍比",后者经常成为纳什的嘲弄对象。舒比克在一次车祸中受伤之后收到的一封表面看来充满同情的信的附笔可以看作一个典型的例子:"拉莫尔格很想找一个人……去痛斥鲍莫尔(William Baumol)[他后来成为普林斯顿经济学系一颗冉冉升起的新星],因为他厚颜无耻地发表了一篇论文,糊里糊涂地攻击了惟一真正有价值的东西。这样做当然不符合他的身份,但是,他并非真的认为你就是做这件事的最佳人选,因为……'舒比克不能条理清晰地写东西。'"

人工智能发明人之一的约翰·麦卡锡(John McCarthy)也和沙普利要好,这明显地激起了纳什的妒忌。有一天,麦卡锡接到费城一家男士服饰商店的查询电话,因为他在那里下了一份很大的衬衫订单。这家公司想知道他的信用状况如何。麦卡锡根本没有下过任何类似的订单,他马上就怀疑是纳什在捣鬼,还问沙普利纳什会不会是嫌疑犯,沙普利认为很有可能。麦卡锡请那家商店寄回订单原件，一张明信片给送了回来，上面是人人熟悉的纳什的歪歪扭扭的笔迹，绝对不会搞错，而且用的还是绿墨水，这是他一贯使用的颜色。舒比克和麦卡锡一起把纳什逼到无路可退，与他对质。"他倒马上承认自己做过的事情。我们威胁他说要找邮局检查员。但是邮局不愿意只责骂他一顿就算了。'如果我们要采取行动，我们就会起诉他。'他们说。"考虑到纳什已经得到教训，舒比克和麦卡锡就没有继续追究下去。另有一次，他改装了麦卡锡的床，这样当麦卡锡打算从被窝里爬出来的时候，床就会突然崩塌。

只有沙普利才会对纳什的荒唐举止采取一种愉快的容忍态度，相信大家能将他的这种淘气的冲动引入在智能方面更有建树的道路。就这样，纳什、沙普利、舒比克、麦卡锡和另外一个叫做豪斯纳的学生就合作发明了一种游戏，其中包含联盟和叛变。纳什将这个游戏称为"欺骗伙伴"，后来发行的时候用的名字是"再见，笨蛋"。这个游戏要用一叠不同颜色的扑克牌来玩。纳什和其他几个人设计了一套复杂的规则，迫使局中人与其他人联合起来，共同前进，不过最终为了取胜还是要出卖别人。这个游戏的用意就是造成心理极度混乱，很显然它经常做到这一点。麦卡锡记得，有一次，当纳什非常冷酷无情地在倒数第二轮抛弃他时，他忍不住大发脾气。纳什没想到麦卡锡会变得这样感情用事，结果吓得目瞪口呆。"可是我已经不再需要你啦。"他一遍又一遍地嘀咕。

总体而言，沙普利努力扮演良师益友的角色。比如，当塔克要求纳什在他的论文里加入均衡点概念的一个具体例子，而纳什却想不出什么好的例子时，他就过来帮忙。沙普利花了好几个星期的时间，设计出一个复杂而又具说服力的例子，通过三个人玩的扑克游戏说明纳什的均衡概念，而三人扑克正是沙普利的另外一个拿手好戏。

男性之间的这种友谊总是有其竞争的一面。沙普利作为这段关系中稍稍年长也更加聪明的一方，当然有可能对纳什的天才声誉产生反感。他不断提起"起步的优势"，清楚表示他觉得自己渐渐落在后面。纳什面对善意的建议只会执拗反抗，从来不感到高兴，这种态度也开始令人苦恼。当然，纳什的真正过错很可能只是他在一年之内就发表了三篇重要论文，而沙普利当时还远远没有选定自己的博士论文的题目。在其中一篇论文中，纳什在一个他们两人都在钻研，还花了很长时间讨论的问题上抢在了沙普利的前面。

不过，沙普利其实有很好的理由得到安全感。尽管纳什的毕业论文非常出色，当时普林斯顿的舆论却认为沙普利才是下一代的真正明星，将会继承冯·诺伊曼的衣钵。塔克在1953年这样写道：沙普利是"正在研究这个专题的最出类拔萃的年轻美国数学家"。塔克接着写道，说到为人，沙普利"令人感到愉快，具有合作精神，深受教师和学生的喜爱"。沙普利在兰德公司的良师益友博嫩布卢施特（Frederic Bohnenblust）在1953年的一封信中说，沙普利"也许缺乏那种创建一个理论的本领，必须依靠别人取得各种想法"，但是他认为沙普利"仅次于博弈论发明人冯·诺伊曼"。1954年1月，冯·诺伊曼在一封信中写道："我非常了解沙普利，我认为他非常出色。我会把他置于博嫩布卢施特之上，把他与西格尔（Segal）和伯克霍夫相提并论。"

但是，在研究生相互竞争以外的一些事情引发了一个突如其来的决裂。到了第二年夏天，纳什已经完成他的博士论文，正在找工作，沙普利告诉一个同学说，如果纳什接受兰德提供的一个永久职位，他将不会返回兰德。50年之后，沙普利如果听见别人暗示他和纳什一度是非常亲密的朋友，仍然会认真地加以纠正。

第十二章

天才之战

兰德,1950年夏

> 哦,兰德公司是这个世界的恩赐;
>
> 他们为一份酬金而思考。
>
> 他们坐下来玩烧火的游戏,
>
> 他们用你我作筹码,宝贝儿,
>
> 他们用你我作筹码。
>
> ——雷诺兹(Malvina Reynolds),
>
> 《兰德赞美诗》,1961年

DC-3式飞机的机身抖动着,发出低沉的轰鸣声,越过沙漠和山脉,飞向幽深的太平洋,飞向海天一色的天空。洛杉矶就在下面几千米的地方,在含硫浓雾的笼罩下,它看上去就像科幻小说里描写的太空殖民地。将近24个小时以前,纳什就在纽约坐上了这架环球航空公司的飞机。他根本睡不着,蜷缩在那里,满身是汗,饱受束缚之苦,感到筋疲力竭。不过,飞机一开始下降,他就将这些不适感觉统统抛在一边,注意力完全集中在眼前的奇异景象和自己高度兴奋的情绪之中。

坐飞机在1950年仍然是一种极不寻常的经历,对于一个年方20的西弗吉尼亚青年更是如此，因为他的旅行基本局限于奔驰在罗阿诺克和普林斯顿之间的"诺福克—西部"列车上。纳什的首次空中旅行标志着他在秘而不宣的兰德公司担任顾问的工作正式开始。兰德是一个设在圣莫尼卡的民间思想库，《财富》杂志在1951年将它描述为"空军收购天才的投资"，杰出学者在那里深入研究核战争和新生的博弈论。纳什在此后四年与兰德时断时续的关系在他一生中是一段发生转变的经历。他与兰德的合作从1950年夏天开始，前景大好，因为当时正是冷战时期，朝鲜战争刚刚开始；后在1954年夏天又以令人难忘而痛苦的方式结束，麦卡锡主义也在那时达到顶峰。

从纯粹个人的角度来看，纳什关于世界和他自己的看法恒久而微妙地带上了兰德的时代精神色彩，包括对理性人生和量化的崇拜、地缘政治学观念，以及由奥林匹斯山神那样的与世隔绝性格与妄想狂、自大狂组成的古怪而具有强制性的东西。从学术上看又是另外一回事。纳什一到那里，就非常主动地从最初引导他到兰德来的兴趣和人物那里解脱出来，退出博弈论，迅速转向纯粹数学，这个解脱过程在以后10年的时间里反复出现了几次。

20世纪50年代初期的兰德一派空前绝后的景象。它是原创性思想库，是一个奇特的混血儿，独一无二的使命就是用理性分析和最新的定量方法，来解决如何运用令人畏惧的新式核军备防止与苏联爆发战争，或者在防止失败之后赢得战争。用卡恩（Herman Kahn）的名言来说，兰德的人员在那里要做的就是设想无法想象的东西。它引进了数学、物理学、政治学和经济学的一些最优秀的人才。兰德其实很有可能是阿西莫夫（Isaac Asimov）的《基地》系列的模型，该系列讲的就是一个类似兰德的由过度理智的社会学家（心理历史学家）组成的机构，要将宇宙从混乱当中挽救出来。兰德最有名的思想家卡恩和冯·诺伊曼则可能跻身核战争狂的原型之中。尽管兰德的全盛时期只持续了10年或者更短的时间,但它考察人类冲突的方式不仅确定了美国在以后半个世纪的防务政策的方向,而且在美国的社会科学领域留下了深刻持久的影响。兰德起源于第二次世界大战,当时美国军队有史以来第一次招募大批科学家、数学家和经济学家,通过他们的协助赢得这场战争。卡普兰(Fred Kaplan)这样描述兰德在核战略中的角色:

[第二次世界大战是]一场科学家的才能被发挥到前所未有的、几乎可以说是挥霍无度地步的战争。首先,出现了崭新的战争发明——雷达、红外线侦测装置、轰炸机、远程火箭、带有深水炸弹的鱼雷以及原子弹。第二,军方对于如何使用这些新式武器没有清晰的概念……必须为这些新式武器设计使用技巧,为评定它们的效能以及最有效的用途设计新的方法,这是一项落在科学家身上的任务。

起初,科学家们研究非常精确的技术问题,比如怎样制造炸弹、深度应该设定在哪里、怎样选择目标。但一旦意识到原来没有人知道怎样使用这些造价和破坏力同样令人难以置信的武器时,他们就越来越深地卷入了有关战略的讨论中。

原子弹的出现,使军方与科学界在战时建立的临时合作变成一种持续的联系。控制着新式装备的空军在战后成为国防的关键角色。"现代战争的整个计划、国际关系的本质、世界秩序的问题、军备的功能,统统需要重新思考,没有人知道答案。"卡普兰写道。军方再次寻求学术界的协助。同样曾在50年代担任兰德顾问的莫根施特恩在他的关于防务问题的书中写道:"军事问题已经变得非常复杂,非常引人注目,以至于为将军和总司令设计的例行培训再也不足以把握问题所在……他们的态度多半是:'这里有一个大问题。你可不可以帮帮我们?'而且问题并不限于制造新式炸弹、更好地引爆、设计一个新式导弹系统,等等。它通常包含现有的、只有设计图样的一些装备的战术和战略用途。"《财富》杂志更加简洁地指出:"如果第二次世界大战是武器的战争,那么下一次冲突就会同时引发一场双方最高知识水平的天才之战。"

随着战争进入尾声,空军将领们开始担心一流的科学家逐渐流失,而确保最出色、最聪明的学者继续思考军事问题已经成为共识。像冯·诺伊曼那样出色的人才几乎都不愿意报名加入军方文职人员队伍。但是,科学家应该有某种途径接触到机密工作,这样一来军方就不必只依赖于与大学签订的合同。解决方案就是建立一个非营利性质的私营机构,置身于军队之外,又与空军保持密切联系。1945年秋天,阿诺德(Henry "Hap" Arnold)将军许诺从战时订货基金的剩余部分拨出1000万美元给道格拉斯飞机公司,用于一个研究项目,后来命名为"兰德计划"(RAND代表"研究与开发",虽然后来学者们坚持说这是"研究与不开发"的缩写)。这个计划的实施地点在道格拉斯圣莫尼卡工厂的三楼。1946年,道格拉斯与这个新建实体之间的矛盾引出了一个非营利性质的私营机构,其时兰德迁入了位于市中心的办公室。

庞德斯通有关兰德历史的著作表明,兰德与空军签订的合同赋予它一种非同寻常的自由。这份合同要求研究洲际战争,在核军备占有支配地位的前提下,这个要求实际上相当于给兰德开了一个没有限制的许可证,让它可以自由驰骋在美国防务政策的各个前沿阵地。在这些指导原则之下,兰德的科学家们可以研究任何自己感兴趣的东西,也可以拒绝空军提出的具体研究课题。

从一开始,兰德的工作就是一个令人好奇的组合,包括精确聚焦的工程学、成本—效益研究以及一些漫无边际的空想。1946年进行的一项研究如今已经名闻天下,它比1957年苏联"斯普特尼克"人造地球卫星发射早了十多年,现在证明是极具预见性的研究。在"一个试验性的环球飞船的初步设计"中,兰德的科学家争辩说,"最早在空间旅行中取得重大进展的国家会被公认为军事和科学技术的世界领袖。你只要想象一下假如美国人民突然发现另一个国家已经成功地发射了一颗人造卫星,将会怎样弥漫惊愕和崇敬的情绪,就可以设想世界将受到的冲击。"

兰德的民间科学家很快就在美国的防务政策上留下鲜明印记。庞德斯通介绍说:兰德在洲际弹道导弹的研制过程中担当了首要角色;说服空军采取喷气式轰炸机在飞行途中加油的做法;首创安全保障计划,使空中永远有轰炸机待命,遇到危机立即打击敌对国家的目标;为防止某个位高权重的狂人发动核战争,说服空军采用一个更加安全保险的按钮装置,需要几个人通力合作才能装备和启爆一个核弹头。

对纳什这个数学天才来说,从研究生院出来,被引进军队的秘密世界,相当于完成了标志人生进入一个新阶段的仪式。在第二次世界大战期间,最优秀的人才早已深入新墨西哥的沙漠地区,直抵洛斯阿拉莫斯,与冯·诺伊曼并肩研制原子弹,或者在英格兰南部海岸的布莱奇利协助图灵和他的小组破译纳粹的密码。另外,还有许多没有那么出名或者只是年轻一些的人则在十几个地区钻研武器设计、密码编制、炸弹目标确定和潜艇追踪。

让大家感到吃惊的是,战争结束之后,军方并没有停止招募科学家。许多数学家和科学家没有返回他们安宁的战前岗位,而是签订军事研究合同,经常出入五角大楼和原子能委员会,有些人还留在洛斯阿拉莫斯和政府的其他武器实验室工作。在应用数学家、计算机工程师、政治学家和经济学家中的精英看来,兰德与洛斯阿拉莫斯实验室不相上下。

军方要求科学家们解决的问题需要开发新理论和新技术,这反过来也吸引了兰德维持可靠信誉所依赖的一流科学人才。"我们有那么多涉及数学家的实际问题,却没有合适的工具,"兰德的前副总裁奥根斯坦(Bruno Augenstein)在多年以后这样说,"所以我们不得不发明或者改良工具。"按照一位曾在兰德担任顾问的心理学家卢斯(Duncan Luce)的说法,大致而言,"兰德利用了在战争期间浮现的想法。"它所提供的科学的、至少是系统的办法要解决以前曾被看作只有"经验丰富"的人才能到达的范围的问题。其中包括后勤学、潜艇研究和空中防御这类题目。运筹学、线性规划、动态规划和系统分析是兰德用于"思考无法想象的问题"的工具。在所有的新式工具当中,还是要数博弈论最深奥微妙。

量化精神具有传染性,不过与其他任何地方相比,具体的博弈论和广泛的数学模型设计在兰德更能深入到经济学战后思考的主流之中。军方是社会科学领域的纯粹研究的惟一的政府赞助者(这个角色后来被国家科学基金会接管),它资助的许多设想后来发现其实与军队没有什么真正的关系,却对其他工作大有益处。兰德吸引了一代具有高深数学知识的年轻经济学家,他们接受新方法和新工具,其中包括计算机,而且尝试将经济学从政治哲学的一个分支转变为一门精确的具有预见性的科学。

以阿罗(Kenneth Arrow)为例,他是最早的诺贝尔经济学奖得主之一,在1948年加入兰德公司时,还只是一个无名小卒。他用当时并不常见的符号逻辑语言完成的著名论文就是兰德的一项工作的成果,这项工作要证明完全可以把按照个体思想方式系统阐明的博弈论用于分析许多个体组成的集团,具体说来就是国家。阿罗受命写一份备忘录,说明怎样可以做到这一点。结果这份备忘录发展成为阿罗的论文,旨在用现代数学语言重新阐述英国经济学家希克斯的理论。"就这么简单!1948年9月花了大约5天时间写出来,"他回忆说,"所有努力均告失败之后,我想起了不可能定理。"阿罗证明,在逻辑上不可能将所有个体的选择叠加成为一个清晰无误的社会的选择,不仅在基于少数服从多数法则的宪法之下是这样,而且在除去独裁统治的各种可以预料的宪法之下均是如此。阿罗定理和他的存在竞争均衡的证明(同样应该归功于纳什)为他赢得了1972年的诺贝尔奖,宣告了高深的数学在经济学理论中大有用途。

另有一些曾于20世纪50年代在兰德从事基础研究的现代经济学大师,包括萨缪尔森,他可能是20世纪最具影响力的经济学家。还有司马贺(Herbert Simon),他开创了组织内部的决策研究。

兰德的地理位置是它的一个诱人之处。这个公司的总部设在一度沉睡的海滨聚居地,位于圣莫尼卡山脉南部8千米处的马利布克雷森特的边沿,就在洛杉矶西部。50年代早期,圣莫尼卡看上去就同纳什想象的法国或意大利的某些城镇一样,宽广的街道上种了一行一行铅笔杆似的棕榈树,奶油色的房子上面是瓦片砌成的屋顶,四周是齐肩高的围墙。海滨酒店和疗养院就设在公众散步的场所那边。叶子花属植物和木槿花的紫红色、红色特别浓重,显得有些怪异。出奇凉爽的微风带有夹竹桃和海水的味道。一些最杰出的工作就是在海滩长椅上完成的。

兰德本身位于圣莫尼卡稍稍有些紧缩的商业区边沿的第四大道和百老汇大道旁,看不到大海。这座20世纪20年代的银行大楼是一个涂了白漆、带有维多利亚华丽风格的建筑,前不久还是《圣莫尼卡晚报》的印刷车间,这个报社在兰德搬进去之前迁入了斜对面原来属于一个雪佛兰汽车经纪商的办公大楼。到了1950年,兰德的地盘已经扩张,在几个商店上面建起了附属建筑物,其中一个商店原来属于报社,另一个则是自行车商店。一年后,当《财富》杂志小心谨慎地向更广泛的公众介绍兰德时形容说,"明亮的墙壁在有雾的晴天终日闪闪发光,宽大而被日光灯照射的窗户彻夜灯火通明。这座大楼永远不会关门,也永远不会真的开门。"

《财富》杂志说,这是美国最难进入的建筑物之一。在纳什上班的第一天,兰德的身穿制服的武装警卫就在建筑物的前面站岗,又在大厅里仔细打量他,记住他的长相。从此,在那个夏天余下的时间以及以后的岁月里,警卫们总是用冰冷而恭敬的一声"你好,纳什博士"来问候他。那时还没有什么身份证明卡。大楼里面有许多上了锁的门,各个办公室按照进入那里所需进行的忠贞审查分类聚集在一起。数学分部占据了一楼中央的一组小型私人办公室,在电气车间楼上,冯·诺伊曼的崭新的计算机"约翰尼亚克"就立在那里。纳什得到了属于他自己的一个办公室,其实是一个小小的没有窗户的区间,墙壁并没有延伸到屋顶,有一张桌子、一块黑板和一台风扇,当然了,还有一个保险箱。

兰德带着自信、使命感和团队精神矗立在那里。军队制服指出哪些是来自华盛顿的客人,军工企业的行政人员也会前来开会。顾问们大多未满30岁,提着手提箱,叼着烟斗,带着高傲的神气走来走去,冯·诺伊曼和卡恩这类大人物在走廊里比赛谁的嗓门更大。兰德的一名前任副总裁说,那里到处弥漫一种"要赶上敌人"的气氛。阿罗是来自纽约布朗克斯区的退伍兵,说:"我们都相信这个使命非常重要,不过同时也有很大的空间进行智力思考。"

兰德的使命感在很大程度上是由一个简单的事实带来的:苏联已经拥有原子弹。这个令人震惊的消息是前一年秋天由杜鲁门总统宣布的,当时距离广岛和长崎的原子弹爆炸只不过短短四年时间,比华盛顿预计的时间提前了许多年。总统在1949年9月13日的讲话中说,军方掌握可靠证据,在苏联内地进行了一次核爆炸。整个科学界没有人怀疑苏联有能力发展核武器,特别是在普林斯顿,冯·诺伊曼和奥本海默几乎天天都在争论启动发展超级炸弹的计划是否明智,令人震惊之处在于苏联这样快就取得了成功。并不认为苏联的科学技术落后的物理学家和数学家们早就发出警告,说政府和高级官员有关美国的核垄断仍将维持10年、15年或者20年的预言透露的天真情绪简直令人绝望,不过一旦得知自己被解除武装,受到的冲击仍然非常巨大。这个新闻立即结束了围绕氢弹展开的争论,当总统向公众宣布苏联核爆消息的时候,他已经授权在洛斯阿拉莫斯启动一个应急计划,设计和制造一枚氢弹。

实在难以想象这样一种破坏力会被释放出来。兰德因此坚持说有必要慎重考虑其可行性。这里对于理性生活的崇拜已经到了一种近乎荒谬的程度,兰德的男男女女都相信系统思想和量化方式是解决最复杂问题的钥匙。事实,最好是从感情、习俗和偏好中隔绝出来的事实,才是至高无上的统治者。如果将复杂的政治和军事选择(包括核战争的问题)变成数学公式可以提供解决线索,为什么同样的方法不能对付更加具有世界性的问题呢?兰德的科学家们尝试告诉他们的妻子,要不要买一台洗衣机是一个"最优化问题"。

在整个国家越来越关注保守机密的问题,甚至到了一种多疑的地步的情况下,兰德只能秘而不宣地接触军方最受保护的机密。从1950年夏天开始,兰德就日益受到苏联人有办法弄到美国军事机密的恐慌情绪的影响。这种恐慌情绪起源于1950年冬天进行的富克斯审判。富克斯(Klaus Fuchs)是一位德国移民科学家,他在战争期间逃到英国,几经周折来到洛斯阿拉莫斯,与冯·诺伊曼和特勒(Edward Teller)一起工作。作为英国共产党的秘密党员,他在1950年1月供认向苏联人提供原子能机密,经过审判,于2月在伦敦定罪。参议员约瑟夫·麦卡锡在同一个月开始他的反共运动,指责联邦政府违反安全政策。四年之后,1954年4月,"曼哈顿计划"前任首脑、高等研究院院长、美国最著名的科学家奥本海默被艾森豪威尔(Eisenhower)宣布具有一定程度的安全风险,在全国公众面前废去了他的安全级许可。公开宣布的理由在于奥本海默年轻时曾与左翼有联系,不过,正如冯·诺伊曼和当时许多科学家相信的那样,真正的理由是奥本海默拒绝支持研制氢弹。

麦卡锡自己最终成为审查目标这件事并不能驱散兰德那多疑和恐吓

的气氛。兰德依赖空军和原子能委员会的资助为生，手头握着有关氢弹和洲际弹道导弹的项目。数学家们从事的大部分研究都不是机密工作，但这也无济于事。兰德本来就庇护着一群像贝尔曼（Richard Bellman）一样行为古怪的人士，此人原来是普林斯顿的数学家，跟共产党有着千丝万缕的联系，而且很可能是出于巧合，他和罗森堡夫妇（Julius and Ethel Rosenberg）的一个堂兄弟见过一次面，现在兰德当然会特别小心谨慎。

每个人都需要绝密级许可。不能出示临时安全级许可的来访者会被送到"隔离所"或"预审区"隔离起来，不得与任何人交谈。纳什于1950年10月25日取得机密级许可。他记得自己得到的是绝密级许可，可能有误，虽然当时数学分部的大部分成员确实拥有这个级别的许可。纳什还说自己在1952年申请一份Q级许可。所有为原子能委员会的合同工作的数学分部成员，由于可能接触到与建造和使用核武器有关的文件，必须拥有一份Q级许可。不过，尽管纳什在1952年11月10日寄给他的父母的明信片上说过自己已经在兰德申请一份更高级别的许可，他现在却说这个申请没有获得批准，这意味着他在兰德的工作很大程度上局限于高度理论化的任务，而不是将博弈论概念应用于核战略的实际问题，这个领域属于冯·诺伊曼、卡恩和谢林（Thomas Schelling）等人。

每个人的办公室里都有一个保险箱，用于储存机密文件；每个人都受到警告，不得将这些文件带出大楼或者在外面谈论。每天工作结束时，所有文件必须放进保险箱，有时会来抽查。那里有一个对外公开的地址系统，大楼里也有一些地方向没有Q级许可的人开放。

1953年，在艾森豪威尔签署一套新的安全训令之后不久，从防微杜渐的意义上讲，安全意识日益增长。艾森豪威尔训令放宽了拒发许可或者剥夺某人已经拥有的许可的条件。毫无疑问，对于潜在的泄密情况的恐惧，使已经不断升温的对抗情绪白热化，而它所针对的个体或群体其实并没有给安全体系带来什么实际威胁。任何一种不协调的迹象，无论是政治的还是个人的，都会被看作一种潜在的违反安全体系的行为。比如说，同性恋倾向就是危险的，无论原因在于判断力低下还是被迫接受，最初它就是这样出现在艾森豪威尔训令里。

如同那个10年一样，兰德也具有一种分裂性格，它的风格就是不拘形式。它容忍难以想象的怪人，在某些地方比一所大学更加民主。包括冯·诺伊曼在内的几乎任何人都被其他人直呼其名，从来不会加上博士、教授或先生的称谓，只有警卫不这样做。研究生们与全职教授厮混一处的情景，在多数学术院系里是难以想象的事情。兰德的总裁曾任道格拉斯飞机公司的董事，原是一个非常讲究整洁和打扮的人，却几乎没人见他穿套装和打领带。包括纳什在内，几乎所有数学家都穿短袖衬衫上班，只有一两个人例外。大家的穿着打扮是如此不拘小节，以至于有位数学家觉得这样简直是大失身份，不得不进行反抗，每天早上上班时总是穿着三件头套装，打着领带。

恶作剧在兰德文化中的地位就像烟斗在水手眼里一样重要。数学家和物理学家将橡筋圈混进专供烟斗使用的烟草里，把小甜饼换成给狗吃的饼干，使桌子倾斜，于是铅笔全都滚到地上，机智风趣备受推崇。兰德数学分部主管威廉斯写过一部关于博弈论的入门读物，作为兰德的一个研究成果出版，其中就配有可笑的卡通小人物以及大量滑稽的例子，主角包括纳什、穆德(Alex Mood)、沙普利、米尔诺和数学分部的其他成员。

数学家们同平时一样，仍然是最自由的。他们没有固定的上班时间，如果想在凌晨3点进入自己的办公室，也没有问题。沙普利从普林斯顿放暑假回来的时候，仍然坚持他的神圣不可侵犯的独特睡眠周期，下午之前难得看见他。还有一名电气工程师，叫做黑斯廷斯(Hastings)，喜欢在他心爱的计算机旁的"车间"里睡觉。午饭时间很长，让兰德的工程师们烦恼不堪，他们为自己坚守一个令人起敬的时间表而自豪。数学家们大多喜欢带上自己的一份午饭到会议室去，在那里摆开国际象棋盘。他们都会下克里斯皮尔棋，通常一言不发，这种沉默偶尔会被沙普利发出的一声痛苦的呻吟打破，他经常因为裁判或对手的一个失误而大发脾气。尽管弈棋一般都会延续到下午，却很少有分出胜负的时候，往往是下到半路就被棋手极不情愿地丢在一边。几个小时之后，打扑克和桥牌的人们就会来到这里重新较量一番。

在兰德，没有午茶、正式的研讨会或教工会议这样的活动。与物理学家和工程师们不一样，数学家们通常独自钻研。一般认为，他们会研究自己的问题，不过也会帮忙解决研究人员遇到的形形色色的其他问题，这是受发现问题、解决问题精神驱使的缘故。大家会溜进别人的办公室，或者更常见的是在咖啡供应点附近的走廊里站着聊聊天。数学家分部于1953年搬入兰德的永久总部，一年以后，纳什最后一次在兰德打发暑假。总部的布局和庭院是由威廉斯设计的，目的是"使偶然相聚的规模极大化"。人们就是在这样的场合"宣布"新的研究成果，数学家们则对其他部门同事想要解决的问题着了迷。大部分工作没有正式上报，尽管有时也会刊登在兰德的备忘录上，却也不存在什么正式的批准程序。一个顾问也许只是走到数学分部的秘书们那里递交一份书面报告，过上一两天就会出现一份兰德备忘录。用于外部传阅的预先印制的报告，也不需要经历比这个过程严格得多的审批程序。

这样完美的气氛大部分应该归功于威廉斯的工作。威廉斯机智而富有魅力，体重接近136千克，身穿昂贵套装，看上去像个商人，随时准备从口袋里掏出一叠20美元的钞票。他是来自亚利桑那的天文学家，曾在普林斯顿的范氏大楼听过两年讲座，在那里打扑克，并且对博弈论产生了浓厚的兴趣。战争期间他担任华盛顿的所谓"年薪1美元"的顾问工作，领取象征性的报酬，后来成为兰德的第五名雇员。威廉斯痛恨飞行，热爱高速跑车。有一次，他花了整整一年时间给他的巧克力色的美洲虎汽车换上凯迪拉克的强大引擎。兰德有一个修理车间，为了装上这个引擎，兰德可是付出了大量资源和相当可观的勇气。美洲虎和凯迪拉克的机械师一致反对这个设想，把它看作天方夜谭，但是威廉斯赢得了最后的胜利。他在夜半时分驾驶这辆汽车在太平洋海岸高速公路上疾驰，彻底反驳了那些机械师因循守旧的想法。

威廉斯的管理方式可以使他在今天的硅谷有宾至如归的感觉。他的副手穆德以前也是普林斯顿的学者，回忆说："威廉斯有一个理论，认为不应该对人多加干涉。他是基础研究的忠实信徒，也是一个非常放松的管理者，这也是别人觉得数学分部特别古怪的原因。"他在给冯·诺伊曼的一封信中提出向这位数学家支付每月200美元的聘雇定金时，行事风格可见一斑。这封信说："在您的思想过程中，我们惟一想要系统获取的只是您在刮胡子的时候想到的那部分。我们希望您告诉我们在那样聚精会神、不能分心的情况下产生的任何想法。"威廉斯刚来兰德那会儿，兰德还只是道格拉斯飞机公司那座巨大的、每天有3万员工打考勤卡的工厂里一个小小的附属建筑，正是威廉斯将数学家们从时钟的束缚下解放出来，继而为他的数学家们要求供应咖啡和黑板，理由是如果没有这两样东西，他们当中没有人会取得什么有价值的成果。兰德与道格拉斯飞机公司分手之后，威廉斯的要求也提高了，坚持这座建筑应该全天24小时开放，而不是仅仅局限于上午8点和下午5点之间。他还要求设置私人办公室，开设的咖啡供应点配备了分部特有的全职维护人员。当工程师和空军将领不明白为什么非得允许这些数学家保留个人风格时，又是他来做思想工作。

大家很快就从外表认识了纳什。他无休止地在各个大厅游荡，经常咬着紧紧夹在他牙齿里的一只空的纸咖啡杯。他可能在走廊里一走就是几个小时，眉头深锁，完全沉浸在自己的思维当中。他的衬衣下摆解开，强健有力的双肩向前弯曲，尼克松式的高鼻子指向前方。有时他面带嘲讽的微笑，暗示他想到某种秘密的可笑之事，但却不打算与遇见的任何人分享。如果他真的碰到认识的某人，也很少会叫对方的名字来打个招呼。他甚至很可能根本没有意识到对方的存在，除非别人首先对他讲话，即便是这样他也未必总会听进去。如果他没有咬着一个咖啡杯，就会吹口哨，常常都是一个曲调，选自巴赫的《赋格艺术》，没完没了。

他的传奇故事比他本人更早到达这里。阿罗回忆说，在纳什的新同事看来，他是"一个可以做任何事情的少年天才，一个喜欢解决问题的家伙"。正在与艰深难题苦战的数学家们很快就学会直截了当地截住他，和他交谈。他们发现，他很容易产生好奇心，只要那个难题在他看来很有趣，而说话的人又具有很高的数学水平。他很愿意到他们的办公室去，好看看他们黑板上写得乱七八糟的方程式。

威廉斯的副手穆德就是首先尝试这个办法的人之一。穆德是个脾气温和的大个子，思维枯燥，平易近人，战前他在普林斯顿着手撰写第一篇论文，进展并不顺利，其中一个问题直到他去了兰德仍然压在心头。他觉得自己已经从一个著名的答案里引出了一个更好的结果，但是他的证明却实在太长、太复杂，毫无优美精致可言，一眼看上去就令人沮丧。纳什可不可以想出"更短、更简单的"东西呢？纳什一边听着一边盯着他，皱起眉头走开了。但是，就在第二天，纳什出现在穆德的门口，已经有了一个绝妙而且完全出人意料的答案。纳什"将整数看作变量，使它们有明确的极限，从而避开了整个归纳法"。纳什的风格就像他的其他事情一样令穆德为之倾倒，"当他看出一个问题，"穆德回忆说，"会坐下来，立即向它发起进攻，而不会像他的一些同事那样，先跑到图书馆看看前人已经做过哪些相关工作。"

威廉斯也很快就被纳什征服，并且将他置于自己的保护之下。他常常对别人说，纳什对数学结构的洞察力远远胜于他认识的所有数学家，这句评语出自30年代后期曾在范氏大楼工作、而且与冯·诺伊曼相当亲密的学者之口，实在是极不寻常。"他知道在成千上万个因素中哪些才是最重要的。"威廉斯过去常常这样说。他喜欢描述纳什如何去到一个办公室，两眼盯着黑板上密密麻麻的方程式，站在那里一言不发，专心思考。"接着，"威廉斯会这样说，"他就会解决整个问题。他可以看出其中的结构。"

不过，在大多数情况下，纳什仍然离群独立。他难得和别人讨论自己的研究，而且对象只限于经过精挑细选的几个人。当他真的这样做的时候，他通常并不是要寻求协助。"他不大需要寻求建议，"另一个顾问回忆说，"你是一面反射镜。他是他自己想象力的目标。"他在兰德惟一定期见面的人是沙普利，没过多久，数学分部的人们就开始把他们两人看作兰德的一对神童。

同样，纳什的古怪举止也为兰德的流言工厂提供了材料。"他强化了兰德有关数学家都有些疯狂的想法。"穆德说。他总是找不到自己的办公室，办公室里简直乱成一团糟。那年夏末他离开的时候，居然可以一走了之，甚至没有想起要清理一下自己的桌子。负责整理杂务的职员发现，在其他东西当中还有"香蕉皮、存在瑞士银行的数千美元存款的银行存单、一两百美元现金、机密文件和C-1等距嵌入的论文"。

有些人觉得纳什幼稚可笑。他喜欢跟同事们开少年人的玩笑。他知道自己吹口哨让一个喜爱音乐的数学家头痛，有一次就特意在对方的录音机里留下一盘自己吹口哨的录音带。兰德身穿蓝领制服的警卫和勤杂人员则发现，纳什是一个相当有意思的家伙。他们喜欢目送他离开大楼前往第四大道。有好几次，他们当中有些人向兰德的一名经理投诉，说看见纳什非常夸张地踮起脚尖走在大街上，跟踪成群的鸽子，然后突然冲上去，"企图踢它们"。

第十三章

博弈论在兰德

> 我们希望(博弈论)会管用,就像我们在1942年希望原子弹会管用一样。
> —— 一位匿名的五角大楼科学家对《财富》杂志说,1949年

纳什有关多人参与的博弈论之前所未有的想法,在他到来之前几个月就已经传到了兰德。他的多人博弈存在均衡点那篇构思精巧的证明的初稿,也就是美国科学院1949年11月那期学报上尚未充分阐述的薄薄两页文字,如同一场加利福尼亚山火一般,席卷了第四大道与百老汇大道交界处那座白色的涂抹了灰泥的大楼。

纳什均衡概念最引人注意之处,在于它打破了局限于两人零和博弈的状况。兰德的数学家们、军事战略家们和经济学家们几乎一直在集中研究两人之间完全冲突的两人零和博弈,在这种情况下,我所得即你所失,反之亦然。沙普利和德雷舍(Dresher)回顾1949年在兰德进行的博弈论研究时,说这个组织"完全专注于两人零和博弈"。这种专注是自然的,因为冯·诺伊曼关于这些博弈的理论既合理又相当完整。与此同时,零和博弈看起来也适用于两个超级大国之间的核冲突问题,这个问题吸引了兰德的大部分注意力。

然而零和博弈并不实用。阿罗回忆说,至少兰德的一部分研究人员已经对这些博弈存在一个固定结果的核心假设感到烦躁。随着武器变得越来越具有破坏性,即便是全面战争也不再形成对手之间毫无共同利益的纯粹冲突的局面。向一个敌人施加最彻底的破坏,用轰炸将其送回石器时代,将不再是明智之举。正如美国战略家在对德作战的最后阶段所意识到的那样,当时他们决定不去破坏鲁尔地区的煤矿和工业设施。10年以后,兰德的一位核战略家谢林这样描述:

> 在国际事务中,存在相互依存和对抗。两个对手的利益完全相反的纯粹冲突是一个特例,只可能出现在你死我活的完全灭绝性的战争中,在其他类型的战争中也不会出现。相互迁就的可能性与冲突的要素一样重要和富于戏剧性。类似威慑力、有限战争、裁军以及谈判这样的概念,牵涉到可能存在于一场冲突的参与者之间的共同利益和相互依存性。

谢林接着解释了他这样说的原因:"在这些博弈中,尽管冲突的要素提供了值得关注的利益,相互依存性仍然是逻辑结构的一部分,要求某种合作或相互迁就,也许是心照不宣的,也许是明确宣布的,哪怕只是为了阻止共同面临的灾难。"

1950年,至少兰德的经济学家已经认识到,如果博弈论要发展成一个描述性的理论,可以有效应用于现实生活的军事和经济冲突,人们就必须将注意力集中在同时考虑合作与冲突的博弈。"每个人都已经对零和博弈感到烦躁不安,"阿罗回忆说,"你正在尝试决定要不要开战,而你又不能说失败者失去的就是胜利者得到的,这真是一件麻烦事。"

军事战略家首先留意到博弈论的概念。大多数经济学家忽略了《博弈论与经济行为》,如同加尔布雷思(John Kenneth Galbraith)在《财富》杂志所写的以及后来成为高等研究院院长的凯森(Carl Kaysen)所说的那样,少数几个没有忽略这部著作的人原来早在战争期间就与军事战略家有了非常密切的联系。麦克唐纳(John McDonald)1949年发表在《财富》杂志上的一篇文章明确指出,军方希望运用冯·诺伊曼的博弈论制定情报搜集行动、轰炸方式以及核防御策略。为了捕捉新的想法,手里有大把钱可花的空军抱着与普鲁士军队在200年前欢迎概率论那样的热情接受了博弈论。

博弈论已经在军事谋划室登台亮相。人们在战争期间用它建立反潜战术,当时德国潜艇正在打击美国的军事运输船。麦克唐纳在《财富》杂志中写道:

> "博弈"的军事应用始于上一次战争初期,实际上比由AS-WOEG(反潜战谍报评价小组)出版的整个理论还要早一些。这个小组的数学家早已得到冯·诺伊曼于1928年发表的关于扑克的第一篇论文。

不过,在冯·诺伊曼对圣莫尼卡进行的那些令人激动的访问期间,他实际上几乎只跟计算机工程师和核科学家在一起。他的非凡声誉加上威廉斯那灵巧熟练的推销员才能,使兰德从1947年到50年代都将博弈论作为一个主要课题。人们希望博弈论能为有关人类冲突的理论提供一个数学支柱,并且扩展到数学以外的领域。威廉斯说服空军允许兰德创立两个新的分部,分别是经济学分部和社会学分部。纳什到达的时候,博弈论研究的一个"受托团体"已经在兰德形成,包括博弈论学者沙普利、麦金西(J. C. McKinsey)、达尔基(N. Dalkey)、汤普森(F. B. Thompson)和博嫩布卢施特,纯粹数学家米尔诺,统计学家布莱克韦尔(David Blackwell)、卡林(Sam Karlin)和吉尔斯奇克(Abraham Girschick),以及经济学家萨缪尔森、阿罗和司马贺。

兰德的博弈论军事应用大部分集中于战术方面。战斗机和轰炸机之间进行的空战被用作决斗模型。一场决斗中的战略问题是个时机掌握的问题。对于每个对手，率先开火将使错过目标的机会达到最大。但是，要想射击更加精确，被击中的机会也会达到最大，问题是什么时候开火最合适。这里有一个权衡的问题，如果等待的时间长一些，每个战斗方就可以增加自己命中目标的机会，但其也增加了自己被击中坠毁的可能性。这样的决斗可能是喧闹的，也可能是寂静的。如果使用的是"无声枪炮"，决斗者就不知道另一方已经开火，除非他自己被击中。因此，没有一个决斗者知道对方是不是还剩下一颗子弹，或者是不是已经开火，却没有命中，现在完全没有防守之力。

德雷舍和沙普利总结兰德在1947年秋天至1949年春天的博弈论研究的一篇报告别具特色。两位数学家这样描述一次轰炸行动中棘手的攻击问题：

问题：

位于起点的一个截击机基地，拥有 I 架战斗机，每架战斗机具有一个特定的耐用度。如果在一次轰炸机袭击中接受引导起飞的一架战斗机尚未与它原来选定的目标交战，那么地面控制人员就可以引导它回来作第二次进攻。

攻击者拥有 N 架轰炸机和 A 枚炸弹。攻击者选择两点进攻，派遣携带 A_1 枚炸弹的 N_1 架轰炸机作第一次攻击，t 分钟之后又派遣携带 $A_2 = A - A_1$ 枚炸弹的 $N_2 = N - N_1$ 架轰炸机作第二次攻击。

攻击者的得益就是没有被战斗机击毁的炸弹数。

解答：

战斗双方都有纯粹的最优策略。攻击者的一个最优策略就是同时进攻两个目标，按每次进攻中轰炸机数目的比例分配 A 枚

炸弹。防守者的一个最优策略就是按照前来进攻的轰炸机的数目相应派遣战斗机,并且不要重新引导战斗机。攻击者的博弈值就是

$$V = \max\{0, A(1 - 1/Nk)\},$$

其中 k 是战斗机的击毁概率。

纳什心中所想的那个博弈可以不经过对话或合作就得以解决。冯·诺伊曼长久以来一直相信兰德的研究人员应该集中研究合作博弈,在这些冲突中,局中人有机会进行对话与合作,而且可以"讨论局势,同意采取一种理性的联合行动计划,而这种协定假设是可以得到实施的"。在合作博弈中,局中人结为同盟,达成协定。关键的假设在于,存在一个裁判员,确保协定得以实施。合作博弈的数学就跟零和博弈的数学一样,丰富而精巧。不过,大多数经济学家和阿罗一样对这个想法并不热心,他们认为这就好比阻止一场危险而浪费的核军备竞赛的惟一希望在于指定一个能监督同时裁军的世界政府。凑巧的是,世界政府当时是数学家和科学家中流行的一个想法。爱因斯坦、罗素和世界学术精英中的许多人,都赞成某种形式的"世界大同主义"。就连冯·诺伊曼也表示尊重这个主张,尽管他本人是个保守的鹰派人士。不过,大部分社会学家怀疑哪个国家会放弃主权到如此地步,更别说苏联了。同时,合作博弈看上去与大多数经济、政治和军事问题没有多少关系。阿罗就曾经开玩笑似地说过,"你确实拥有合作博弈论,但是你不能强迫另一方合作。"

阿罗指出,通过证明非合作博弈(即不包含联合行动的博弈)具有固定的解决方案,"纳什突然提供了正确提问的基础"。他又说,在兰德,此事立即让"许多人着手计算均衡点"。

有关纳什的均衡结果的消息,也引出了所有社会科学领域里最广为人知的策略博弈:"囚徒困境"。"囚徒困境"一部分是在兰德发明的,在纳

什抵达之前几个月,作者是那里的两个数学家,他们对纳什的想法抱有很深的怀疑态度,远远超过了对博弈概念可能激发的革命的赏识之情。用于描绘这个博弈的要义的囚徒实例,是由纳什在普林斯顿的良师益友塔克发明的,他用这个故事向斯坦福的一群心理学家解释博弈论究竟是什么东西。

如同塔克所讲的故事那样,警察逮捕了两个犯罪嫌疑人,把他们关在不同的房间里问话。每个人都可以选择坦白并且将另一个人拖下水,或者保持沉默。这个博弈的中心特征是,无论另一个嫌疑人做什么,每个人(单独考虑的话)如果坦白,那么他的境遇都会好些。如果另一个人坦白了,还在考虑的嫌疑人就应该采取同样的行动,从而避免由于隐瞒情况而受到特别严厉的惩罚。如果另一个人保持沉默,那么他就可能通过转为政府的证人而得到宽大处理。坦白就是占据优势地位的策略。具有讽刺意味的是,两个囚徒(放在一起考虑的话)如果谁也不坦白,也就是说他们勾结或者说合作,那么他们的境遇就都会比较好。不过,既然彼此都知道对方有坦白的动机,那么对于双方来说坦白就是"理性的"了。

自1950年以来,"囚徒困境"已经发展成为数量庞大的、有关合作与背叛的决定因素的心理学文献。在概念的水平上,这个博弈强调了一个事实,即纳什均衡(定义为各个局中人根据自己的最佳策略行事,同时估计其他局中人也按照他们的最佳策略行事),从这一组局中人的观点来看,不一定就是最好的解决方案。这样一来,"囚徒困境"就与经济学当中亚当·斯密的"看不见的手"的隐喻互相矛盾。处于博弈里的各个局中人都在追求自己的个人利益,他不一定会增进整个集体的利益。

苏联和美国之间的军备竞赛,就可以看作一个"囚徒困境"。两个国家如果合作,避免竞赛,其境遇就会好转。但是,要占据优势地位所采取的策略是各自将自己武装到牙齿。不过,看来德雷舍、弗勒德(Flood)、塔克或者冯·诺伊曼都没有在超级大国相互敌对的背景下想起"囚徒困境"。在他们眼里,这个博弈只是对纳什的想法的一个有趣挑战。

德雷舍和弗勒德在得悉纳什的均衡想法的当天下午,把威廉斯和加利福尼亚大学洛杉矶分校的经济学家艾尔奇安(Armen Alchian)当做实验动物,做了一个实验。庞德斯通说,弗勒德和德雷舍"很想知道现实里的人,尤其是从来没有听说过纳什或者均衡点的人,如果处于这个博弈里,会不会神奇地被牵引到均衡策略上去,他们对此表示怀疑,两个数学家做了100次实验"。

纳什的理论预言,两个局中人将会采取优势策略,尽管采取劣势策略可能使双方的境遇同时变好。虽然威廉斯和艾尔奇安并不总是合作,实验结果几乎没能达成一个纳什均衡点。德雷舍和弗勒德认为,他们的实验表明局中人倾向于不选择纳什均衡策略,反过来,他们很可能"妥协"。冯·诺伊曼对此当然表示赞成。

结果呢,威廉斯和艾尔奇安选择合作多于选择欺骗。在每个局中人决定自己的策略之后并在他了解对方的策略之前所作的评论表明,威廉斯意识到局中人应该合作,从而使他们的收益达到最大。如果艾尔奇安不合作,威廉斯就会惩罚他,然后在下一轮回来进行合作。

纳什从塔克那里得知这个实验之后,给德雷舍和弗勒德写了一张条子,对他们的解释提出异议,后来在他们的报告里作为一个脚注发表:

> 作为均衡点理论的一个检验,这个实验的漏洞在于,它等于要局中人进行一个大型的多步博弈。我们不能把这件事如同我们在零和博弈的案例里所做的那样,看作独立博弈的一个序列。这里有太多相互作用……但是,(局中人甲)和(局中人乙)在取得回报的过程中显得如此效率低下却真是令人感到震惊。本来我们以为他们会更加理性一些。

纳什在兰德设法解决他和沙普利在前一年同时研究的一个问题。这个问题是要在双方之间设计一个谈判模型,他们的利益既不一致,也不会完全相反,使他们可以运用这个模型来确定各自在谈判过程中应该采取怎样的威胁手段。纳什抢在沙普利之前动手。"我们都在研究这个问题,"舒比克后来在他的普林斯顿回忆录中写道,"但是纳什一开始就想办法构思了一个运用威胁手段的两人谈判的漂亮模型。"

纳什没有像他当初构思独创的讨价还价模型那样通过公理方式得出问题的解答,公理方式就是列出一个"合理"答案应该具备的特点,然后证明这些特点确实导向一个独一无二的结果。这次他安排了一个四步谈判。第一步:各个局中人选择一种威胁手段,也就是当我们不能达成交易,即我们的要求不能兼容的时候,我将被迫采取的措施。第二步:局中人将自己的威胁手段告知对方。第三步:各个局中人选择一个要求,也就是在他看来值一定数量的结果,如果讨价还价不能保证他得到这个数量,他就不会同意达成交易。第四步:如果发现存在一个可以满足双方要求的交易,局中人就会得到他们要求的东西,否则威胁手段将不得不实施。结果发现,这个博弈具有无穷多个纳什均衡点,不过纳什提出了一个设计非常精巧的证明,用于选择一个独一无二的固定均衡点,而这个点与他以前运用公理方式得出的讨价还价结果是一致的。他证明各个局中人都有一个"最理想的"威胁手段,换言之,无论另一个局中人选择什么策略,这个威胁手段都能保证可以达成一个交易。

纳什起初在标明1950年8月31日的一份兰德备忘录上提出了自己的结果,表明他设法赶在离开兰德返回布卢菲尔德以前完成了这篇论文。这篇论文的一个更长也更具描述性的版本最后被《计量经济学》学刊接受,该刊曾于当年4月发表了他的《讨价还价问题》。《两人合作博弈》在接下来的那个学年的某个时候被接受后,一直到1953年1月才得以发表,这是纳什对博弈论所作的最后一个重大贡献。

在兰德，没有人解决过非合作博弈论中的任何重大的新问题。实际上，纳什在1950年就停止了这个领域的研究工作。在兰德，有关博弈论的主要争论来自数学家那边，沙普利尤其突出，而且他们的出发点与其说是应用，倒不如说是数学本身。在20世纪50年代，沙普利集中研究合作博弈，这种博弈不仅经济学家必然兴趣不大，而且军事战略家也是如此。

所有数学模型的正当性在于，尽管它们在某些方面可能是过分简化的、不现实的甚至是错误的，还是能迫使分析者们面对那些在数学模型以外也许不会想起的可能性。物理学和医学的历史充满了错误或者不完整的理论，却为其他一些重大突破提供了可能性。比如说原子弹，它就是在物理学家弄明白粒子结构之前建造出来的。

博弈论在一个军事问题上的最重大的应用直接来自决斗理论，并且帮助形成了可能是兰德最有影响力的单个策略研究。这项研究是沃尔斯泰特（Al Wohlstetter）的新发明，他是数学家，1951年年初加入兰德的经济学分部，比纳什加入数学分部晚了大约6个月。

按照卡普兰的说法，SAC（美国战略空军司令部）在20世纪50年代初期的作战计划是让轰炸机从美国飞往海外基地，让军队从那里向苏联发动进攻。空军的整个威慑战略建立在氢弹的威力以及美国有能力回击任何类型进攻的想法上。很明显，在沃尔斯泰特之前还没有任何人注意到美国面对先发制人打击的脆弱性，这次打击瞄准的不是美国的城市，而是要摧毁SAC的力量，然后，集中注意力对付处于苏联打击范围内的少量外国基地。卡普兰写道：

> 在此之前，博弈论的军事应用大部分集中在战术方面，也就是寻求策划一次战机决斗的最佳方式，如何设计轰炸机编队，或者如何实施反潜战战役。不过，沃尔斯泰特推进了这种应用。正是这种根据敌人的最佳移动作出自己的最佳移动的坚决主

张,吸引沃尔斯泰特观察一张地图,得出结论说我们越是靠近他们,他们也就越是靠近我们,我们越是易于击中他们,他们也就越是易于击中我们。沃尔斯泰特和他的小组估计大约只要120枚炸弹……就能摧毁75%到80%随意停放在海外基地的B-47型轰炸机。SAC看上去是世界上最强大的攻击力量,在许多方面却显得如此不堪一击,以至于只要将它的计划付诸行动,就会造成一个高度集中的目标,吸引苏联发动一次先发制人的进攻。

沃尔斯泰特的研究给空军机构带来了一种电击似的震动效果。这个研究着眼于美国的脆弱之处以及苏联可能发动一次意外的进攻,同时也为军界当中的一种多疑症找到了理由,这种病症已经渗入整个国家,在20世纪50年代后半期发展成对于假设的"导弹差距"的一种全国性的歇斯底里情绪。卡普兰写道,兰德的报告"通过数学计算和理性分析宣布对敌人以及未知情况的一种基本的恐惧是合理的,除非我们的技术和眼界可以用于讨论这个新的相当吓人的情况(即苏联拥有远程核武器),并且采取行动"。

在数学家、战略思想家和经济学家看来,兰德的黄金年代已经接近尾声。一段时间后,兰德的赞助人对纯粹理论的热情有所减退,对个人特质也没有那么宽容,变得越来越苛刻。数学家对博弈论开始感到厌倦和沮丧,顾问们再也不来上班,永久员工则转到大学去了。纳什在1954年夏天之后也没有回来过。弗勒德于1953年离开,前往哥伦比亚大学。冯·诺伊曼在激起了研究小组的兴趣之后的工作无论从哪方面看也只是扮演了一个很小的角色,他于1954年中止了在兰德的顾问职务,接受任命,成为原子能委员会的一名成员。

博弈论无论怎么看都已经退出了兰德的舞台。卢斯和赖发(Howard

Raiffa)在1957年出版的《博弈与决策》中这样总结:"我们有历史事实表明许多社会科学家对博弈论已经感到幻灭。当初人们有一种天真烂漫、声势浩大的感觉,以为博弈论解决了数不清的社会学和经济学问题,或者至少认为答案只要经过几年的研究就可以得出。事实证明完全不是这样。"军事战略家持有同样的看法。"无论什么时候,只要我们谈到威慑、原子弹恐吓、恐怖平衡……我们就明显地深入到博弈论里去,"谢林在1969年写道,"但是正式的博弈论本身对澄清这些想法没有作出什么贡献。"

第十四章

征兵

普林斯顿，1950—1951年

担任军事战略家的前景，在圣莫尼卡生活，或者赚取相当不错的薪水，没有一样是引诱纳什接受威廉斯提供的思维库一个永久职位的原因。纳什对兰德的友爱之情或者使命感没有多少认同，他只想独自一人进行研究，拥有在整个数学王国驰骋的自由。为了做到这一点，他应该在一所一流大学取得教职。

当时，他打算在普林斯顿度过即将来临的一个学年。塔克已经伸出援助之手，安排他为本科生上一部分微积分课程，又让他在自己那个由海军研究基金资助的办公室里担任研究助理。实际上，纳什希望将大部分精力投入到自己的研究当中，为下一个秋天谋求一份学术职位空缺作准备。不过，在他可以坐下来好好考虑这些问题之前，却被迫面临一个威胁到他职业生涯的事件，说穿了就是朝鲜战争。

1950年6月25日，朝鲜战争爆发，当时纳什大概正在飞往圣莫尼卡的途中。一个星期之后，杜鲁门作出保证，要派美国军队参战。第一批援军于7月19日登陆。到了7月31日，杜鲁门已经签署一份命令，要求义务兵役部马上征集10万年轻人，其中2万人即时开始征集。大约过了一两个星期，老约翰和弗吉尼亚就写信说纳什应征入伍的危险也许迫在眉睫。他们和大多数共和党人一样，讨厌杜鲁门，对整个战争持怀疑态度。他们催促纳什尽快回到布卢菲尔德,以便与当地征兵部门的人员单独谈话,说服他们签发一张Ⅱ-A证明。当然,他们还说,纳什在兰德或普林斯顿都会比穿上军装更有价值。

当纳什8月底离开兰德公司之后,就从洛杉矶直飞波士顿,出席了一天的世界数学家大会,当时会议正在波士顿哈佛大学和麻省理工学院所在的剑桥地区举行。在那里,他向一小批听众介绍了自己取得的关于代数流形的成果,这对于一个年轻数学家来说是一项非常不错的荣耀。不过他正急于赶回布卢菲尔德,因此没有留下来继续参加大部分的会议。

他已经下定决心,要竭尽所能避免应征入伍。只要一场战争打起来,哪怕是一场不受欢迎并且没有正式宣战的战争,谁知道他将要在部队里服务多长时间?在他的研究工作中出现的任何中断,都有可能影响他实现进入一个一流数学系工作的梦想。第二次世界大战的退伍兵已经淹没了就业市场,登记就业人数由于征兵的关系开始下降。两年以后,另外一批才华横溢的年轻人就会成长起来,吵吵嚷嚷地争夺那么少数几个讲师职位。他的博弈论毕业论文在纯粹数学家那里要么没有得到重视,要么就是受到嘲笑,他觉得,得到一份理想工作的惟一希望就是完成他的有关代数流形的论文。

另外,他不想成为某人更加庞大的计划里的一部分,虽然他具有鹰派的本性和南方背景,但一想到军队生活就感到非常害怕。他是比弗高中少数几个没有祈求第二次世界大战尽量延长,好让自己有机会服役的男孩子之一。军队生活充满愚蠢无知的严密管制、令人精神崩溃的常规条令且缺乏个人隐私概念,而且他也从其他数学家那里听说了许多与那种粗鲁、没有文化的年轻人朝夕相处的可怕故事。当年他离开布卢菲尔德去卡内基工学院上学的时候之所以满心高兴,就是因为可以从此逃避同这样的人混在一起。

纳什很有条理地开始行动。他一回到布卢菲尔德,就拜访了征兵部门的两个成员,其中一个是部门负责人、退休律师斯科特(T. H. Scott),后来被他形容为"一个铁杆共和党员",认定杜鲁门=白痴=罗斯福;另外一个是布卢菲尔德州立大学(位于城镇远郊的一所黑人大专学校)校长迪卡森(H. L. Dickason)博士。纳什把尽量了解这些将要决定自己命运的人当做自己的首要工作。结果呢,征兵部门只是朦朦胧胧觉察到纳什究竟想要做什么。直到他出现在皮里大楼,他们才知道他已经取得博士学位,而不是像他们原来想象的那样,他在那年秋天还要返回普林斯顿继续学业。他的学生缓役资格尚未取消。

纳什与斯科特见面的结果并没能缓解他的忧虑。征兵部门已经开始编制年满22岁者的名单。现在既然他们知道纳什不再是一个研究生,他就很可能被列入下一轮的召集名单,时间定在这个月的20日,还有不到两个星期的时间。纳什提到自己正在为军方从事机密的研究工作,并且介绍了他与兰德以及普林斯顿的海军研究办公室的关系。斯科特没有排除授予他一个职业缓役资格的可能性,但是他对一个年轻数学家在国家处于紧急关头之际除了参军之外还有其不可缺少的重要性有些怀疑。纳什觉得与迪卡森的会见感觉稍微好一些,后者在开战之前教过数学和物理学,纳什在普林斯顿取得的学位和那里的同行给他留下了深刻的印象。很有可能是迪卡森提示纳什,说只要递表申请Ⅱ-A,即职业缓役资格,就可能暂时缓解征兵压力,从可能的征兵对象中脱身出来,至少可以等到征兵部门有时间研究他的Ⅱ-A申请。

纳什立即行动。在布卢菲尔德,他跑到图书馆查阅义务兵役法。他认真揣摩征兵部门的心理,给塔克、华盛顿的海军研究办公室写信,毫无疑问还给兰德的威廉斯写信,尽管没有记录表明有过这么一封信。(塔克9月15日收到的一封来自华盛顿的海军研究办公室的信是这样开始的:"纳什写信给我,询问海军研究办公室能不能帮助他取得缓役资格。")纳什请求他们帮助他取得Ⅱ-A缓役资格,却只要他们如实陈述并答应以后提供更多的信息，以便"将来也许可以动用更有力的武器而不至于让人觉得"只是重复最初的陈述。他竭尽所能拖延入伍的进程。后来，在其他场合，纳什反复表示自己对"政治"、"政治伎俩"非常厌恶和反感，不过，尽管他在某些方面显得不切实际、幼稚和远离日常事务，却相当精通构思策略、侦察必要事实和利用其父亲的关系，最重要的是懂得召集同盟军和支持者。

塔克、大学、海军和兰德很快就作出了充满同情的反应，一致宣称他是不可取代的，需要多年时间才能培养一个替补者，而且他的工作"对于这个国家的福利和安全是极其必要的"。华盛顿海军研究办公室的里格比（Fred D. Rigby）向塔克建议说，最佳途径就是由一名大学官员出面，请求海军研究办公室纽约分部写信给布卢菲尔德征兵部门。"据说这个方法很管用。一般说来，这应该是在某人已经被列入Ⅰ-A类别之后才做的事情，但是没有规定说不可以事先进行。"里格比同时指出，"这类问题近来经常出现"，暗示纳什绝对不是惟一一个与国防部有联系、正在谋求逃避兵役的年轻学者。里格比还答应，如果分部办公室这条路行不通，"我们会直接与全国义务兵役组织联络，再作第二次努力。"不过，他又补充说，十有八九"这将是没有必要的"。

这个旨在挽救纳什免遭征集的联合行动，与当时为帮助其他许多年轻科学家而进行的努力没有什么区别。朝鲜战争没有像第二次世界大战那样激起爱国热忱。许多学者将国防研究视为另外一种服役形式，而且豁免特别有成就、有价值的个人的兵役义务即便在第二次世界大战也有先例。库恩记得自己曾经申请加入海军的V-12计划，这样就能在战争期间在加州理工学院上作为平民同样要上的课程，只不过要穿上军装，但是他没有成功。最后他进入步兵，惟一的原因就是未达到海军更加严格的体格要求。朝鲜战争没有像越南战争那样掀起大规模的逃避兵役的浪潮，但是，在纳什那一代人的某个精英集团当中，确实存在应得权利的意识,对于争取特殊对待一点也不会感到难为情。

纳什迫切地逃避兵役,显示出他内心远比担心职业理想或个人便利更加深刻的恐惧。他的性格决定了他在失去人身自由的营房并与陌生人紧密相处不但会感到很不高兴,而且深受威胁。通过某些理由,纳什以后会将他的疾病起因部分归于教学压力,然而这种形式的管制其实远比军队生活宽松。朝鲜战争结束很长时间之后,他已经满了26岁(这是兵役义务停止的年龄),他对应征入伍的恐惧仍然非常严重。这种恐惧最终达到妄想的地步,促使他努力放弃美国公民身份,在海外寻求政治庇护。

有趣的是,纳什的内心直觉被精神分裂症研究者确认为有效原因。至今尚没有令人信服的证据,证明可能引发抑郁症或焦虑性神经症这类精神失常的生活事件,即斗争、爱人死亡、离婚、失业与精神分裂症发作紧密相关。不过,几项研究已经显示,和平时期的基础军事训练可能在尚未看出易受精神分裂症袭击的人身上诱发这种疾病。尽管这些研究的对象全部按不同的精神疾病精心分类,结果仍显示精神分裂症的住院治疗率高得有些不同寻常,在应征入伍者中间尤其如此。

里格比的预言很快就得到了证实。在普林斯顿教务长布朗(Douglas Brown)的文件当中,有一份标明9月15日的手写字条,上面记录了数学系的秘书亨利(Agnes Henry)打来的一个电话,她告诉教务长的秘书,说纳什给她打过电话,请教务长给海军研究办公室写信。几天之后,纳什递交了一份大学表格,标题是"国家紧急时刻必需信息",其中他写道自己已经在布卢菲尔德的第12地方征兵部门登记,目前的类别是Ⅰ-A,他"有机会得到Ⅱ-A,申请尚未批复"。这张表格说明纳什已经被727项目雇用,而这就是塔克在海军研究办公室资助下进行的项目。在回答"你是否正在从事任何其他可能关系国家利益的研究工作或者顾问工作?"的问题时,纳什回答"是的",并且写明"兰德公司顾问"。可能是普林斯顿资助办公室主管加进去的一个备忘录指出，纳什花了"三年或更多的时间研究博弈论以及相关领域；还是卡内基工学院本科生的时候就已经写出了这个领域的论文；两年后就在普林斯顿取得博士学位。里格比博士已经要求海军支持"。

大学立即写信给海军研究办公室，说明"目前国家处于紧急时刻，这个项目被华盛顿的海军研究办公室后勤分部视为非常重要的贡献。纳什博士是我们在这个项目的工作人员当中一个很关键的成员，也是这个国家非常少有的几个曾在这个领域受过训练的人士之一"。海军研究办公室接着在9月28日写信给征兵部门，说纳什是"一个很关键的研究助理，这份合同是海军部的研究和开发计划的一个重要组成部分，而且是为国家安全服务"。

兰德同样保护纳什，它的前任安全经理贝斯特（Richard Best）记得自己曾经为了纳什和另外一个来自普林斯顿的数学家佩萨科夫写信，力求将他们从兵役当中"拯救"出来。（佩萨科夫的回忆与贝斯特有所不同，他说他想参军，但是兰德的主管不放他走。）"我们有许多后备军人和大量年轻人，"贝斯特回忆说，"在1948年，平均年龄是28.35岁。人事办公室没有准备好（应付这种情况）。我为纳什给征兵部门写过一些信。"

纳什的游说行动奏效了，虽然他没能立即得到朝思暮想的Ⅱ-A资格。10月6日，大学通知纳什，"你看来直到6月30日都将是安全的。"很显然，征兵部门只是将他投入现役的时间推迟到1951年6月30日。大学方面建议纳什，"我会提议我们推迟任何进一步的行动，直到明年春天，那时我们可以再次申请Ⅱ-A资格，如果遭到拒绝，可以考虑提出上诉。"不过，至少现在纳什已经阻止了军方破坏自己的计划，更重要的是，通过保护自己的自由，他很可能保护了自己的性格完整，赢得了正常工作更长时间的能力，如果应征入伍，也许他做不到这一点。

第十五章

一个优美的定理

普林斯顿，1950—1951年

现在看来也许很奇怪，日后为纳什赢得诺贝尔奖的那篇学位论文，当时居然没有受到足够的重视，为他在一流学术部门谋得一席之地。博弈论并没有在数学精英中激起多少兴趣或尊敬，即便有冯·诺伊曼的声望也无济于事。实际上，纳什在卡内基和普林斯顿的老师们对他隐约感到有些失望；他们原本以为，这个曾经再次独立证明布劳威尔定理和高斯定理的年轻人，一定会钻研拓扑学这类抽象领域的真正艰深的问题。即便他最忠实的拥护者塔克也得出结论，认为纳什尽管可以"自立于纯粹数学领域"，但这个领域却不是"他的强项所在"。

成功逃过应征入伍的威胁之后，纳什立即着手做一篇希望可以为自己赢得一个纯粹数学家名声的论文。他的课题是研究叫做流形的几何对象，当时这是数学家们很感兴趣的话题。流形是观察这个世界的一种新方式，它是如此新颖，以至于如何定义它有时也会难住一流的数学家。在普林斯顿，同时代最出类拔萃的分析家之一和卓越的演说家博赫纳就常常走进研究生的课堂，先是给出一个流形的定义，接着绝望地陷于困境，最后只好放弃，在进入下一个话题之前用一种恼怒的语气说："好吧，你们都知道流形是什么东西。"

在一维世界，流形可能是一条直线，在二维世界里可能是一个平面，也可能是一个立方体、一个气球或一个炸面圈的表面。一个流形的具有定义性的特征在于，从这样一个东西的任何一点看去，相邻之处看起来就像是绝对有规律的普通的欧几里得空间（Euclidean space）。只要设想你缩小到只有针尖大小，坐在一个炸面圈的表面，四下环顾，你就会发现自己看上去好像坐在一个平直的碟子上。沿着一维往前走，坐在一个转弯处，邻近的一段距离看上去就会像是一条直线。如果你被放在一个三维流形上，不管它多么深奥难懂，与你紧密相邻的部位看起来就会像一个球的内部。换言之，一个物体远远看过去会是什么样子，可能与你的近视的眼睛看见的结果有差别。

到了1950年，拓扑学家在流形问题上大显身手，为眼前所见的每个东西重新下了拓扑学的定义。流形的多样性和绝对数目是如此困难的一个问题，以至于现在人们虽然已经给所有二维的对象作出了拓扑学的定义，但是三维或四维的对象（牵涉到字面上是无限大的分类）尚未得到精确的描述。流形在多种物理问题中出现，其中一些是在宇宙学领域，常常变成棘手的难题。一个著名的难题是由瑞典和挪威的国王奥斯卡二世（Oskar Ⅱ）在1885年一次庞加莱也参加的数学竞赛中提出的三体问题，需要预测诸如太阳、月亮、地球这样的任意三个天体的轨道，流形在其讨论中大量涌现。*

纳什在卡内基就被流形深深吸引，不过，看来他的想法直到去了普林斯顿，并且开始和斯廷罗德定期交谈后才逐渐成形。在纳什的诺贝尔奖得主自传中，他说大约是在得出 n 人博弈的均衡结果的时候，也就是1949年秋天，他同时作出了"一个精彩的发现，与流形和实代数簇有关"。这就是他在多人参与的博弈的均衡想法遭到冯·诺伊曼冷遇后希望好好整理成文，以便作为学位论文的那个结果。

---

* 见《天遇——混沌与稳定性的起源》，弗洛林·迪亚库、菲利普·霍尔姆斯著，王兰宇译，上海科技教育出版社，2001年。——译者

这个发现的出现，远远早于纳什费尽苦心作出真正的证明之时。纳什的头脑总是向后倒推，他会深刻钻研一个问题，在某一时刻闪现一种想法、一种直觉或正在寻找的答案的一种想象。这些想法一般都会和这个仍在探讨的问题一起早早出现，就像在上面这个例子里一样，有时可能在他通过长期努力，找到一系列符合逻辑的步骤，引出他的结论以前很多年就出现了。其他大数学家如黎曼、庞加莱、维纳也是这样进行工作的。一位数学家在描述他对纳什的思维的看法时说："他属于那种数学家，他们的才华当中最突出的部分在于几何方面的视觉洞察力。他可以在自己的头脑中将一个数学问题看作一幅图画。数学家无论做什么都必须有一个严谨的证明加以支持，然而这不是答案出现在他面前的方式。反过来，只是一堆直觉的细碎线索，有待缝合一处。有些早期的想法就是直观可见的。"

1950年9月，在斯廷罗德的鼓励下，纳什在剑桥举行的国际数学家大会上发表了他的定理的短篇演讲，不过，从后来出版的文摘来看，他的证明中仍然缺少一些必要的元素。纳什计划在普林斯顿完成这个课题，对他来说，糟糕的是斯廷罗德正在法国度假。莱夫谢茨毫无疑问仍在逼迫纳什尽快赶在2月的年度就业市场开张以前完成这篇论文，现在敦促他立即去找斯潘塞，依靠他的支持完成这篇论文，这位客座教授刚刚担任过纳什的综合考试委员会成员，并且接受聘任而暂别斯坦福。

作为一名客座教授，斯潘塞拥有一间小小的办公室，挤在阿廷宽大的位于角落的办公室和费勒（William Feller）同样堂皇的书房之间。按照莱夫谢茨写给教务长的信的说法，斯潘塞"也许是当时美国最具魅力的数学家"，也是"在美国出生的最多才多艺的数学家之一"。斯潘塞是一位医生的儿子，在科罗拉多州长大，并且被哈佛录取，准备到那里学医。但事实却相反，他最终去了麻省理工学院学习理论空气动力学，后来去了英国的剑桥，在那里成为哈代的著名合作者李特尔伍德（J. E. Littlewood）的学生。斯潘塞在纯数学的一个分支复分析方面做了一些杰出的工作，这个分支在工程领域有非常广泛的应用。他是一个很受欢迎的合作者，最著名的合作是与菲尔兹奖得主、日本数学家小平邦彦一起完成的。斯潘塞本人获得博谢奖。虽然他基本上是在高度理论化的领域工作，却对应用方面抱有一些兴趣，确切地说就是在流体力学方面。

斯潘塞生气勃勃，说起话来滔滔不绝，"有时会因为他的那种什么都不在乎的干劲而令人畏惧"。他追求难题的胃口漫无边际，集中注意力工作的劲头给人们留下了深刻的印象。他酒量很大，能一气干掉5杯被戏称为"鸟澡盆"的大杯中的马提尼酒，接着仍然可以口齿伶俐地讲赢其他数学家。斯潘塞是一个用天生的活力掩藏其抑郁和自省倾向的人，他对抽象事物感兴趣并对处于困境的同事有一种非同寻常的同情。

不过，他可从来不会乐意承受傻瓜的折磨。纳什的论文初稿并没有使斯潘塞产生多少信心，让他相信这个年轻数学家有能力胜任自定的题目。"我不知道他究竟想做什么，可我认为他什么也做不出来。"但是，在此后几个月里，纳什每星期都要到斯潘塞的办公室去一两次，每次都会花一两个小时向斯潘塞讲解自己正在研究的问题。纳什会站在黑板前面，写下一些方程式，详细解释自己的想法，斯潘塞则会坐在一边听讲，然后指出纳什的证明当中的漏洞。

斯潘塞最初的怀疑慢慢转化成尊敬。纳什面对他的最尖锐挑战和最吹毛求疵的反对意见所表现出来的平静而专业的态度，给他留下了非常深刻的印象。"他没有处于自卫状态，完全被自己的工作吸引。他总是经过深思熟虑才回答。"斯潘塞还因为纳什不会哼哼唧唧地抱怨而喜欢他。纳什从来不会谈到他自己，"和其他感到被低估了的学生不一样，"斯潘塞回忆说，"纳什从来不抱怨。"此外，随着斯潘塞听纳什讲话的时间日益延长，他也越来越欣赏这个问题蕴藏的真正的独创力。"这**不是**某人交给纳什解决的一个问题,人们从来没有**交给**纳什任何题目。他具有高度的独创力,其他任何人都不可能想出这个题目。"

数学上的许多突破,是由于观察到那些看上去相当棘手的东西与数学家已经解决的问题之间出人意料的关系而产生。

纳什心中有一类范围相当广阔的流形,所有的流形都紧致(意思是说它们连接在一起,不会像平面那样进入无穷境界,而是像球体那样自我封闭)而光滑(意思是说它们没有在一个正方体的表面可以看到的那样尖锐的弯曲或急转弯)。他的"精彩发明"实际上就是这些对象比第一眼看上去更加容易处理,因为它们其实与一类更加简单的叫做实代数簇的对象密切相关,而这一点此前没有人想到过。

代数簇就像流形一样,也是整齐而有系统的几何对象,不过它们是由一个代数方程描述的点的轨迹来定义的。举例而言,符合 $x^2 + y^2 = 1$ 的点组成一个平面里的一个圆,而 $xy = 1$ 就是一对双曲线。纳什定理叙述如下:对于任何光滑而紧致的 k 维流形 M,R^{2k+1} 中存在一个实代数簇 V 和 V 的一个连通分支 W,使得 W 是一个微分同胚于 M 的光滑流形。用平常的话来说,纳什断言,对于任何一个流形,都有可能找到一个代数簇,而这个代数簇的一个组成部分按照某种实质性的方式,对应于原来的对象。为了证明这一点,他接着说,你不得不进入更高维数的世界。

纳什的结果使人们大为惊奇,正如1996年提名纳什成为美国科学院院士的数学家们所写的那样:"人们一直以为光滑流形是远比代数簇更加普遍的对象。"今天,纳什的结果在数学家看来仍然那么"优美"和"令人震惊",虽然其实际应用还是问题。"单单想出这个定理就已经很了不起,"麻省理工学院数学系教授迈克尔·阿廷(Michael Artin)说。阿廷和哈佛的数学家梅热(Barry Mazur)在1965年发表的一篇论文中,运用纳什的结果估计一个动力学系统的周期点。

就像生物学家要找寻许多只由很微小差别区别开来的物种,来追溯进化模式一样,数学家正设法填补不加修饰的拓扑空间与代数簇这类设计精巧的结构之间的连续统中的鸿沟。在这个庞大的链条上找到一个缺失的环节,就像纳什得出这个结果,为解决问题开辟了新的道路。"如果你想像我和阿廷所做的那样,解决拓扑学中的一个问题,"梅热最近说,"你可以爬上这部梯子的一级,运用代数几何学的技巧。"

最让斯廷罗德、斯潘塞以及后来的阿廷和梅热这些代数学家难以忘记的,是纳什大胆和鲁莽的行为。首先,提出每个流形都可以被描述为一个多项方程式就是一个具有传奇色彩的想法,哪怕只是因为流形的庞大数目和完全多样性使人们觉得实在没有可能用相对简单的方式对其进行描述。其次,一个人能证明这样一件事必然需要勇气,甚至还需要骄傲自大。纳什瞄准的结果本身真是"太强大了",因此可以说非常玄乎,未必能够证明。事实上,纳什之前的数学家曾经注意到某些流形和代数簇之间的关系,却只是当做非常特殊的情况,对这些一致性作了很狭窄的紧扣问题的处理。

冬季来临时,斯潘塞和纳什都对进展感到很满意,认为这个结果完全站得住脚,而且整个长篇证明的多个部分也确认为正确无误。尽管纳什直到1951年10月才向《数学年刊》寄出自己的一份定稿,斯廷罗德却早在2月就高度评价这些成果,说这是"他已经接近完成的研究工作的一部分,我对此非常熟悉,因为他把我当做咨询者"。斯潘塞认为博弈论非常沉闷乏味,以至于在那一年从来没有问过纳什在博弈论论文里证明的究竟是什么东西。

纳什关于代数流形的论文是他本人惟一真正感到满意的论文,尽管这并不是他最深奥难懂的作品,却为他树立了一流纯粹数学家的形象。但是,这篇论文没能使他免遭那年冬天的一次打击。

纳什曾经希望普林斯顿大学数学系会给他提供一个职位。虽然系里明文规定不得录用本系的学生,但真正实践起来却不会拒绝前途远大的人才。莱夫谢茨和塔克很可能暗示过提供一个职位是非常可能的,尽管除了塔克之外,绝大多数教授并不理解纳什的论文,也没有表示出任何兴趣,但他们却知道经济学家对此非常推崇。

1月份,塔克和莱夫谢茨提交了一份正式的建议书,要求聘请纳什担任助理教授一职。博赫纳和斯廷罗德大力支持这个建议,不过,当然了,斯廷罗德没有参加讨论。但是,这个建议注定要失败。在普林斯顿数学系这样小的地方,没有任何安排可以不经全体同意就能通过,当时至少有三个人强烈反对,其中包括埃米尔·阿廷。阿廷只是觉得自己不可能和纳什共处于这样小的一个系里,他认为这个人气势汹汹、生硬粗暴、傲慢自大。阿廷主持高等微积分课程,纳什曾在那里教过一个学期,现在他抱怨说纳什根本不懂得怎样教书或与学生相处。

于是这个安排终于没有实现。这是一个苦涩的时刻,纳什一定认为他遭到拒绝与其说是基于他的工作,还不如说是更多地基于他的性格。正是这同一个系,清楚地表明希望米尔诺将来可以成为普林斯顿的一名教师,那时他还只不过是本科三年级的学生,此事对纳什来说更是雪上加霜。

就业市场虽然没有大萧条时那样糟糕,却也相当令人沮丧,因为朝鲜战争爆发导致大学裁减招聘计划。纳什知道,在普林斯顿拒绝他之后,如果还能在一个受人尊敬的系里找到一份临时的讲师职位,就已经算是很幸运了。

结果呢,麻省理工学院和芝加哥大学都有兴趣聘请纳什担任讲师。麻省理工学院数学系的新主任马丁(William Ted Martin)听取了博赫纳的意见,后者强烈要求他为纳什提供一个讲师职位。博赫纳叫马丁不要理会纳什很难相处的流言蜚语。与此同时,塔克也在敦促芝加哥做同样的决定。当麻省理工学院向纳什提供一份C·L·E·穆尔(C. L. E. Moore)讲师职位的时候,乐意迁居剑桥的纳什欣然接受。

第十六章

麻省理工学院

到了6月底,纳什已经来到波士顿,住在查尔斯河畔靠近波士顿一侧的廉价房间里。每天早上,他步行走过哈佛桥,下面黄褐色的河流通向东剑桥,麻省理工学院的现代化的、带张狂的功利主义风格的校园,就杂乱无章地散布在这条河流与一排工厂和仓库之间。纳什甚至还没有进入校园就已经闻到工厂的味道,其中包括从内科公司的一家糖果厂和宝洁公司的一个洗涤剂厂散发出来的特别明显的巧克力与香皂混在一起的气味。当他向右拐,走上纪念公路,就可以隐隐约约看见二号大楼,这是一座毫无特色可言的水泥建筑物,外面涂上了一种"令人忧虑的棕色",就在新图书馆的右面,那时新图书馆还没有完工。他的办公室就在三楼楼梯旁那个分给几位讲师共用的不起眼的套房里,是一个备用的窄小房间,天花板很高,从这里可以俯瞰那条河流和远方波士顿的低矮天际线。

在1951年,在"斯普特尼克"卫星发射和越南战争之前,麻省理工学院虽已不是一个学术的穷乡僻壤,却也完全看不出哪一处像今天的模样。这里的林肯实验室以战争期间的研究而闻名,不过它的未来的学术超级明星那时还只是一些相对寂寂无闻的年轻人。后来使该校扬名天下的力量强大的院系——经济学系、语言学系、计算机科学系、数学系——要么还在蹒跚学步,要么就是某个学者眼中闪过的一丝微弱的亮光。无论从精神上还是事实上看，它当时基本上仍然是一所全国一流的工程学校，不是一所伟大的研究性大学。

很难想象还有比这里与普林斯顿的温室气氛形成更加鲜明对比的一种气氛。麻省理工学院的规模庞大，具有现代化的轮廓，使它看上去就像是中西部地区那些巨兽般的州立大学。军方的影子和工业需求同样在这里赫然耸现，以至于麻省理工学院的配备武器、身着便衣的校园保安人员的设置目的只有一个，就是守卫散布在校园里的几个"机密"区域，阻止那些没有适当安全级许可和身份证明的人溜进去。麻省理工学院的2000多名本科男生统统须加入后备军官训练队，修读有关军事科学的课程。像数学系和经济学系这样的学术系可以说是为了迎合工程学学生的兴趣而设立的，用萨缪尔森的话说，这些学生是"相当粗鲁的野兽"。所有这些系都被看作"服务系"，是工程师开车进来，把他们的油箱装满相当初级的数学、物理学和化学必修课程的加油站。举例而言，经济学系在战争开始之前根本没有任何研究生课程。物理学系当时的教师队伍中没有一个诺贝尔奖获得者。教学任务非常繁重，资深教授每周教学16小时并不少见，重点放在大量的入门课程，比如微积分学、统计学和线性代数。麻省理工学院的教工队伍比哈佛、耶鲁和普林斯顿的队伍更加年轻、更加寂寂无闻，资历更加单薄。

"这样也有一些好处，"萨缪尔森说，"麻省理工学院的许多教师都没有博士学位。我来的时候没有一个正式学位，索洛（Solow）也是在获得正式学位之前来的，我们得到很好的待遇。在更大的程度上讲，这是一个知识界精英群体。"他又补充说，"人们会说，是不是人人都这样呢？这条河流外面就不是了，我们会这样回答。你们怎么解释这个现象呢？我们是阿维斯*，我们更加努力工作。"

---

* 阿维斯是租车服务供应商，在一个广告中宣称因为自己不是全国最大，所以更加努力工作。——译者

在社交方面,麻省理工学院受到一队年老的卫士统治,这些卫士并非由上流社会的学者组成,而是由中产阶级的共和党人和工程师组成。"这里当然不是一个由高雅之士组成的教师俱乐部,"萨缪尔森说,那会儿他只有25岁,"当我(在1940年)来到麻省理工学院的时候,这里的85%是工程学,15%是科学。"

麻省理工学院没有哈佛那么讲究"排外"的传统,甚至也比不上普林斯顿。到了20世纪50年代,麻省理工学院约40%的数学系教师和学生是犹太人。纽约公立学校聪明的年轻人因受排挤,不能上普林斯顿读本科,就到这里来了。普林斯顿当时"在犹太人眼里是完全不可能进去的",1950年进入麻省理工学院成为大学新生的约瑟夫·科恩(Joseph Kohn)回忆说,"在布鲁克林技术学校,世界上最了不起的事情就是送一个学生上麻省理工学院。"

纳什来到二号大楼,心里还在为普林斯顿拒绝他而深感痛苦,就像被谁在肩膀上打了一拳。他觉得自己是一群鸭子里的天鹅。不过,麻省理工学院正在发生变化,实际上,录用纳什这样一个年轻有为的研究者,本身就是这个转变的一个标志。

该校还突然得到金钱资助,其用途并不限于数量空前膨胀的学生,而且还有研究工作。具体的数目用"后斯普特尼克时代"的标准来看是很小的,甚至也比不上今天的标准,不过以战前的标准衡量就相当巨大了。对科学的资助起初是由第二次世界大战期间的成功经验引发,现在则由于冷战的原因继续增长。资助的来源不仅包括陆军、海军和空军,还有原子能委员会和中央情报局。麻省理工学院并非独一无二的例子,从中西部北面的大型州立大学到斯坦福,其他机构也在以同样的方式成长。此外还有人才,物理系接收了许多洛斯阿拉莫斯实验室的人员。电气工程系正逐步变成一块磁石,吸引了第一代计算机科学家和一个兼收并蓄的人才群体,其中包括神经生物学家、应用数学家以及门类齐全的像莱特文

(Jerome Lettvin)和皮茨(Walter Pitts)这样具有远见卓识的学者,后者将计算机看作研究人脑构造与作用机制的一个模型。"这里在很大程度上说是一个成长中的环境,科学则是一个成长中的领域,"萨缪尔森说,"战后,工程学与科学之间的85%与15%的比率已经变成50%与50%,正是金钱方面的增加使这一切变成可能,这是整个战后趋势的一部分。"

数学系即将跃升成为一个重要的系,尽管当时不是每个人都能看出这一点。这个系里有一个响亮的名字,那就是维纳(他之所以来到麻省理工学院,很大程度上是由于哈佛采取反犹主义的态度)。还有两三个一流的年轻学者,其中包括拓扑学家怀特黑德(George Whitehead)和系统分析学家莱温松(Norman Levinson)。但是在其他方面,数学系仍然以能干的教师而非以大牌研究人员为主——"有几个巨人,不过还有许多庸才"。

改变这一切的人在1947年被任命为这个系的主任。马丁是阿肯色州一个乡村医生的儿子,高个子,身材消瘦,喜欢争辩,认识他的人都叫他"特德"。他金发蓝眼,具有活泼的气质,随时准备露齿而笑,他娶了史密斯学院一位校长的孙女,雄心勃勃,干劲十足。天生的宽容品质使马丁在纳什发病后成为他的一个保护人,他自己很快也要接受严峻的考验。在麦卡锡主义搜查行动猖獗的日子,他在20世纪30年代末40年代初曾是共产党地下党员的不为人知的往事将会曝光,威胁到他本人的工作和他对这个系未来的设想。不过,在1951年,往事仍然埋藏得严严实实。作为一个系主任,他真正的才能在于促使事情发生,从麻省理工学院管理层、海军和空军那里争取资助,并且运用这些资助取得巨大且令人震惊的成效。

马丁的一个天才发现,就是意识到提高这个系水平的最廉价而快速的方法,不是多请几个名气大的人物,而是用一两年时间网罗一批年轻高手,尽可能审慎周到地对待他们。马丁仿照哈佛的皮尔斯研究员(Benjamin Pierce Fellows)的做法,设立了穆尔讲师席位,穆尔是20世纪20年代麻省理工学院最伟大的数学家。穆尔讲师们并不一定会成为永久教师。

马丁的想法是吸取具有催化作用的人才，使麻省理工学院单调乏味的气氛活跃起来，吸引更出色的学生前来学习，当时这些学生总是倾向于常春藤联校和芝加哥大学。

既然马丁不必和他们长期相处，就不用怕面对难以相处的性格。"博赫纳说纳什值得招揽，'别担心任何事情！'"马丁回忆说。马丁确实没有担心，并渐渐认识到纳什的价值，绝不仅仅是"一个聪颖而富有创造力的年轻人"，而且还是他欲将这个系建成一流机构的一个同盟者。日后他将特别依赖于纳什的绝顶聪明和诚实品质："如果纳什提到某人（是一个潜在的招揽对象），你不用担心这个人是不是他的老友或亲戚。如果纳什说他是一流高手，你就不大需要什么推荐信了。"

在纳什眼里，麻省理工学院最引人注目的人物是维纳。维纳在某些地方可以看作"美国的"冯·诺伊曼，是一个具有高度创造力的博学之士。第二次世界大战以前，他在纯粹数学领域作出了令人瞠目的贡献，后来转向应用数学，开拓了第二个同样令人震惊的事业。维纳和冯·诺伊曼一样，是以后来的工作闻名于世的。他取得了许多成就，并被誉为控制论之父，率先将数学、工程学应用于通信和控制问题。

维纳的古怪性格也是相当出名的。他的外貌本身就非常引人注目。萨缪尔森在维纳1964年去世后回忆说，他的胡子就像"古代水手的胡子"。他抽着粗大的雪茄，走起路来就像鸭子一样摇摇摆摆，是一个心不在焉教授的拙劣模仿者。他在父亲利奥（Leo）照顾下成长的独特经历，变成两部深受欢迎的读物《我是神童》和《我是一个数学家》的主题，前一部在20世纪50年代初期还登上畅销书榜。维纳极为高产，他制造的关于他自己的趣闻轶事就和他的定理一样多。他难得知道自己身在何处，比如他会问："我们见面的时候，我是正准备走进教师俱乐部还是从那里走出来？如果是后一种情况，那么我已经吃过午饭了。"人人都知道他捉摸不定。如果遇到他认识的某人，胳膊下夹着一本书，他就可能焦急地问书里有没有提到他的名字，当然他也可能不问。朋友们和崇拜者认为他性格中的这个特点可以追溯到他的强制、专横的父亲和哈佛的反犹主义。他的父亲有一次吹嘘说自己可以把一根扫帚柄变成一个数学家；而哈佛的反犹主义则使维纳失去了在伯克霍夫的系里任职的机会。正如萨缪尔森在维纳死后撰写的一篇颂扬文章中所说："离开哈佛给维纳留下了一种长久的精神创伤。尽管他的父亲曾经是一名哈佛教授也无济于事……或者如维纳母亲所说，他的迁移是人生旅途一次痛苦的倒退。"

维纳在麻省理工学院的同事都知道，他会陷入阶段性的狂躁，接着就是严重的抑郁，经常威胁要辞职，有时还提到自杀。"在他情绪高涨的时候，会跑遍整个学院，把他的最新定理告诉大家，"莱温松的妻子齐波拉·"法吉"·莱温松（Zipporah "Fagi" Levinson）回忆说，"你根本不可能阻止他。"有时，他会跑到莱温松家里，哭哭啼啼地说但愿可以干掉自己。维纳一直不能摆脱的恐惧之一就是他会疯掉；他的兄弟西奥（Theo）和两个外甥，都得了精神分裂症。

也许维纳因自己正在进行心理斗争，于是对别人的痛苦抱有一种敏锐的同情。"他任性而孩子气，但是对别人的真正需要也非常敏感。"莱温松夫人回忆说。有一次，一个年轻同事正在写一本书，却请不起一个打字员，维纳一声不吭地出现在他门口，手里拿着一台皇室牌手提打字机。

当纳什在1951年来到麻省理工学院时，维纳热情地拥抱他，并且支持纳什在流体动力学方面日益增长的兴趣，这个兴趣最终将纳什引向他最重要的成就。例如，纳什在1952年11月给维纳写了一封短信，邀请他参加自己即将进行的"以统计力学、碰撞函数等方式阐述的湍流"的演讲。他在附言中说，"我现在已经找到确定形式的光滑效应。"表明纳什曾经与维纳谈论自己的研究工作，而这样的事情他几乎没有对系里其他任何人说过。纳什将维纳这个既受推崇又遭排斥的天才，视为志趣相投者和一起流亡的伙伴。他模仿维纳的一些更加极端的怪癖,这是他向这个年长者表示效忠的独特方式。

不过,纳什后来还是更加亲近莱温松,这个一流的数学家和品格非凡的人,将在纳什的职业生涯中扮演斯廷罗德、塔克在普林斯顿的相似角色,兼具咨询者和父亲替身的作用。莱温松当时40出头,虽比马丁难以理解,却比维纳容易接近多了。莱温松身材挺拔,个子中等,面容粗糙,难得见到一丝细微的表情。他是一个非常优秀的教师,但从来不提自己的成就。他患有抑郁症,情绪波动的幅度非常厉害,当他热情而具有创造性的活动持续一长段时间后,接下来就处于几个月的压抑,有时长达几年,其间他对任何事情都不感兴趣。莱温松和马丁一样,曾经是共产党人,在麦卡锡年代将要承受双倍的折磨,那时他不仅要忍受名声败坏及对其数学家生涯的威胁,他的只有十几岁的女儿也渐渐出现精神疾病的症状。尽管有这些烦恼,莱温松无论在当时或以后都是系里最受尊敬的成员,他谨慎、果断,能够适应周围同事的个人和学术上的需求,既是告解神父,也是年长智者,人们经常征求他对研究、任命等各种事情的意见,并且将其视为最重要的砝码。

莱温松自己的经历是一场克服令人沮丧的出身的个人胜利。第一次世界大战前夕,他出生于马萨诸塞州林恩市,父亲是一个鞋厂工人,每星期挣8美元,在一所正统犹太小学上过几年学。莱温松的母亲是文盲。尽管童年是在极度贫困之中度过,而且只在几所面临裁减的职业学校读过书,但莱温松的聪明才智却是无可争辩的。在发现了他的才华的维纳的帮助下,他设法上了麻省理工学院,后来还去了英国剑桥。在那里,他得到哈代的提携,着手撰写一系列有关常微分方程的杰出论文。"他非常粗野,很土气,"他的妻子在1995年回忆说,她是在他从英国回来后没多久认识他的,"他非常固执,以为自己什么都懂。但是他会聚精会神投入工作,写出一篇好论文。尽管他文字水平不高，但维纳不计较他的粗糙之处。"

莱温松和同时代的许多很有希望的年轻犹太数学家一样，回到美国之后必须面对难找一份学术工作的现实。哈代曾于1937年访问哈佛，是他最终促成莱温松当年被麻省理工学院任用，这所大学的校长布什(Vannevar Bush)*在这之前曾经否决了维纳推荐莱温松担任助理教授的建议。哈代既是一个坦率的纳粹反犹主义的反对者，也是德国数学界最具权威的人物，他与维纳一起去校长办公室提抗议。"告诉我，布什先生，你认为你是在管理一所工程院校还是一所神学院？"见校长困惑地皱了皱眉，哈代接着说："如果不是，为什么不聘请莱温松？"

纳什被莱温松鲜明的个性和一种他自己也具备并且非常尊敬的品格深深吸引，这种品格说起来就是对处理新难题非同寻常的自觉性。莱温松是偏微分方程理论的先驱之一，因此得过一次博谢奖，同时也是散射粒子量子理论的一个重要定理的作者。最引人注目的是，莱温松在60岁出头的时候，受到脑肿瘤的折磨，并且最后死于这个疾病，但患病期间仍然取得了职业生涯中最重要的成果，得出了著名的黎曼猜想的一个部分解答。在许多方面，莱温松都是纳什的榜样。

---

* 见《无尽的前沿——布什传》，G·帕斯卡尔·扎卡里著，周惠民等译，上海科技教育出版社，1999年。——译者

第十七章

坏男孩们

> 大家认为他是一个坏男孩,不过却是了不起的一个。
>
> ——纽曼,1995年

> 伟人……比较冷酷,比较坚强,没有那么犹豫不决,从来不害怕"意见";他缺少伴随尊敬和"可尊敬性"而来的美德以及一切"民众的美德"。如果他不能领导,他就独自前进……他知道自己是难以交流的:他发现变成寻常人物非常没有意思……只要不是和自己说话,他就戴上一个面具。在他内心有一种孤独,使人难以进行赞扬或谴责。
>
> ——尼采,《权力意志》

纳什成为麻省理工学院讲师的时候只有23岁,不仅是教师中最年轻的成员,也比许多研究生都年轻。他的男孩般的外貌和少年人的举止使他得到了类似"小押尼珥"*和"娃娃教授"这样的外号。

按照麻省理工学院当时的标准来看,穆尔讲师的教学工作是相当轻松的,但是纳什仍然觉得非常令人厌倦,就像他所做的任何与他的研究有冲突的事情或者具有惯例性质的工作一样。后来,他成为教师中少数几

---

*《圣经》故事人物,古以色列第一代国王扫罗的堂兄弟,军队指挥官。——译者

个积极的研究者,他们避免教学生自己正在研究的领域的课程,这里部分是个性问题,部分是考量的结果。他很快就意识到,晋升并不取决于他在学生们面前的表现有多出色或多糟糕。他会对其他讲师建议说:"只要你是在麻省理工学院,忘掉教学吧,只管做研究。"

可能基于这个原因,系里基本上安排纳什给本科生上必修课。在麻省理工学院7年的教学生涯中,他看来只教过三次研究生课程,而且全部属于入门性质,一次是在第二年上的逻辑学,一次是概率论,第三次是1958年秋天上的博弈论。大致上看,他主要教授本科微积分课程的不同部分。

他的演讲中无拘无束的联想多于解说。有一次,他这样描述自己打算怎样给大学新生讲授复数:"让我想想……我会告诉他们说i等于-1的平方根。不过我也要告诉他们,它也可能等于-1的平方根的负数。那么,你们怎样才能分辨哪一个……"他开始走神了。这个听者在1995年用厌恶的语气说,"反正就是大学新生需要的东西,他可不在乎学生们有没有学会,就提出粗暴的要求,谈论的主题要么与课程无关,要么就是太高深了。"此外,他还是一个严厉的评分者。

不止一次,他觉得教室是用来做智力游戏的地方,不是用来实践教学法的。后来成为杰出博弈论学者的奥曼(Robert Aumann)当时是麻省理工学院一年级学生,用"神气活现"和"淘气"形容纳什在教室里的离奇行为。约瑟夫·科恩后来出任普林斯顿大学数学系的主任,他形容纳什"有点像一个赌徒"。1952年,在斯蒂文森(Stevenson)与艾森豪威尔竞选期间,纳什确信艾森豪威尔将会胜出,后来事态的发展证明这个判断非常正确,但是当时绝大部分学生支持斯蒂文森。于是纳什跟学生们打了一些复杂的赌,这些赌博的结构已经决定无论谁赢得竞选,他都会取胜。最最聪明的学生觉得很好玩,但是大多数学生都被吓跑了,没过不久,消息比较灵通的学生就干脆开始避免选修纳什的课。

纳什在麻省理工学院的第一年里,曾经给高年级的本科生上过一个分析的课程。这个课程的用意是提供微积分的入门知识,学生们不仅要学会如何运用这个工具,而且还要学会表述绝对牢靠的证明以及如何作出这样的证明。在这个为期一年的课程的两个学期之间,学生人数从30个左右急剧减少到只有5个。

科恩回忆说:"纳什搞过一个1小时的测验。他分发蓝色的小册子,你要在封面上填写自己的名字和课程号码。铃声一响,你就应该打开测验卷,开始做题。总共有四个题目,第一道题是'你叫什么名字?'另外三个问题就相当困难。我没有忘记在第一道题旁边写上'我的名字是约瑟夫·科恩'。那些以为在封面写了名字就已经足够的学生,给扣掉了25分。"

将尚未解决的经典难题放进测验卷里是纳什喜欢的另一个把戏,奥曼回忆说:"他要求学生们证明 π 是一个无理数。后来,当纳什把和费马大定理同等的难题放在一份期末试卷中而受到系主任批评时,他辩解说大家都有一个印象,认为这是一个难题,也许这就是个绊脚石。假如人们没有意识到这个问题确实很'难',说不定就可以解开它。"

又有一次,纳什的一个阅卷评分员在他将下面这个问题放进一份测验卷之后提出了异议:

如果你得出 π = 3.141592……的一串小数,从小数点开始,取出第一个数字,把小数点放在左边,你就会得到 .1,

然后取出紧接的两个数字,得到 .41,

然后取出紧接的三个数字,得到 .592,

如此类推下去,

你就会得到0和1之间的一个小数序列。

这个数集的极限点是什么?

(极限点是位于0和1之间的一点,其性质是无论包含这个点的一个开区间多么小,这个序列的数字的一个无穷集合总是包含在其中。)

这个评分员马上就看出这个问题谁也回答不了。π的小数展开不是一个非常有名的突出问题,不过也属于数学家之间彼此询问的问题,绝不是用来问本科生的。只有一个事实得到证明,这就是它肯定至少有一个极限点。很显然,学生们应该知道至少有一个极限。不过纳什相信他凭直觉知道位于0和1之间的数应该只有一个极限。他很强烈地感觉到已经找到了答案,当然这与找到一个牢靠的证明还有很大差别。"做这样一件事实在很奇怪。"这个评分员在1996年说。

纳什对这类把戏的爱好很快就传开了,怀特黑德当时是系里的一个拓扑学家,在1995年的一次谈话中回忆说,这些传闻最后导致纳什被开了一个小玩笑。纳什给一大群一年级学生上微积分时,几个研究生也参加了教学。所有学生都会采用一份预先设计的完全相同的期末试卷,而且所有考卷都会放在一起评分,其中一份签名是"小J·福布斯·出租车司机"的卷子交了上来,上面没有一个正常答案。"出租车司机"是一个具有双重意义的词,既指纳什最喜欢贬低别人为"开出租车的",也是麻省理工学院称呼爱开玩笑者的俚语。(比如说,正是"出租车司机"将战前曾在麻省理工学院短暂担任讲师职务的斯潘塞的汽车从麻省大街的停泊处推走并大卸八块,而当主人第二天早上走进教室时却突然看见这辆车,而且已经重新装配好了。)又有一次,二号大楼周围的几块黑板都出现了这样的字句:今天是痛恨约翰·纳什日!

不过,纳什对那些他认为具有数学天赋的学生,还是非常和蔼可亲的,而这些学生也在他身上发现许多值得尊敬的东西。在经过精挑细选的几个学生(通常是本科生)面前,纳什总是使自己"非常非常愿意聊聊数学"。梅热现在是哈佛的数论学家,第一次见到纳什是在麻省理工学院读本科一年级的时候,他这样回忆,"他愿意谈论的东西实在令人惊叹,每次对话的感觉就好像过了漫长岁月那样。"

有一次,梅热和纳什正在休息室里聊天。某人提起高斯的一个门徒狄利克雷(Peter Gustave Lejeune Dirichlet)的一个经典定理,说在任何算术级数中一定存在无穷多个素数。"这属于那种别人只是听取,或者暂时放下,回头再在书本里查阅的东西,"梅热说,可是纳什马上跳起身来,走到黑板前面,"花了好几个小时非常认真地思考最初几个原理的证明",完全是为梅热着想。

一旦离开教室,纳什时而恢复在普林斯顿人人皆知的样子,走在二号大楼的幽暗走廊里,一边吹着巴赫的曲子,时而参加社交活动。白天,他几乎没怎么待在他和其他穆尔学者共用的办公室,而多半留在数学系的休息室里。这个休息室破旧而难以名状,与范氏大楼大相径庭,它位于讲师办公室楼下,恰好在一段楼梯的底部。

麻省理工学院休息室的社交气氛有点像风靡一时的电影《如果》里面一些喧闹刺耳的场面,该影片讲述一个被"男孩子们"占领的英国公立学校。纳什将普林斯顿定时举行一小时茶会的做法带到麻省理工学院,却去掉了那些更加高雅的风范。"他想成为最敏捷的人,"当时的一个穆尔讲师辛格(Isadore M. Singer)在1994年回忆说,"他是一个真正的竞争者。"就像在普林斯顿时一样,纳什喜欢插入别人的谈话,发出挑战和接受挑战。他喜欢解决问题。

学生们跟一个临时教师玩游戏,包括围棋、国际象棋和桥牌,尽管维纳缺少对弈技巧,国际象棋仍然是他的一大爱好。(辛格回忆说,纳什在桥牌方面简直无可救药。"真是荒谬,"他说,"他根本把握不到桥牌当中的概率法则。")不过,许多游戏却是一时冲动之下创作出来的即兴之作。有一天，一帮人弄出了一项"古怪程度"指数，用它来给系里好几个成员评分。分数最高的是维纳，不是纳什。另外一次，每个人都出了一个谜语，其中包括一幅代表系里某人的抽象画。一个研究生画了一幅非常精巧的画，看上去应该是辆出租车。没有人能猜出它代表什么，答案揭晓，原来它是一辆"纳什"，这种汽车造于20世纪40年代到50年代，用来象征"出租车司机"纳什，再次引用了纳什最喜欢用来对在他眼中只知辛勤工作但并不开动脑筋的人的蔑称。

在休息室的人群当中，主角是说话飞快、妙语连珠的斯泰弗森特高中和布朗克斯理科高中数学代表队以及城市学院"数学工作台"的毕业生。"数学工作台"是学院咖啡厅里的一张闻名一时的桌子，整整一代数学专业的学生在那里练就了解决和巧妙回答问题的技巧，他们大多数是工人阶级、犹太人和移民。

这帮家伙与范氏大楼的人们相比显得更加莽撞、粗鲁，没有那么忧心忡忡，更加具有忍耐力，也是更讨纳什欢心的听众。只要你确实知道自己在说什么，炫耀不会被视为一种罪过。缺乏社交魅力被看作真正数学家的必要部分。"他们的非中产阶级态度是出了名的，他们好出风头，放荡不羁。"费利克斯·布劳德回忆说。要说有什么特点的话，他们高度评价怪癖和肆无忌惮的举止，尽管按照今天的标准来说，当时那些可以被称作不同寻常的行为和举止总体而言相当一般化。评价取决于某些表达方式、幽默的种类和衣着越轨的程度。有一个家伙坚持穿着带纽扣的长裤，其中一两颗特意不扣上。一个研究生回忆说："那时候我们认为怪癖和精通数学是不可分离的两个部分。我们对自己有那么一点疯狂感到非常自在，觉得自己正在运用天生聪明的优点无视我们讨厌的常规习俗。我们把自己变成有点与众不同的人物。"

在这个圈子里，纳什学会了心甘情愿地去做非做不可的事情，自觉地使自己成为一个"自由思想者"。他宣称自己是一个无神论者，并创造了自己独特的单词表。他喜欢用"让我们看看这个方面"来中途插入谈话。他把别人叫做"类人生物"。

纳什还照搬了其他难以理解的天才学者的怪癖。比如说，维纳近视得很厉害，喜欢用一个手指贴在墙砖和灰泥之间的凹陷处，小心翼翼地摸索着走过那些走廊，纳什也做同样的事情。纽曼批判贝多芬之后的一切音乐，纳什就会溜进音乐图书馆，告诉任何正在听现代音乐的人说"那是垃圾"。莱温松的女儿得了狂躁抑郁症，特别痛恨心理医生，纳什因此对这个职业抱有同样强烈的反感。安布罗斯（Warren Ambrose）厌恶类似"你好吗"这样常见的问候语，纳什也如此照搬。

纳什在普林斯顿的最后一年认识了明斯基，并且觉得他是全部"类人生物"中最聪明的一个。明斯基回忆说："我们都抱有同样的愤世嫉俗的世界观，会想出一个数学理由，解释为什么某件事是这个样子。我们为解决社会问题想出激进的数学方法。有一次，纳什提议为某个对象做一次彻底输血。如果碰到什么问题，我们知道怎样找出一个真正滑稽可笑的极端解决办法。"有一次，他说父母应该"自我毁灭"，意思是说自杀，把他们拥有的一切东西统统交给他们的孩子们。纳什的朋友纽曼的妻子赫塔（Herta）回忆说，纳什认为这样做不仅方便，而且符合道德原则。又有一次，他对一班本科生说，美国公民的选举权应该与他们的收入（或者是财富）成比例。在许多方面，纳什的观点更加符合19世纪英格兰的杰出人物统治论的政治风气，而不是20世纪50年代麻省理工学院数学系明显属于左翼的反传统文化氛围。

不过，他在自己的衣着方面倒是带有一点喜爱炫耀的作风。他穿着半透明的白色达克龙牌衬衫，里面没穿贴身内衣，别人认为他这是在炫耀自己的强壮体魄。他买了一架照相机，花很多时间浏览摄影艺术的书籍。有一次,他读了很多关于尝试一种类似海洛因这样的致幻剂的资料,还大肆谈论,不过,没有任何证据表明他真的尝试过。现在回过头来看,他的兴趣日益混乱不堪,也越来越显得与正统标准格格不入,也许这些可以看作一种日益远离常规习俗和社会倾向的首批明显证据,而这种倾向最后可能发展成一种彻底的分离和隔绝。

但是,在那个时候,这些表现并没有减少纳什的社交魅力,反而将其大大加强。纳什的讲师地位,加上他的不断增长的数学家的声誉,为他赢得了一种崭新的敬意。人们认为他是一个有趣的伙伴,他的傲慢被视为具有天赋的证据,他的古怪举止也是如此,就好像自古以来的天才的另一面,人们对此既觉得有些好玩,又勉强表示尊重。这个系的女训导员齐波拉·莱温松1996年说:"纳什脱离常规习俗并没有你们可能想象的那样令人震惊。他们统统都是不受约束的人。如果一个数学家只是平庸之辈,他就不得不服从常规习俗,成为凡夫俗子。如果他是好样儿的,什么都不在话下。"

麻省理工学院研究生诺伊维尔特(Jerome Neuwirth)说:"只要你的答案最后被证明是正确的,我们就会回报你,我们所给的余地是很大的。假如纳什不是那样出众的一个数学家,他根本不可能做出那些令人难以相处的事情而不受任何惩罚。"纽曼补充说:"人们因为他没有礼貌而感到恼火,但是并没有真的恼火。他们认为他是一个坏男孩,不过却是了不起的一个,一个成就非凡的男孩。"

纳什身边那伙人之一就是纽曼,人们称呼他D.J.,哈佛毕业生,在麻省理工学院期间有大部分时间是跟他在城市学院认识的老朋友们和纳什混在一处,因为"哈佛太势利了"。这个小团体的成员还包括韦斯布卢姆(Walter Weissblum),他是一个聪明而忧伤的家伙,驼背,经常喝醉酒,却有一颗高贵的心,从来没能完成他的学位课程;根舍尔(Harry Gonshor),

后来成为拉特格斯大学的教授,是一个戴深度眼镜的怪人,看上去好像总是飘浮在云端一般,有一次他证明了一个可以陈述为"AFL=CIO"的定理;所罗门(Gustave Solomon),这个小团体中最具人情味的成员,后来与人合作发明了R-S码;弗拉托(Leopold Flatto),他非常顽固地热衷于观察旁人和讲故事;1952年以后又来了布里克(Jacob Leon Bricker),他是这个小团体的"伍迪·艾伦"(Woody Allen)。

诺伊维尔特是这个团体的迟来者,他说:"我们是谁?我们想要做什么?每个团体都有自己的交流媒介,我们这个团体的交流媒介就是我们正在思考的东西。谁是聪明人?谁在做什么?你能解决什么问题?你能达到什么地步?现在这些听起来不是很讨人喜欢,当时却非常令人兴奋。"

纳什在智力、竞争意识和目空一切的个性方面最接近的伙伴是纽曼。纽曼被公认为是这个小团体中的一个天才,也是最出色的解题高手。纽曼身材魁梧,有一头金发,脾气急躁,妄自尊大,他曾经三次赢得帕特南奖,显得特别引人注目,尤其给纳什留下了深刻印象。纽曼那时已经有了妻子和孩子,肩负重任,却没有妨碍他保持喜爱炫耀的作风。他驾驶一辆耀眼的白色雷鸟牌汽车,装配鲜红的皮革座椅,喜欢在夜深人静时分沿着纪念大道飞驰。作为城市学院的本科毕业生,他以手拿一根巨大的连枝带叶的树枝出现在某个倒霉的数学教授的课堂这样的绝招而闻名,最奇妙的是,他说他是来上生物课的。

纳什和纽曼很快就将对方视为知音。"他们喜欢激发对方的灵感。"辛格回忆说。"他们尊重对方的讥讽,"马图克(Mattuck)说,"一切都是出于好意。不过D.J.出言挖苦的速度更快一些。只要一谈到数学,他就可以马上回忆起来。人们过去常说D.J.可以解答一切能在24小时之内解答的问题,但他没有纳什那种持续集中精神的本事。纳什可以用半年时间思考一个问题。"

纽曼曾经听过纳什主持的一个研讨会。"我列席旁听了纳什的一些演讲。"纽曼说,他并不觉得无聊,反而被迷住了。"它很不一般,可以算得上有趣。他的思绪四下漫游,这和大多数演讲者不同,因为他喜欢一次探索许多东西。可以说做得不错……我们互相批评,"纽曼回忆说,"纳什和我是好朋友。"

完全是因为有了纽曼和他的朋友们的接纳,纳什才过上了一回真正的社交生活。这伙人经常一起在沃克纪念堂吃午饭,几个小时之后又聚集在一些廉价饭馆、咖啡厅和啤酒馆。20世纪50年代的剑桥和现在一样,到处都是这样的场所,那里没有人在意你是不是整个晚上都在慢慢品尝一杯啤酒,却乐意分别开出几张私人支票。那些地方包括像"德金帕克"这样著名的波士顿饭店,端上来的都是分量十足的传统的新英格兰食品,其中包括叫人难以抗拒的美味烤牛肉和印第安布丁;"杰克·沃思",一家德国老店,有一个巨大的橡木门闩。另外就是坐落在哈佛广场的"伍斯特豪斯"。其他讨人喜欢的地方包括"克罗宁"、"切斯·德莱弗斯"和"纽伯里牛排店"。海斯比克福德和瓦尔多夫是两个具有硬质艺术品风格的咖啡馆,大多数晚上营业,也是他们经常聚会的地方。其他时间大家可能流连在某个研究生的宿舍里,或者去参加马丁、莱温松以及20世纪50年代中期明斯基一家举办的晚会。

在这个新的圈子里,纳什努力不断显示自己与众不同,高人一等,足以应付一切。"我是带有一个大写N的纳什。"他的整个态度都是在这样高喊。他总是说系里只有一两个人可以达到他的标准,维纳就是其中之一。他的讽刺话语被到处传说。"你还是一个孩子"是他喜欢的一个口头禅。"你还不懂扯淡。多么无聊!多么愚蠢!你永远也成不了事!"他会这样说。

他热衷卖弄，在晚会上是表演，而不是交际。有一次，在明斯基家里，纳什要他的听众出一道数学难题挑战他，并说："我已经喝了好几杯，喝酒之后我的思考能力是加强了还是削弱了呢？"

他甘愿为了博取听众的称赞而稍稍掩饰一下自己的情绪。但如果在一场争论当中遭到挫折，他就会气得板起面孔。他讨厌受到被他看作弱者的人的挑战。有一天，在休息室里，一帮学生正在讨论"吉普车问题"，这是第二次世界大战期间一个著名的逻辑难题。"吉普车问题"的核心就是你要穿越3000千米宽的撒哈拉沙漠，但是吉普车的油箱只能装行驶300千米的汽油。穿越这个沙漠的惟一方法就是采取一个向前两步、退后一步的策略。比方说给吉普车装上一些汽油罐，跑150千米，放下汽油罐，返回起点；接着装上更多汽油罐，向前行驶150千米，放下一些汽油罐，另外一些则给油箱加油，再跑150千米，然后返回，捡起刚才放下的汽油罐。问题是，究竟需要多少汽油？

结果发现，这个问题没有最优解。每个人都有不同的答案，纳什也抛出了一个数目。那个学期纳什的评分员哈伯（Seymour Haber）提出的答案只有这个数目的一半，纳什轻蔑地拒绝考虑哈伯的答案。哈伯坚持说他已经证明了这个答案，纳什说："我的答案更出色。"

哈伯描述说："我当时看不出出色之处，就坚持要他证明。他不肯，说这是明摆着的事情。我还是不肯接受他的说法，于是他进行了计算。结果表明他基本上是正确的，不过他非常讨厌我，因为我在答案已经非常清楚的情况下逼迫他做这样无聊的事而生气。他在事后一段时间里还在生我的气。"

纳什也会奚落听众。举一个典型的例子：有一天的午饭时间，一个研究生正在描述他的一个教授提出的解决一个问题的公理方法。纳什大发脾气，说："别跟我讲那些废话！告诉我你准备怎么解决这个问题，你什么也没学到，所有这些概念没有任何意义。"

纳什对其他数学家的蔑视为他赢得了一个绰号,叫"G纳什",意思是"咬牙切齿"。纳什的反应就是:"G显然代表天才(英语"天才"的首字母),实际上,这些日子里在麻省理工学院就有几个天才,当然有我,还有维纳。即便维纳可能已经不再是一个天才,仍然有证据表明他曾经是。"此后,他就把纽曼叫做"G纽",意思是角马,刚刚解决了希尔伯特的第五问题的哈佛的年轻数学家格利森(Andrew Gleason)就变成了"G的平方"。

纳什在普林斯顿时期就已经认识的约翰·麦卡锡在系里举办了一个讲座,会后纳什把他拉到一边说:"现在有太多杂志,有太多垃圾论文在发表,有太多人在做研究。只有我们当中的一些人应该留在研究领域,其他人应该待在 x 的正弦函数(高中三角学课本背面那些表格的一个刻毒的说法)里。"

纳什炫耀他在社交方面的势利行为,这是他在布卢菲尔德成长的后遗症之一。他暗示自己来自拥有祖传财富的名门望族,会在晚会上嗅一下葡萄酒,然后评论说:"这是一瓶勉强说得过去的意大利基昂蒂红葡萄酒。"而他的最明显的势利行为要数对自己作为"在一个绝对犹太人的气氛里的一个非犹太人"的反应。后来,当纳什开始出现妄想狂的症状,感觉到处充满各种各样奇怪的幻觉时,给纽曼和其他人写信,地址上却是寄给"犹太男孩",显然是被以色列的地位所困扰。他还谈论"克里普托—犹太复国主义者阴谋"。但是,在20世纪50年代初期,他的态度只是一种社会优越感的表现。他经常告诉纽曼,说他看上去"过于犹太化"。他就和格劳乔·马克斯(Groucho Marx)*相仿,渐渐地不再喜欢任何接受他的俱乐部。纳什对他认为在自己之下的人和事表现出一种蔑视,正如麻省理工学院的另一个讲师布劳尔(Fred Brauer)在40年以后所说的那样,"这占据了他很大的一个方面"。

---

* 格劳乔·马克斯(1895—1977),美国喜剧演员。——译者

第十八章

实验

兰德,1952年夏

纳什在圣莫尼卡度过第二个夏天的一个下午,他和兰德的另一名数学家夏皮罗(Harold N. Shapiro)在圣莫尼卡海滩码头南面的波涛中游泳,海上波涛汹涌。在防波堤下面,圣莫尼卡海滩是一道又窄又陡的条状沙滩,海浪经常高达2—3米,这里是冲浪者的乐园。

纳什和夏皮罗已经远离岸边,没想到遇到一股强劲的洋流,将他们冲到更远的地方。两个人都是非常强壮的游泳健将,夏皮罗回忆说纳什的身材结实得就像"一尊希腊神",他自己也一样健壮有力。不过,夏皮罗记得自己被卷入波涛下面,有那么一瞬间完全被洋流击倒,心里非常害怕。纳什看起来也在拼命挣扎。"那时要回到岸边可真是不容易。"夏皮罗说。两个人终于到达海滩,任凭自己瘫倒在沙面上,筋疲力竭,大口大口地喘气。夏皮罗记得自己躺在那里,心里想的是他们多么幸运,居然没有被淹死。不过,令他惊讶的是,过了一会儿,纳什就站起来,宣布他准备回到水里去。"我在想那是不是一个偶然事故,"纳什用一种平静而与己无关的语气说,"我要回去看一看。"

第二个夏天开始的时候,纳什驾驶一辆生锈的老式道奇牌汽车从布卢菲尔德长途跋涉来到圣莫尼卡。他和刚刚成为普林斯顿研究生的米尔诺结伴旅行,只是米尔诺开的是自己的汽车。与他们同行的是纳什的妹妹马莎和正在查帕尔希尔的北卡罗来纳大学读新闻专业的露丝·欣克斯(Ruth Hincks),她是直到最后一分钟才决定一起上路的。他们先是在查帕尔希尔会合,接着驾车前往布卢菲尔德。露丝记得,他们警告她不要将马莎将与米尔诺、纳什共用一套公寓的事说出去。她在1997年回忆说,这个秘密让她觉得很奇怪。他们上路之后,露丝和纳什同乘一辆车,马莎和米尔诺在一起。露丝因为纳什对她完全无动于衷而受到震动。"当时我苗条、漂亮、聪明,"她在1997年回忆说,"纳什甚至没有注意到我在那里。"她同样注意到纳什和米尔诺之间看上去非常冷淡的关系。"他们有那么一点像是站在一起,很可能只是前一天才认识。他们从来没有提到共同有过的经历,看上去并不真正了解对方。"甚至就连哥哥同妹妹的关系看来也"有些冷淡,根本没有半点亲情色彩"。露丝说,"我觉得在那次旅途中就没有看到任何人的情感流露。"

他们沿着美国40号公路前进,这条公路穿越堪萨斯和内布拉斯加。他们在科罗拉多的大湖地区停留了一天,所有人都跑去骑马,在盐湖城也是一样,他们参观了摩门寺。男人们让年轻的女子主管分摊租住汽车旅店、在饭店吃饭和汽油等各项费用。原本这一切对于这些年轻人来说都应该没有问题,他们在1952年属于拥有特权的少数,可以独自作这样穿越国土的旅行。但是就在旅行结束之前,纳什跟露丝吵了起来,于是一直和米尔诺在一起的马莎因此不得不同她的哥哥一起走完余下的路程。

起初这是一个很不错的冒险经历。马莎刚从查帕尔希尔毕业,以前几乎没有作过任何旅行,她同哥哥一样高挑出众,而且非常聪明。尽管她下定决心不要被别人看作书呆子或者怪人,但还是在大学入学才能测验中击败了比弗高中的全体男生,获得一份百事可乐奖学金,并且接到拉德克利夫、史密斯等著名女子学院的入学邀请。但是她的父亲以她的名义推辞了这些奖学金,说他们家有能力支付附近一所学校的学费。最后,马莎进了圣玛丽学院,这里的学生大部分都是富有的南方女子,拥有裘皮大衣,会骑马,她们操心的不是职业招聘市场,而是婚姻市场。大学二年级那年,她转学去了北卡罗来纳大学,在那里完成了教育学学位的课程。

纳什劝说他的父母,说去圣莫尼卡过一个夏天对马莎会有好处,暗示如果马莎替他管家的话,他就可能多做工作。除了上大学之外从来没有离开家的马莎也迫切想出去。计划一旦拟定,纳什就毫不隐瞒地宣布希望自己的妹妹和米尔诺会对对方感兴趣。

结伴旅行是纳什的建议,当然,早在米尔诺四年前成为普林斯顿大学新生的时候他们就认识了。虽然米尔诺还没完成自己的毕业论文,普林斯顿已经邀请他加入教师队伍。纳什向马莎承认自己嫉妒米尔诺的才能,不过也被米尔诺的谦逊性格、非同寻常的清晰思路以及这个年轻人的瘦长英俊的外貌迷住了。

当四个人到达圣莫尼卡时,露丝就告辞了。马莎、纳什和米尔诺在乔治亚娜大街一座宽大宅子的屋顶租了一套带家具的小公寓。乔治亚娜是圣莫尼卡老区一条庄重威严的大街,从这里经过帕利赛德斯公园到兰德只要步行10分钟。没有人费心烹调或打扫房间,曾经应邀去吃午饭的一个客人回忆说:"那个地方没有收拾,从来没有。到处都是灰土和脏兮兮的碗碟。我四下看了看,他们显然没有准备食物,我决定要一些鸡蛋。约翰将以前煎好的一个鸡蛋推到平底锅的一边。'非常善良的人。'当时我这样想。"马莎在一家面包店找了一份工作,她几乎没有机会见到她的两个室友,他们把自己醒着的大部分时间花在兰德总部。一天,马莎打算去看看他们的办公室,却被卫兵挡在门外,因为她没有任何安全级许可。她和米尔诺在最初的一两个星期曾经出去吃过一次晚饭,不过,尽管他们两人早已在汽车里共度了很长时间,米尔诺仍然觉得很不自在,说不出话来,因而非常苦恼。马莎看得出来现在还没有什么爱情故事可言。

两个男人基本上是独立工作。米尔诺写了一篇非常精彩的论文,题目叫做"违背本性的博弈",纳什则在能通过计算机进行的博弈里找到乐趣。那时他关心的主要是流体动力学研究中引出的数学问题。一篇有关战争博弈的论文只是他漫不经心的工作,在9月他返回剑桥之前才匆匆忙忙拿出了草稿,目的是让兰德觉得没有白白雇用他。

不过,纳什和米尔诺倒是合作了一个项目,这就是包含雇用对象在内的有关讨价还价的实验,后来出人意料地成为受到广泛引用的经典。这个实验是与那年夏天也在兰德的两个密歇根大学研究人员一起设计的,在多年以前就预言了如今新兴的实验经济学领域。

这个兰德实验,或多或少直接出自数学家们业余时间喜欢玩博弈游戏的习惯。发明新的游戏,实验一下这些游戏,而且总是以发明者为博弈方,早已是普林斯顿广受欢迎的娱乐之一。许多参与者和纳什一样,刚刚摆脱男孩时代对化学和物理学的热情。记录对局以便看出人们是否按照理论预言的方式行事一直是兰德的相当重要的传统,起源于那个著名的"囚徒困境"实验。当马莎听说她的哥哥和米尔诺每天挣50美元就是因为"玩游戏",不禁目瞪口呆。

这个实验要用两天时间,设计目的是测试现实生活中的人们在决策的时候,不同的结盟和讨价还价理论将会怎样经受考验。冯·诺伊曼和莫根施特恩对多人博弈很有兴趣,因此将注意力集中在结盟上面,考察结为团体的人们如何联合行动。他们认为,不论是有意合作的商业行政人员还是想要参加工会的工人,理性的参与者都将计算参加各种可能达成的同盟的好处,从而作出最佳选择,即对他们最有利的同盟。

纳什、米尔诺和其他研究人员雇用了8个对象,包括大学生和家庭主妇。他们设计了不同的博弈,其中大部分需要4个人轮流进行,还有一个可以容纳多达7个人参与。一个博弈模仿冯·诺伊曼理论的普遍的"n人"

博弈，对象们被告知可以通过结盟获得现金以及每种可能的同盟将会得到的数目。但是，为了获得取胜资格，同盟伙伴必须交出指定数目的战利品。

根据杰出的实验经济学家阿尔·罗斯（Al Roth）的说法，这个实验得出两个后来具有重大影响的见解。首先，它将注意力引向参与者掌握的信息：如果同样的参与者重复进行这个游戏，作者发现，参与者倾向于"将一连串的决策看作一项更加复杂的博弈的一个决策"。其次，与德雷舍和弗勒德在1950年设计的"囚徒困境"实验相仿，它也体现出参与者的决策经常是由对公平的顾虑而促成的。特别是在没有任何一个参与者拥有特权地位的情况下，参与者就非常有代表性地选择了"妥协"。

但是，对这个实验的设计者而言，这个结果只是给博弈论的预言能力带来疑问，削弱了他们迄今对这个课题抱有的信心。米尔诺尤其感到幻想破灭，虽然他在未来10年继续担任兰德的顾问，却对社会相互作用的数学模型失去了兴趣，认为它们不大可能在可以预见的未来发展到一个有用的或者在学术上令人满意的地步。冯·诺伊曼与纳什的研究的强烈的理性假设，在他看来是特别致命的一环。1994年，在纳什获得诺贝尔奖之后，米尔诺写了一篇有关纳什的数学研究的文章，其中他实际上就接受了在纯粹数学家中广为流传的看法，认为纳什的博弈论研究与他后来进行的纯粹数学研究相比，实在微不足道。在这篇文章中，米尔诺写道：

> 对于为某个现实生活问题建立一个数学模型的任何理论，我们一定要问这个模型究竟有多么现实。它能不能帮助我们理解这个现实的世界？它能不能作出可以检验的预言？……
>
> 首先让我们问一问这个基本模型的现实性。假设条件是所有参与者都是理性的，他们了解这个博弈的确切规则，了解关于其他所有参与者的目标的信息。很显然，这种情况难得完

满足。

应该特别注意的一点是纳什定理中的线性假设。这是冯·诺伊曼—莫根施特恩数值效用的一个直接应用,说的是能运用关于概率的一个线性实值函数衡量不同的可能结果的相对可取之处……我个人的观点是,作为一个规范理论,这是相当有道理的,但是作为描述性理论,它也许就不是那么写实了。

很显然,对于竞争局势的问题,纳什理论不是一个已经完成的答案。实际上应该强调没有任何简单的数学理论可以提供一个完整的答案,因为参与者的心理和他们相互作用的机制,对于更加准确的了解至关重要。

但是,数十年后,与米尔诺不同,经济学家们逐渐认识到这个实验的"失败"非常有意义。尽管这个实验在某些方面看来有些随意,它却变成了经济研究的一种新方法的一个新模型,而这在亚当·斯密想出"看不见的手"之后200多年来从来没有人设想过。大家觉得,即便这个实验还没有复杂到可以揭示人们的大脑如何工作,但观察他们怎样进行博弈已经可以将研究人员的注意力转移到相互作用的因素方面,例如发信号或含蓄地进行威胁,公理方式就做不到这一点。

等到这个实验开始进行的时候,纳什跟米尔诺之间的关系已经变得紧张起来,米尔诺搬出了乔治亚娜大街的公寓。

米尔诺现在说纳什曾对他做出性爱姿态。"那时我很天真,痛恨同性恋,"米尔诺说,"那时这不是人们会谈到的事情。"不过,纳什对米尔诺的感情确有可能是某种接近恋爱的东西。过了十几年,纳什在给米尔诺的一封信中写道:"说到爱,我知道一种动词变化:amo, amas, amat, amamus, amatis, amant。也许amas也是命令式的,爱! 也许一个人必须非常具有男子气概,才能采用这个命令式。"

第十九章

赤色分子

1953年春

> 现在,我认为将会引起委员会极大兴趣的东西,如果您可以向他们解释的话……博士……就是您怎么能够解释麻省理工学院看上去高得离谱的共产党员的比例呢?
> ——孔齐希(Robert L. Kunzig),法律顾问,
> 众议院非美活动调查委员会,1953年4月22日

冷战原本许诺大洒金钱,讨好麻省理工学院数学系。但是,将这场战争中遇到的挫折归结为左派阴谋和内部颠覆的麦卡锡主义,现在却威胁要毁灭这所学校。

当纳什同他的研究生朋友们正在数学系休息室里相互争论,一起玩博弈游戏的时候,联邦调查局的侦探已经在剑桥分散开来,搜查垃圾箱,监视某些人,向邻居、同事、学生乃至儿童盘问。正如纳什跟麻省理工学院其他人在1953年年初了解的那样,这些人的目标包括麻省理工学院数学系的正副主任,还有数学系的一名终身全职教授斯特罗伊克(Dirk Struik),他们三人一度是共产党剑桥小组的成员,而且是领导人物,全部受到众议院非美活动调查委员会的传讯。当时处于一种围困状态,数学系的所有人都感到了那种威胁。

相比之下,那时候纳什毫无疑问更加关心征兵的事情,还有他自己个人生活中日益复杂的情况,而不是他的恩人们面临困境可能给他带来什么影响。但是,这整个事件是一个警告,暗示他和其他数学家居住的这个世界,可能是个极度脆弱的地方。一个国会委员会可能毁灭你的职业,就好比征兵部门可能将你送到半个地球以外的地方那样。

这整个事件已经开始变成一场闹剧。麦卡锡于1950年2月公布的最早的一份共产党员名单包括一些学者,比如纳什的朋友劳埃德·沙普利的父亲、哈佛著名的天文学家哈洛·沙普利,麦卡锡向记者宣布的时候犯了一个错误,将他说成是"占星家霍华德·沙普利"。但是,随着搜索赤色分子的行动日益深入,整个科学界都感到岌岌可危。普林斯顿的莱夫谢茨也许会被一个调查团体认为可能是共产党的同情者。一年之内,曼哈顿计划的领导者、美国最受尊敬的科学家之一、当时普林斯顿高等研究院院长奥本海默,就要承受麦卡锡主义者的羞辱。

在传票签发之际,没有人知道麻省理工学院将怎样应付这个问题。其他大学的反应就是立即开除上了黑名单的人物,或者终止合同。"麦卡锡主义对这些学校是一个很大的威胁。"后来,莱温松的遗孀齐波拉·莱温松回忆说,"在那场战争期间,政府已经开始向它们投入大量金钱,现在的威胁就是研究资金可能消耗殆尽,这是一个关系到生计的问题。"马丁和莱温松相信他们很快就会失去工作,同其他许多人一样永远留在黑名单上。莱温松说起过改行做水暖工,专门修理暖气炉。调查人员密切留意姓布劳德的三个男孩,即前共产党领导人厄尔·布劳德(Earl Browder)的儿子,他们已经或者正在麻省理工学院学习数学专业,而且都是奖学金获得者。

"麻省理工学院已经变得乱七八糟,"莱温松夫人回忆说,"教师们为如何证明麻省理工学院有爱国之心而争论不休。人们受到很大的压力,要举报别人。"最后的结果是,学院院长、直言不讳的自由主义者康普顿

(Karl Compton)也许真的觉得自己很快就要接到传票了（他是中国革命的支持者，批评蒋介石的所作所为），雇用了波士顿一个出色的律师事务所律师乔特、霍尔与斯图尔德来为马丁、莱温松和其他人辩护，只收取最低费用。到了4月，马丁和莱温松被迫作证，学生报纸《理工学院》每天进行报道，反麦卡锡情绪在校园迅速高涨。

没有证据表明，联邦调查局为了查清莱温松和马丁的共产党员身份与机密的国防文件是否具有某种联系，曾经盘问纳什或系里的其他教师或学生，或者要求免除职务。这种联系也许从来没有过，因两人在战争结束没多久就离开了共产党。系里的研究生和资历比较浅的教师站在旁观者的立场，目睹别人的生活和职业毁于一旦，失去了房子乃至汽车保险。"那时候，年轻人仍然有前途、工作，满怀乐观主义，"莱温松夫人回忆说，"比较年轻的群体，也就是纳什那个群体，不想过分友好。他们吓坏了，并将自己隔离开来。"

马丁和其他几个人举报了他们以前的同事，莱温松拒绝举报任何尚未受到举报的人士。马丁和阿马杜尔（Izzy Amadur）支支吾吾推搪着不表态，莱温松知道马丁与阿马杜尔会合作，他们一古脑儿报出了所有名字。莱温松说他可以直率地交待共产党的问题，但是不会举报任何人。律师告诉莱温松，他不必说出任何一个名字，于是他持合作态度，但就是不愿意说出任何人的名字。马丁当时显得很可怜，惊慌失措。相反，莱温松的证词显示了他的智力和人格魅力，使他成为数学系里强有力的人物。在对直接盘问所作的一系列有力而雄辩的回答中，他努力为当初将他引入共产党的年轻人的理想主义辩护，而且含蓄地对委员会将共产主义视为国家一大威胁的论点提出疑问。他坦率地反对搜寻前党员，请求委员会帮忙，不要将布劳德的大儿子费利克斯列入黑名单，那时他已经取得博士学位，却得不到一个学术职位。

莱温松和其他人依靠麻省理工学院的支持以及自身的妥协，保住了工作。不过,在长达几个月令人气馁的骚扰和威胁之后,每个牵涉其中的人心中都留下了一道深深的伤痕。特别是马丁,他简直一蹶不振,非常压抑,在差不多45年以后还是没法说起这件事。莱温松的小女儿当时正是初中学生,身心健康受到摧残,被确诊患了狂躁抑郁症。莱温松和妻子认为这与她遭到联邦调查局的骚扰有关。那些处于边缘的人表面上看来没有受到什么影响,却从中得到一个教训,就是他们那样深信理所当然的这个世界,其实处于危险的脆弱境地,在不受它支配的力量面前不堪一击。

纳什完全没有参与一些研究生有关数学家们与政府合作是否符合道德原则的热烈讨论。任何有关道德的讨论都会让他产生伪善的错觉。不过,这段风雨交加、令人恐惧而动乱的日子却在他心里留下了难以磨灭的阴影,在以后的岁月里让他不得安生。

第二十章

几何学

有两种数学贡献:一种是对数学史所做的重要工作,另一种只不过是人类意志的一次胜利。

——保罗·科恩(Paul J. Cohen),1996年

1953年春天,芝加哥大学数学家哈尔莫斯收到他的老朋友、纳什的同事安布罗斯寄来的一封信:

> 这里如同往常一样,没有什么值得一提的新闻。马丁正在安排纳什担任助理教授职务(不是伊利诺伊的纳什,是斯廷罗德在普林斯顿培育出来的那一个),我对此感到非常烦恼。纳什是一个稚气未脱的聪明人,总是追求"完全独创"。我认为对具有某些独创力的人来说,这一点本身完全没有问题,只是他还使自己变成一个与这一宗旨相反的该死的傻瓜。他最近听说了尚未解决的、将一个黎曼流形等距嵌入欧几里得空间的问题,认为这个问题如果确实值得他努力尝试的话,他就来完成这一使命。于是他给数学团体的每个成员写信了解情况,他们告知他情况

属实,他于是就宣布自己已经解决了这个问题,说得相当详细,并且告诉麦基说他希望在哈佛的演讲会上介绍一下。与此同时,他跑到莱温松那里询问其中的一个微分方程,莱温松说这是一个偏微分方程组,如果他能用一个单一的常微分方程作替代,使问题简化,那么这就可以成为一篇绝妙的论文。纳什对整个事情完全没有清晰的认识,因此,大家普遍认为他不会取得任何进展,只会成为比我更没有洞察力的人眼里的大笨蛋,远远低于人们最初对他的期望。但是我们抓住了他,因此没有错过遇到一个真正的数学家的机会。他是一个天资聪颖的家伙,只不过同魔鬼一样充满自大的妄想,同维纳一样孩子气,同X一样草率性急,同Y一样暴躁,至于霸道专横,则可以与X和Y相比。

安布罗斯绝对有理由感到怀疑和烦恼。

安布罗斯近40岁,是一个喜怒无常、情绪紧张的数学家,有时感到沮丧失意。就像他的信暗示的那样,他满脑子都是黑色幽默。他是一个激进分子和不遵守英国国教的基督教新教徒,结过三次婚。他曾经做过题为"我为什么成为无神论者"的演讲。有一次他在警察面前打算为阿根廷的一些左翼示威者辩护,结果招来一顿毒打,并被关进监狱。他是一个狂热的爵士乐迷,帕克(Charlie Parker)本人的朋友,还是一个相当不错的小号演奏员。他英俊、魁梧,像拳击选手那样曾经被打断了鼻梁骨,原因却是电梯里发生的一场事故。他是系里最受欢迎的人物之一,但和纳什从一开始就合不来。

安布罗斯的举止好像在说:"我是一个愚笨的人,我看不懂这个。"给人留下生性愚钝的印象。奥曼回忆说:"一天,安布罗斯来到教室准备上课,一只鞋系了鞋带,另一只却没系。'你知不知道你右脚的鞋带没有系好?'我们问他。'噢,天哪!'他说,'我系了左边的鞋带,以为另一边就一定会按左右对称的想法系好呢。'"

这个系里年纪较大的教师基本上不大理会纳什的奚落和嘲讽,而安布罗斯就不这样。一场针锋相对的竞争很快就开始了。安布罗斯出了名地讲究细节,他的板书密密麻麻,以至于他的一个助手认为不可能将它们全部抄写下来,因此干脆放弃努力,转而采用拍照的方式进行记录。纳什讨厌煞费苦心、按部就班的陈述,从这些板书里找到了嘲笑的对象。只要纳什认为安布罗斯在研讨会上写的板书是一个难看的证明,就会在房间后排嘀嘀咕咕地抱怨说:"陈腐,陈腐。"

安布罗斯成为纳什的恶作剧的目标。"关于真正数学的研讨会!"有一天纳什打出了这样一条广告,上面写道:"该研讨会将于每个星期四下午2点在休息室进行。"星期四下午2点是安布罗斯给研究生们上分析学的时间。另外一次,安布罗斯刚刚在哈佛的数学讲演会上作完演讲,纳什就安排别人送一大束红玫瑰上讲台,使安布罗斯看上去活像对观众鞠躬谢幕的芭蕾舞女主角。

安布罗斯进行了尖锐的反击。纳什的书桌上有一块带纸夹的笔记板,上面总是有一张纸条,写着自己要做的事情,安布罗斯就在那里写下"操我自己"。正是他将纳什叫做"G 纳什",因为纳什不断对其他数学家作出轻蔑的评论。在休息室的一次讨论中,纳什刚刚结束谴责"出租车司机"和寄生虫的长篇大论,安布罗斯就非常厌恶地说:"如果你真有本事,干吗不去解决流形的嵌入问题呢?"这个问题自黎曼提出以来一直是世界闻名的难题。

于是纳什就这样做了。

两年后,在芝加哥大学,纳什作了关于他的第一个真正重大的定理的演讲:"我做这个工作是出于一场赌博。"纳什的开场白充分表明了他是怎样一个人。他是一个数学家,但是,在他眼里数学不是一个宏伟堂皇的计划,只不过是一系列富于挑战性的问题的集合。数学家分为解题专家和理论家两类，纳什属于第一集团。他不是一个博弈论专家、分析学家、代数学家、几何学家、拓扑学家或数理物理学家，但是他瞄准这些领域里的一些方面，那里基本上还没有任何人取得进展。他要做的事情就是找到一个他可以说出些名堂的有趣问题。

早在接受安布罗斯的挑战之前，纳什已经深信解决这个难题会为他赢得巨大的荣耀，他不仅向不同的专家询问过这个问题的重要性，而且根据另一个穆尔讲师费利克斯·布劳德的回忆，纳什在真正解决这个问题以前很长一段时间就宣布自己取得了成功。布劳德回忆说，当哈佛的一个数学家质问纳什时，"纳什解释说那是因为他想看看这个问题究竟是不是值得一做。"

"到处都在进行关于流形的讨论，"约瑟夫·科恩在1995年这样描述当时围绕身边的那种气氛，"安布罗斯某天在休息室里向纳什提出的确切问题就是：有没有可能将任何黎曼流形嵌入一个欧几里得空间？"

这是有关几何学的一个"深刻的哲学问题"，从黎曼、希尔伯特一直到嘉当（Elie-Joseph Cartan）和外尔，几乎所有在微分几何领域进行研究的数学家都问过自己这个问题。这个问题最早是由施莱夫利（Ludwig Schläfli）在19世纪70年代明确提出，是从其他已经提出并且部分解决的问题在19世纪中叶出现的一个进展中自然发展而来。数学家们先是研究普通曲线，接着是平面，最后，19世纪数学伟人之一、病弱憔悴的德国天才黎曼，将其发展到更高维数的几何物体，他发现了欧几里得空间里的流形的例子。但是，在20世纪50年代初，人们的兴趣之所以转移到流形方面，部分原因是扭曲了的空间与时间的关系在爱因斯坦的相对论中担当了重要角色。

纳什在他1995年诺贝尔奖获得者自传里，对这个嵌入问题的描述暗示了他希望弄清是否值得解决这个问题："这个问题虽然经典，却没有作为一个突出问题而受到广泛讨论。比如说,它就不像四色猜想。"

嵌入问题说的是将一个几何物体描述成某个维度的某个空间,更确切地说就是使它成为其中一个子集。我们用一个气球的表面作例子。你不能把它放在一块黑板上,因为黑板是个二维空间,但是你可以把它变成三维或更高维数空间的一个子集。现在我们来看一个稍微复杂一些的物体,就说一个克莱因瓶(Klein bottle)吧,它看起来就像一个去掉盖子和底座的马口铁罐头,顶部已经受到拉伸,与底部反方向地连接在一起。如果你想象一下,就会发现如果你在三维空间里这样做,这个东西很显然要与它自己相交。但是从数学的观点来看这就很糟糕,因为相交处的紧密相邻的区域看上去很古怪且不规则,而且在克莱因瓶的这个部分计算距离或变化率这样的不同属性的努力都将失败。不过,如果将同一个克莱因瓶放在一个四维空间里,它就不会与自己相交,如同一个嵌入三维空间的球,四维空间的克莱因瓶变成一个行为绝对良好的流形。

纳什定理指出,任何符合一种特殊的平滑概念的曲面都可以嵌入欧几里得空间。他证明你可以像折叠一块丝绸手帕一样折叠这个流形,完全不会扭曲它。没有人可以想象纳什定理会是正确的。实际上,大家都认为这是错误的。"它体现了一种令人难以置信的独创力。"几何学家格罗莫夫说,他的著作《偏微分关系》就是以纳什的工作为基础。他接着说道:

> 我们当中有许多人具备发展现有思想的能力,沿着其他人开辟的道路前进。但是,我们当中的绝大部分人永远不可能得到任何可以与纳什取得的成果相提并论的东西,那就像是电击一般。从心理学角度来看,他克服的障碍绝对是非同寻常。他完全改变了偏微分方程的前景,这方面在最近几十年来一直存在从和谐转向混乱的某种趋势。纳什说混乱已经近在眼前。

发现了超实数以及发明了生命博弈的普林斯顿数学家康韦(John Conway),将纳什的成果称为"20世纪数学分析最重要的工作之一"。

必须补充的是,这也是针对当时非常流行的解决黎曼流形问题的做法所进行的深思熟虑的进攻,就像纳什解决博弈论的做法是对冯·诺伊曼的直接挑战一样。比如说安布罗斯,他本人当时也参与了对这种流形的一个高度抽象和概念化的描述工作。20世纪50年代中期开始了解纳什的德国数学家莫泽(Jürgen Moser)这样形容:"纳什根本不喜欢那种数学风格,他就是要证明这个在他看来异乎寻常的做法完全没有必要,因为任何一个这样的流形都是高维欧几里得空间中的子流形。"

纳什的更加重要的成就,也许在于他发明的那个帮他取得成果的有力方法。为了证明他的定理,纳什不得不面对一个表面上看来难以逾越的障碍,即解决一类特定的偏微分方程,现存的办法对此完全无能为力。

这个障碍出现在许多数学和物理问题当中。按照安布罗斯在信中所说,这就是莱温松向纳什指出的那个困难所在,这也是出现在许许多多问题当中的难题,特别是在非线性问题中。具有代表性的是,在解方程的过程中,给定的东西是某个函数,人们根据这个给定函数的导数寻找一个解的导数的估计值。纳什的解的引人注目之处在于那些**先验的**估计值失去了导数,没有人知道应该怎样处理这个问题。纳什发明了一个全新的迭代法,也就是可做出一系列有根据的推测的程序,用来寻找方程的根,并且将它与一个平滑技巧结合起来,克服了丢失导数的问题。

纽曼形容纳什是一个"非常诗意的另类思想家"。在上面这个例子里,纳什运用的是微分学,而不是19世纪积分学的经典分支的几何图像或代数操作的方法。这个技巧现在被称为纳什—莫泽定理,毫无疑问纳什是它的原创者。莫泽所做的工作就是证明纳什的技巧怎样可以修改和应用于天体力学领域,即描述行星的运动,尤其是在确定周期轨道的稳定性方面。

纳什分两步解决了这个问题。他发现,只要我们忽略光滑性,就可以将黎曼流形嵌入三维空间。用直白的语言来说,现在要做的是将它变形。这是一个令人瞩目的结果,既奇怪又有趣,同时也是一个数学上的新鲜事物,至少它看起来是这样。数学家们对于没有皱纹的嵌入很感兴趣,这样一个嵌入方法可以保全流形的光滑性。

在纳什的自传文章里,他这样写道:

> 事情的经过就是这样,当我在麻省理工学院的一次谈话中听说可嵌入性问题尚未解决,就立即动手进行研究。第一个取得了突破,引出了一个有关可嵌入性可以在令人惊讶的低维环绕空间实现的新奇结果,前提是我们允许这种嵌入具有有限的光滑性。后来,通过"繁重的分析",具备更大程度光滑性的嵌入问题得到了解决。

纳什很有可能是1953年春天在普林斯顿的一个研讨会上公开他最初的"新奇"结果,大约就在安布罗斯给哈尔莫斯写那封措辞严厉的信的时间。埃米尔·阿廷是听众之一,他没有隐瞒自己的疑虑。

"唔,看上去没有问题,也很好,可是那个嵌入定理怎么办?"阿廷说,"你永远做不出来。"

"我下个星期就可以做出来。"纳什反击。

一天晚上,纳什驾车沿着马萨诸塞州收费公路飞驰,弗拉托和他一起去纽约布朗克斯区。弗拉托同所有研究生一样,已经知道纳什正在研究嵌入问题,很可能是为了激怒纳什而从中取乐,他提到纳什略有所知的、耶鲁一个富有才华的青年数学家施瓦茨(Jacob Schwartz)也在研究这个问题。

纳什变得非常恼火,他紧紧握住方向盘,几乎是在对弗拉托咆哮,问他原本是不是想说施瓦茨已经解决了这个问题。"我可没有这样说,"弗拉托纠正道,"我说的是听说他正在研究这个问题。"

"正在研究这个问题?"纳什回答,他的整个身体开始放松下来。"好吧,那么现在没有什么东西要担心了,他没有我拥有的洞察力。"

施瓦茨确实正在研究同一个问题。在纳什得出了结果后,施瓦茨写了一本关于隐函数定理的书。1996年他回忆说:

> 我独立想出了一半的主意,但是没办法想出另外的一半。很容易就可以看出一个公理性的陈述,大意是说并非所有曲面都可以完全嵌入,但你可以随心所欲地达到相当接近的地方。我有了总体设想,而且有能力在一天之内作出容易的那一半证明,但是后来意识到这里有一个技术问题。我花了一个月进行研究,却看不出怎样才能取得突破,仿佛撞上了一堵坚实的石墙,不知道怎么办。纳什凭借其非常顽强而且难以置信的不屈不挠的意志对这个问题研究了两年时间,直到他终于攻克这个难关。

就这样,纳什一个星期接着一个星期地出现在莱温松的办公室,就像他在普林斯顿找斯潘塞一样。他向莱温松介绍自己完成的事情,莱温松就会向他证明为什么这个办法不可行。穆尔讲师辛格回忆说:

> 他给莱温松看答案。头几次他完全错了,但是没有放弃。当他发现问题越来越困难的时候,也越来越用心,越来越投入。他的动力来源于要向大家证明自己有多么出色的想法,这是毫无疑问的。不过,即便是在问题变得远比想象更加困难的时候他也没有放弃,而是越来越投入到研究当中。

没有办法知道究竟是什么使一个人可以征服一个巨大难题,而另一个同样有才华的人则败下阵来。有些天才属于短跑好手,可以迅速解决问题。纳什是一个长跑者,如果说他在博弈论方面向冯·诺伊曼发起了挑战,那么现在他又想发难人们接受了差不多一个世纪的看法。他闯入了一个经典区域,那里人们相信自己知道什么是可能的,什么是不可能的。"需要非凡的勇气才能克服这些问题。"斯坦福大学的数学家、菲尔兹奖获得者保罗·科恩说。他对孤独的承受力、对自己直觉的信心以及对批评的漠视都是在他年轻时代就显露的性格,现在已经非常显著且难以改变,这帮了他的大忙。他习惯于努力工作,大都选择晚上在麻省理工学院自己的办公室里工作,从晚上10点一直到凌晨3点,周末也是一样。按照一个目击者的说法,他不借助"任何工具书,除了他自己的头脑"和他的"无与伦比的自信心"。施瓦茨将这一点称为"不断撞击墙壁直到石头爆裂的能力"。

关于纳什一心一意攻克这个问题的最有说服力的描述来自莫泽,他说:

> 在任何头脑正常的人看来,[莱温松指出的]那个困难之处完全可以毫不留情地阻止他们,让其放弃这个问题。但是纳什与众不同,只要他有一个直觉预感,世俗批评就不可能阻止他。他没有任何背景知识,简直是不可思议,没有人明白为什么一个这样的人可以做到这一点。他是我所见过的惟一一个拥有这种毫无理性的精神力量的人。

1954年10月底,当纳什的手稿落在《数学年刊》编辑们的书桌上时,他们几乎看不出这究竟是怎么做出来的。它看上去几乎不像一篇数学论文,跟一本书一样厚,没有用打字机,完全用手写成,而且混乱不堪,运用了工程师们比数学家们更常用的概念和术语。因此编辑们将它寄给布朗大学的数学家费德雷尔(Herbert Federer),他是在奥地利出生的纳粹时代的难民、曲面面积理论的先驱者之一,虽然只有34岁,却已经树立了高标准、品位一流以及特别喜欢研究艰深手稿的名声。

人们经常将数学形容为最孤独的工作,这是相当确切的。但是,只要一个严肃的数学家宣布找到了一个重要问题的答案,那么,按照一个可以追溯到数百年前的悠久传统,至少会有另一个数学家愿意将自己手头的工作放在一边,有时是几个数学家这样做,花费几个星期乃至几个月的时间,用费德雷尔的一名前合作者的话来说,"使它变得更加美满,并理清一切事情"。费德雷尔发现纳什的手稿是一个令人激动的复杂的谜,他兴致勃勃地开始研究这个问题。

作者和审阅人之间的合作持续了几个月,因此出现了长篇通信、许多电话讨论以及大量草稿。纳什直到第二年夏天才寄出这篇论文的修改版本。纳什对费德雷尔的谢辞按照他的标准是相当热情的:"我衷心感激费德雷尔,他对这篇论文的首个混乱不堪的表述进行了很大的改进。"

当纳什在芝加哥作有关他的嵌入定理的演讲之际,阿蒙德·博雷尔(Armand Borel)恰巧是那里的客座教授,仍然记得当时听众们的震惊反应。"起先没有人相信他的证明,"他在1995年回忆说,"人们非常怀疑。它看上去像是一个[有趣的]想法,但是如果没有任何技巧,你就会怀疑。当你空想一个观点时,通常会漏掉一些东西。人们没有公开挑战他,但是私下里议论纷纷。"(纳什以他特有的手法在给父母的信中只是提到"讨论顺利进行"。)

麻省理工学院数学及哲学教授罗塔肯定了博雷尔的说法。"研究这个问题的一个专家告诉我,如果他的研究生提出这样一个稀奇古怪的想法,他就一定会把他赶出办公室。"

这个成果如此出人意料,纳什的方法又这样新颖独特,以至于专家们也感到非常棘手,难以理解他究竟做成了什么事情。纳什过去常常随手将自己的草稿留在麻省理工学院的休息室,该校曾经的一名研究生记得,安布罗斯、辛格、哥伦比亚大学数学家且后来应用过纳什的成果的仓西（Masatake Kuranishi）曾经有过一次长时间的混淆不清的讨论，每个人都努力向对方解释纳什的成果，却又徒劳无功。

施瓦茨回忆说：

> 纳什的解答不仅新颖，而且非常神秘，是一整套不可思议的不等式聚集起来的神秘组合。在我对它的解释中，着眼于发生了什么事情，加以普遍化后给出一个抽象的形式，并意识到它在他处理的那个具体情况之外也有应用前景。但是我也并没有真正到达它的根源深处。

稍后，苏黎世数学教授、国际数学联合会前任主席霍普夫（Heinz Hopf）在纽约作了一次有关纳什嵌入定理的讲话。霍普夫是"一个身材瘦小、友好而散发暖人心扉光芒的伟人，对微分几何了如指掌"，他的讲话通常都是透彻清晰的典范。听众之一的莫泽回忆说："于是我们就想，'现在我们终于可以了解纳什做了什么事情。'他天生多疑，完全可以成为纳什的成果的一个重要证明人。但是，随着讲话进行，我的天哪，霍普夫让他自己给弄糊涂了。他没有办法拼凑一个完整的描述。他被彻底击败了。"

几年以后，莫泽想办法找到纳什，让他解释怎样克服莱温松指出的那些困难之处。"我没有从他那里学会很多东西。当他讲话的时候，语句含糊不清，不停挥舞双手，'你必须控制这个。你必须小心留意那个。'你就是跟不上他的思路。不过，他的书面论文却完整而正确无误。"费德雷尔不仅对纳什的论文进行编辑，使之更加易于理解，而且是第一个说服数学界，让他们相信纳什的定理确实正确的学者。

马丁在1953年年初建议给予纳什一个永久教职，出人意料，这在数学系18名教师中掀起了轩然大波。莱温松和维纳属于纳什最有力的支持者。不过其他人,比如安布罗斯和杰出的拓扑学家怀特黑德就表示反对。穆尔讲师的职位并不是通向终身职位的途径。更加要命的是,纳什在他头一年半任期里就树敌太多而交友太少,他对待同事的傲慢态度和作为一个教师的糟糕纪录惹恼了许多人。

不过,在很大程度上,纳什的反对者认为他还没能证明自己具有创造力。怀特黑德回忆说:"他说话的口气很大,我们当中的一些人怀疑他有没有能力实践自己的主张。"安布罗斯也有同感,这是不难想象的。即便是纳什的支持者,可能也没有十足的把握。弗拉托记得,有一次纳什来到莱温松办公室,问他是否愿意读一下他有关嵌入问题的论文草稿。莱温松说:"对你说实话吧,在这个领域我还没有足够的背景知识进行评判。"

当纳什终于取得成功的时候,安布罗斯做了一个出色数学家和高尚人士会做的事情,他的赞美和其他任何人一样,说不定还要更多一些。双方的挑战也变得友好了,安布罗斯还跑去告诉他的音乐家朋友们,说纳什的口哨是他曾经听过的最纯净、最美丽的音乐。

第二篇

割裂的生活

第二十一章

奇点

> 纳什一直过着割裂的生活,完全割裂的生活。
>
> ——马图克,1997年

在他的整个童年、青春期乃至才华横溢的学生时代,纳什看来基本上独自生活在自己的头脑当中,对于将人们联系起来的感情力量无动于衷。他的压倒一切的兴趣在于数学形式,而不是人。他最大的需求就是尽可能最大限度地运用自己强有力、无所畏惧、富于创造力的思维资源,在内部和外部的混沌状态中理出一些头绪。他明显缺乏普通人的需求,这在他看来就是令人自豪与满足的东西,这能进一步确定他是独一无二的。他将自己看作一个理性主义者、一个自由思想家,有点像是星际飞船"企业号"上的斯波克(Spock)。不过,当他逐渐迈进成年的门槛,这种自由个性开始有些虚幻,或者至少是部分被取代了。在麻省理工学院工作的最初岁月,他发现自己也有一些与其他人相同的愿望。一度使他满足的聪明、淘气、狡猾而短暂的人际关系,现在已经不够了。不到5年时间里,当时他正是24岁到29岁之间,纳什与至少三名男子有情感上的纠缠。他有了一个秘密的情妇,后来又抛弃了她,她生下了他的孩子。他追求一个女子，抑或是被追求，这个女子后来成为他的妻子。

随着这些早期亲密关系不断增加，并变成他意识中始终存在的元素，纳什从前的孤独却又协调的生活方式，突然变成更加丰富、更加不连贯的分裂而平行的生活方式，不仅体现了一个成年人正在长成，也反映出一种割裂而平行的个性。他现在依赖的人们，分别占据了他生活的不同区间，他们通常在很长时间里完全不知道对方的存在，或者不了解其他人与纳什的关系的本质。这些只有纳什知道，他的生活变成一部连续剧，每个场景只有两个角色演出，一个角色出现在所有场景当中，另外一个则随着场景变换而改变。一旦他退出舞台，这第二个角色看来也将不再存在。

在十多年后，当时纳什已经病了，他为自己在麻省理工学院的生活提供了一个比喻，这个比喻以他的第一语言，即数学语言写成：$B2+RTF=0$，这是出现在纳什写于1968年的一张明信片中的一个"非常个人化的"方程。明信片是这样开始的："亲爱的马图克，我觉得与我但愿可以解释的大多数事情相比，你会更好地理解这个概念……"这个方程代表一个三维超空间，它在四维空间的原点处有一个奇点。纳什就是那个奇点，那个特别的点，其他变量就是影响过他的人，在这里指的是与他发生友谊或关系的男子。

随着与他人的意义深远的关系日益增加，协商关系的任务必然出现，这是在有所选择情况下不可避免的。纳什根本不打算选择一份感情关系而放弃另外一份。只要不作选择，他就可能同时避免——或者至少减少——依赖和需求。满足他自己的社交需求意味着不可避免地使别人指望他满足他们。不过，当对别人施加在他身上的影响思虑重重的时候，他在很大程度上忽略了——而且看来确实是不能把握——他对别人的影响。实际上，他对"他人"的认识还比不上一个年幼的孩子。他希望别人因他的天才而得到满足，"我觉得我是如此伟大的数学家，"回顾这段时期的时候，他会这样伤心地说。当然，在一定程度上对方是满足的，但是当他们不可避免地索要更多的时候，他就发现这种压力实在难以承受了。

第二十二章

特别的友谊

圣莫尼卡,1952年夏

> 除了与几个非常特别的人联系之外,我迷失了方向,完全迷失在旷野荒郊……因此,因此,因此,从许多方面看来这都是一种艰辛的生活。
>
> ——纳什,1965年

纳什失去一切,即家庭、职业、思考数学的能力之后,在给妹妹马莎的一封信里承认,在他的生命中只有三个人曾经给他带来真正的快乐:他们是三个"特别类型的人",与他们建立了"特别的友谊"。

不知马莎是否看过甲壳虫乐队的电影《苦日之夜》。"他们显得色彩缤纷,非常有意思,"他写道,"当然,他们比我提到的那种人年轻得多……有时我觉得自己就像疯狂迷恋甲壳虫乐队的少女,因为他们在我看来是这样富有魅力,这样有意思。"

纳什最初的恋情完全是一厢情愿,毫无结果。"纳什总想和男性建立带有浪漫色彩的深厚的友谊,"纽曼在1996年说,"他非常不成熟,总是同那些男孩在一起。"有些人倾向于将纳什的迷恋看作"实验",或看作他不成熟个性的简单表达,他自己很可能也持有这种观点。"他玩弄不正当性关系,因为喜欢寻欢作乐。他非常喜欢做实验,喜欢尝试,"纽曼在1996年说,"在多数情况下他只是亲吻而已。"

喜欢拿自己过去和以后的女性爱情俘虏开玩笑的纽曼对纳什有最直接的了解,因为纳什有一段时间对他非常着迷,其结果当然可以预见。"他过去常常谈论唐纳德看上去怎样。"纽曼夫人在1996年说。纽曼回忆:"他试图在我身上乱来。他向我献殷勤的时候我正在开车。"D.J.和纳什当时正驾驶纽曼的白色雷鸟牌汽车漫游,纳什吻了他的嘴唇。D.J.对此只是一笑置之。

纳什第一次体会到相互吸引是在圣莫尼卡,他将这段经历称为"特别的友谊"。当时正是1952年夏末,米尔诺已经搬走,马莎也飞回了家。这段遭遇一定非常短暂,在8月的最后一天发生,就在他应该返回波士顿的前夕,而且非常隐秘。不过此事却具有决定意义,因为这是他初次没有遭到拒绝,而且得到回报。因此,这是他走出极度感情隔绝与纯粹虚构关系的真正第一步,是性行为的一次迅速的体验。无疑这并不完全快乐,但却使他得到了从未想象过的满足感。

现存的有关纳什与索尔森(Ervin Thorson)的友谊的线索,是他在1965年一封信中描述的一个"特别的"朋友,以及在20世纪60年代后期书信中多次简略地提到"T"。如果纳什的相识中真的有人见过他,那么人数也一定少得可怜。马莎记得纳什的一个朋友曾在乔治亚娜大街的公寓过夜,但是想不起他的名字。

1992年去世的索尔森在1952年刚好30岁。他是具有斯堪的纳维亚血统、土生土长的加利福尼亚人。纳什曾向马莎介绍说他是个航空工程师,但是实际上他很可能是个应用数学家。在战争期间,他曾在陆军的气象公司担任气象专家,此后,在加利福尼亚大学洛杉矶分校取得数学硕士学位,1951年前往道格拉斯飞机公司,即在道格拉斯将自己的研究发展分部脱离出来,建立了兰德公司之后。那时候,道格拉斯正在为五角大楼描绘在行星之间旅行的蓝图,最终成为一个研究小组领导者的索尔森很可能参与了这些工作。据他的妹妹特劳特曼(Nelda Troutman)1997年回忆说,早在美国发射"海盗号"之前20年,他就已经对开拓火星的梦想满怀激情。

索尔森的妹妹说他哥哥"十分敏感,完全不善于社交,非常聪明,知道许多东西,非常非常学究气"。考虑到道格拉斯与兰德之间的密切联系,纳什应该很容易在一次谈话、一个研讨会甚至在兰德数学分部的主管威廉斯举办的舞会上见到他,当时兰德同样深入地参与了空间探测的研究。

如果终生未婚的索尔森是个同性恋者,那么他的还在世的妹妹并不知情。无论怎么看,他在家人面前守口如瓶达到了不同寻常的地步,不仅不谈高度机密的工作,而且绝不透露私生活的各个方面。考虑到在麦卡锡时代国防工业清除同性恋者的压力日益增长,索尔森很可能无论在什么情况下都保持小心谨慎;他在道格拉斯的工作又持续了15年之久,于1968年突然辞职。很显然,他在47岁那年这样做的原因是怕死,几个同事刚刚相继死于心力衰竭,本身也有某种轻度心脏问题的索尔森认为自己再也不能适应那里的压力和繁重工作了。他搬回自己的家乡波莫纳,除了积极参加路德宗教会的活动之外,实际上变成了一个隐士。他与父母同住了26年,一直到去世。

没有人知道纳什和索尔森在纳什两年后返回圣莫尼卡度过在那里的第三个夏天,以及他在60年代初期和中期患病后前往圣莫尼卡的旅途中有没有再次见面。但是,纳什直到1968年仍然时常想到索尔森,间接地提起他。

第二十三章

埃莉诺

> 这些数学家非常孤傲。他们占据一个非常高的地势,从那里俯视其他人,这使他们与女人之间的关系很成问题。
>
> ——齐波拉·莱温松,1995年

纳什在劳动节前回到自己在波士顿的旧公寓。比肯街407号是19世纪末建造的一座非常宏伟的房子,面临查尔斯河。它现在的主人格兰特(Austin Grant)夫人是后湾一个医生的遗孀,喜欢向她的房客们一一介绍她家的丰富特色,比如这座房子的马车房,过去的主人们曾在此等候他们的马车进来。她还常为周围邻里的堕落而感到惋惜,"你进来的时候不要把包放在街上,不然的话,等你出去时,它们大概就不见了。"她在纳什搬进来那天说。

纳什住进了临街的一个卧室,这是一个宽大、布置舒适的房间,带有一个壁炉。刚刚从麻省理工学院毕业的年轻工程师林赛·拉塞尔(Lindsay Russell)就住在隔壁。格兰特夫人不时将拉塞尔拉到一边,对纳什的独特个性评论一番。纳什搞来一大套杠铃,开始练习举重。起居室的枝型吊灯刚好挂在纳什的卧室下面,他一锻炼,吊灯就跟着摇晃。格兰特夫人就会说:"他以为这是什么地方？一个健身房？"纳什的信件也会引起议论,特别是那些来自他母亲的明信片,拉塞尔记得上面表达了对纳什"在数学追求和其他学术追求之外结交一些朋友和参加社交活动"的希望。

从来没有人拜访过纳什,只有一次例外。拉塞尔记得,有一次他夜半时分醒来,从纳什的房间里传来一个声音。那是一阵笑声,一个女人的笑声。

在9月的第二个星期四为纳什办理住院手续的那个黑头发的漂亮女护士,名叫埃莉诺(Eleanor)。纳什入院是为了切除某些曲张的静脉,他看上去紧张得不得了,而且很年轻,与其说像一个教授,不如说更像一个学生。埃莉诺知道,纳什的医生不能胜任工作是出了名的,而且还是一个酒鬼。她很奇怪一个麻省理工学院教授怎么会落到这样一个庸医手中。纳什告诉她,他只是闭上眼睛,将手指沿着门口大厅的医生名单数下来,完全随机地选择了这个医生。她回忆说,她觉得很想保护他。

纳什只在病房待了两天。埃莉诺觉得他很聪明,还有那么一点讨人喜欢,不过在他离开之后,她却没想过再见到他。不知怎么的,没过多久两人就在路上意外相遇。那是一个星期六的下午,埃莉诺正打算去和一个朋友会合,给自己买一件漂亮的冬用大衣。"我没有追求他,他追求我,对我纠缠不休,"埃莉诺回忆说,"最后我和他一起去了商店。"

他们一起走进杰伊百货商店。纳什跟着她一直来到底层的大衣部。他一直盯着她,站在一边等她挑选大衣。她开始变得怡然自得。"约翰非常迷人。"埃莉诺回忆说,一边笑了起来。"当我看见他的时候,就觉得他很特别。"她开始指点自己想要试穿的那些大衣,他则极尽殷勤地拿起每件大衣让她穿上。她觉得自己最喜欢一件紫色的大衣,而此时纳什开始胡闹了。他假装自己是她的裁缝,猛然跪在她的面前,大声嚷嚷,装作正在量度她的大衣,以便作一些修改,真是洋相百出。埃莉诺感到难为情,脸也红了。"快起来!"她轻声说。不过,在内心里她却相当激动。

29岁的埃莉诺是一个妩媚迷人、工作勤奋、心地温和的女子。纳什的一个朋友后来形容她"肤色浅黑、漂亮,非常害羞,一个好人",具有"中等智力","举止率真","用一种很独特的方式说话"。这个朋友这里指的是她具有纯正的新英格兰口音。她的生活道路并不平坦,在"牙买加平原"长大,那是波士顿的一个荒凉的蓝领工人区。她的童年给她留下了难以磨灭的伤痛,母亲非常粗鲁,照顾一个同母异父小弟弟的重担落在这个小女孩的肩上,对她显然有些过于沉重。结果是她不得不经常逃课,而且认为自己非常幸运,居然可以只受过高中教育就当上实习护士,在波士顿找到了一份稳定的工作。埃莉诺18岁那年,母亲死于肺结核。早年的这些遭遇赋予埃莉诺一颗温柔善良的心,她对可能变糟和容易受伤的事物抱有一种深刻的同情,而且终生没有改变。这种同情使她对病人、邻居、别人的孩子乃至流落街头的动物表现出怜爱之意。她属于那种真心愿意把自己大衣送给陌生人、把无家可归者带回家里的女子。

埃莉诺生性羞怯,缺乏自信,因此难免疑虑重重,保持警觉,在与男人交往时尤其这样。在一次访问当中,她说:"那时我不是一个坏女孩,并没有结交很多男人。实际上我真的很守规矩,有点害怕男人,不想跟他们发生性关系,觉得那实在有些令人作呕。"不过,纳什从一开始就解除了她的防备。不错,他是麻省理工学院的教授,具有更加高尚的家庭背景,并为政府从事绝密工作,但是他还非常年轻,比埃莉诺小5岁,身上有一种讨人喜欢的东西,毫无狡诈之心。最重要的是,埃莉诺觉得,如果真的要说他有什么特别的话,就是他比自己更加不够老练世故。

那个星期六下午之后,纳什带她去廉价餐厅吃饭,驾着他破旧的汽车同她一起去兜风。他谈论他自己、他的工作、数学系和他的朋友们,简直没完没了。他几乎没有问过埃莉诺任何与她有关的事情,这一点与其说使她感到压抑,还不如说让她如释重负。她并不急于把自己平凡出身中那些令人沮丧的细节告诉对方,在纳什暗示自己的家族非常高贵之后更是这样。他坚持要去她的公寓,起初她没有同意,不想让自己显得太随便,但是她最终同意去他那儿。她觉得他热切、激情,但不可怕。

少年时代宁愿跟椅子而不是同女孩跳舞,从来没有正眼瞧过美丽的露丝·欣克斯的纳什迅速成长,而且那么突然,在那个特定的瞬间投入了一个女性的怀抱。这表明他要么是一见钟情,要么是踌躇再三之后的某种"冒险尝试"。与索尔森交往很可能提供了原动力。纳什也许期待再来一次恋爱经历,要不就是希望确认自己的"男子气概"。他曾经几次向埃莉诺索取类固醇。"他到处找药,"埃莉诺说,"在我当护士的时候,工作地点到处都是一大瓶一大瓶的东西。"她认为,他对类固醇感兴趣是因为他暗自希望"这些东西可以使他更具男子气概"。不过,纳什并没有打算向外界表明自己对女性的兴趣;他多年里一直严守自己与埃莉诺交往的秘密,即便在公开场合或多或少显示自己痴心迷恋几个男子的时候也是如此。

那年秋天,纳什虽然忙于教学、参加研讨会以及研究手头那个嵌入问题,却仍然想办法经常与埃莉诺约会。他非常信任她,乐意同她单独相处。他喜欢跑到她的住所,让她给他做饭。她善于烹调,简直可以说溺爱纳什。最重要的是,她是一个满怀柔情蜜意和天真爱恋的女子,对于除自己的母亲和妹妹之外并不结交其他女子的纳什,这是一种前所未有的崭新体验。

至于说到他们两人在教育程度和社会地位方面的巨大差别,又怎么可以与脍炙人口的杜利特尔(Eliza Doolittle)遇见希金斯(Higgins)教授的情形相比呢?《窈窕淑女》的这一对儿不是坠入爱河并且最终结婚了吗?在埃莉诺看来,纳什代表了一种机会,使她有望过上自己难以独自建立的生活；在纳什这方看来，用直率一点的话说，埃莉诺可以让他保证自己继续处于上风。这是压倒一切的梦想与高度现实的安排的奇特结合，个性之间的差别也以同样的方式融为一体。在天才人物的历史上，到处可以看见以自我为中心、稚气十足的男子与自我否定、充满母性情怀的女子结成一对的例子。那段时期，纳什正在寻找愿意付出多于索取的感情伴侣，埃莉诺则正如她一生所证明的那样，恰恰就是这种女子。

纳什曾经想过要把埃莉诺介绍给数学领域的朋友，还打算带她出席系里举行的一个晚会，但是最终他自己投了反对票。整个麻省理工学院都不知道有埃莉诺这个人，反而使这段感情纠葛显得更加扑朔迷离。

11月初的选举日到来之际，埃莉诺怀疑自己怀孕了。当她在感恩节那天邀请纳什到自己住处去时，对此事已经有了十足的把握，因为她已经两个月没来例假了。

令人奇怪的是，纳什的反应是喜悦多于恐慌。他似乎对成为一个孩子的父亲感到非常自豪，实际上，他明确表示拥有自己后代是相当诱人的。（后来，当人工授精变得相当时髦时，他曾经说要加入加利福尼亚州的一个天才精子库。）他希望这个孩子会是一个男孩，并想给孩子取名约翰。但是，他一点没有提到结婚或者埃莉诺的未来，还有她和孩子应该怎么办的问题。

埃莉诺不知道应该怎样对待他的这种反应。毫无疑问，她希望他会将怀孕视为只有提出求婚才能解决的问题，这个愿望落空后，她尽了最大努力在他面前掩饰失望情绪，自我安慰说，他当然爱她，"最后"还是会乐意做他应该做的事情。她发觉自己因将有一个孩子而变得多愁善感。至于人工流产，虽然违法，但是只要有钱还是可以做到，她却从没想过。

不过，没过多长时间，这对恋人之间的关系就失去了往日轻松愉快、漫不经心的性质。到了冬天,埃莉诺经常感到紧张而疲倦,怀孕的症状以及医院里漫长的工作时间使她非常烦躁,而纳什却比以往更加不把心思放在这上面。很快,他和埃莉诺就陷入了艰难的冲突状态,偶尔也会闹得不可收拾。

埃莉诺的怨言令纳什烦躁不堪,他开始嘲弄她,说她愚昧无知。他拿她的发音开玩笑,并提醒她比他年长5岁。然而,最糟糕的莫过于取笑她盼望结婚,他甚至说,一个麻省理工学院教授需要一个在智力方面与自己旗鼓相当的女子。"他总是奚落我,"埃莉诺回忆说,"让我自觉卑微低下。"

反过来,她对他那高人一等的装腔作势及漠不关心开始反感。两个人在一起的夜晚常常发生极不愉快的争吵,埃莉诺的一个朋友后来说,她有一次抱怨纳什把她从楼梯上推了下来。

不过,仍然有平静的时刻,充满温存情意。总体来看,埃莉诺对纳什的感情仍然充满爱慕。她深信他爱她,迫切期待孩子出生,相信他应该会给这个孩子一个公平的待遇。她还是认为他们两人相爱的日子"美丽动人",并为他的冷酷无情辩护,对自己说这只是偶然现象,因为"他不知道应该怎样生活"。她把这个问题归咎于他取得非凡成就的时候实在太年轻了。"那可能令人不知所措。"她后来说。

夏天刚刚来到的时候,埃莉诺快要生孩子了,纳什终于带来了他在麻省理工学院的一个朋友,向她介绍这个研究生。埃莉诺把此事看作一个令人鼓舞的预兆。

1953年6月19日,纳什度过25岁生日之后第六天,约翰·戴维·施蒂尔(John David Stier)出生。纳什匆忙赶到医院,看到埃莉诺抱来他们的儿子时显得非常激动。只要护士们不赶他走,他会一直逗留在医院,而且一有机会就跑回来。但是他没有主动提出在孩子的出生证上写下自己的名字,也没有打算支付接生的费用。

整个夏天,埃莉诺和新生婴儿留在家里,她设法找到一份住在雇主家里的佣工工作,这个雇主允许她将孩子带在身边。尽管雇主坚持说"不得接待男性来访者",纳什还是常常跑来看看。"他想终日留在孩子身边。"埃莉诺回忆说。但是,他仍然没有提出迎娶埃莉诺或者在经济上给予支持,尽管他的教授工资和节俭习惯完全可以做到这一点。

他的频繁来访终于导致埃莉诺被解雇。她既没有工作,也没有想好怎样安排自己的生活,结果导致了一场紧迫的危机。由于纳什还是不愿意照顾她和孩子,埃莉诺被迫将约翰·戴维交给别人领养。

如同维多利亚时代一出通俗闹剧中的倒霉的女主角,埃莉诺曾经将她的孩子交给好几个人家领养,一个在罗得岛,另一个在马萨诸塞州的斯托那姆,最后来到了一个孤儿院,叫做"小流浪儿的新英格兰之家"。尽管这个名字充满感情色彩,现实的情形却是埃莉诺和她儿子面临狄更斯笔下的艰难困境。这个孤儿院是在南北战争期间建立的,位于波士顿南部郊区,隔着查尔斯河与退伍军人医院遥遥相望,距离她在布鲁克莱恩的公寓足足有一个小时的车程。每逢星期六和星期天,埃莉诺就会前去看望儿子。约翰·戴维记得自己站在楼梯平台上,从窗户向外张望,内心备感孤独,非常想家。有时她也会把他带回自己的公寓,那里总是准备了大量玩具和幼儿读物。

不得不与自己的孩子分离几乎要将埃莉诺逼疯,她从来没有像现在这样真切地怨恨纳什,觉得他把苦恼和忧虑统统丢给了她,根本没有哪怕细微的暗示,表示他理解母子分离对母亲或孩子可能意味着什么。"我本来应该留在家里照顾儿子,"埃莉诺在1995年说,"我忧心忡忡,但[纳什]从来没有担心过。"

但是这段恋爱关系还是维持下来了。不管孩子寄居在什么地方,他们两人都会在星期天一起去看望他。埃莉诺到纳什的公寓去,给他做饭,只要他提出来，她还会帮他打扫卫生。纳什也会去埃莉诺的公寓吃饭。他继续动摇不定，时而温存体贴，时而冷酷无情。他继续小心保守跟埃莉诺交往的秘密，除了布里克没有告诉过任何人，并且严禁布里克泄露这个秘密。"他从不对任何人提起我们。"埃莉诺说，仍然不知道他葫芦里卖的究竟是什么药。实际上，麻省理工学院数学系的大部分成员直到好几年以后，才得知他的第一个家庭的存在。

约翰·戴维满1周岁的时候，纳什将埃莉诺介绍给系里的另一个朋友马图克，却压根儿没有提到他们的孩子。马图克看来很喜欢埃莉诺，纳什和埃莉诺有时也会请他吃饭。后来，他们告诉马图克，说他们在他走了之后总觉得很好笑，因为他居然丝毫没有留意公寓里到处都是婴儿用品。这些事至少可以说明纳什恋爱关系的一种奇怪状态。

真是这样么？当时埃莉诺热恋纳什。"别人叫我再也不要见他，"她说，"如果你的对象是一个普通男人，不是那种完全被他自己的重要地位弄得目中无人的人，情况可能会好一些。我的一个朋友说过，你从他脸上看不出任何东西，就像一个死人。不过，我不这样认为。"许多年以后，她沉思了一下，说："当时我爱他吗？我绝对不会跟一个我不爱的人走。他确实笨拙，而且这种笨拙显得很冷淡。但是……他也可以变得很讨人喜欢。在某些方面他非常有魅力。爱情是愚蠢的。"

在纳什将埃莉诺介绍给马图克后，一直到1955年和1956年，埃莉诺对纳什仍然是"充满爱慕"。马图克回忆说："埃莉诺意识到纳什是一个完全以自我为中心的人，但却被他的光芒弄得目眩神迷。他是一个天才，她正跟全美国最聪明的男子之一同床共枕。而关于他是不是爱她？她不知道，也没有问。在那个时候，人们不会说'跟我说说'。如果你跟一个男人睡觉，你就已经假定他爱你。"

与此同时，埃莉诺仍然暗自希望纳什同她结婚，哪怕只是为了孩子。她非常肯定纳什没有别的女人。尽管纳什向她发脾气，抱怨不停，却最终没能从她的生活中消失,此事在埃莉诺看来一定是非常有力的证明,显示他其实还是爱她的,终有一天会回心转意,和好如初。除此之外,难以解释埃莉诺为什么毫不反抗,逆来顺受,尽管非常不乐意,却还是接受了他拒绝支付她和婴儿生活费的事实,直到一个情敌浮出水面,一切为时已晚。她也许威胁过要将两人的关系曝光或者与他打官司,却又相信他最后必定会娶她,担心此举可能使他疏远自己,破坏了这个好机会。过了很长时间,直到1956年,埃莉诺发现纳什正同麻省理工学院物理系的一个女生相爱,并且很可能比纳什本人还要早意识到他有意跟这个女孩结婚,她终于采取了带进攻性的行动。

纳什的行为越来越让人看不明白。如果他已经得出结论,认为埃莉诺没有达到他或他社交圈子的要求,那为什么还要不断跑去看她?也许他只是没有拿定主意。比如,1954年夏天即将结束时,他把埃莉诺同约翰·戴维的一张合影放在随身携带的钱包里,并且至少告诉了另外一个人,"这就是我打算迎娶的女子和我们的儿子"。也许他觉得生孩子完全是埃莉诺自己的决定,她对他的坏脾气忍气吞声很可能暗示她满足于做他的情人,甘愿与她的孩子分开居住。也许双方都被对方的举止误导了。

纳什究竟是否曾经有意迎娶埃莉诺,这是一个备受争议的问题。马图克觉得他有过这个想法,却被布里克说服,改变了主意。但布里克的回忆完全相反,他记得自己确实曾经尝试劝说纳什,但是"纳什早已下了决心"。我们无法鉴别哪个说法更加接近事实,也许两种说法都有道理,只是所在的时间阶段并不相同。纳什没有同埃莉诺结婚,尽管他至少在一个场合提到过这个打算。

一个可能的原因在于纳什的势利之心,根源可以追溯到他在布卢菲尔德的成长岁月。无论一个女子多么爱慕他,只要她不能正确读出单词的发音,举止平淡无奇,由于深感自己的社会地位卑微而难以自如地与剑桥的数学界人士的妻子们来往,就不适合做他的妻子。尽管纳什本人离经叛道,但却和他父亲一样严格服从阶级和礼节的规矩。这些当然是埃莉诺的看法,当这些看法受到抱怨情绪的渲染,看上去就相当确切了。

不过,社交方面的势利之心并不是惟一的原因。纳什不相信埃莉诺所受的教育足以使她成为孩子们的好母亲。他自己的母亲是个学校教师,花了大量时间教导孩子们按照正确的语法讲话。此外,他也许已经发现埃莉诺相当平淡乏味,这是马图克的分析。纳什最终娶了一个从不做饭却拥有物理学位和职业理想的女学生的事实,在某种程度上证明了这种说法。埃莉诺也提到这一点:"他想娶一个真正聪明的女孩,一个地位相同的人。"

不论在埃莉诺作为情人的四年中纳什对结婚问题怎么看,他确实曾经通过一个建议,暗示已经决定不娶她为妻。

纳什建议埃莉诺将约翰·戴维送给别人收养,暗示他不相信她有能力成为儿子的好母亲,如果把约翰·戴维交给别人,可能对孩子更有利。"他想让别人收养约翰,"埃莉诺苦涩地说,"'反正我们总会知道他在哪里。'他这样说。"

这是一个冷酷无情的建议,彻底摧毁了埃莉诺内心深处仍然为纳什保留的爱情。我们只能认为纳什之所以这样做,除了想摆脱对自己孩子担负的经济义务(导致埃莉诺说纳什"总想不劳而获"),很可能是真的相信约翰·戴维如果被一对中产阶级夫妇收养,他的生活前途会比同单身打工母亲在一起更加理想。

"人人都想要他,"埃莉诺回忆说,"有些人甚至愿意出一大笔钱让我把孩子给他们。这真是令人恐惧。其中也有正在照顾约翰·戴维的有钱人,他们打算移居加利福尼亚。如果他们真的去了加利福尼亚,我就再也见不到他了。"

在约翰·戴维生命的最初6年里,这个小男孩不断从一个家庭转到另一个家庭,但是父子两人仍然可以常常见面。在一张大概摄于一个城市公园的照片上,可以见到只有2岁大的小家伙的一张长脸藏在一顶羊毛帽子下面,帽子边缘有一些好玩的垂悬物,他昂首挺胸,看上去像一个小士兵;他和面容甜美、看上去像小姑娘的母亲手拉着手;母亲没有戴帽子,身穿一件整洁的羊毛大衣,正对着照相机后面的眼睛微笑,无疑,拍照的就是她的心上人。这张照片描绘了这些短暂访问的特色。"她根本不应该生小孩,不应该这么轻易上当。"约翰·戴维后来说,但是,只要看看这个场面的照片证据,他或任何人都不能否认这个小小三人组合在星期天出游时,在各个方面看来都是一个家庭,只不过没有合法身份罢了。

纳什对待儿子的态度和举止变化不定,令人难以捉摸。儿子出生之时,他可没有如人们所预计,像一个年轻男子突然发现刚刚开始同床共枕的女子怀了孕那样惊慌失措,继而草率结婚,或者选择更极端的做法,完全否认自己是孩子的父亲,从他女朋友的生活里彻底消失。

他的行为当然很自私,甚至有点儿铁石心肠。他的儿子和其他人后来一致认为,他没能保护自己的孩子免受困苦煎熬及与母亲不定期分离的痛苦;他之所以没有否认自己是孩子的父亲,并且有维持联系的愿望,只是出于一种纯粹的自恋意识。尽管这种说法可能部分正确,人们还是会很自然地得出结论,即纳什其实跟我们大家一样,需要爱和被别人所爱,而他的儿子,那个弱小无助的婴儿,使他难以抗拒,牵挂在心。

1959年,纳什突然完全从约翰·戴维的生活中消失。但有一天,一个包装粗糙、破损开裂的包裹寄给了约翰·戴维,里面是一架木头飞机,已经摔坏了,但是做工相当精致。"是一件可爱的东西,"约翰·戴维后来回忆说,"上面没有回信地址,也没有留言或其他东西,但是我知道它来自我的父亲。"

第二十四章

布里克

1952年秋天，纳什在麻省理工学院的休息室里遇见布里克。从纽约来的一年级研究生布里克已经认识纽曼和来自城市学院数学系的其他一些人，很快就成为休息室里的常客之一。

只比纳什小2岁的布里克立即被纳什迷住了。他"被施了催眠术"，"完全着了迷"，"一见倾心"，这是几个同龄人描述他对纳什的反应的词语。"布里克完全被纳什的聪明才智征服了，"马图克在1997年说，"纳什是他见过的最聪明的人，他崇拜纳什的智力。"不过，他崇拜的并不仅仅是纳什的智力，还有别的东西：在南方成长，来自普林斯顿，外貌英俊，而且满怀自信。

相反，布里克身材瘦小，整天忧心忡忡。他在布鲁克林的一个穷人家里长大，衣着品位糟糕，经常一个子儿也没有，对自己缺乏与女孩子交往的经验而烦躁不安。虽然他确实非常聪明，逻辑学家波斯特（Emil Post）认为他是城市学院他的班上最出色的数学人才，但他的自我怀疑却达到了病态的程度。不过，布里克还是以自己独特的方式得到别人的爱惜。他的晦涩难懂、贬低自己、非常纽约式的幽默感随时都会冒出来，即便在他郁郁不乐之际也是这样（他在大多数时候都是这样郁郁不乐）。人们喜欢和他说话，因为他对话题有兴趣、敏感，总会作出回应。虽然他自己常常不知如何是好，却有办法让别人感到自在。所罗门曾经说他是"世界上最伟大的听众"。

也许是这个原因，使布里克引起了纳什的注意。纳什通常对比不上自己的人不屑一顾，这回却打定主意要让布里克对自己动心。布里克喜欢玩一种叫做"拉斯克"的棋盘游戏，它以20世纪40年代后期一个著名国际象棋冠军的名字命名，纳什就开始同他一起玩这种游戏。"我们成为拉斯克搭档，"布里克在1997年说，"我们因此相互认识。"不久，他们就坐上纳什的史蒂倍克牌汽车进行漫长而没有目标的旅行，纳什负责驾驶，一边开车一边抚弄布里克的脖子后部。他们成了朋友，接下来关系就不止朋友这么简单。

纽曼和麻省理工学院的其他人觉得很好笑，带着宽容之心注视纳什和布里克，认为他们正在恋爱。"他们对对方很感兴趣。"纽曼说。他们毫不隐瞒自己的爱慕之情，当着其他人的面亲吻对方。"布里克把约翰当英雄崇拜，"埃莉诺回忆说，"他总是流连忘返，他们常常相互爱抚。"纳什自己则在1965年写的一封信里将他与布里克的关系描述为他生命中的三段"特别的友谊"之一。与布里克这段特别的友谊断断续续持续了差不多5年时间，直到纳什结婚才告终。

有一次，纳什告诉纽曼的妻子赫塔，说他意识到"某种他没有体验过的在人与人之间发生的东西"。在纳什的生活中，特别特别缺少的就是另一个天才所说的"将人们联系在一起的强大力量"。现在他知道这究竟是什么东西了。

正是由于认识到这种重要联系，纳什在给马莎的信中提到，他开始发觉，和自己做伴的只有一些特别类型的人群，一些像布里克这样"生动"、"有趣"、"富有魅力"的年轻人，除此以外他就已经"完全迷失在旷野荒郊"，陷入一种在许多方面看来都是非常非常"艰辛的生活"。

这种爱与被爱的经历微妙地改变了纳什对自己及对所面临的多种可能性的认识。他再也不是生活博弈中的旁观者,而成了一个积极的参与者;再也不是一部思想机器,那种惟一的快乐在于思考的机器。不过,他的本性并非热烈多情,爱情虽然非常令人激动,却没有马上消除他的与世隔绝、冷嘲热讽以及保持人身自由的愿望,而只是对这些因素进行了调整。爱慕之情也没有消除其他一些压倒性的要求,比如想成为父亲和建立家庭。纳什不认为自己是同性恋者。金西(Alfred Kinsey)的有关美国白种男性性行为的报告在1948年出版之后曾经引起轰动,纳什当时正在普林斯顿读研究生,一定知道这份报告的结论是大部分异性恋者或早或晚有过同性恋爱关系。此外,他雄心勃勃,渴望在社会上出人头地。他仍然跟从前一样努力,即便同布里克的感情日益深厚,他也没有停止约会埃莉诺,仍然在权衡与她结婚的利弊。

纳什与布里克之间的关系并不是特别美妙的一段经历。纳什在布里克面前比在其他人面前流露出更多的本性。但是,自我暴露的每个行动都会激发一种防御和自卫的反应。纳什后来给马莎的信中相当后悔地说,他将自己紧紧裹在比布里克高出一等的意识里,裹在"一个大数学家"的意识里。渐渐地,他开始用贬低埃莉诺的方法贬低布里克。"他有时非常讨人喜欢,转眼却又变得令人难以忍受。"布里克在1997年回忆说。

在第一年的大部分时间里,布里克和麻省理工学院的其他人一样,完全不知道埃莉诺的存在。春季学期即将结束之际,纳什终于向布里克讲了他的秘密,用某种戏剧性的语调说:"我有一个情妇。"布里克回忆说,纳什甚至在埃莉诺生孩子之前几个星期安排他们见了一次面。

争夺纳什爱慕之情的对手的出现进一步加剧了布里克的紧张情绪,他后来说,除了其他方面的事情,纳什对埃莉诺的做法也使他越来越烦躁不安,他并不赞成这种做法。他、埃莉诺和纳什有时也会在纳什的公寓一起吃晚饭,并且他还成为经常见到纳什的"吝啬性情"和大发雷霆的证人。每当布里克企图插手干预,纳什就会严厉斥责他。埃莉诺开始从布里克那里寻求同情和建议,结果却使整个事情变得更加难以处理。她会给他打电话,抱怨纳什对待她的态度。

纳什很可能任凭自己妒火中烧,从中获得某种满足。1956年8月初,诺伊维尔特、纳什、布里克与另外几个数学家在波士顿共进晚餐。研究生诺伊维尔特那天刚刚到达麻省理工学院,很高兴又见到布里克,因为他们在城市学院已经彼此认识。他清晰地记得当晚的情景:"他们没有相互拥抱,不过一直注视对方。纳什充满敌意,不断向我投来愤怒的目光,他不能容忍任何人同布里克讲话。"

诺伊维尔特说,对于布里克,与纳什的这段关系"令人烦恼不堪","布里克不知道怎么办才好,真是备受煎熬"。诺伊维尔特夫人建议他去看精神科医生。

与此同时,在布里克看来,纳什身上最根本性的吸引力来自他的天才,可是这种天才同样加深了布里克对自身欠缺的认识。在第一年里,布里克设法取得相当不错的成绩,但后来就几乎学不下去了。他没有继续上课,1954年,他终于想办法通过了预备考试,但是将注意力集中在课程上的能力也随即烟消云散。不过,一直等到1957年2月,纳什正好外出休假时,他又有机会冷静下来,放弃了从研究生院退学的打算,重新燃起了成为学者的梦想。与纳什的游戏实在太令人痛苦,再也不能玩下去了。

1967年,他们俩在洛杉矶最后一次见面,当时布里克在私营企业工作,已经结婚,而纳什则病得很厉害。"他完全失去控制,"布里克在1997年回忆说,"他给我寄来大量信件。全都是让人心烦的东西。"

只有标明1967年8月3日的一张没有署名的明信片得以保存下来。上面惟一的信息就是"'不'对'不'",估计是在布里克对纳什说"不"之后寄来的。纳什在那以后仍然不断提到布里克,用B的几次方表示他,通常是2或者22,此事显示了布里克的重要性和纳什的怨恨之情。"亲爱的马图克,B先生显然给我造成了最大的人身伤害。"他在1968年写信给马图克时这样说。不过,即便在那时,他也写过充满悔恨的字条。"自1967年以来,我一直害怕给布里克写信,只有采用间接的方式。无论原因如何多样,这种困难一直存在。我有一种举止不当的感觉,等等。"

但是,往日爱慕之情的痕迹却依然难以抹去。1997年,当布里克得了病,实际上已经与外界隔绝时,他的第一个问题就是"纳什怎么样了?他是不是好一些了?"不过,他不愿意多讲过去与纳什的关系。"我不想继续讨论下去。"他说。

第二十五章

被捕

兰德，1954年夏

1954年，纳什在兰德度过了最后一个夏天。在他触犯了那个日益偏执多疑和不容许任何异议的时代的某些最恶毒的思潮后，兰德突然收回了纳什的安全级许可，取消了他的顾问合同，并且将他排除在经过挑选的冷战学者的群体之外。

那年8月，《观察晚报》充斥了参议院对麦卡锡的谴责、马利布海湾流行小儿麻痹症以及洛杉矶因阳光照射汽车废气引发化学反应而形成有毒烟雾的消息。与此同时，一股热浪将数以万计的洛杉矶人赶到圣莫尼卡海滩。纳什也被迫来到海滩，他在沙滩上散步，一走就是几个小时，要不就沿着帕利塞兹公园的小径前行，边看着马斯尔海滩上的健美运动爱好者、码头的人群以及附近的冲浪者。他很少游泳，喜欢旁观和沉思，经常会散步到下半夜。

那个月底的一天清早，兰德的保安部主管接到圣莫尼卡警察局的电话（警察局位于离兰德新总部不远的圣莫尼卡大街的另一头），两个负责对付卖淫、吸毒等行为的缉捕队警察，一个扮演诱饵，另一个是名字叫马特森（John Otto Mattson）的负责执行逮捕的警官，凌晨时分在帕利塞兹公园的一个男子浴室抓住了一个年轻人，罪名是有伤风化地露体。因为这是一种轻微的罪行，故很快就被释放了。电话中问，这个看来二十几岁的人说他是兰德雇用的数学家,这是真的吗?

兰德的这名主管立即确认纳什是兰德的雇员之一。他记录了逮捕的细节,对警察通过非正式渠道询问表示感谢。一放下电话,他就冲了出去,直奔兰德的保安经理贝斯特的办公室。

贝斯特高高的个子,是个英俊的海军军人,他挨过了中途岛战役,却逃不过一次漫长而几乎致命的肺结核。被迫退役之后,他在兰德找到一份工作,被安排在"前线办公室",兰德的几个高级行政人员就聚集在那里。当时兰德刚刚迁入第四大街和百老汇大街。贝斯特谨慎能干,态度随和,无论是老板还是普通员工都很喜欢他。他的第一个任务就是建立兰德图书馆,不过很快又承担了日常杂务和调解纷争的工作。1953年,新的艾森豪威尔安全训令颁布之后,贝斯特多少有些犹豫地接受了保安经理的职位。他讨厌麦卡锡对间谍和保安漏洞的歇斯底里,认为所有刺探个人私生活的行为非常恶毒,而且完全没有必要。但是,他觉得自己欠了兰德的情,因为后者在他旧病复发后仍然继续雇用他。他认为兰德经不起任何公关灾难。

贝斯特小心地听着,然而接下来要发生的事已经非常明显。纳什拥有绝密级安全许可,他在一个"警方陷阱"里被逮住了,非离开这里不可。贝斯特是杜鲁门自由主义者,不喜欢麦卡锡的政治迫害,不明白一个年轻警察怎么会参与到"像取缔不道德行为这样的肮脏事情"里去,但他有责任执行新的安全训令以及专为阻止同性恋者获得安全许可而设立的训令。犯罪和"性变态",是拒发或取消一份证明的两个致命依据。此外,所有同性恋者,不论他们是否公开,被认为容易受到讹诈,因此与暗示"判断能力低下的鲁莽本质"的任何行为一样,也是采取上述行动的依据。

在早期岁月里,兰德曾经对保安问题漠不关心。它雇用了海军上将尼米兹的女儿南茜·尼米兹(Nancy Nimitz),即便她早在拉德克利夫和哈佛读书期间就参加过许多共产主义阵线会议,给中央情报局造成了她自己也没有料到的麻烦。它还竭尽全力保护数学家贝尔曼,这个喜欢炫耀的家伙不仅有一个曾是共产党员的妻子,而且还在一次航行途中试图结交罗森堡的一个堂兄弟。麦金西是20世纪40年代后期最出色的数学家之一,他的关于博弈论的一部著作至今仍被广为引用,但他是一个公开的同性恋者,因此成为日益增长的怀疑心理和排斥异议的狭隘态度的首批受害者之一。尽管麦金西毫不隐瞒同性恋生活方式,而且他的研究是高度理论性的,不大可能成为讹诈目标,这些统统无济于事,他被迫离开兰德。这个实际存在的不利于同性恋者和同性恋嫌疑人的禁令是如此有力,以至于国家安全计划总监在1972年作证时说"一个正在进行(原文如此)同性恋者确实有可能得到一份安全级许可,但是我想不起来曾经有过颁发的例子",这里说的时间长度是他担任这个职务的20年。

纳什的被捕是一场必须立即就地解决的危机。贝斯特向威廉斯通报了这个坏消息,威廉斯感到非常遗憾,但是并不特别震惊。贝斯特记得,威廉斯"很坦率、很放松,却对兰德将要失去纳什这样有价值的研究者感到万分惊恐"。威廉斯告诉贝斯特,说纳什是"一个怪人、一个离经叛道者",不过,也是一个了不起的数学家,是他见过的最杰出的人物之一,但他毫不怀疑纳什必须离开。

纳什不是第一个落入圣莫尼卡警方陷阱的兰德雇员。位于圣莫尼卡码头和威尼斯的小型海滩社区中间的马斯尔海滩,是健美运动爱好者向往的乐园,也是马利布海湾地区最大的同性恋者聚集地。在20世纪50年代初,圣莫尼卡警方定期进行秘密行动,诱捕同性恋者,目的是把他们赶出镇外。"一个警察跟随一个男子来到厕所,说一句话。如果这个男子同意,第二个警察就会上前逮捕他。"贝斯特解释说。警方很少将行动进行到逮捕就算了,作为一种特殊的惩罚手段,他们几乎总要通知其雇主。"我们在几年的时间里就因警方的行动而失去了五六个人员。"贝斯特说。

一般说来,部门主管会亲自开除这个雇员,在纳什的案例当中,此人应该是威廉斯。但是,贝斯特和他的上司杰弗里斯(Steve Jeffries)却径直闯进纳什的办公室,一古脑儿将这个坏消息告诉了他。纳什为了换衣服,正坐在自己的书桌旁,他没有问对方来做什么,只是睁大眼睛看着他们。两人关上了门,说他们有事要和他讨论。贝斯特的态度并没有威胁的性质,只是非常直截了当,他平静地开始自己的工作。兰德将不得不立即暂时剥夺他的空军许可,并通报空军,最后的结果就是纳什在兰德的顾问工作永远告终。

"你实在太荒唐了,不适合做我们的员工,约翰。"他用了这样的结束语。

纳什的反应使贝斯特感到有些不知所措。纳什没有像贝斯特原来预料的那样惊慌失措或者觉得难为情,实际上,他看来难以相信贝斯特和杰弗里斯是认真的。"纳什并没有认真看待这件事,"贝斯特说,"他否认指责,说只是打算捉弄那个警察,嘲笑他居然认为自己是同性恋者。"贝斯特引用纳什的话,说他当时说"我不是一个同性恋者,我喜欢女人"。不过,接下来他又做了一件事,令贝斯特感到困惑,也微微吃了一惊。"他掏出钱包,给我们看一个女子和一个小男孩的合影,'这就是我要娶的女子和我们的儿子。'"

贝斯特没有理会那张照片。他问纳什凌晨2点时在帕利塞兹公园做什么。纳什回答只是在全神贯注做一个实验。纳什反复提到的那个短语似乎表明他"只是在观察行为特征"。贝斯特记得自己反唇相讥说:"但是,约翰,警方逮捕了你,他们发现你在做……"贝斯特仍然记得警方报告的细节,1996年,当他回忆这个事件时说:"纳什的罪名是'有伤风化地露体'。这是指进入一个公众厕所引诱另外一个男人,即露出阴茎进行手淫。这就是引诱。"贝斯特明确表示,警方有没有说实话并不重要。"这个指控本身已经使你不能继续留在这里。"他对纳什说。

杰弗里斯和贝斯特告诉纳什,他必须马上离开自己的办公室。他们护送纳什走出大楼,并说会清理纳什的书桌,把属于他个人的论文和财物送还给他。他们很有礼貌地完成整个处理过程,毫无半点惩罚的意思。纳什有权选择在位于主客厅外面不远处的隔离所进行工作,那是可凭预先核发许可证进入的房间。如果他愿意,也可以在家完成手头的所有事情。

纳什对此有什么反应呢?因为他原本就打算在下星期左右离开圣莫尼卡,所以并没有立即收拾包袱走人,不过贝斯特已经不记得他是否返回过兰德大楼。"他在一两个星期之后就离开了,并没有什么仓促忙乱。"贝斯特回忆说。在这段时间纳什在想什么呢?是不是很生气?很受打击?还是被吓坏了?他有没有想过到威廉斯或穆德那里用自己的话讲述那件事呢?他有没有试图让兰德改变决定呢?当然了,一般而言人们不会这样做。由于害怕丑闻,深知人们会用蔑视的眼光看待同性恋的蛛丝马迹,遇到纳什这种情况的人通常都不会提出抗议,而是尽快逃离现场。

最后,纳什做了他早已学会的在不那么极端的情况下要做的事情。他的举止很古怪,好像什么事也没有发生,扮演了他自己这幕戏剧的旁观者,就好像这只不过是一场对弈棋局或人类行为的某种有趣实验。他的注意力完全没有放在周围人们的感情或他自己的感情上,只留心观察每一着棋以及对方的反应。在那年9月他寄给家里的第一张明信片上,他用一种明显的冷漠态度描绘了这场"风暴":"这场飓风真是一种令人激动的经历。"后来,他告诉父母,说自己的兰德安全级许可出了问题,却把原因归结为在麻省理工学院的良师益友莱温松曾经是一名共产党员,那年已经被送交非美活动调查委员会。

与此同时,那个非常高效的兰德机器继续运转。贝斯特说:"我们收回了他的证明,向空军通报了他的罪名。"兰德与圣莫尼卡警方谈判,后者最后决定放弃起诉,换取兰德保证纳什被开除,很快就永远离开这个州。根据贝斯特的说法,这样的协议是很典型的。无论如何,这次被捕事件确实没有出现在《观察晚报》上,任何有关的记录也早已从警方文件和法庭记录中消除。

穆德不打算保守这次被捕事件的秘密,因为在纳什突然被驱逐出办公室后已经不可能做到这一点,他编造了一个掩盖真相的故事,大致是说纳什在帕利塞兹公园散步,尝试解决一个数学问题时被捕了。"他对警察说自己只是在思考问题……他们最后发现他所说的是实话。"穆德后来说。兰德的大部分雇员听说的就是这个版本。其实,当时纳什已经接近正常离开的日期,但他的名字还是突然从兰德的顾问名单上被撤销。纳什从来没有想过要否认被捕一事。沙普利和数学部的其他同事知道这件事,因为纳什曾经从警察局给沙普利打电话,请他保释自己出去。沙普利对另外一个数学家说纳什正在玩某种游戏。无论如何,由于有这么多数学家频繁来往于兰德、普林斯顿和其他大学之间,这次被捕的消息很快就泄露出来,传回到普林斯顿和麻省理工学院,人们早已认定纳什即便算不上变化无常,也是行为古怪,被捕的消息为他的这个名声增添了新的内容。

没人对他受到的对待提出抗议,他不是容易得到同情的人。此外,即便是在数学界,也没人会对政府对待同性恋者的态度提出质疑。说到底,憎恶同性恋在一个越来越多疑、越来越害怕任何不一致的社会里相当普遍。同往常一样,威廉斯在自己有关管理数学家的枯燥无味的说教中提到了这个事件。一两年后,他在写给数学部的一份备忘录上提出了一个玩弄修辞的问题:"数学家们可以怎样来伤害我们呢?"他列举的例子之一只有一句话的暗示:"他可以因引诱而被捕。"不过,威廉斯的关键句子却是"一个数学家可能对兰德做出的最坏的事情就是离开"。

虽然纳什表面看来没有受到伤害,但这次被捕却成为他生活中的一个转折点。纳什平时显得冷漠高傲、富有雄心、对别人漠不关心,但他绝对不是一个真正的性格孤僻者。他居住在一个宽容的象牙塔里,一度被这里的环境迷惑,以为自己可以随心所欲。现在,通过一种特别残酷的方式,他意识到自己所寻求的那种感情关系会破坏他所珍惜的其他一切事物,包括他的自由、他的工作、他的声誉以及在社会上出人头地的愿望。矛盾冲突可能引起极大的恐惧,而恐惧则可能具有微妙的毁灭性。

研究人员现在认为,一个人是否易于受到精神分裂症的侵袭,取决于他的基因。不过,心理压力也被视为催化剂。弗吉尼亚大学的心理学家戈特斯曼曾经通过对双胞胎的研究,提出对弗洛伊德有关精神分裂症的旧理论的怀疑。他这样看待这个问题:"每个案例都是特定的、与众不同的,包含按照与众不同的方式组合起来的基因与心理方面的因素。某些特定事件确实是紧张性刺激,但是,饥饿或战争却没有关系。此病与个人特质有关,由那些会对精神、自我认同和个人期望产生影响的东西引发。"从幼年一直到青年时期的一连串事件产生的精神压力,就像骆驼背上的稻草一样累积起来,而不是源于一个单一的外伤。"它是累积起来的东西,是可以引起大量思索的东西。"哥伦比亚大学研究遗传学和发育的教授埃伦迈尔–希姆林(Nikki Erlenmeyer-Kimling)说。与纳什在幼年和青春期忍受嘲弄的影响一样,他的被捕带来的损害,只会随着时间推移而逐渐浮现出来。

这次被捕与纳什后来开始患病相距四年多时间。其他深受当时卑劣和顽固思想所害的数学家的故事,可以生动描述遭到困扰和羞辱会造成何种触目惊心的后果。麦金西在1953年自杀,距他被兰德开除还不到两年时间。1952年,曾经破译纳粹潜艇密码的数学天才图灵被捕,遭到审判,按照英国的反同性恋法规被判有罪;1954年夏天,他在自己的实验室里咬了一口浸过氰化物的苹果,自杀身亡。至于没有那么出名、没有那么明显地被改变本性的其他人,则出现精神崩溃,结果不得不放弃数学研究,从此生活在社会的边缘地带。

对于纳什,最大的打击也许不是被捕本身,而是被驱逐出兰德。在贝斯特闯进来说出问题之后,他的最初反应表明他满心以为威廉斯不会把这件事放在心上,他毕竟是兰德的常驻天才之一。但是,同麦金西、图灵和其他人一样,纳什终于发现,与他原来的想象相比,生活更加不如人意,他也更加容易受到伤害,这是一个危险的教训。

第二十六章

艾利西亚

> 她具有钢铁一般的决心。我喜欢她这一特点,觉得这很有意义。她总是有某种计划、某种目标。
>
> ——艾玛·杜坎恩(Emma Duchane),1997年

当纳什满怀焦虑不安的心情回到剑桥后,沉闷无聊的备课工作显得比以前更加难以忍受,因此他几乎每天下午都躲进音乐图书馆。这个图书馆设在海顿纪念堂的一楼,拥有令人赞叹的设备,包括丰富的古典唱片和隔音的个人小房间,可供读者坐下来播放唱片,四周是深蓝色的墙壁,给人一种在水中漂流的感觉。纳什喜欢走进其中一个小房间,连续几个小时聆听巴赫或者莫扎特的作品。

在进入图书馆的半路上,他会在音乐馆员的桌前停顿一下,彼此说上几句开玩笑的话,这是一种保持距离的交往方式,就像在他喜欢玩的对弈游戏中一样。在最初的一个下午,他有些惊讶地发现,前一年做过他学生的一个年轻女子站在图书馆员那张桌子后面。他以前也在图书馆里多次遇见她,不过现在看来她是在那里工作。一看见他进来,她同样吃了一惊,却还是给他一个甜美的微笑,并且用他的名字跟他打招呼。当他走开

的时候,他感到她的目光一直跟随自己。

当时,在麻省理工学院只有屈指可数的几个女生,21岁的艾利西亚·拉德(Alicia Larde)在这个单调的军营一般的地方如同一朵温室兰花,绽放美丽的光彩。她敏感而温柔,皮肤白皙,有一双黑眼睛,纯真无邪,散发出迷人的美,兼备娇媚的羞涩、无可置疑的沉着及完美和高雅。她总是精心修饰自己的容貌,留着同电影《青楼艳妓》里的伊丽莎白·泰勒(Elizabeth Taylor)一样的黑色短发,几乎永远穿着紧紧束着她纤细腰身、下摆很宽的长裙和鞋跟很高的鞋。学生报纸《理工学院》有一次在对麻省理工学院的女生进行年度评论的时候,提到了她漂亮的脚踝。她聪明、活泼,喜欢开玩笑和说话,偶尔也会出言讽刺,词锋犀利,大受"小男孩们"(她就是这样称呼男学生的)的欢迎。她还是一个热情的影迷,具有异国血统。她的一个朋友说她就像"一个具有贵族阶级意识的萨尔瓦多公主"。

实际上,拉德一家确实有贵族血统。与构成中美洲精英阶层的其他所有家庭一样,他们的家族起源于欧洲,主要是法国。埃卢瓦·马丁·拉德(Eloi Martin Larde)是法国香槟地区的一个酿酒商,在法国大革命期间逃离法国,定居巴吞鲁日。他的儿子弗洛朗坦·拉德(Florentin Larde)则前往中美洲,先在危地马拉,最后到达圣萨尔瓦多,跟他的妻子、儿子乔治(Jorge)在那里安家,成了旅馆经营者,后来还成为一个大型棉花种植场的主人。

拉德家的男性非常英俊,女性更是格外美丽。1901年,艾利西亚的父亲卡洛斯·拉德·阿西斯(Carlos Larde Arthes)和9个兄弟姐妹在母亲去世后没几天拍了一张合影,简直可以与罗曼诺夫王朝的照片相比。这个家族的历史具有浪漫色彩。艾利西亚的叔叔恩里克(Enrique)相信自己是奥地利哈布斯堡家族的成员、皇太子鲁道夫大公爵的私生子。家族传说还提到与波旁王朝之间具有某种联系。拉德家族的成员大多是医生、教授、律师和作家,属于知识分子阶层,与统治萨尔瓦多的靛青染料和咖啡经济、拥有土地的寡头政治集团没有关系。不过,他们确实与总统、将军们交往密切,到了卡洛斯·拉德这一代,已经成为公众生活中的显要人物。他们全都受过良好的教育,能讲流利的英语、法语和西班牙语,游历四方。他们对艺术、文学、科学和哲学话题很有兴趣。

卡洛斯·拉德在萨尔瓦多接受医学知识培训,后来出国留学几年,其中就包括美国和法国。他刚刚开始工作的时候,前景一片光明:取得多个公职,其中包括担任萨尔瓦多红十字会主席,在第二次世界大战爆发前是国际联盟一个委员会的主席。他还一度出任萨尔瓦多驻旧金山的领事。他的第二任妻子艾利西亚·洛佩斯·哈里森(Alicia Lopez Harrison)来自一个富裕而地位显赫的家庭;艾利西亚的外祖母是一个英国外交官的妻子。拉德夫人不仅容貌美丽,而且性格温柔,是出色的厨师和富有魅力的女主人,深受她的侄儿们的喜爱。

1933年新年这天,艾利西亚在圣萨尔瓦多出生,她是卡洛斯和艾利西亚的第二个孩子,她的家人称其利姬(Lichi)。比她年长5岁的哥哥罗兰多(Rolando)最终被送进一家精神病院,与外界隔离。父亲的第一次婚姻带来的一个同父异母哥哥也同他们住在一起。利姬被溺爱她的年老父母当做惟一的孩子对待,无论怎么看她都是一个讨人喜欢的孩子,有一头金色的鬈发。她住在首都市中心附近一个可爱的庄园里,在婶婶、叔叔、堂兄妹和仆人中间成长。

这段田园牧歌式的美满生活在第二次世界大战结束前一年戛然而止,当时艾利西亚刚满11岁。1944年,一场为期一年的反抗独裁统治者马丁内斯(Hernandez Martinez)的群众运动正进行中。一天晚上,炸弹在四处爆炸,艾利西亚的叔叔恩里克突然带上自己的妻子和5个孩子乘坐一辆客货两用车奔赴亚特兰大,车上覆盖了一块白布,用以表明他们的平民身份。没过多久，卡洛斯·拉德跟随他的脚步，暂时离开自己的妻子、女儿和两个儿子。他在亚特兰大与兄弟会合，接着继续前行，抵达墨西哥湾密西西比的比洛克西，在那里的一家退伍军人医院找到一份正式医生的工作。几个星期之后，拉德夫人和艾利西亚坐火车长途跋涉穿越墨西哥来投奔他，路上还在亚特兰大停留，看望了恩里克和他的家人，最后与卡洛斯会合。

没有人完全清楚46岁的卡洛斯·拉德为什么决定跟随他的兄弟前往美国。也许他担心爆发一场全面内战，也许在遭受了工作上的一系列挫折之后，认为这是一个使自己的行医生涯焕发生机的机会。不过，最有可能导致移民的原因是他的健康，这也是艾利西亚的父母对她所作的解释。卡洛斯·拉德患有多种令人日益虚弱的病痛，其中包括严重的胃溃疡，在美国行医可以使他有机会获得一流水平的治疗。不管原因究竟是什么，这次搬家最后变成永久性的决定。几年后，恩里克返回萨尔瓦多，但是卡洛斯·拉德继续留在美国，直到他在1962年去世。艾利西亚·哈里森·拉德在她的丈夫去世之后继续生活了10年。

比洛克西坐落在墨西哥湾沿岸、介于莫比尔与新奥尔良之间的一片烟雾弥漫的浅滩地区，四周是充当壁垒的小岛以及河流的入海口，这里炎热、潮湿，令人觉得不大舒服。当地以捕虾业、非法赌博以及芝加哥匪帮喜欢在此过冬而著称。配给制使日常生活变得非常艰难。卡洛斯经常疲倦不堪，而且生病，艾利西亚的母亲则对他们的新环境感到紧张莫名，得了严重的思乡病。后来，艾利西亚的一个朋友的母亲形容拉德夫人是"一个非常忧伤、非常坚忍的人"。艾利西亚很快就轻松地学会了英语，但是在青春期早期的所有常见焦虑因素中，她所承受的最大痛苦还是来到陌生地方，深感孤独。那不是一段快乐的时光，她从功课和电影中寻求安慰。

拉德一家没有在比洛克西长住。战争结束不到一年，他们就跟随恩里克一家去了纽约,恩里克在联合国找到了一份翻译工作。艾利西亚和她母亲再度与恩里克一家住在一起,直到后来卡洛斯在泽西城的波拉克胸科医院找到一份工作以及一所可供他们居住的房子为止。艾利西亚转入普罗斯佩克特高中学习,这是布鲁克林的一所天主教学校。

艾利西亚在普罗斯佩克特高中的中低阶级环境里没待多长时间。二年级的时候,拉德一家将她送入玛丽山女子高中,这是纽约一所只限天主教女子入读的学校。

玛丽山学校由最古老的欧洲社团之一圣心会的修女们主持,拥有三幢古典装饰风格的大楼,位于84街和第五大道的东南端,对面就是大都会艺术博物馆和中央公园。这里是另外一个世界,绝大部分学生是住在上东区周围的日校学生,来自纽约的信奉天主教的精英阶层。许多女孩是社会名流的女儿,这些名人包括迪马乔(Joe DiMaggio)、格利森(Jackie Gleason)、怀特曼(Paul Whiteman)和卡萨尔斯(Pablo Casals)。这里的学费是当时大部分私立大学收费的数倍,如果考虑到通货膨胀的因素,大约相当于现在的15 000美元。录取标准严格取决于学生的社会背景;萨尔瓦多大使为艾利西亚写了一封推荐信,确认拉德一家的社会地位。

这个学校的气氛具有国际性,而且讲究教养,非常适合培养日后要成为"天主教领导人物妻子"的女孩。女学生们的制服包括时髦的运动上衣和黑色高跟鞋。父母们坚持要求学校"保持社交方面的内容"。艾利西亚在中央公园学习骑马和网球课程,她打篮球,协助排练话剧和音乐剧,参加舞会。她和她的朋友加拉格尔(Chicky Gallagher)的哥哥一起出席毕业班舞会,之后又去了鹳俱乐部。

在毕业那天,她看上去跟其他女孩子并没有什么不同,只是更加美丽。她披着同样的白色轻纱,手里同样拿着一束36朵长茎玫瑰,就像初入社交界的少女准备在舞会上初次亮相。不过,艾利西亚与她富有的同学们有很大区别。从表面看来,她轻松快乐、富有魅力、平静沉着,但是她的外貌掩饰了聪明才智和一个圈外人的雄心壮志,还有日后一个朋友所说的钢铁一般的决心。在拉丁美洲的成长岁月塑造了她的严格自制和不愿向任何人吐露真心感受的个性,她的许多事情从外表是看不出来的。正如几年后认识艾利西亚的一个女子描述的那样,"你必须牢记那个时代,从此女性掩盖真实的思想。艾利西亚的举止像一个20世纪50年代的没什么主见的妇女,但这并不表明她就是这样的人。她喜欢卖弄风情,不过她说的却是相当严肃的事情。她总是有某种计划、某种目标。"

小时候,艾利西亚就已经梦想成为当代的玛丽·居里(Marie Curie)。12岁那年,当时他们还住在比洛克西的一个公寓里,艾利西亚和她父亲拥在收音机旁,一起收听广岛原子弹爆炸的报道。就像对许多喜欢科学的青少年一样,这在她也是一个决定性的时刻。几个星期之后,日本投降,战争部公布了隐藏在西南部沙漠的三个"原子"城的故事,使奥本海默和特勒这样的默默无闻的研究者一跃成为大众英雄。"核物理学家"立即吸引了大众的想象力,其程度可以与后来苏联卫星"斯普特尼克"上天之后火箭专家的地位媲美。艾利西亚当时已经开始显露跟她父亲一样在科学领域的才能和兴趣,马上明白自己究竟想要成为怎样的一个人。"这个世界就是物理学。这是具有数学、科学才能和兴趣的孩子们向往的学科,"当年在麻省理工学院主修物理专业的一名同学在1997年说,"在卡洛斯·拉德看来,这就是顶峰,在艾利西亚眼里也是一样。"

她对数学和科学的态度早已非常明显,在玛丽山就变得更加突出了。在20世纪40年代后期,这所学校已经突破了单纯培养高贵修养的精修学校的框架。学校原已拥有受过良好培训的师资力量,世俗而虔诚,而在艾利西亚就读期间,学校由伦敦经济学院的一位年轻而坚强的爱尔兰毕业生雷蒙德(Raymond)修女掌管,她不仅是一个热情的凯恩斯主义者,还是一个天才教育家,致力提高学校的教育水准。雷蒙德修女通过设立奖学金,增加严肃的科学和数学课程,提高学校课程的学术分量,使学生们的才能得到改善。艾利西亚可以在着重艺术、语言的经典教育与以科学、数学为主的新课程之间进行选择,她成为少数几个选择后者的女学生之一。结果她学习了生物学、化学、物理学以及相当于三年的数学,经常是在只有两三个女孩的小班上课。雷蒙德修女记得她是一个天资聪颖、乐意学习的学生:"非常聪明,并不特别爱出风头,对她的课程非常非常有兴趣。"

到了毕业那年,她已经非常清楚自己想以科学为职业。"我想有自己的工作,所以我想学习一些实在的东西。"她说。卡洛斯·拉德为女儿的理想感到高兴,给雷蒙德修女写了一封雄辩而感人的信,敦促她帮助艾利西亚考入一所第一流的理工大学,尽一切努力帮助她实现成为一个核科学家的梦想。1951年,艾利西亚被麻省理工学院录取,成为全校这一年级17名女生和物理专业仅有的两名女生之一。

拉德一家同艾利西亚本人一样非常兴奋。曾在芝加哥大学和霍普金斯大学学习的卡洛斯·拉德特别清楚麻省理工学院的学位意味着什么,只是反对她独自前往一个几乎完全由男性组成的工程学院。最后他们作出决定,艾利西亚的母亲将陪同艾利西亚一起出发,以便监督和照顾她。除了保护宝贝女儿的人之常情,这个安排也许还反映了艾利西亚·哈里森·拉德想逃避衰弱而难以相处的丈夫的心情。后来,艾利西亚在麻省理工学院的朋友们惊讶地注意到,这对母女从来没有提起过卡洛斯·拉德,他也从来没有看望过她们。不管怎样,1951年夏末,两个女子在波士顿租了一套带家具的小公寓,距比肯街不远,而纳什刚刚在那里找了一个房间,与麻省理工学院隔河相望,靠近哈佛桥。

在20世纪50年代早期那个推崇母亲和无知金发女郎的年代,成为麻省理工学院的女学生是一件不可思议的事情,因为这些大学女生显得格外与众不同,她们所待的是最严肃的地方,却有许多男人围绕。身穿常礼服和高跟鞋的女孩在实验室里解剖老鼠。约会指的不是去跳舞和品尝"曼哈顿"鸡尾酒,而是一起去听科学讲座,之后去喝一杯咖啡;或者让一个男生带到他父母家里,通过一架望远镜向你展示伽利略看到过的一切景象。

艾利西亚很快就告诉自己的女友们,在那里她觉得自己十足是一只"蜂王",而且,在这里她终于有机会认识了一些女性,她们并不觉得具有头脑和雄心会造成危险。"我们是一个由相当坚强的女性组成的自我选择的群体。"土生土长的纽约人乔伊丝·戴维斯(Joyce Davis)说,她是1955届仅有的另外一名主修物理学专业的女生。"我们拥有自己的文化,这不是通常的美国女性文化,不是'你不可能比得上男孩子们',那是我们一直在逃避的东西,但也不是麻省理工学院男生们的文化。"

在大部分时间里,艾利西亚和其他女生要么待在宿舍,要么就在校园里。她和其他女生一起在女生休息室"切尼室"学习,每天都在普里切特快餐厅吃早饭和午饭,晚上则用来从事想做的一切事情,比如打篮球和组织慈善义卖会。女生们的监护人麦考密克(McCormick)夫人非常富有,给她们带来门票,还在冬天支付车费,因此她们可以乘坐出租车跨越哈佛桥,多次出席音乐会和欣赏戏剧演出。

麻省理工学院的学术项目要求严苛,物理学专业尤其如此。课程负担沉重,每星期要上6天课,其中大部分是必修课程。所有女生都对可能因考试不及格而退学怀有一种正常的恐惧。艾利西亚在玛丽山仅凭天赋就能轻松应付数学和科学课程,到这里却发现自己的才能再也不能满足需要。令她非常沮丧的是,她必须竭尽全力才能勉强保持平均分达到C。(当时这是一个体面的成绩,因为分数尚未出现通货膨胀,使C沦为现在表示低于平均水平的记号。)"你要么全力以赴,要么接受勉强通过的事实,"艾利西亚最要好的朋友乔伊丝说,"艾利西亚从来没有真正全力以赴。"

尽管周围有一些揶揄嘲讽,尤其是在化学课上,男生和讲师们都认定她不可能通过,艾利西亚的雄心壮志在大学第一年结束时却没受什么影响。在1952年夏天给乔伊丝的一封信中,艾利西亚这样写道:

亲爱的乔伊丝:

现在你一定掂量着从我这里收到的消息的数量,疑惑我是不是死了、奄奄一息或者干脆就是被绑架了(原文如此);其实真正令人悲哀的原因在于我的懒惰。除了曾经和萨宾(Betty Sabin)以及她的父母前往加拿大一星期之外,这个夏天我一直和一个女售货员在一家小店的丝带柜台工作(我讨厌说5+10);我什么都做过了,就是没有用"我们的"精致产品绞死这些顾客。不过,生活并不仅仅是泪水(我讨厌想起我的成绩报告单),我们很幸运地搬到距离肯莫尔广场只有半个街区的一幢新的公寓,这样我就可以和你一起步行回家了(宿舍就在一个半街区之外)。

现在你一定开始相信我贿赂英语老师的恶毒流言了吧;更不必说那些语法和拼写是多么可怕。(真令我痛恨!)我的成绩报告单和上个学期一样,除了英语得了一个令人讨厌的B;不过,我的平均分数仍然高于3,确切地说是高出0.02分。今年我们不能同班学习了,我很不高兴,但是c'est la vie*! 我想学习法语,而不是德语,好让日子变得轻松一些,但我不知道是不是可以这样做,因为我仍然希望获得物理学博士学位……还记得我要在这个夏天学习吗? 我现在看到物理学课本第17页,就是这些;而我看的电影可是多多了。

代我向你的母亲致意,早些回信。(像我说的那样去做,可别像我所做的那样。)

---

* 法语:生活就是这样。——译者

一个侧面、一个眼神、一个声音都可能迅速俘获一颗心灵。艾利西亚的芳心在短短一堂微积分课里就被征服了。当时她正坐在M351课堂的前排上专为工程师设置的高等微积分课,她最要好的朋友乔伊丝就坐在她旁边,这是主修物理学的全体学生必修的一门课。纳什来晚了,脸上有一种高傲而厌倦的神情。他几乎没有看学生们一眼,也没有讲一句话,就关上了所有的窗户,打开他的那本希尔德布兰德(Hildebrand)撰写的课本,死气沉沉地开始讲解常微分方程的特征。

当时正是9月中旬的夏末气候,纳什以单调的声音继续讲解,教室里却变得非常热。先是一个学生,接着是好几个学生打断纳什讲课,请求他允许打开窗户。纳什关上窗户显然是为了防止外部噪音让学生们分心,现在他没有理会他们的要求。"他只顾自己,根本不愿意注意一下我们的要求。他的态度已经坦率地指出:'闭嘴,做笔记。'"乔伊丝回忆说。就在此时,穿着高跟鞋的艾利西亚从座位上跳起来,跑到窗户边,一扇接一扇打开所有的窗户,每次都要猛然甩一下头。她在返回自己座位时直视纳什,好像要挑起他跟自己作对,但他没有这样做。

乔伊丝认为纳什是一个冷漠的讲师,而且麻木不仁。"他只是讲解材料,此外再没有什么了。他有点冷酷。"乔伊丝上完第一节课就离开了这个班,但艾利西亚却没走,使乔伊丝很吃惊。"她觉得他看上去就像影星赫德森(Rock Hudson)。"乔伊丝说。

通过艾利西亚的眼光观察纳什在他们作为学生与教授的初次相遇的情景,可以看到那种将她吸引到他身边的必要力量的许多内容。在麻省理工学院的学术等级体系中,正如乔伊丝后来所说,"数学是最高等的东西",而纳什就是最接近王室的成员。不过,让艾利西亚心跳加剧的还是他的英俊外表。"带有阳具的天才,难道这不正是我们要的东西吗?"一个女演员说出这样的名言,这句话恰恰反映了令纳什显得如此难以抗拒的那种头脑、地位和性魅力的特点。纽曼的妻子赫塔用不那么赤裸裸的方式提到了同样的事:"他将要闻名于世,而且还非常可爱。"比艾利西亚低两级的麻省理工学院物理学专业女学生艾玛说:"艾利西亚觉得他令人目眩神迷,他的双腿非常漂亮。"纳什不像其他数学家那样蓬头垢面,不修边幅,他的头发梳理得整整齐齐,身上穿着熨烫平整的衣服,整个人显得出类拔萃。他的高傲态度和漠不关心的冷淡只能证明他确实有优越之处。他的由两个单音节单词组成的姓名显示了盎格鲁—萨克逊血统,为他增添了迷人之处。"他非常非常英俊,"艾利西亚后来说,"非常聪明,这感情有点像英雄崇拜。"

纳什根本没有注意到她,但是她差不多已经准备追求他。在接下来的整整一年里,她不断去找他。"跟我一起去音乐图书馆吧,乔伊丝。"或是,"跟我一起去沃克纪念堂吧,我想见见纳什。""她追求他,"乔伊丝回忆说,"她是在进行一场攻势。"

她的分数可是开始吃紧了,得了两个D,平均分也第一次降到了C以下。4月,乔伊丝写信告诉她父母,"艾利西亚仍然不能好好学习,因为她正在**恋爱**。她好像处于晕眩之中,脸上总带着一副心不在焉的表情。"

这门微积分课程结束后,艾利西亚在纳什最喜欢去的音乐图书馆找了一份工作。虽然她在林肯实验室也有一份工作,但却认为在这里工作远比林肯实验室更有趣,这可以看出她的相思病已经达到什么程度。"这里的工作并不很令人兴奋,我所做的基本上就是透过显微镜清点唱片上的'声槽'。"她在那个夏天写信告诉乔伊丝说,"我每星期只要工作15个小时,但让我疲倦不堪的是加班时间;只要一闭上眼睛,就会不断看见那些小怪物。**音乐图书馆果然是个更加有意思的地方,到目前为止已经有几个陌生男生想要结识我。**"

艾利西亚还在同几个人调情,但是她的热情可不像给乔伊丝的信里流露的那样多:"现在又过了几个星期,我应该可以再次见到'金发男孩',

可是现在我对他却是这样毫不在意,这真是奇怪。"

她在几个星期之后继续写道:

> 现在我正在音乐图书馆写信。几天前我这里发生了一件可笑(?)的事情。我认识的一个男孩走来和我说话,而我正在"追求"的人之一恰好坐在外面(要不就是我这样觉得)。为了让自己在外面那个人看来显得妩媚迷人,我开始向我的小朋友大量发放"魅力";接着,我用力所能及的最大声音说出自己在这个音乐图书馆的工作时间(他们一定在广播里听说过我)。当我变得越来越大胆的时候,感到困惑的那位看来是明白了我的意思,最后他走了过来。接着,天哪,倒是我悔恨不已。这个故事的教训就是"看看清楚"。不用说,他完全不是"那一位"。

当然了,那年夏天的大部分时间纳什都在兰德。

秋天,当纳什重新出现在音乐图书馆时,艾利西亚设法和他说话,如同一个影迷研究自己喜爱的明星一样细致入微地研究他。她发现他下国际象棋、喜欢看科幻小说,于是在音乐图书馆的工作之外又给自己增加了一个任务,即学国际象棋。她开始养成去科学图书馆的习惯,就坐在科幻小说的藏书附近。"我在音乐图书馆之外的活动包括在科学图书馆阅读科幻小说(约翰喜欢它)。"她写信告诉乔伊丝。

艾利西亚满怀迷恋之情,而这种感情看来完全可以改造最热心学习科学的学生,但她却是在进行一个严肃的对弈游戏。她要成为著名科学家的浪漫梦想没能抵挡麻省理工学院严酷的现实考验。正如她后来所说,"我不是爱因斯坦。"讲究实际的她觉得和一个优秀人物结婚也许同样可以满足自己的雄心壮志,而纳什看来符合这个要求。"约翰可以给她带来许多她没有的东西。"多年以后爱上艾利西亚的数学家约翰·穆尔(John Moore)这样认为。令人悲哀的是,这个喜欢唱《西班牙女郎》的女孩的浪漫在短短几年里就苦恼不堪地从她身上消失了。

第二十七章

求爱

纳什开始偶尔在跟马图克谈话时提到"那个音乐图书馆馆员"。他正处于一个十字路口。他的性实验的危险突然极具破坏性地明显起来,婚姻也许是个解决途径,而且他在最惊慌失措之时也确实几乎说服自己迎娶埃莉诺。但是,现在他已经回到波士顿,再次见到她,却怎么也不能朝那个方向迈出实质性的一步。艾利西亚恰在这个时刻出现了。

此外,纳什喜欢自己的所见所闻。作为一个美丽母亲的儿子,他很可能被艾利西亚那古典式的匀称容貌及苗条身段所吸引。艾利西亚的贵族血统和优裕社会地位完全符合他的优越意识,她的机智在他身上产生的影响也绝对不可低估。纳什很容易感到厌倦无聊,他发现她是一个有趣的朋友,喜欢她这样有主见,还觉得她偶尔流露的讽刺和傲慢很有意思。

纳什的天才之处,部分表现在他选择了跟后来对其生存必不可少的女子结婚。尽管纳什同其他男人一样,不会对她的追求视若无睹,却没有将她尽力追求自己看作单纯的调情讨好,而是看作已准备完完全全接受他的预兆之一。他认为她这样执着反映了她个性中一个真正的关键因素,表明她知道自己将要得到什么,并且别无他求。

他们有许多共同之处。两人都亲近自己的母亲,又都有一个在感情上疏远而在学术上起激励作用的父亲。他们都在推崇学术成就和社会地位而不是感情上的亲密关系的家庭中长大。两人在智力方面比较早熟,而青春期却相对滞后。虽然境遇不同,但都觉得自己是圈外人,并为此而追寻自己的地位。冷静个性和精密考量左右着他们的行动。

不过,这段求爱过程进展相当缓慢。纳什终于在春天邀请艾利西亚外出。1955年7月,艾利西亚给乔伊丝写信,说他们"断断续续地"见到对方,他在大约三个星期之前将她介绍给父母认识。但是她很清楚地指出他们并不在性方面亲密。考虑到他母亲对他的社交生活难以改变的关心,他将她介绍给自己父母的用意并不清楚。艾利西亚一定把此事看作一个充满希望的预兆,但却没有承认。

> 我和JFN*有了些微进展,但现在还不能判断这是否意义深远。我不认为他真的对我很有兴趣,只不过或多或少地接受我或离开我。大约三个星期以前,我与他的父母见了面,他们是来这里探访他一个星期的。我断断续续地看见他,上个星期天我们一起去了沙滩——我玩得很开心。

艾利西亚暗示了纳什这样不冷不热的原因:"他仍然认为我太天真无邪,但现在已经用恩赐的态度接受了原本的我,放手让我的'讨人喜欢、天真无邪的小小自我'成长。"

在艾利西亚的心里,她仍然在跟几个人谈情说爱,很显然这会使她分心,但她却希望这样做可以激起纳什的兴趣。

> 今年夏天我结识了几个崇拜者,其中包括玛罗琳(Marolyn)谈到的那个三年级学生,我一直拒绝和他约会,但是他看来就是不明白,总是跟着我,到目前为止他已经写了两首我留作纪念的

---

* 约翰·福布斯·纳什的姓名缩写。——译者

可爱的诗(原文如此)。我知道讲这些事确实听上去很以自我为中心,但除此以外确实没有多少其他事情发生。

不管艾利西亚是否因对纳什太花心思或者只是对物理学的兴趣日益减少,她确实没能和同班同学一起毕业,不得不留下来继续学习好几门课程。不过,没能按时毕业的惊慌以及不得不向父亲如实报告的艰难任务都不能将她的注意力重新转移到学业上面。她在给乔伊丝的信中说她正在学习M39课程,但是"到目前为止只看到希尔德布兰德课本的第10页"。

秋天,纳什和艾利西亚见面的次数多了一些。他带她参加了数学系的一个舞会,接着是另外一个舞会,还一起去纽曼或明斯基家做客。"我们去明斯基家吧。"他会这样对一群人说。有时他们跟艾利西亚的一个朋友相约聚会。在这些场合,只要他们到达目的地,介绍过后,他就差不多完全忽略了她,径直加入正在讨论数学的男人圈子里。有时艾利西亚会站在这个圈子的边上,听纳什谈论类似的东西:"谁是伟大的天才:维纳、莱温松和我。不过我认为我可能是其中最好的一个。"在其他时候她会发现自己置身于数学家妻子当中,她们的话题则是自己的孩子。这里没有谈情说爱,没有溜到一边握一下手,但是,这种关系实际上却由于这些因素而更加令人兴奋莫名。其他女子怀着对天才伴侣的敬意对待艾利西亚,使她很是得意。至于纳什,他不会没有留意到其他男人又感动又惊讶,羡慕他有这样一个令人爱慕、光彩夺目的伴侣。

有时他们会出去吃午饭,通常还有其他人同行。布里克常常加入他们,还有艾玛。布里克记得艾利西亚"非常聪明",而且"言词相当辛辣"。艾玛回忆说:"她一点也不谦卑,从来没有停止讲话。"

毫无疑问,纳什对艾利西亚并不是特别好,在他们的故事中就有他给她起的不带调情意味的绰号,其中包括"荔枝",这是针对她小时候的爱称"利姬"的恶意歪曲。他从来不为她付账,每张饭馆账单都对半分摊,而且精确到分币。"他并不迷恋她,"艾玛在1996年回忆说,"他迷恋的是他自己。"

在纳什看来,艾利西亚只是整个背景的一部分,具有魅力,富于装饰性,他对待艾利西亚的方式就和其他数学家对待他们的女人一样。不过,艾利西亚想要的也不是什么伴侣关系。艾玛后来说:"我们想要得到的是学术方面的震撼感。当我的男朋友告诉我说 e 的 πi 次方等于 −1 时,我大受震撼,并感受到其绝妙之处。"纳什绝对不会比其他数学家少提供这种乐趣。

艾利西亚在1956年2月写给一个朋友的信中根本没有提到纳什。但是,恰恰在这个月的月底,艾利西亚的母亲就要搬到华盛顿(卡洛斯·拉德在马里兰州的格伦代尔医院找到了一份工作),艾利西亚怀着喜悦之情期待着母亲的这次搬迁。

很可能在那年春天的某个时候,纳什和艾利西亚开始同床共眠,虽然两人在每晚的聚会中可能说不上三句话。纳什仍然与布里克和埃莉诺纠缠不清。实际上,他很可能一直到那时还继续认为埃莉诺也许可以成为妻子。一天晚上,艾利西亚和纳什已经上了床,他家的门铃响了。纳什出去开门。来的不是马图克(他有时做不速之客),却是埃莉诺,一个生气、发抖的埃莉诺。她二话没说就从纳什身边径直走进了公寓,看上去好像是来与他说清楚他们之间的事情。

当她意识到纳什不是一个人在屋里,就开始发出惨叫,大哭大闹,还不断威胁,直到最后把自己闹得声嘶力竭。纳什开车将她送回了家,与此同时,脸色惨白的艾利西亚也离开了。

第二天,纳什跑到同事马图克的办公室,向他讲了这桩事。他双手紧紧抱住脑袋,嘴里反复地发出真切的痛苦呻吟:"我的完美小世界毁了,我的完美小世界毁了。"

埃莉诺给艾利西亚打电话,指出她正在偷走另一个女人的男人。埃莉诺还向她讲到约翰·戴维,告诉她纳什正打算同自己结婚,而她艾利西亚现在只是白白浪费自己的时间。艾利西亚请埃莉诺到自己的公寓见面。埃莉诺来了,艾利西亚准备了一瓶红葡萄酒等待她。"她想把我灌醉,"埃莉诺回忆说,"想看看我是怎样一个人。我们谈到了约翰。"

艾利西亚跟埃莉诺见面之后,发现对方是一个领照实习护士,已经30岁了,与纳什的感情纠葛已经持续了差不多5年时间,她就此得出结论,认为这种关系不可能有什么前途。她并不感到吃惊,男人可能有情妇,她们甚至有了他们的孩子,但是他们只会与门当户对的女子结婚,她对此相当自信。埃莉诺给她打电话,不断抱怨,但艾利西亚很高兴。她的朋友艾玛认为,她将此事当做"她开始发生重要作用"的预兆之一。

次年,纳什可以支取一年的休假时间。他得到了一份新设立的斯隆研究基金,这份备受尊敬的资助使获得者可以至少一年不必从事教学工作,离开剑桥,去任何一个他喜欢的地方。虽然看来也许有点不合理,纳什仍在担心征兵的事情,就像他在一年前给塔克的一封信里说到的那样。他决定这一年去普林斯顿高等研究院,当时他刚刚开始认真思考量子理论的几个问题,觉得将这一年花在研究院也许可以激发他的思维。

与此同时,艾利西亚在那年2月给乔伊丝的一封信中抱怨她的生活"单调乏味"。她提到一个模糊的愿望(她没说这与纳什有关),就是"在纽约找一份工作,而不是留校攻读研究生"。

在那个春季学期结束时,纳什带艾利西亚参加了数学系在波士顿举行的野餐会。野餐会总是在阅读周进行,地点通常设在公共食堂。维纳来了,还有全体研究生们。那是一个出奇温暖的日子,纳什兴致勃勃,但做了一件奇怪的事,让另外一个讲师安克尼(Nesmith Ankeny)和他的妻子芭芭拉(Barbara)难以忘却。当然,这是纳什开的一个玩笑,他希望让大家看出自己是一个光彩照人的女子的主人,而且她是他的奴隶。于是,在当天近黄昏的时候,他将艾利西亚摔倒在地,将他的一只脚放在她的脖子上。

尽管做出这种展示男子气概和占有欲的举动,纳什在6月份离开剑桥时根本没有提到结婚或者哪怕只是让她搬到纽约。

实际上,那年6月,夏天刚刚来临之际,艾利西亚的另一个朋友提到艾利西亚留在剑桥,她"由于与麻省理工学院某个讲师的关系而陷入令人难以置信的抑郁之中"。

第二十八章

西雅图

1956年夏

6月中旬,纳什怀着一个男人暂时逃离个人和职业两难困境纠缠的轻松心情,离开剑桥前往西雅图。旅行总是可以使他恢复兴致,这次旅行也不例外。在华盛顿大学开办的为期一个月的夏季研讨班正是他所需要的东西,一些研究微分几何的一流数学家会在那里出现,包括安布罗斯、博特、辛格,还有尼伦伯格(Louis Nirenberg)和惠特尼。纳什相信他的有关嵌入问题的论文能使自己成为大家关注的中心之一,并且期待旁听布泽曼有关苏联数学状况的演讲,因为人人都知道苏联人正在做一些大事,但是当局不再允许哪怕是把他们的论文摘要译成英文。

这个夏季研讨班的重大事件,却是在会议开始一两天内公布的惊人消息:米尔诺证明了七维怪球面的存在。对于聚集在那里的数学家来说,这个消息就同40年后普林斯顿的怀尔斯(Andrew Wiles)宣布找到费马大定理(Fermat's Last Theorem)的一个证明一样令人震惊,它抢了纳什的风头。

纳什以一种青少年特有的任性行为回应米尔诺取得的成就。数学家们当时都住在一个学生宿舍,在自助餐厅吃饭,纳什通过大量拿取食物表示抗议。有一次他拿了一大堆面包,另一次,他将一杯牛奶泼在一个出纳员身上,还有一次,他与另外一个数学家展开了一场推挤比赛。

当阿马萨·福里斯特（Amasa Forrester）在一次谈话后拉住纳什时，纳什没有马上认出对方。此人看上去就像一头毛发蓬松的熊，有点双下巴，随随便便刮了脸，戴着眼镜，走起路来还真像一头熊那样稍微前倾。福里斯特不得不提醒纳什，他们曾经一起在普林斯顿读书，在纳什毕业那年他正是一年级研究生。不过，他们一开始讲话，纳什就想起福里斯特是斯廷罗德的学生，总是在范氏大楼的休息室扮演执法者，到处挥舞一把水枪。

虽然福里斯特的外表没给人很好的第一印象，他却不乏有趣的话题。他动作敏捷，精力旺盛，似乎了解谈话中提到的事情的各个方面。福里斯特向纳什解释了米尔诺研究的部分细节，在当时和以后还谈到了纳什嵌入问题的论文，看来他对此也相当熟悉。

福里斯特邀请纳什去看他居住的地方，那里正对着联合湖，位于华盛顿湖和西雅图市中心的皮吉特海峡之间。

在纳什看来，福里斯特是个"另类"。他后来用自己将索尔森、布里克与甲壳虫乐队比较时所用的词语"年轻"、"色彩缤纷"、"有意思"和"富有魅力"来形容被称为"阿马萨"的福里斯特，这些人使他觉得自己就像"疯狂迷恋甲壳虫乐队的女孩们"。

许多东西使他们彼此吸引。当时刚满30岁的福里斯特跟纳什一样鲁莽无礼，而且绝顶聪明。他读研究生时是个引人注目的明星。斯廷罗德是他的毕业论文答辩委员会的成员，对他作了热情洋溢的高度评价。他缺乏条理，大大咧咧，但有惊人的记忆力，兴趣非常广泛。他在1954年到达西雅图后还没做过多少事情，也没能发表他的毕业论文，因为最后发现其中包含一个本质上的缺陷，但是他仍然满怀激情，或者至少在纳什看来是这样。他同纳什一样喜欢羞辱别人，追求胜人一筹的本事，并因此在普林斯顿被称为"休息室之王"，热衷于提出纳什所推崇的那种决定性的判断意见。比如有一次，一名听众在他讲话后打算向他提问，他的回答就是:"预测数学家在50年后将会谈论什么,要比预测他们明年会对什么感兴趣容易。"他的明显的古怪行为使纳什觉得他是个志同道合者。这个年轻人由于故意打碎早餐室的碟子和陶器,导致研究生院教务长休·泰勒爵士下令永远禁止他进入那里的所有餐厅。他与母亲的关系也为各种各样的传说提供了素材。以前的朋友们记得,一个名利双丰的家族纪录和一个极其重要的母亲在他心中占有很重要的位置。曾同福里斯特一起在普林斯顿待过的马图克回忆说:"'阿马西,阿马西,阿马西!'他的母亲会这样说,'噢,妈妈,您知道我有多么爱您,'阿马萨会用假声歌唱一般的声音温柔地回答。"

福里斯特也是一个公开的同性恋者。研究生院的教授们以及休·泰勒爵士也许不知道这事,但是他在普林斯顿的研究生同学、纽约州立大学布法罗分校数学教授伊斯贝(John Isbell)说,"他在普林斯顿的时候相当坦率地谈到自己是同性恋者,研究生院无人不晓。"起初,福里斯特相当谨慎地对待华盛顿大学的同事们,但是他遇见纳什的时候,也许由于情况即便在西雅图也开始变得宽松,他已经认为自己再也不需要遮遮掩掩。加利福尼亚大学洛杉矶分校已退休的逻辑学家沃特(Robert Vaught)在西雅图担任讲师的第一年曾经与福里斯特共用一所房子,他回忆说:

> 福里斯特不是"发现了"自己的同性恋倾向。当时同性恋者的日子并不好过,人们认为最好的办法就是通过某种意志力除掉这种倾向。他似乎认定自己非成为同性恋者不可,并在西雅图的第三年的某个时间,给自己买了一艘居住船,因为当时有一群标新立异的极端分子住在湖滨地区。渐渐地大家就开始了解他的同性恋倾向了。

纳什总是可以找到能满足他需要的人。福里斯特属于纳什会为之着迷的那种聪明、善辩、机智的男子。在感情方面,福里斯特也是可以利用的,尽管他外表看来古怪,有时鲁莽急躁,而且吵吵嚷嚷,但却是一个非常讨人喜欢的男子。"善良而温和,深受他的学生爱戴。"福里斯特的另一个同事尼延休斯(Albert Nijenhuis)这样描述。福里斯特还有一样不同寻常的本事,可以跟忧虑不安的人融洽地交流。沃特在学生时代曾经由于躁狂症和抑郁症多次被送入医院进行隔离治疗,当他第一次来到西雅图时,福里斯特待他非常非常好。沃特回忆说:"他真是一个很好的人。我早就是个狂躁抑郁症患者,而他给了我很大帮助。阿马萨鼓励我在西雅图找个精神病医师以便交谈。"曾经与福里斯特、沃特同住那所房子的伊利诺伊大学数学家瓦尔特(John Walter)回忆说,福里斯特在西雅图的第一年就"收养了"一个患有精神病的研究生,这个计算机天才出现了某种严重的精神崩溃现象,他试图照顾这个学生,"这是他的工作之一"。

也许福里斯特很清楚,纳什尽管显得骄傲自大,超然物外,却一定会对他的兴趣产生共鸣。"阿马萨的眼光非常锐利,他完全可以透过面纱看到后面的真相。"瓦尔特说。

纳什没有多少时间同福里斯特待在一起,他在西雅图只停留一个月。虽然纳什直到20世纪70年代在信件中仍然用名字或简单的字母F来称呼福里斯特,却没有证据表明纳什与福里斯特在以后的岁月里曾经定期通信或者经常见面。但是,福里斯特非常清晰地留在纳什的心里。11年之后,纳什在前往洛杉矶和旧金山的漫长旅行途中,在西雅图待了差不多一个月。

当时福里斯特仍然住在他的居住船上,和他做伴的是几十只猫咪,他与过去在数学界结识的朋友几乎完全断了联系。他从来没能达到其少年时代预示的远大前程,没有获得大学教师的永久职位,并且在1961年离开了华盛顿大学。他先后在波音公司和设在华盛顿汉福德的庞大的原子能委员会下属工厂短暂工作过一段时间。到20世纪70年代中期,他完全从数学界销声匿迹。后来,他做家庭教师谋生,还曾在一个牧场为孩子们任教,住在他们的家里。1974年,在加拿大不列颠哥伦比亚省温哥华举办的一个数学大会上,尼延休斯最后一次撞见了他,后来回忆说,福里斯特告诉他,自己的工作就是牧羊人。多年以来,他仍然会在路过数学和物理学图书馆时进去看一看,其衣衫日益不整,头发蓬乱。1991年他去世时,这个一度拥有远大前程的数学家甚至没有资格让《西雅图时报》刊登一条讣告。至于纳什这边,他没有选择福里斯特的人生道路,我们因此不得不承认他对人类确实具有特殊敏锐的洞察力。

当某人从宿舍跑来叫纳什回去,他就立即意识到肯定出了问题。纳什一家向来只用信件和明信片交流信息,打长途电话意味着情况异常。

电话那边是老约翰,声音听上去格外严肃,只说了一句弗吉尼亚想和他谈谈。纳什首先想到的很可能是他们要告诉他有关马莎的坏消息,但是,弗吉尼亚一拿起话筒,他就听出她声音里带有怒火,而不是悲伤。

埃莉诺已经跟他们联络过,还说他们有了一个孙子,弗吉尼亚说,这番话引起的震动非同一般。

纳什没有说话。他与埃莉诺已经在非常可怕的情况下分手,但他没有提防这一招。

"不要回家,"弗吉尼亚断然下令,"直接去波士顿,挽回局面,同那个女孩结婚。"

纳什简直被吓得目瞪口呆,甚至没有想到争辩。他自己精心保守、以防父母知道的秘密曝了光,现在似乎没有什么事情可做了。他同意不回罗阿诺克,在标明7月12日的一张明信片上,他告诉父母他正"考虑返回豆城*"。

---

* 波士顿的别称。——译者

纳什确实在7月中旬返回波士顿,并且在那里停留了两个星期。在大部分时间里,他要么和布里克在一起,要么就在自己的办公室工作到深夜。他征求布里克的意见,看看应该怎样解决埃莉诺问题。她已经雇了一名律师,要求定期获得孩子的抚养费。纳什还听那个律师威胁说要告到大学里去。布里克在1997年回忆说,纳什仍然决定拒绝支付这笔费用。

同以往一样,布里克发现自己再次夹在中间。埃莉诺一直给他打电话,因纳什抛弃自己而深感绝望,并且难以接受纳什拒绝负担孩子抚养费的决定。布里克对纳什进行劝诫。"他不想支付孩子的抚养费,我跟他说这是很可怕的事情,因为那是你的儿子。即便不为别的,也应该为你自己的将来支付这笔费用。如果大学那里得知此事,你的工作可就保不住了。这是你欠她的东西。"让布里克感到惊讶的是,这下纳什倒同意支付抚养费了。

◆ 第二十九章

死亡与婚姻

1956—1957年

虽然纳什将在普林斯顿高等研究院度过这一年的时间,他还是决定住在纽约,不住普林斯顿。8月底,他来到这座城市,一两天之内,就在格林威治村布利克大街找到一个不带家具的公寓。布利克大街恰好位于华盛顿广场公园的南面,一路都是爵士乐俱乐部、意大利咖啡馆和二手书店。纳什租的公寓是一个典型的火车车厢式单元,狭小而阴暗,弥漫着邻居们做饭的味道。纳什在当地的一个废品旧货商那里买了几件用过的家具,又给他父母寄了一张明信片,说他认为他们应该会同意这种做法,即为了省钱而不住豪华居所。

其实,他选择纽约市中心一座没有电梯的五层公寓大楼,舍弃位于半郊区的普林斯顿爱因斯坦大道上的一套朴素套房,更多地源自浪漫的想法而不是实际的考虑。这个城市不同凡响的规模以及狂热的节奏、永远不会消失的人群、日夜不停的各种活动——"纽约的狂野而令人兴奋的美丽"——在他看来实在不可思议,自从沙普利和舒比克在他们三人一起住在研究生院期间第一次请他来纽约,他就喜欢到这里度周末。后来,他搬到波士顿,还是利用一切机会回去,有时就住在明斯基家里,重新领略一下既有社会关系而又身份不明的特别感觉。长久以来,环绕华盛顿广场的奔放不羁的地带一直是一块巨大的磁石,吸引在性爱或精神方面不同寻常的人聚集而来，纳什也一样被这里弯弯曲曲的街道、旧世界的魅力以及隐含其间的自由保证迷住了。

如果说，搬到布利克大街的决定表明纳什仍然不打算认真考虑选择一种与他的设想完全不同的生活方式，那么，这个计划是注定不能实现了。老约翰和弗吉尼亚通知说他们很快也要动身前往纽约，因老约翰需要为阿巴拉契亚办理一些公务。纳什害怕他们会再次提起埃莉诺，然而纳什夫妇当时更关心的是老约翰的健康状况。纳什在距离宾州车站几个街区的麦卡尔平旅馆见到他们，在那个晚上，他几次敦促父亲向纽约的一位医学专家咨询，劝父亲考虑做手术，努力表现其孝顺之心。这是纳什最后一次见到父亲。

9月初，老约翰的心脏病严重发作。弗吉尼亚费了很大劲联络纳什，因为他没有电话。等到她最终联系上时，他的父亲已经去世了。这样一来，他也许会认为秋天是一个充满"坏运气"的季节。

老约翰去世时64岁，在整整一年的时间里断断续续发病。那一年的复活节星期天，他觉得自己感觉还行，就去了马莎和查理（Charlie）家吃晚餐（马莎于1954年春天结婚）。夏末，当他和弗吉尼亚去纽约时，在酒店里就出现了虚弱和作呕的现象。父亲的死讯使纳什大为震惊。他完全不能接受这种突然终结。他一直坚信死亡不是不可避免，假如老约翰可以得到更好的治疗，假如……

纳什立即赶回布卢菲尔德，参加9月14日老约翰去世两天后在基督国教教堂举行的葬礼。

纳什没有纵情流露悲伤，因此没有迹象表明纳什那不近人情的平静心理受到动摇。但是，父亲的去世给纳什的"完美的小世界"造成第二道裂缝。在一个人真正完全进入担当重任的成人生活之前失去双亲之一，会对他形成两力联合作用,即失去父亲和不得不接替这位父亲的工作。

目前的纳什,头脑中刚刚出现了要为弗吉尼亚的幸福着想的新意识。考虑到马莎就住在罗阿诺克,而且是女性后裔,大家也许就指望由她照顾弗吉尼亚,因此从实际的角度看来,母亲的幸福问题也许并不严重。但是在感情上,纳什现在处于进退两难的尴尬境地。突然之间,母亲对他的希望,特别是要求他选择"正常"生活即结婚,在他心中显得比离家读大学以来任何时候都有分量。

对于纳什,这是一个难题,因为他认为自己还不具备接替父亲的条件,这个难题因这个夏天的特殊情况而变得更加棘手。纳什对埃莉诺和约翰·戴维不负责任的行为,成了横在他和弗吉尼亚之间的一道障碍。他很可能认为自己加速了父亲的死亡,当然,考虑到他没有办法想象自己的行为将对别人造成怎样的影响,他也可能不这样想,但弗吉尼亚确实有此想法,并且直接或间接地对纳什提起过。弗吉尼亚不仅悲痛欲绝,而且非常生气。她给埃莉诺写信,指责她导致她丈夫去世,很可能还对自己的儿子说过类似的话,或有过这样的暗示。

这样的罪名可是一个非常沉重的负担。比较可能的情况是,给纳什带来巨大压力,并迫使他采取行动的,不仅是负罪感,而且还有一种潜在的威胁,即在失去父亲后又失去母亲的爱。弗吉尼亚认为纳什有义务使儿子和他的关系合法化。老约翰非常痛恨丑闻,坚信一个人应该承担义务。至于弗吉尼亚在丈夫去世时是否仍然坚持要求纳什娶埃莉诺为妻,没有人知道。也许她跟埃莉诺的联络使其了解了埃莉诺的低微出身、缺乏教育或者给纳什制造麻烦的威胁,使她转而相信哪怕是一个暂时的婚姻也是不可能的。她也许担心埃莉诺永远不会同意离婚,或者只是意识到自己没有办法强迫纳什做任何他不愿意做的事情。

如果弗吉尼亚对纳什的情妇和没有合法地位的孙子采取这种态度,那她对纳什与其他男人的关系这种更头痛的事情又该作何反应呢?实事求是地说,那次被捕事件传到她耳朵里的可能性是微乎其微的。不过,纳什也一定想到过这种可能性。他曾经自信可以保守秘密,通过完全分开居住,把父母永远蒙在鼓里,但是埃莉诺的背叛动摇了他的信心,他一定清晰地看到了其他潜在的泄密因素。

除了来往于普林斯顿研究院,纳什还在纽约大学柯朗数学研究所待了较长一段时间。该校园位于布利克大街北部一个街区。就在纳什的父亲去世后没多久的一天下午,他在美丽的娜塔莎·阿廷(Natasha Artin)的桌子前站住了,她是埃米尔·阿廷的妻子,也是柯朗(Richard Courant)的助手之一。娜塔莎的美貌是出了名的,她还拥有柏林大学的博士学位,在这个大学里,她曾是阿廷的学生,后来与他结婚。大家都知道她是柯朗最新一个迷恋目标。纳什喜欢在去茶会的路上同她聊天。

"我在想,在新泽西州离婚难不难。"他突然这样对她说。娜塔莎马上将这句话看作他想结婚的公告。她知道这是纳什一贯的做法,他总是尚在入口徘徊时就已经开始寻找出口。

在另一个场合,纳什在芝加哥大学发表一个演讲,之后与在普林斯顿读研究生期间认识的数学家古德曼(Leo Goodman)一起吃晚饭。他告诉古德曼,他觉得艾利西亚会成为一个出色的妻子。为什么?因为她那么喜欢看电视。他觉得,这就意味着她不会要求他给予太多关注。这段对话让人联想起埃莉诺经常重复的对纳什的评论:"他总想不劳而获。"

现在,艾利西亚坚持说已经不记得纳什何时向她求婚,或他究竟有没有亲自或写信向她求婚,他们就是有一种默契。但是,艾利西亚在那年秋天的举止显示这并不是实话。纳什于6月离开剑桥后,她一直处于极其痛苦的境地。所有这些都暗示着与任何"默契"相反的东西。

1956年10月23日,艾利西亚在给乔伊丝的信中根本没有提到纳什的名字。可以假设，如果他们真的在那天以前订婚，艾利西亚一定会向乔伊丝报告这个消息。

> 正如你可能已经知道的那样，我一直在纽约寻找一份工作，并且已经向几个地方递交了申请。起初我担心事情可能很艰难，不过，到目前为止，我已经被邀请担任布鲁克黑文反应堆小组的初级物理专家以及同样属于反应堆领域的美国核发展公司提供的一份工作。我将接受后者，月薪450美元。我听说自己可能在别处每月赚500美元，但是觉得在核发展公司可以获得很好的经验，我一直希望做核物理方面的工作。

艾利西亚可能离开了学校，在没有考虑她与纳什的关系现状的情形下接受了一份工作。她对上研究生院深造之事越来越不乐观。"我已经厌倦了这种学习和不断延长的例行时间表……我所知道的全部就是我想'生活'。"既然她曾在纽约上中学，那么想到返回纽约工作也是很自然的。但是，艾利西亚后来说，她到纽约就是因为纳什。她也许怀着弥补与纳什关系的心愿而跑到那里，但也可能是应他的特别邀请而去的。

艾利西亚住进了巴尔比宗酒店，这座带传奇色彩的专为年轻女士而设的酒店成了普拉特（Sylvia Plath）在20世纪50年代发表的小说《钟形玻璃罩》的背景。要在这里寄宿的人必须提供推荐信，而且，这里放有金属床的窄小的白色房间只供睡眠之用。艾利西亚曾在一段附言里向乔伊丝发牢骚。"这个酒店，这个亚马孙，只对女士开放，"普拉特写道，她在1952年夏天住在这里，"她们多数是同我年龄相仿的女孩子，她们有钱的父母希望女儿住在男人不能接近和欺骗她们的地方；她们全部都在凯蒂·吉布斯这类优雅的秘书学校学习，在那里她们必须戴帽子、穿长统袜并戴手套上课，要不就是……在纽约四处游荡，等待跟某个有成就的男人结婚。"

不管艾利西亚是不是作为纳什的未婚妻在10月底来到纽约,她在当年的感恩节到罗阿诺克拜访了纳什的家人。但是纳什没有给她一枚戒指,他另有一个想法,打算在安特卫普直接从钻石批发商那里买一个,当然,这个想法照例还是古怪和小气。

弗吉尼亚发现艾利西亚非常可爱、举止端庄,而且对纳什一往情深,但她同时注意到她与自己设想的那种可以成为儿子的新娘的女孩有很大差别。她觉得这两人之间的关系很奇怪。艾利西亚是个物理学家,谈论的是自己在核反应堆公司的工作,对一切家庭事务毫无兴趣,是一个完全超出弗吉尼亚知识范围的年轻女子。在感恩节的大部分时间里,弗吉尼亚和马莎在厨房里忙得一塌糊涂,艾利西亚和纳什却坐在弗吉尼亚的起居室地板上专心研究股票行情。马莎的看法与她的母亲相似。(在弗吉尼亚的坚持下,也是出于将艾利西亚的注意力转移到正确的方向,一天下午马莎带艾利西亚出门,在罗阿诺克逛了一回商店,去买一顶帽子。)

1957年2月,在一个格外温暖、阴沉的上午,纳什同艾利西亚在位于华盛顿特区宾夕法尼亚大街白宫对面的黄白两色的英国国教圣约翰教堂举行了婚礼。纳什当时是个无神论者,因此他们不能举行一个天主教的婚礼。他本来很想在市政厅结婚,但艾利西亚喜欢优雅而庄重的仪式。这是一个小型婚礼,没有一个数学家或老同学到场,只有直系亲属出席。纳什不熟悉的妹夫查理担任伴郎,马莎担任了母亲的角色。因为被肖像照片摄影师耽搁了时间,新郎新娘都迟到了。婚礼后,纳什和艾利西亚开车前往亚特兰大,在返回纽约的途中在那里度过了一个蜜月周末。这不是一次成功的旅行,纳什在给母亲的一张明信片上写道,艾利西亚一直觉得不大舒服。

两个月后的4月,艾利西亚和纳什举办了一个舞会,庆祝他们结婚。他们住在上东区一套转租的公寓里,就在布卢明代尔商店的拐角处。大约有20位朋友出席，大部分是柯朗研究所和普林斯顿高等研究院的数学家，还有艾利西亚的几个堂兄妹，其中包括奥黛特（Odette）和恩里克。"他们看上去很高兴，"恩里克回忆说，"那是一个漂亮的公寓。他们炫耀自己的燕尔新婚，他看上去很英俊，一切都非常浪漫。"

第三篇

文火在燃烧

第三十章

奥尔登小径与华盛顿广场

1956—1957年

> 数学概念是在经验主义者中产生的……但是，一旦他们将其表达出来，这个对象就会开始一种属于它自己的独特的生活，比一个富有创造力的想法更有活力，几乎完全受控于美学推动力……随着一个数学科目的前进，或经过许多"抽象的"同系繁殖，[它]就会面临退化的危险……无论这个阶段出现在什么时候，在我看来，惟一的修补方式是回归源头，恢复活力；重新注入多少有些直接经验主义的想法。
>
> ——冯·诺伊曼

位于普林斯顿边缘地区一个农场旧址上的高等研究院，是学者们向往的地方。这里与树林和特拉华—拉里坦运河接壤，草场完美无瑕，有一条街道叫做爱因斯坦大道。这里的好处是没有学生干扰。富尔德大楼休息室的气氛令人联想起一个历史悠久的男士俱乐部，室内设有报刊架，空气里混合了皮革和烟斗里的烟草味道；房门从来不上锁，灯光一直亮到夜深时分。

1956年，这个研究院的常驻成员只有十来个数学家和理论物理学家。但是，来自世界各地出类拔萃的临时来访者是这个数目的6倍，奥本海默因此称这里是"一个智力旅店"。在年轻的研究人员眼里，去研究院是逃离繁重的教学和行政管理工作的一个黄金机会,实际上还可以避开日常生活的琐碎事物。来访者享受一切条件:一个离办公室不到100米的公寓,永无止境的研讨会、讲座以及热衷此道的人士喜欢的舞会,那里总是少不了开怀畅饮,还可以看见莱夫谢茨怎样用一只木头假手握住一杯马提尼酒而不让它倒出来,或是遇到一个醉醺醺的法国数学家抓紧一条绳子爬上去,翻越壁炉台,显示一下登山本领。

这里的布置经过精心设计,具有田园牧歌式风格,旨在为发挥创造力消除一切障碍。但是也有一些人似乎感到不安。斯坦福大学的数学家保罗·科恩这样评论:"这是一个了不起的地方,以至于你至少要待上两年时间,用一年的时间搞清楚应该怎样在如此理想的地方开展工作。"到1956年时,爱因斯坦去世了,哥德尔也不似过去那样活跃,冯·诺伊曼在贝塞斯达慢慢走向生命的终点。奥本海默仍然是院长,却在麦卡锡调查中大伤锐气,日益受到孤立。现状正如一个数学家所说的那样,"这个研究院已经变得抽象了,非常抽象。"后来成为美国数学学会主席的莫拉韦茨(Cathleen Morawetz)说得更加直率:"大家都知道这个研究院是你可能找到的最乏味的地方。"

与此相反,纽约大学的柯朗数学研究所是"应用数学分析的首都",这是《财富》杂志不久后向读者宣布的观点。柯朗建成只有几年,充满活力,它设在一座19世纪建筑物的顶楼里面,距离华盛顿广场不到一个街区。尽管纽约大学正在日益扩张,周围仍然以小型制造公司为主。实际上,带有消防通道和嘎吱作响的老式运货电梯的柯朗数学研究所起初就是和一些帽子工厂挤在一座大楼里的。这个研究所的资金来自原子能委员会,后者一直在为它的庞大的4型通用自动计算机寻觅一个栖身之所。当时,这么一大堆电子管加上武装警卫就待在韦弗利大楼25号。

这个研究所是德国犹太人、数学教授柯朗的杰作,他是数学界伟大的企业家之一，在20世纪30年代中期被纳粹逐出格丁根。柯朗个子矮胖，专制而不屈不挠，以倾慕有钱有势者、喜欢跟自己的女性"助手"坠入爱河以及不会看错一个年轻数学人才而著称。1937年，柯朗刚刚来到纽约大学的时候，那里的数学还不值一提。柯朗毫不犹豫，立即着手募集资金。他个人的崇高声誉、美国教育机构的反犹主义加上纽约大学的"深厚人才储备"，使他得以吸收天资聪颖的学生，他们大多是纽约的犹太人，被哈佛和普林斯顿拒之门外。第二次世界大战爆发带来了更多资金和学生，20世纪50年代中期，这个研究所正式成立之际，已经可与普林斯顿和剑桥这样历史悠久的数学中心分庭抗礼。这里的年轻新星包括拉克斯（Peter Lax）和他的妻子安内利（Anneli）、莫拉韦茨、莫泽和尼伦伯格。杰出的来访者则包括后来获得菲尔兹奖的赫尔曼德（Lars Hörmander）和不久就要前往哈佛的斯滕伯格（Shlomo Sternberg）。

柯朗研究所实际上就在纳什的家门口，加上那里生机勃勃的气氛，就不难理解纳什为什么很快就在那里流连忘返，所花的时间同在高等研究院一样多。起初纳什只是在开车前往普林斯顿之前在那里逗留一两个小时，可是没过多久他就待上一整天了。他从不会来得太早，因为他喜欢在大学图书馆工作到午夜一两点，很晚才回去睡觉。不过，他几乎从来没有错过在大楼倒数第二层的会客室里进行的午茶会。

在柯朗的这帮学者，是一个友好而宽宏大量的群体，一点也没有麻省理工学院那种咄咄逼人的竞争意识或者高等研究院欺下媚上的势利行为，他们很乐意接待他。拉特格斯大学数学家温斯坦（Tilla Weinstein）仍然记得，纳什喜欢在这座大楼的一个消防通道来回走动："他令人感到快乐，具有一种不落俗套的机敏和幽默。很会开玩笑，使人轻松愉快。"辛格的女儿莫拉韦茨以为纳什只不过是新来的博士后，觉得他"非常迷人"，是"一个引人注目的家伙"，或"一个活泼的谈话者"。赫尔曼德回忆对他的第一印象："他表情严肃，接着又会突然微笑。他是一个热情的人。"整个战争期间都在洛斯阿拉莫斯度过的拉克斯则对纳什的研究以及"他独有的观察事物的方式"很有兴趣。

最初,与进行数学讨论相比,纳什似乎对那个秋天发生的政治大变动更感兴趣,当时埃及的纳赛尔(Nasser)总统宣布将苏伊士运河国有化而导致英国、法国和以色列发动了一场武装入侵,苏联人镇压了匈牙利人的起义,艾森豪威尔则和斯蒂文森角逐总统宝座。"他会待在休息室里,"柯朗的一个来访者回忆说,"滔滔不绝地谈论对目前政治局势的看法。从午茶开始,我就注意到他对苏伊士危机发表非常坚定的看法,这个事件当时一直在发展之中。"另外一个数学家记得在研究所餐厅里一次类似的谈话:"当时英国及其同盟国正在努力夺取运河,艾森豪威尔尚未明确无误地表明自己的态度(如果他曾经表明过的话)。一天午饭时,纳什开始谈论苏伊士问题。当然了,纳赛尔并不是黑人,但是在纳什看来他的肤色已经够黑的了。'你要对这些人所做的就是采取强硬手段,一旦他们意识到你动了真格……'"

在柯朗有影响的主要人物,基本上处于某些特定的、急剧进步的微分方程领域前沿,这种进步是由第二次世界大战引发的,这些方程可以用作包括某种变化在内的难以计数的物理现象的数学模型。到了20世纪50年代中期,正如《财富》杂志提到的那样,数学家们知道一些相对简单的常规程序,可以运用计算机求解常微分方程。不过,当时对于大部分非线性偏微分方程还没有任何直接的办法,这些方程描述某些巨大或者突然的变化,比如一架喷气式飞机从加速直到超音速时造成的空气动力学冲击波的方程。30年代曾在这个领域作出重要贡献的乌拉姆(Stanislaw Ulam)在1958年为冯·诺伊曼而写的讣告里,说这样的方程组"在分析上不可理喻",称它们"甚至藐视现有方法得出的定性观点"。纳什在同一年晚些时候写道:"在这个非线性偏微分方程领域中,悬而未决的问题与应用数学和整个科学密切相关,也许比数学的其他任何领域的未决问题更甚,而且这个领域看来已经为迅速发展作好准备。不过,很显然,人们必须采取新颖的手段。"

纳什部分出于与维纳的关系,可能还有他早年在卡内基期间与温斯坦的相互影响,早已对湍流问题很感兴趣。湍流指的是在任何不平滑的表面上的气体流或液体流,比如涌进一个海湾的海水、通过金属传递的热或电荷、从一个地下贮油层逃逸出来的油,或者是掠过一股气流的云朵。将这样的运动做成数学模型应该是可能的,但是,后来证明具有极大的难度。纳什写道:

> 对于描述具有黏性、可压缩且导热的流体的一般微分方程之解,人们对它的存在性、惟一性以及光滑性知之甚少。这些方程是一个非线性的抛物型方程组。对这些方程的兴趣使我们接下了这项工作。很显然,如果没有能力处理非线性的抛物型方程,就会对描述一般流体流的连续统感到无计可施,这一点反过来就要求对连续性作出一种先验的估计。

正是尼伦伯格这个受到柯朗保护的矮小、近视、个性温柔的年轻人,将当时仍然非常新的非线性理论领域的一个重要的未决问题交给了纳什。尼伦伯格只有二十几岁,已是一个不可小看的系统分析学家。他觉得纳什有点怪,"他看上去经常带着一种内在的微笑,好像刚刚想起一个私人的笑话,正在笑一个他从来没有告诉过别人的笑话。"不过,纳什发明的用于解决嵌入定理的技巧给他留下了深刻的印象,他意识到纳什可能就是征服早在20世纪30年代后期就一直悬而未决的一个极端困难的突出问题的人。

他回忆说:

> 我研究的是偏微分方程,也在研究几何学。我面临的问题

是对付与椭圆型偏微分方程有关的特定类型的不等式。这个问题已经在这个领域出现了一段时间,一些人已经开始进行研究。在20世纪30年代,在二维空间,有人早已得到估计值,但是在更高维数的空间,这个问题已经[将近]30年而未能获得解决。

尼伦伯格一提出这个建议,纳什就着手研究这个问题,尽管他还征求别人的意见,直到满意地相信这个问题就像尼伦伯格宣称的那样重要。拉克斯是他询问的人之一,最近这样评论:"在物理学领域,人人都知道最重要的问题是什么,因它们已经得到很好的说明。但是,数学领域就不同了,人们更倾向于自我反省。不过,对于纳什,别人的意见就显得非常重要了。"

纳什开始去尼伦伯格的办公室讨论自己的进展。不过,尼伦伯格花了好几个星期才真正弄明白纳什究竟搞到什么地步。"我们经常会面。纳什会说,'我看来需要这样、这样的一个不等式。我觉得……是对的。'"纳什的思考经常离题万里。"他有点像在黑暗中摸索,我对他取得成功没有多少信心。"

尼伦伯格让纳什去和赫尔曼德谈谈,后者是个高个子、严厉无情的瑞典人,早就是这个领域的权威学者之一。赫尔曼德的思路缜密,为人细心谨慎,学识极其渊博,他以前只是听说过纳什的名字,从来没有见过他。但是赫尔曼德的反应比尼伦伯格更显疑虑。"纳什已经从尼伦伯格那儿得知延伸在更高维数空间具有两个变量以及不规则系数的被称为二阶椭圆偏微分方程的霍尔德(Holder)估计值的重要意义,"赫尔曼德在1997年回忆说,"他找过我几次,'我是怎样看这样、这样一个不等式的?'开始的时候他的猜测显然是错误的。运用有关常系数算子的已知事实很容易反驳[它们],他在这些方面相当缺乏经验。纳什通过乱涂乱画的方式工作,完全不用已经成为标准的那些技巧。他总是设法[通过与别人谈话]推导问题……他没有耐心研究问题。"

纳什继续在黑暗中摸索，不过这次取得了更大的进展。"又过了几次，"赫尔曼德这样说，"他就会带来一些不是那么明显错误的东西。"

到了那年春天，纳什已经可以再次运用他发明的独创方法，得出基本的存在性、惟一性以及连续性定理。他有一个理论，即难题不可以从正面着手解决，因此处理这个问题时就采取了一种天才的迂回战术，先是将非线性方程转化为线性方程，接着采用非线性方法向这些问题发起进攻。"这是天才的一击，"一直密切关注纳什进程的拉克斯说，"我从来没有见到任何人这样做。这件事一直印在我的脑海里，我一直在想，也许在另外一个环境下这个办法也会管用。"

纳什的新成果立即引起了人们的注意，远远超过了他的嵌入定理。而且尼伦伯格因此确信纳什是个天才。赫尔曼德在伦德大学的良师益友、世界一流的偏微分方程专家戈丁（Lars Gårding）也叹为观止，说："只有天才才能取得这样的成就。"

柯朗为纳什提供了一份待遇优厚的工作，但纳什的反应却有些奇怪。莫拉韦茨记得曾经同纳什有过一次长谈，他当时拿不定主意，不知道应该接受这份工作还是返回麻省理工学院。"他说他决定返回麻省理工学院，原因在于税率"，马萨诸塞州的税率比纽约州优惠一些。

虽然取得了上述成绩，纳什日后仍然将这段岁月看作令人痛苦的失望时刻之一。暮春时节，纳什发现，当时还默默无闻的一个年轻的意大利人德乔治（Ennio De Giorgi）早在几个月前就已证明了他的连续性定理。斯坦福的数学家加拉贝迪安（Paul Garabedian）那时在驻伦敦的使馆担任海军官员，这是海军研究办公室的一份工作不多而待遇优厚的美差。1957年1月，加拉贝迪安驾车在欧洲作了一次长途旅行，搜罗年轻数学家。"我在罗马遇见一些老式的东西,"他回忆说,"这是一种生活方式,你会用半个小时讨论数学,接着花三个小时吃午饭,然后是午休时间,接下来就吃晚饭。没有人提起德乔治。"但是,在那不勒斯,有人提到了这个名字,加拉贝迪安在经过罗马返回的途中拜访了德乔治。"他是那种肮脏不堪、骨瘦如柴、个子矮小、好像快要饿死的家伙。但是我发现他已经写出了那篇论文。"

1996年去世的德乔治,出生于意大利南部莱切的一个非常贫穷的家庭,后来他成为年轻一代的偶像人物。他一生都在研究数学,没有自己的家庭或其他近亲,后来甚至生活在自己的办公室里。虽然他得到了意大利数学界最受推崇的地位,却终生过着苦行僧一般的贫穷生活,完全献身于研究工作、教学以及日益增长的对神秘主义的迷恋,这种迷恋最终使他尝试用数学来证明上帝的存在。

德乔治的论文发表在一份最没有名气的刊物上,那是一份地区性的科学院学报。加拉贝迪安随后在海军研究办公室的欧洲时事分析简报上报道了德乔治的成果。

纳什因博弈论方面的工作而获得诺贝尔奖之后写了一篇文章,其中描述了当时他的极度失望情绪:

> 自从我与意大利比萨的德乔治同时开始研究,我就遇到了某种坏运气,没能清楚了解其他人在那个领域正在做些什么。而德乔治至少是在那个特别有趣的"椭圆型方程"例子上第一个找到了攀登[那个用比喻方式描述过的问题的]顶峰的阶梯。

纳什的看法也许过分主观了些。数学不是一场校内体育比赛,与得第一同样重要的是一个人怎样达到自己的目标。纳什的工作几乎被整个世界公认为一个重大突破,但是,他本人并不这样看。耶鲁大学的研究生罗塔那年正好也在柯朗,他在1994年回忆说:"纳什得知德乔治的事时大为震惊,有些人甚至以为他因此垮掉了。"当年夏天,德乔治来柯朗访问的时候,与纳什见了面,拉克斯后来说:"这就像斯坦利*遇到利文斯通(Livingstone)那样。"

纳什带着倔强的神情离开了高等研究院。他与奥本海默在量子理论方面发生了一次激烈的争论,其激烈程度足以让纳什大约在1957年7月10日给奥本海默写了一封冗长的道歉信:"首先,请让我就自己在讨论量子理论时的说话方式道歉。这种方式气势汹汹,真是毫无道理。"在说自己的行为无理之后,纳什却又马上指出"大多数物理学家(还有一些已经研究过量子理论的数学家)……的态度都相当武断",抱怨说他们倾向于"把任何带有疑问态度或者信奉'隐参量'的人……视为蠢才,至少是一个相当无知的人",从而为自己的行为辩解。

纳什写给奥本海默的信显示,在离开纽约之前他已开始认真思考、尝试处理爱因斯坦对海森伯不确定性原理的著名批判问题:

> 现在我正在深入研究海森伯1925年论文的原稿……在我看来这是一项非常精彩的研究,"矩阵力学"的不同阐述之间的差异令我惊讶不已,这个差异在我看来完全有利于原稿。

"我着手研究一个项目,准备修改量子理论。"1996年,纳什在马德里发表演讲的时候指出,"这并非一个非物理学家的先验性的荒谬想法。爱因斯坦已经批判过海森伯量子力学的不确定性。"

显然,他将自己那年在高等研究院度过的短暂时间用于跟物理学家、数学家讨论量子理论。他究竟选择了什么人并不清楚,戴森、莱维(Hans Lewy)和派斯(Abraham Pais)在那段时间都在那里至少度过一个学期的时

---

* 斯坦利(Henry Morton Stanley, 1841—1904),英国探险家、记者,以在中非救出失踪的探险家利文斯通和多次到非洲探险并考察刚果地理而闻名。——译者

间。纳什写给奥本海默的道歉信是显示他当时思考的问题的惟一记录，信中相当清楚地表明了自己的安排。"在我看来，海森伯论文的一个美妙之处就是它局限于可观察量。"他这样写道，又补充说，"我想找出一个不可观察实在的一个不同且更加令人满意的底蕴图景。"

几十年以后，纳什在为精神病学家所作的演讲中，将这个尝试说成引发他的精神病的罪魁祸首，说在1957年夏天开始的这个旨在解决量子理论的矛盾现象的尝试"很可能走过了头，破坏了心理平衡"。

第三十一章

原子弹工厂

> 成为一个性格孤僻而且具有革新精神的人究竟会发生什么问题？那样不是很好吗？但是这个[寂寞的天才]也有同其他人一样的愿望。假如他还是在高中做科学研究，就没有问题，但如果他过于孤立，而且对一些重大的事情感到失望，就会产生恐惧心理，这种恐惧就可能突然引发抑郁情绪。
>
> ——霍华德（Paul Howard），麦克莱恩医院

莫泽是在1957年秋天加入麻省理工学院教师队伍的，与他的妻子格特鲁德（Gertrude）和继子里希（Richy）一起住在波士顿西部尼德姆一所租来的小房子里，靠近韦尔斯利学院。尼德姆当时与其说是近郊，不如说是偏远的郊区，仍然具有突出的乡下特色，是一个适宜散步、划船和观看星星的好地方，这一切令热爱大自然的莫泽满心欢喜。在接下来的10月和11月，莫泽几乎每天黄昏都会带上11岁的里希，爬上他们的房子后面的一座巨大的垃圾山，等待"斯普特尼克"这个反射太阳最后一缕光线的银色亮点缓缓经过波士顿上空。莫泽已经算出它的确切轨道，当然知道什么时候它一定会在地平线上出现。

莫泽还常常想起那天下午纳什跟他说过的一番话。纳什经常开车到

尼德姆来。尽管两人的个性很不一样,但是纳什和莫泽都对对方怀有深深的敬意。莫泽觉得纳什隐函数定理可以推广,应用到天体力学中去,他热切希望进一步了解纳什的思维方式。反过来,纳什对莫泽有关非线性方程的想法很感兴趣。埃默里(Richard Emery,小名"里希")在1996年回忆说:"我觉得纳什很像是我们生活中的一部分。他常常来到这所房子,与莫泽交谈。他们一起聊呀聊呀,待在书房里就不出来了,讨论的热烈程度是难以想象的。那里没有任何干扰,打断他们绝对就是一种罪过,是一种最严重的侵犯,将引起真正的愤怒。只要莫泽和纳什见了面,气氛就会非常激烈,我总是不得不保持安静。"

那年夏末,纳什和艾利西亚刚刚回到剑桥,花了一些力气才找到一套公寓。他们每人支付一半的租金,因为已经决定不将两人的积蓄集中在一起使用。艾利西亚在技术运作公司找了一份物理研究员的工作,该公司是沿着128号公路冒出来的小型高科技公司之一。她还报名参加了斯莱特(J. C. Slater)执教的一门有关量子理论的课程。

他们很快就沉浸在新婚的学者夫妇愉快的两人世界和社交活动中。艾利西亚几乎从不下厨做饭,她会在下班后同纳什在校园会合,然后跟纳什在数学系的一个或几个朋友一起出去吃饭,晚上就听一个演讲、一场音乐会或者出席某个社交聚会。艾利西亚确保他们总是置身于有意思的人中间,有时是纳什在研究生时代的老朋友,包括马图克和布里克,有时是艾玛和她正在约会的任何一位男士,后来又逐步增加了跟他们一样的年轻夫妇,包括莫泽夫妇、明斯基夫妇、罗杰斯和他的妻子阿德里安娜(Adrienne),还有罗塔和他的妻子特里(Terry)。

当他们和其他人在一起的时候,纳什会与数学家们说话,艾利西亚则留在妻子们或艾玛身边。但是她的注意力一直集中在纳什那里:他正在说什么,他看上去怎么样,其他人对他有什么反应。他也一样,看上去好像总是知道她在什么地方,尽管有时也好像完全忽略了她。他对她不很温存,或者说不很宽容大度,因这些统统比不上他引起别人的兴趣、表现出有能力成事那样重要。

他们的朋友们多少怀着善意接受了他作为已婚男士的新身份。有些人觉得艾利西亚"富有雄心、意志坚定",其他人则得出了完全相反的结论。罗杰斯在1996年回忆说,"艾利西亚将自己变成纳什的下属。她不和他竞争,全心全意支持他。"一些熟人觉得他们的关系冷淡,有些奇怪,但是离开时有一种印象,即婚姻很适合纳什,艾利西亚正在对他产生一种好的影响。"他以某种方式使自己更能和睦相处。"罗杰斯回忆说。齐波拉·莱温松表示同意:"约翰以前举止笨拙,艾利西亚使他按规矩行事。"艾利西亚在那几个月里拍的照片显示出她是一个光彩照人的年轻女子,正如她在多年后所说的那样,那是"我一生中一段非常美好的时光"。

纳什继续研究他前一年在柯朗研究所开始着手解决的那个问题。在他的证明中,还有许多小漏洞,撰写的那份全面阐述他工作的论文只是一个粗略的框架,有待完善。"看上去,"一位同事在1996年回忆说,"他就像一位作曲家,可以听见那段音乐,但是并不知道怎样写下来或者怎么确切地编成管弦乐曲。"结果呢,这篇论文用去了那一年的大部分时间,而且借助了集体合作的力量,才得以最后完成并投给一份学报。这篇论文被许多数学家看作纳什最重要的作品。

为了完成这篇论文,纳什与其他数学家进行了比以往及将来任何时候都更积极的合作。"这就好比制造一个原子弹,"来自乌普萨拉大学的年轻数学家卡尔森(Lennart Carleson)那个学期刚好在麻省理工学院访问,他回忆说,"这是非线性理论的开始阶段,难度非常大。"纳什敲开其他数学家的办公室,提出问题,大声讨论,寻求新的想法,等到夜幕降临之际,他就会在剑桥一带找到十几个对他的问题非常感兴趣的数学家,他们愿意放下自己的研究工作,花时间解决他的难题中的小问题。"这有点像一个工厂,"卡尔森说,他为纳什的论文提供了一个关于熵的简洁的小定理,"他不愿意告诉我们他究竟想要寻找什么,也不提他的主要设想。看他怎样将这些非常自负的人集合起来进行合作真是一件很有意思的事。"

除了莫泽和卡尔森,纳什还向斯坦(Eli Stein)求助,当时斯坦还只是麻省理工学院的讲师,现在已经成为普林斯顿大学的数学教授。"他对我正在研究的东西毫无兴趣,"斯坦回忆说,"他会说,'你是一个系统分析家,你应该对这个感兴趣。'"

斯坦被纳什的热情以及源源不断涌现的新想法迷住了。他说:"我们就像扬基队的球迷聚集在一起,讨论大赛和大球星,真是激动人心。纳什非常清楚他要做什么,凭借出众的直觉,他知道某些特定的事情是正确的。他会跑到我的办公室,说:'这个不等式应该是正确的。'他的论点看上去是合理的,但是缺少对其中各个辅助定理的证明,这些正是构造主要证明的积木。"他挑战斯坦,看看他能不能证明这些辅助定理。

"你不会接受看上去合理的论点,"斯坦在1995年说,"如果你将自己的想法建立在这种东西上面,那么整个东西很可能会在几个步骤之后轰然倒塌。但是,他用某种方式知道这不会发生,而最终事实正是这样。"

纳什30岁那年的境遇看起来一片光明。他取得了一个重大成果,受到从未有过的热烈赞扬,被视为名人。《财富》杂志很快就要将他列入数学界最杰出的新星名单,在即将刊登的有关"新数学"的系列文章中进行介绍。与此同时,他返回剑桥时已是一个已婚男子,拥有一个美丽迷人的年轻妻子。不过,他的好运气有时看来只是加大了他的万丈雄心与既得成果之间的鸿沟,使他比以前更觉失意和不满。他曾经希望在哈佛或者普林斯顿找到一份工作,当时的情况是他尚未成为麻省理工学院的正教授,也没有永久教职。他曾经以为,自己最近取得的成果加上柯朗研究所提供的一份工作,可以说服系里在那年冬天授予他这两样东西作为奖励。只用5年时间就取得这两样东西当然非同小可,不过纳什觉得这是他应得的报酬。但是马丁非常明确地告诉纳什,他不想这样快就提升他,因他的晋升资格引起了争议,情况就和当初讨论聘请他时一样。系里的一些人认为他是一个蹩脚的教师,作为一个同事甚至更差劲。马丁相信,在椭圆型方程论文的完整版本发表之后提升纳什会更有说服力,纳什却还是感到非常恼火。

纳什继续郁郁不乐地回忆与德乔治竞争遭到惨败的情景。给纳什带来的真正打击在于,他不仅被迫与人分享不朽的发现,而且这个合作发现者的突然出现可能使他失去梦寐以求的东西:一枚菲尔兹奖章。

40年后,纳什获得诺贝尔奖。在他的获奖者自传里,他以特有的隐晦方式提到了他破灭了的希望:

> 看起来,可以预料的是,假如德乔治或纳什中的一人在对付这个问题(即霍尔德连续性的先验估计值)的道路上遭到失败,那么,那个独自攀上高峰的人就一定可以获得数学的菲尔兹奖的表彰(该奖在传统上一直限于向40岁以下的人士颁发)。

下一届菲尔兹奖定于1958年8月颁发,人人都知道考虑人选的工作早已开始。

要想了解这种失望情绪究竟有多深,我们必须首先了解菲尔兹奖就是数学的诺贝尔奖,是一个数学家战胜他势均力敌的同行所能得到的最高荣誉,是奖杯中的奖杯。诺贝尔奖授奖领域并不包括数学,无论数学发现对于物理学或经济学这样的诺贝尔奖学科具有多么重要的意义,数学发现本身却没有资格获得诺贝尔奖。菲尔兹奖实际上比诺贝尔奖更加难得。在20世纪50年代和60年代初,这个奖每隔四年颁发一次,通常每次只有两个获奖者。与此相反,诺贝尔奖每年颁发一次,每个奖可以由多达三个获奖者分享。菲尔兹奖的传统要求是获奖者未满40岁,其用意是尊重这个奖章的纲领,即这个荣誉的目的在于"鼓励年轻数学家"以及"日后的工作"。附带说一下,与诺贝尔奖不同,这个奖属于一种无形的东西,因为其中包含的现金只有区区几百美元,完全可以忽略不计。但是,由于菲尔兹奖是在事业中期通往一流大学职位、丰厚研究资助和一流薪水的捷径,上述那个表面上的不利之处也就没有实际情况那么严重。

这个奖是由国际数学联合会颁发的,该组织还负责组织召开四年一次的世界数学家大会。正如该组织近来的一名主席所说的那样,评选菲尔兹奖获得者是"最重要的工作之一,也是最费力的任务之一"。与诺贝尔奖相仿,菲尔兹奖的评选工作也在高度保密的情况下进行。

负责1958年度菲尔兹奖的7人评选委员会由霍普夫领导,他是一个矮小精干、和蔼可亲、喜欢抽雪茄的几何学家,来自苏黎世,对纳什嵌入定理表现出很大的兴趣;委员会还包括另外一名德高望重的德国数学家弗里德里克斯(Kurt Friedrichs),他先是在格丁根工作,后来去了柯朗。整个评选讨论工作从1955年后期开始,在1958年年初结束。(1958年5月,奖章获得者在极其机密的情况下得知获奖消息,但要等到8月在爱丁堡召开世界数学家大会时才能得到属于自己的奖章。)

所有的奖项评选讨论都会包含偶然因素,其中最大的一个因素就是评选委员会的组成情况。后来参加过一届评选委员会的一名数学家说:"人们不是基督教的普救论者,他们非常精明地进行交易。"在1958年,候选者总共有36名之多,这是霍普夫在他的颁奖典礼讲话中提到的数据,但是,热门的竞争者不会超过五六个。那年的讨论与平时不一样,显得特别激烈,奖章最后授予拓扑学家托姆(René Thom)和数论专家罗斯(Klaus F. Roth),投票结果是4:3。"那次颁奖包含了许多政治因素。"接近这场讨论的一名人士最近这样说。罗斯是稳操胜券者,他解决了数论领域的一个重要问题,恰巧就是最资深的评委会成员西格尔(Carl Ludwig Siegel)在工作初期研究过的问题。"只存在托姆与纳什之争。"莫泽说,他从几个参与讨论的人士那里了解到讨论的一些情况。"弗里德里克斯为纳什全力争取,但是他没有成功。"拉克斯说,他曾经是弗里德里克斯的学生,从弗里德里克斯那儿听说过讨论的情形。"他非常难过。回顾过去,我觉得他当时应该坚持颁发第三枚奖章。"

纳什很有可能根本没有进入最后一轮评选。他的有关偏微分方程的论文尚未发表或者通过必要的审阅,虽然弗里德里克斯可能知道有这么一篇论文。纳什被排除在外,一名接近那些讨论的人士觉得这一点可能会"伤了他的心"。莫泽说:"纳什是一个不重视原材料的人,大大咧咧,不害怕接手独自工作,然而这在其他人看来并不一定真实。"此外,当时也没有特别的紧迫性对他进行表彰,他只有29岁。

没有人能预见,1958年是纳什最后的一次机会。"到了1962年,已经不可能向他颁发菲尔兹奖了,"莫泽最近说,"此奖就此与他无缘,我肯定人们把他忘了。"

衡量纳什迫切希望得到这类奖章的尺度之一,在于他殚精竭虑使自己的论文具备参选博谢奖的条件,这个奖是惟一勉强可以与菲尔兹奖相比的荣誉。博谢奖由美国数学学会每5年颁发一次,是菲尔兹奖之外惟一的数学奖,尽管地位并不十分相同,却也是个重要大奖。该奖已经定于1959年2月颁发,这意味着评选工作应该在1958年下半年开始。

1958年春天,纳什将他的论文手稿寄给瑞典的数学刊物《数学学报》。这是一个当然的选择,因为卡尔森就是编辑,而且深信这篇论文具有极其重要的意义。纳什告诉卡尔森,他希望这篇论文尽快发表,同时敦促卡尔森将论文交给一名能以最短时间完成审阅工作的专家。卡尔森把论文手稿交给了赫尔曼德,后者花了两个月的时间进行研究,验证了全部定理，然后催促卡尔森尽快付印。不过，卡尔森向纳什发出正式采纳通知（这个通知在很大程度上是超前的）的时候，纳什却撤回了他的论文。

后来，这篇论文出现在《美国数学杂志》的秋季号上，赫尔曼德得出结论，认为纳什要么一直希望在那里发表这篇论文，因为博谢奖规定，只有在美国刊物上发表的论文才有资格参加评选；要么就是更加糟糕的情况，即他将那篇论文寄给了两份刊物，这是明确触犯专业诚信规范的行为。"后来发现，纳什其实只是想从《数学学报》那里得到一份采纳通知书，以便可以尽快在《美国数学杂志》上发表。"赫尔曼德对他这种"非常不正当和不同寻常的"行为感到非常生气。

不过，纳什也可能先将这篇论文寄给了《数学学报》，然后才得知这样做将使这篇论文被博谢奖拒之门外。但是，在知道这个事实后，他仍然宁可激怒卡尔森和赫尔曼德，力求保住自己的参选资格。他原本不应该这样毫不客气地利用《数学学报》。在该刊已经许诺发表并且得到审阅的情况下撤回论文完全是缺乏专业态度的外行做法，但是也没有像赫尔曼德认为的那样明显地违反诚信规范。不过，此事仍然可以显示赢得奖章对于纳什具有多么重大的意义。

第三十二章

秘密

1958年夏

> 我突然发现自己什么都知道;所有事情都在我眼前暴露无遗,这个世界的一切秘密都在这段无拘无束的时间里归我所有。
>
> ——德内瓦尔(Gerard de Nerval)

那年6月,纳什满30岁。对于大多数人来说,30岁不过是青年与成年时代的一道分界线,但是数学家们将他们的职业看作一种年轻人的博弈,因此30岁具有更加令人沮丧的意味。回顾自己一生中的这段日子,纳什也许会谈到他突然产生的焦虑情绪,以及对自己富于创造性的人生的黄金时段已经结束的"恐惧"。

具有讽刺意味的是,比人类大多数成员更多地生活在自己头脑中的数学家们居然更加容易陷入自己身体变化的圈套里,他们对此耿耿于怀!一个满怀雄心壮志的年轻数学家面对日历的时候,内心体会到的恐惧和警告如果不是同模特儿、演员或者运动员一样,就是更加强烈。哈代撰写的《数学家的辩护》为缅怀失落青春的一切挽歌设立了标准,他指出,从来没有听说过任何一流的数学成果是由年逾50的数学家完成的。但是数学家们说,这种年龄困扰在30岁来临之际最为强烈。"人们说,不论是福是祸，你也许可以在而立之年前完成最出色的研究，"一个天才这样说，"我倾向于认为你在30岁左右处于顶峰，但并不是说你以后就不会达到同样的高度。我愿意设想你是可以做到的，但不相信你能做得更好，这就是我的基本感受。"冯·诺伊曼过去常说"主要的数学能力在26岁左右开始衰退"，此后数学家就必须依靠"相比之下平淡无奇的一种特定的精明干练"。

加深这种讽刺的是创造新数学的行为，在外界看来这种行为如此超凡脱俗，在圈内人眼里却像是一种校内竞争，是一种竞赛，人们不会忘记那你推我挤的场面。一个人与过去和现在的竞争对手相比而得到的相对地位至关重要。哈代再次对激励许多数学家的东西作了最好的描述。他写道，除了成为一个数学家，他想不起来自己还曾有过什么别的理想，与此同时，他也想不起来小时候他对数学有过什么热情。"我想要击败其他男孩，数学看来就是可以最果断地做到这一点的方式。"纳什比大多数人更加具有远大理想，同样也比大多数人更加注重年龄问题，抑或他只是对这个问题更加坦诚而已。"纳什是我见过的最注重年龄的人，"费利克斯·布劳德在1995年回忆说，"他会每星期跑来找我，说我的年龄与他或其他任何人的年龄相比如何。"他在朝鲜战争期间逃避兵役的决心不仅暗示了逃避军营生活的想法，而且也体现了他极不情愿在那段时间退出竞赛的心情。

最成功者最容易感到时间正在流逝殆尽，类似这样的恐惧可能被夸大了，但是它们却很有可能造成真正的危机，数学史已经充分证明了这一点。比如阿廷，他疯狂地从一个领域转向另一个领域，企图抓住任何可以与他早期成就相提并论的东西。斯廷罗德则陷入了深深的抑郁情绪之中。他的一个学生发表了一篇关于"斯廷罗德衰退了的力量"的文章，这里所说的当然是数学的力量，不是身体的力量，其他数学家看了之后就露出得意的笑容，说："噢，是呀，斯廷罗德衰退了的力量！"

纳什的30岁生日产生出一种认知不调。人们几乎可以想象得到纳什头脑里的一个解说员正在低声窃笑,说:"什么,已经30岁啦,竟然什么奖也没有得到,没有得到哈佛的职位,甚至连永久教职也没有吗?你居然还以为自己是一个大数学家?一个天才?哈!哈!哈!"

纳什的情绪很古怪。令人苦恼的自我怀疑、不满与焦虑的期待交替左右着他。纳什有一种突出的感觉,认为自己正处于得到某种启示的边缘。正是这种有所期待的感觉,以及他自己描述的对那种"逐渐滑落到相对平庸的一般刊物的专业水平"的一种"恐惧",刺激他开始研究两个重大问题。

约在1958年春天的某个时候,纳什悄悄告诉斯坦,说他对于解决黎曼猜想有了"一个想法中的想法"。同年夏天,他给英厄姆(Albert E. Ingham)、赛尔伯格(Atle Selberg)和其他数论专家写信,简述自己的想法,征求他们的意见。他在二号大楼自己的办公室里长时间工作,夜复一夜。

哪怕提出这个想法的人是个天才,理智的反应仍然应该是怀疑。黎曼猜想是纯粹数学的圣杯。"任何人,只要可以证明或者反驳它,就会为自己赢得巨大的荣耀,"贝尔在1939年这样写道,"这样或那样形成的一个处理黎曼猜想的决定在数学家看来很可能比证明或者反驳费马大定理更加具有吸引力。"

普林斯顿高等研究院的邦别里说:"黎曼猜想并不是一般问题,它是纯粹数学中最重要的问题。它体现了我们不能理解的一种极其深刻而重要的东西。"

只能被自己和1整除的整数被称为素数,它们在2000年甚至更长的时间里一直让数学家非常着迷。希腊数学家欧几里得证明存在无穷多个素数。18世纪欧洲大数学家欧拉(Euler)、勒让德(Legendre)和高斯发起了一场搜索行动,至今仍在进行,目的是要估计究竟存在多少个小于n的素数，n是给定的正整数。自1859年以来，一系列数学巨匠，如哈代、莱温松、赛尔伯格、保罗·科恩和邦别里，都尝试证明黎曼猜想，结果全都铩羽而归。当一个年轻数学家向波利亚（George Polya）透露自己正在研究黎曼猜想，波利亚交给他一个错误证明的复印件，其作者是格丁根的一位数学家，他以为自己已经解决了这个问题。"每天早上醒来的时候，我都在思考这个问题。"那个年轻数学家说。第二天，波利亚在给他那份复印件时附了一张条子，上面写着："如果你希望攀登马特峰，你大概想先去那些已经尝试过的人的葬身之处采尔马特看看。"

在第一次世界大战爆发之前，一名德国银行家捐资在格丁根设立了一个奖项，用于奖励任何证明或者反驳这个猜想的人士。这个奖从来没有颁发，实际上在20世纪20年代的通货膨胀时期消失了。

纳什第一次听说黎曼以及他的那个著名猜想是在14岁那年，当时他也许正躺在小房间的地板上，在收音机前面，在阅读贝尔的《数学大师》。

黎曼是一个贫穷潦倒的路德教派牧师的儿子，体弱多病，他打算继承父亲的职业时也是14岁。一个富有同情心的校长发现这个男孩适合研究数学甚于担任牧师，送给他一部勒让德撰写的《数论》让他好好看看。贝尔叙述说，年轻的黎曼6天之后就送还了这部859页的著作，并说："这确实是一部精彩的著作，我已经看懂了。"这段插曲发生在1840年，很可能激发了黎曼对素数之谜的持续一生的兴趣。与此同时，按照贝尔的理论，黎曼猜想可能就是在他后来尝试进一步完善勒让德的工作之时产生的。

1859年，33岁的黎曼写了一篇名为《论不大于一个给定值的素数个数》的8页的论文，他在文中提出了他的著名猜想，这个猜想即便算不上纯粹数学的惟一一个引人注目的挑战的话，也是引人注目的挑战之一。

以下是贝尔对这个猜想所作的解释：

这个问题是要给出一个公式,说明小于任何已知数 n 的素数有多少个。为了解决这个问题,黎曼着手研究一个无穷级数 $1 + 1/2^s + 1/3^s + 1/4^s + \cdots$,在这个级数当中,$s$ 是一个复数,$s = u + iv (i = \sqrt{-1})$,$u$、$v$ 均为实数,它们要确保这个级数收敛。在这个条件下,这个级数是 s 的一个确定的函数,记为 $\zeta(s)$(希腊字母 ζ 一向用于表示这个函数,称为"黎曼 ζ 函数");随着 s 发生变化,$\zeta(s)$ 也会连续地取不同的值。那么 s 等于多少的时候 $\zeta(s)$ 会等于 0 呢?黎曼猜测,u 在 0 和 1 之间的所有这样的 s 值,具有 $1/2 + iv$ 的形式,也就是说它们的实部等于 $1/2$。

黎曼 39 岁时因患肺结核去世,身后留下了一份巨大的遗产,其中包括抽象的四维几何学,后来爱因斯坦在表述狭义相对论时用到了它。就像地理学家必须从二维平面几何学进入三维立体几何学,才能制作一幅没有歪曲的地球的地图那样,爱因斯坦为了描述这个宇宙,必须从三维几何学进入四维几何学。不过,最让人们难以忘记黎曼的还是他的那个可望而不可即的猜想。证明或者反驳这个猜想将会解决数论以及分析学的一些领域的许多难题。正如贝尔所说的那样,"专家意见倾向于认为这个假设成立"。

现在已经不可能说清楚纳什究竟花了多少时间进行这个尝试,但是他的此项兴趣看来是在去纽约的那年即将结束之际逐步形成的。施瓦茨记得曾经跟纳什在休息室里讨论过这个问题。诺伊维尔特在 1957—1958 年间是麻省理工学院的二年级研究生,他记得纳什大约在那时对这个问题产生了一种非己莫属的感觉。诺伊维尔特记得,纽曼大概想跟纳什开玩笑,告诉纳什说诺伊维尔特也在研究黎曼猜想。纳什咆哮着闯进了诺伊维尔特的办公室。"你竟敢这样做?"他说,"像你这样的家伙在干什么?"

此事很快就变成一个流行笑话。纳什每次见到诺伊维尔特，总会问："嗨，你进行到什么地步啦？"诺伊维尔特也就回答说："差不多完成啦。我以后会告诉你的，不过我得加紧了。"

斯坦回忆说，"纳什想尝试通过逻辑、通过这个体系的内在一致性证明这个猜想。有些证明建立在类推的基础上，建立在［间接］证明某事的逻辑规则的基础上。如果有人能够说明两个问题的结构在某种意义上完全相同，那么他就可以说明其中一个证明的逻辑一定能应用在另一个上面。这是一个逻辑证明，与真正的上下文没有关系。它并没有证明一个对象与另一个对象有关。"

斯坦有些怀疑。"他给我讲了这个非常简略的手段，这是他用于证明这个问题的一个想法中的想法。他打算找出另外一个数字系统，在该系统中这个猜想成立。当时我想，'真是异想天开，这并不符合逻辑。'干脆认定这是荒谬的事情。这与此前我和他进行的有关椭圆型方程的讨论完全不同，那时我觉得他的话虽然很大胆，却也可能是正确的。"

布兰代斯大学的数学教授帕莱（Richard Palais）回忆起一些细节："纳什正在考虑被称为伪素数序列的东西，也就是整数的增长序列 p_1, p_2, p_3, …具有与素数序列2，3，5，7，…相同的许多分布特征。对于任何一个序列，人们可以很自然地联想起一个'ζ函数'，这个函数在真素数的情况下就会变成那个黎曼ζ函数。在我的记忆当中，纳什曾宣称他可以说明对于'几乎所有'伪素数序列，对应的ζ函数满足黎曼猜想。"

贝尔曾经警告说，"黎曼猜想不是那种可以运用基本方法解决的问题，它已经引发一批数量庞大而难处理的文献。"等到纳什认真考虑这个问题时，这批文献已经增加了好几倍。英厄姆和赛尔伯格两人都警告过纳什，说他的想法以前也可能有人尝试过，却没有取得任何进展。卡拉比当时与纳什有联系，说："对于一个不常泡图书馆的人来说，这是一个很危险的区域。当你突然来了灵感，在觉得能得出一个结果的瞬间，会觉得自己得到了一个启示。不过这确实很危险。"

纳什暗示说,在他尝试解决纯粹数学和理论物理学的**这个**突出问题时,没有任何不合理的荒诞举动。别人对他早期的表述满怀疑虑,只不过是专家们对他早期的努力提出怀疑的重现而已,事后看来肯定是有点过分。如果问题得以解决,这个工作就会是一个年轻数学家完成的,他凭借毫不畏惧的骄傲、独创精神、与生俱来的智慧和极其顽强的意志向它们发起进攻。这些品质正是纳什取得他的最伟大成果的武器。

纳什决定研究这些问题时刚满30岁,正在努力克服他后来称为"无情超我"所带来的伤害。这暗示他那非同寻常的冒险愿望下有一种害怕失败的情绪。斯坦在与纳什讨论黎曼猜想的过程中得出一个有趣的印象:"当时他有那么一点处于……狂野的状态。他的举动有点夸张,说话的方式有些做作。通常情况下,数学家对他们想要证明的东西都会比较小心。"但是,当然了,毫不畏惧的骄傲并不少见。将在1962年赢得菲尔兹奖章的赫尔曼德的看法是:"一个人研究的东西并不一定都能出成果,这是生活的一个组成部分。你过高地估计了自己的能力。在解决了一个大问题之后,对一切较小的问题就不产生兴趣,这是非常危险的。"后来,很可能由于休克疗法的作用,纳什完全想不起自己曾经尝试解决黎曼猜想。不过,事实证明,纳什逼迫自己攀登这座最高、最险的山峰是导致他精神崩溃的主要原因。

有其他迹象显示,在这个特定时刻,纳什除了对冒险产生一种新的兴趣之外,还体会到一种日益增强的证明自己能力的压力。一直以来,纳什就很有些财迷心窍,哪怕涉及的金钱数目其实微不足道。纳什早就与萨缪尔森、索洛和麻省理工学院的其他一些年轻经济学家结为好友。萨缪尔森在1996年回忆说,纳什曾经告诉他,有一家银行完全不收开支票的手续费。"他们也向你提供贴好邮票、写好回邮地址的信封吗?"萨缪尔森回答说。纳什显然看不出这是一个玩笑,马上回答:"不会。你知道哪家银行会提供贴好邮票、写好回邮地址的信封吗?"萨缪尔森私下觉得这实在有些病态。莱温松曾经向萨缪尔森抱怨纳什非常小气,有一次还说要"改掉他的这种小气毛病"。莱温松说:"多证明一个定理可以为你赢得比这些鸡毛蒜皮更多的东西。"(不是所有人都认为这种小气习惯很古怪。纳什就成功地说服马丁和数学系的其他几个人将他们的银行户头转到弗吉尼亚的落基山人民国家银行,在那里开支票不用交费!)

那年夏天,纳什对金钱颇有些抑制不住的热望发生形式变化,他开始醉心于股票和债券市场。索洛回忆说:"他曾经提出一个想法,认为这个市场可能有一个秘密,它不是一个阴谋,而是一个定理,只要你将它找出来,你就可以在市场上所向披靡。他会看着报纸的财经版问:'为什么出现这种情况? 为什么出现那种情况?'就好像每一只股票的升与跌都应该有其理由一样。"数学系主任马丁也记得,"纳什喜欢讨论股市,他觉得可通过它发财致富。"纳什就他选择1999年7月的债券而不是1999年9月的债券进行套利活动说出了自己的想法,并且对没有挂牌而在场外直接交易的股票也有一些看法。索洛听说纳什正在投入的是他母亲的存款,简直惊得目瞪口呆。"我吓坏了,"他回忆说,"这是另外一码事。这是自高自大,就好比宣称可以控制潮水涨落,以为自己能智胜大自然一样。炒证券在数学家当中并不少见,这不仅是一个金钱问题,而是与世界对抗。许多股票买卖人就是通过这种方式起步。这是证明你自己能力的问题。"

7月底,尽管有雄伟蓝图等待实现,尚未度过正式蜜月的纳什夫妇离开剑桥前往欧洲。他们在纽约登上"法国号"轮船启程,最终目的地是爱丁堡,世界数学家大会将于8月的第二个星期在那里召开。纳什要在会上作一个有关非线性理论的演讲,麻省理工学院和普林斯顿的许多同行都会聚集在那里。纳什可以动用一部分斯隆基金支付他的旅费。

不过，他们首先出发去巴黎。纳什早已作过一番计算，认为从欧洲进口一辆二手车很划算，因此在那里买了一辆橄榄绿的梅赛德斯180型的柴油引擎汽车。他和艾利西亚接着就驾车南行，翻越比利牛斯山脉进入西班牙，然后折返意大利，再去比利时，这次旅行非常成功。"那时我们很年轻，"艾利西亚回忆说，"真是很好玩。"他的另一个计划是兑现诺言，给艾利西亚买一枚钻石戒指。安特卫普是世界钻石市场的中心，纳什认为直接从批发商那里购买一颗钻石应该比较划算。斯坦的父亲在战前曾经在那里做过钻石商人，纳什的想法大概就是从他那里得来的。如果纳什打算低价买一颗钻石，那么一定会感到失望；他在1996年回忆说，他买的那颗黄色钻石绝不比在美国本土任何地方便宜。从比利时出发，他们驾车直奔北海，进入瑞典，游览了隆德和斯德哥尔摩，之后掉头前往英格兰。

他们在伦敦与布劳德夫妇会合，接着结伴驾车去苏格兰。先生们完全忽略了在后排座位上闲聊的女士们。(伊娃·布劳德回忆说，那时，"纳什不喜欢和女人说话"。)在这次旅行的第二个雨天，费利克斯·布劳德不知怎么在那辆梅赛德斯汽车上弄了一道凹痕，纳什因此在余下的路上没完没了地嘟囔说："这辆汽车已经被布劳德化了。"

正如艾利西亚后来回忆的那样，爱丁堡"聚集了很多著名人物"。纳什的表现和平时差不多。米尔诺应邀进行半个小时的演讲，这是一个了不起的荣誉，纳什在下面板着面孔听讲。他与圣彼得堡大学的拉德申斯卡娅(Olga Ladyshenskaya)发生了一场大声的争吵，后者是研究椭圆型方程先验估计值的专家，也是她那一代人中最出色的女数学家。纳什看来窃取她的想法，她则有些偏执，作出了相当激烈的反应。纳什夫妇在他们酒店的房间里举行了一个舞会，纳什皱着眉头，长时间地抱怨艾利西亚花了太多时间穿着打扮，而且总是迟到。不过，当他和艾利西亚与布劳德夫妇、穆尔、米尔诺及其他人一起坐在剧院包厢里，观看颁发菲尔兹奖章时，脸上却没有流露任何表情。

第三十三章

计划

1958年秋

> 不断增长的意识是一种危险,也是一种疾病。
>
> ——尼采

纳什夫妇返回了剑桥。当艾利西亚半惊半喜地发现自己怀孕之际,纳什已经开始上课了。艾利西亚喜欢自己的工作和收到的工资支票,本来打算先等上几年再要孩子,这完全是纳什的主意。纳什没有再提他结婚的动机在于再生一个孩子,但是,他经常提醒艾利西亚,婚姻的全部目的在他看来就是生儿育女。现在,纳什的愿望就要实现了,他非常高兴,在10月初写给老师塔克的一封信的附言里,他传达了这个喜讯,"我们正在期待一个'新添的成员'。"

他命令艾利西亚停止抽烟。当她在数学系的一个舞会上刚刚点燃一支香烟,他就叫她扔掉,她拒绝服从,结果使他大发雷霆。除此之外,一切看来进展顺利。纳什正在教授一门研究生课程,其代号是M711,这是纳什想出来的狡猾叫法,意指"输掉赌注",果然吸引了许多学生前来听讲,"足以填满一个小型竞技场"。纳什布置的第一个作业也反映出他心情非常愉快。他要学生们发明一个办法,相互给对方的卷子打分,这样他就不必为此劳神了。

那时，纳什仍然对自己的未来满怀心事，越来越感到不安。马丁已经答应那年冬天给他一个永久教职。这个决定多少给了他一些抚慰：纳什给塔克写信，说麻省理工学院的情况已经"发展到暂时解决的地步，**这与1958年年初相比是一个进步**"。

不过，他的未来正由其他人决定的事实使他意志消沉。与此同时，他越来越确信自己并不属于麻省理工学院。"我并不认为这对我会是一个很好的长期职位，"他写信告诉塔克，说他担心自己会像维纳那样在系里孑然独立，"我更愿意成为一小群水平相当的同行中的一员。"他的妹妹马莎回忆说，"他不打算留在麻省理工学院，希望去哈佛，因那里声誉卓著。"

就在此时，芝加哥大学开始试探纳什是否有兴趣加盟。芝加哥大学已经有很长一段时间没有招聘高级人才了，即便在韦尔（Andre Weil）离开学校前往普林斯顿高等研究院之后也是如此。现在数学系来了一个新的主任艾伯特（Adrian Albert），还得到了一些拨款。艾伯特的目光落在哈佛的一个年轻教授汤普森（John Thompson）身上，他在群论领域取得了杰出成绩，另外一个目标就是纳什，他在这个系里有不少支持者，其中包括陈省身。

纳什深刻地感受到这些决策带来的压力，决定无论如何要在下一年离开这里去度自己的休假年。他希望在普林斯顿高等研究院度过1959年的秋季学期，到春季学期则前往巴黎，在一个同等的法国机构（高等科学研究院）工作，这个研究院同普林斯顿高等研究院一样，由数学家和理论物理学家统治。大约在10月底，他开始办理申请几个研究资助的手续，其中包括国家科学基金、古根海姆基金和富布赖特（Fulbright）项目。他还向高等研究院申请会员资格。他写道："这是计划的一部分，另外一部分就是学习法语。"

塔克对此表示支持。他在10月8日给富布赖特项目写信说，"纳什急于同他认为状态良好的人士讨论数学问题……他对那些达不到这个标准的人经常会有相当粗鲁的举动……不过这在法国是一种标准做法……纳什将会在精力旺盛的公平交流方面做得很好……从与勒雷（Jean Leray）的交往中得益匪浅。"他在写给国家科学基金会的推荐信中将纳什称为"美国最具天才及独创精神的数学家之一……在他获得斯隆研究资助的最后一年，成为得到该项资助的两三个最出色人物之一"。他在11月26日写给古根海姆基金会的信里也写了类似的高度赞美辞。

纳什究竟准备研究什么课题还不清楚。当时他正在思考几个不同的问题，其中包括量子理论和黎曼猜想。他想去巴黎可能是因为勒雷正在法兰西学院，也可能与此无关。罗塔回忆说："他夸口说已经得到足够的研究资助，可以生活三四年时间。"

那年秋初出了一个大煞风景的插曲。实践证明纳什的证券投资是灾难性的，他因此不得不向弗吉尼亚承认自己的失败，同时保证会偿还她的资金。"我会偿还我的债务。"他不得已在那年秋天写信告诉弗吉尼亚。款项的数目并不大，但是整个事件令他心烦。

简言之，所有事情看来突然变得难以预料，这很可能是纳什对另一个年轻男子入迷的原因。那年夏天，一个比纳什小6岁、才华出众的数学家出现在麻省理工学院。到60年代中期，保罗·科恩将由于解决了哥德尔留下的一个逻辑学难题而名噪一时，这个结果如此惊人，《纽约时报》也专门作了报道。他还将赢得一枚菲尔兹奖章和一次博谢奖。但是在1958年秋天，科恩却是个具有超凡野心、感觉极度失意、自命不凡的家伙。

科恩在纽约的一个穷人家庭长大，是施托伊弗桑特高中数学小组的成员，刚刚从芝加哥大学获得博士学位。由于他的博士论文并没有得到广泛认可，结果他不得不郁郁不乐地被"流放"到罗切斯特大学。他迫切想离开那里，因此请求他在施托伊弗桑特认识的老朋友斯坦帮忙谋求麻省理工学院的一个讲师职位。斯坦设法满足了他的愿望,罗切斯特的课程一结束,科恩就来到了剑桥。

科恩是一个大个子,举动带有点狡猾,在高高的前额下面,一双眼睛炯炯有神。他的身上会交替出现自我着迷、疑神疑鬼、咄咄逼人和富有魅力的特征。他会讲几种语言,会弹钢琴。他的野心似乎永无止境,一会儿说要成为物理学家,一会儿又说要成为作曲家,甚至还想过要成为小说作家。斯坦早已是科恩的密友,他说:"驱动科恩的力量来自他要胜过任何人的欲望。他要解决重大问题,看不起那些只是为了使这个领域出现进一步改进而研究数学的数学家。"

他同纽曼一样敏捷,同纳什一样雄心勃勃,同这两个人加在一起一样傲慢自负,并很快就跟这两个人打成一片。科恩非常好斗——"疯狂好斗",当时的一个讲师这样描述。"他善于驳斥别人。"加西亚(Adriano Garsia)在1995年回忆说。他们相互用问题挑战对方。"喂,纳什,你现在正在研究哪一种垃圾玩意呢?"科恩会说,"你今天又证明了什么错误定理啦?好吧……你想要一个真正的问题? 我一定会给你一个的!"他们无情地嘲弄下国际象棋的人。加西亚回忆说:"他们总是急于显示自己在别人正在下的棋中更为出色。他们醉心于搞恶作剧……用许多啤酒瓶弹出曲调。"一般情况下,纽曼和科恩可以压倒纳什,但并不总是这样。科恩是他们中最能言善辩的一个,但是纳什偶尔也让人目瞪口呆。"他有办法只用三个单词就说出很多事情。"加西亚说。

按照科恩的说法,纳什"陶冶"了他,这真是"很不寻常"。科恩回忆说:"也许我喜欢他是因为他喜欢我,他会叫我一起去吃午饭。不过,他不是我的朋友,我不知道他究竟有没有朋友。"但是,科恩还是被迷住了,他当时常常同纳什夫妇一起吃饭,用西班牙语跟艾利西亚交谈,一边却在琢磨纳什究竟怎么会赢得这样美丽的女孩的芳心,并且意识到艾利西亚对纳什过分关注自己显得有些"疑虑"。

纳什从来没有对科恩提过任何建议,也没有说过任何私人的事情,不过,他留下了一些暗示。科恩回忆纳什曾提起"某某是一个同性恋者"这样的事情,或者说出一个单词,问科恩知不知道它的意思。如果科恩说不知道,纳什就会说:"噢,原来你不知道它有如此这般的含义。"系里的人不久就开始窃窃私语,说纳什爱上了科恩。

科恩被纳什对自己的兴趣弄得有点不好意思,却也更感到激动莫名,不过他更喜欢反复提起纳什宣称的伟大成就与现实之间的不相称,以此惹恼纳什,从中取乐。他满怀恶意地批评纳什的傲慢自负。后来,科恩说:"在数学上我和他没有任何相互影响,我根本不认为自己可以和他讨论数学。"

但是,他们确实对纳什有关黎曼猜想的想法作过许多讨论。"纳什认为他可以研究想研究的任何问题,"科恩用略带蔑视的语气说,"他给英厄姆写了一封信,到处拿给人看。我坚决予以反驳,他想做的那些事情,你是不会做的。我对纳什的想法一定很冷漠无情。黎曼猜想不可能像他所说的那样解决,他拿着那封信到处跑,但是任何一个专家都说那些想法天真幼稚。我所尊敬的是他对哪怕是猜想的那种巨大的自信心,如果他是正确的,那么这个家伙的直觉就在最高层次。但是,结果证明这只是他又一个错误念头。"

一年之后,纳什已经被送入医院治疗,有些人认为,与一个更加年轻的男子之间失意的爱情和强烈的对抗是纳什精神崩溃的原因。具有讽刺意味的是,科恩的事业最后发展成为纳什的道路的一个翻版。在他取得重大成就之后,也转向研究黎曼猜想和物理学。他确实发表过论文,但是数量很少,而且没有一篇可与他30岁以前完成的工作相提并论。"没有任何事情可以引起他的兴趣,"在麻省理工学院,认识他的一个数学家说,"他处于辉煌的隔绝状态。"

第三十四章

南极洲皇帝

这里在燃烧。文火在燃烧。

——布伦纳(Joseph Brenner),精神病医生,

剑桥,马萨诸塞州,1997年

有人在高声大叫:"现在开始猜谜语,现在开始猜谜语。"一群化了装的客人挤满了莫泽在尼德姆的那所小房子的一楼。外面,雪已经下了好几个小时。里面,气氛热烈,烟雾、饮料和爵士乐混合在一起。人人都在谈话,笑声比平时稍大,他们脑袋挤在一处,挥舞手里的香烟,摆姿势照相,虽然仍有一些自觉意识,却在这种狂欢节般的气氛中完全摆脱了日常的束缚。莫泽夫妇化装成海盗和印第安女子。阿廷的女儿凯伦·泰特(Karin Tate)是音乐家,现在则打扮成一只黑猫。她的先生、代数学家泰特就变成向量空间人,头戴一顶金属帽,带有轻轻跳动的天线,胸前画满了向量符号。罗塔穿着他那套长及膝盖的修道士长袍,看上去同平时一样优雅高尚。他那黑头发的妻子特雷莎(Teresa)则穿着西班牙式的短上衣和苗条的黑裤子,像短跑选手那样跑来跑去。

莫泽夫妇的儿子里希从起居室的窗户向外张望,当时一辆大型的深

色汽车驶了进来，一个实际上没有穿衣服的男子下了车。有人用力敲厨房的门，里希跑去开门，纳什大步走进房间，后面跟着艾利西亚。所有人都回过头来，眉头因为惊讶而突然高耸起来，谈话声戛然而止。艾利西亚兴奋地大笑，纳什则边得意地微笑，边环顾周围吓呆了的客人们。纳什光着脚，完全赤裸，只兜了一片尿布和一条肩带，肩带挎在他结实有力的胸膛，上面写着"1959"。出尽风头之后，纳什露齿一笑，鞠了一躬，向聚集一处的人群挥舞一个装满牛奶的婴儿奶瓶。大家爆发出一阵大笑，他接着就悠闲地走进起居室，参加猜谜语游戏。

莫泽夫妇将客人们分成两队。纳什在一个队里，里希则在另外一队。轮到里希的时候，纳什走到他身边，在他耳边小声说了某个谜面。里希很高兴，他崇拜纳什，因他比莫泽在数学界的大部分朋友都年轻和精力旺盛。起初，里希的手势谁也看不懂。最后，一个女子，也是这房间里最出色的猜谜能手，看出了这11岁小男孩的心思：《纯粹理性批判》！里希抬头看看纳什，他只是耸了耸肩膀，报以一个灿烂的笑容。

从1958年12月31日那个夜晚一直到第二年2月的最后一天，纳什将要经历一场奇特而可怕的蜕变，他的数学家同事和朋友都用疑惑的目光观察他。但是在那个夜晚，他无论从什么角度来看都是平常那个神气活现、离经叛道、稍微有点不正常的他，喜欢开玩笑，很顽皮。艾利西亚同样兴致高昂，纳什的化装方式是她想出来的。她为他缝制了肩带，并给他披上，还设计了午夜过后进入房间的情景。有一张照片上纳什像是有点醉了，懒散地伸展手脚坐在那里，正在笑的艾利西亚心情愉快地坐在他的膝上，手臂搭在他的肩头，整个情形看不出任何不安或不祥的预兆。不过，在那天晚上的大部分时间里，却是纳什坐在艾利西亚的膝盖上。参加晚会的其他人觉得这实在太离奇了，"真是令人毛骨悚然"，"令人感到不安"。

纳什已经越过了某个看不见的起点。这种疯狂的活动以及在休息室里与纽曼和科恩进行的激烈辩论在那年初秋显得如此引人注目,现在也已经开始平息下来。他看上去更加无动于衷,更加想入非非。刚刚进入纳什圈子的一个研究生回忆说,纳什再也跟不上科恩和纽曼了。科恩在1996年回忆说,那年秋天,纳什还会说一些小笑话,对世界大事、有趣的驾驶执照号码和类似的东西发表一些即席评论,这些评论都很有趣,因为纳什总是那么聪明,那么诙谐,可是其中也显示出某种不大对劲的东西。"我当时想,'这有些过头了。'"科恩说。

纳什开始选出一些人。其中之一是毕业班学生瓦斯克斯(Al Vasquez),他从来没有上过纳什的课,反倒有点像科恩的手下。"我会在休息室里见到他,听他说一些东西。那不是一种交谈,更像是一种独白。他给我看他的文章的预印本,并就这些文章向我提出奇怪的问题。"

但是,这样的事情并没有什么特别,完全没有警告或暗示任何彻底病变,只是说明纳什的离经叛道行为进入了另一个阶段罢了。他的谈话,正如博特描述的那样,"已经将数学和神话混为一谈"。他平时的风格就是有点古怪,似乎从来不懂得什么时候应该讲话、什么时候应该闭嘴或者怎样进行正常的相互迁就。艾玛在1997年回忆说,从他们最初的交往开始(当时纳什和艾利西亚正在恋爱),纳什总是讲一些含有神秘而不恰当妙语的冗长故事。

在纳什的博弈论课上,他的举止跟平时没有什么两样,这是当时学生们的看法。第一天,他对全班同学说:"我突然想起一个问题:你们为什么会出现在这里?"这句话导致一个学生放弃了这门课。后来,他在没有预先通知的情况下来了一个期中测验。他还不断调整教学速度,有时会在演讲或回答学生问题的中途陷入沉思。在感恩节前,纳什邀请他的博弈论课助教甘戈利(Ramesh Gangolli)和上这门课的一名学生加尔马里诺(Alberto Galmarino)同他一起出去散步,他正在帮助后者选择论文题目。

黄昏时分，他们走过跨越查尔斯河的哈佛桥时，纳什开始发表长篇独白，刚刚来到美国的那两个人很难跟上他的思路。这个独白涉及世界和平面临的威胁并呼吁建立世界政府。纳什看来是在向两个年轻人吐露心事，暗示已经有人要求他担任某个不同寻常的工作。甘戈利回忆说他和加尔马里诺感到非常不安，一度想通知马丁，说他有点不对劲，可是，他们敬畏纳什，而且初到美国，很不愿意作出任何判断，因此决定保持缄默。

大约在同一时期，解析数论大师赛尔伯格在剑桥发表了一个演讲，纳什也是听众之一，他似乎认为赛尔伯格知道某个秘密，却没有说出来。赛尔伯格回忆说："他提出了一些我觉得还合情合理的问题，与我的思维方式有关，就演讲题目而言则显得有些不太合适。他似乎看出某些与我打算讲的内容有很大区别的东西……[他的]问题很系统，好像是说我有某种隐藏的没有完全揭示出来的事情，他想弄清这些事情。这个演讲说的是几个局部对称空间的刚性，纳什坐在听众席里，他提出的问题似乎暗示我有一个秘密的动机。他怀疑这可能与黎曼猜想有关，当然不是这么一回事。我感到相当困惑，我说的可是无论如何[与黎曼猜想]毫不搭界的东西。"

新年晚会过后，系里的人们开始谈论纳什。1月4日，学校复课。一星期或10天后，纳什让加尔马里诺给他代两节课，他要走开一下。加尔马里诺因纳什的信任而受宠若惊，不假思索就同意了。在出城的路上，纳什拜访了位于萨克拉门托大街的罗塔一家，接着他就消失了。

科恩几乎在同一时间失踪。几天后，研究生中开始流传纳什和科恩一起逃跑的谣言。实际的情况却是，科恩看他妹妹去了，他回来后听到别人正在谈论他和纳什，很不高兴。在那个时候，纳什已经驱车向南前进，最终目的地是罗阿诺克，不过也可能是去首都华盛顿。

过了两个星期，纳什无精打采地走进休息室，没有人停下来和他说话。纳什手里拿着一份《纽约时报》,没有跟任何人打招呼,径直来到罗杰斯等人的面前,用手指着《纽约时报》头版的左上方(该报员工把那里称为off-lede),说来自外太空或者外国政府的抽象力量正在通过《纽约时报》同他进行交流。他说收到的信息只是给他一个人的,已经用密码加密,需要经过精密的分析才能看出来,其他人不可能破译这些信息,他正在得到许可,可以与整个世界分享这些秘密。罗杰斯和其他人不禁面面相觑——他是不是在开玩笑?

艾玛记得有一次她同纳什、艾利西亚一起驾车旅行。她回忆说:"他不断转换电台,我们以为他只是捣乱而已,但是他却认为对方正在向他发送信息。他所做的事情是疯狂的,可是他并没有真正意识到这一点。"

纳什曾经给他的一名研究生一个过期的驾驶执照,将这个学生的昵称圣路易斯(St. Louis)写在自己的名字上面。他将这个东西称为"星际驾驶执照"。纳什说他是一个委员会的成员,现在决定让这个学生管理亚洲。这个学生回忆说:"他看上去只是开玩笑罢了。"他的行为有些神秘。另外一个本科生回忆说:"我当时觉得他正四处匆忙奔走。比如我走进一个楼梯井,他会突然跑掉,似乎他一直隐藏在那里。"

一天晚上,纳什来到泰特夫妇的家。大家相互开玩笑,最后决定坐下来打桥牌,纳什的搭档是凯伦·泰特。他叫牌的方式非常古怪,有一次叫了六红心,后来大家却发现他手里根本没有红心。凯伦问他:"你是不是疯了?"纳什的反应相当平静,解释说他本来指望凯伦领会他叫牌的用意。"他真心指望我能领会他叫牌的用意,而当时我以为他在捉弄我,但是很显然他没有。我猜他是不是正在做某种实验。"有些人继续认为纳什只是醉心于某种煞费苦心的纯属私人的玩笑,关于这一点有过很多争论。

纳什对那几个星期的记忆就是当时他意识到脑力正消耗殆尽,脑海里反复出现到处弥漫的影像,而且越来越多。他越来越清楚地觉得一个秘密世界即将揭开，而他周围的其他人对于这个世界毫不知情。他在1996年回忆说，他开始在麻省理工学院的校园里留意打红领带的人。"我得出一个印象，即麻省理工学院的人打上红领带就是要引起我的注意。随着我的妄想日益加深，不仅仅在麻省理工学院，而且在波士顿打红领带的人在我看来都是别有用意的。"在某个时刻，纳什得出结论，打红领带的人是一个确定模式的一部分。"而且还与秘密的共产党具有某种关系。"他在1996年说。

事情开始迅速发展。艾利西亚后来将纳什的崩溃比喻成在一个晚宴上相当正常地交际的一个人突然开始大声争吵，最后完全失去控制，大发雷霆。

纳什告诉科恩说："人们正在谈论我，你已经听见了。告诉我，他们都在说些什么。"科恩回忆说："这个要求有点险恶。我跟他说我不明白他在说些什么，我也没有听说过任何东西。"

当时纳什仍在研究那个黎曼问题。有一次，纳什指责科恩乱翻他的废纸篓，问他是不是打算窃取有关黎曼的想法？这看上去仍然只是有点出格的玩笑，却已使科恩深感不安，以致后来向一名学生重提此事。

2月中旬，由富布赖特基金资助访问伦敦的库恩夫妇和孩子们一起在巴黎待了几天，库恩拜访了法国数学家伯奇（Claude Berge）。伯奇给库恩看了纳什的一封来信，是用四种颜色的墨水写成的，信中抱怨来自外太空的外星人正在毁掉他的事业。

纳什给伯奇写这封怪信的起因可能是1959年博谢奖名单揭晓，得奖者是柯朗的教授尼伦伯格，他曾建议纳什研究偏微分方程问题。科恩后来回忆说，纳什的反应是怒火中烧，他说自己应该得到这个奖，一个年纪较大的数学家得奖只是这些事情"与政治有关"的一个征兆。

纳什还向诺伊维尔特提起他的研究工作。"当时他将要作一个关于黎曼猜想的演讲，"诺伊维尔特回忆说，"可是他讲话时却显得语无伦次。概率就是一切！！！我知道这是疯狂的想法。我跟纽曼说过这事，他只是一笑置之。"

又有一次，纳什如往常一样未经通报就闯入莫泽的办公室。一向和蔼可亲的莫泽克制住内心的火气，招手让他进来。纳什站在黑板前面，画了一个东西，看上去像是一个大而带有皱纹的烤马铃薯，然后又在右边画了两个较小的东西。接着，他长时间地盯着莫泽。"这个，"他说，指着那个马铃薯，"就是宇宙。"莫泽点了点头，当时他正努力将纳什隐函数定理用于解决天体力学的一些特定问题。"这就是政府，"纳什用惯常的语气说，"这是一个椭圆型方程。""这是天堂，这是地狱。"

马丁夫妇在寒假期间去了墨西哥，回来后，莱温松悄悄把马丁拉到一边，告诉他自己觉得纳什有点精神失常。"给我讲讲这是怎么一回事，"马丁说，他后来说自己"几乎完全不相信这种事情。莱温松说：'他非常多疑。如果你去他的办公室，他不会允许你站在他和门口之间。'确实如此，那个星期天晚上，当我走进他的办公室，纳什设法使自己绕到大门和我之间"。

系里的邮箱不断出现奇怪的信件。系里的秘书古德温(Ruth Goodwin)一律将它们放在一边，再拿给马丁看。这些信件是寄给几个国家的大使的，寄信人是纳什。马丁有点儿惊慌失措，他尝试从校园四周的信箱里收集这些信件，但不是所有信封都注明地址，有一大部分还没有贴邮票。

信里究竟写了些什么？没有一封信得以流传下来，但是有几个人记得马丁说过纳什正在组建一个世界政府，还有一个委员会，纳什与系里的几个学生和同事是委员。这些信件是发给驻华盛顿的各国大使馆的，纳什在信上说他正在组建一个世界政府，并想跟大使们谈谈，以后还要跟各国首脑磋商。

马丁陷入了左右为难的尴尬境地。系里的教师们经过内部争论后，刚刚投票赞成提升纳什，现在正等待学院院长决定。他感到犹豫不决，最后推迟了提升。

与此同时，芝加哥大学数学系主任艾伯特打电话给莱温松打听纳什的精神状况。芝加哥已经为纳什准备了一个令人尊敬的职位，纳什也计划好要在那里发表一次演讲，现在艾伯特却收到纳什寄来的一封离奇古怪的信。信中，纳什感谢艾伯特的一番好意，却说自己不得不推辞，因为按照计划他将出任南极洲皇帝。布劳德在1996年回忆说，这封信中还提到马丁窃取纳什想法的事情。这事也引起了麻省理工学院院长斯特拉顿（Julius Stratton）的注意，据说他看了纳什的这封信的复印件之后说："这个人病得很厉害。"

春季学期在2月9日开始。华盛顿诞辰纪念日之后没过多久，卡拉比作为普林斯顿高等研究院成员在麻省理工学院举办了一个研讨会。本科生一般不参加系里的讲座，即便非常聪明的学生也是如此，但是毕业班的一个学生瓦斯克斯却想参加，他特意为出席研讨会穿上了运动外套，打了领带。他相当自觉，坐在距离最后面只有几排座位的地方，暗自希望自己看起来不像心里感觉的那样鬼鬼祟祟。

他一坐下来就发现纳什恰巧坐在他后面的那排座位上。卡拉比的演讲进行到一半，纳什就开始大声讲话，但这些话似乎并不是冲着卡拉比来的。过了一会儿，瓦斯克斯才意识到纳什原来是跟自己讲话。"瓦斯克斯，你知不知道我上了《生活》杂志的封面？"纳什不断重复这个问题，直到瓦斯克斯转过身来。

纳什告诉瓦斯克斯，说他的照片经过一番加工，这样看上去就像教皇约翰二十三世。他还说,瓦斯克斯的一张照片也上了《生活》杂志的封面,而且同样经过加工。纳什怎么知道教皇的那张照片其实是他自己的照片呢?两天后,他作了解释。首先,这是因为约翰并非那个教皇的教名,而是教皇自己选择的一个名字。其次,23恰是纳什"最喜欢的素数"。

瓦斯克斯后来回忆,最令人奇怪的是,卡拉比居然可以继续演讲,好像根本没有遇到任何骚扰,在场的其他听众也同样没有理会他们的谈话,尽管纳什的声音一定大得足以传遍房间的每个角落。

纳什和卡拉比早在普林斯顿读研究生时就认识了。卡拉比来到剑桥之前,纳什曾经打电话到卡拉比位于爱因斯坦大道的公寓,问其可不可以接待他和艾利西亚在那里住几天。他打算在研究院待几天,向数论专家赛尔伯格请教,同时为他在即将召开的地区数学会议中发表演讲作准备。

卡拉比在演讲结束之后,与纳什夫妇外出共进晚餐。卡拉比回忆说,纳什夫妇两人看上去异常紧张不安。"有一次,纳什转错了方向,艾利西亚就开始歇斯底里地叫起来。他好像很忧郁。"

第二天,纳什夫妇动身前往普林斯顿,卡拉比继续留在剑桥。过了一两天,卡拉比接到妻子朱利亚娜(Giuliana)的一个电话,说纳什的行为非常古怪,问他可不可以回家。

有一次,纳什走进了别人的公寓,用过洗手间,又走了出来。当然,爱因斯坦大道的公寓从外表看实际上是一模一样的,发生这样的失误并不是什么新鲜事,但是,事后纳什也似乎没有意识到自己走错了公寓。

2月28日下午,纳什显得更加烦躁,那时卡拉比刚刚回来。"他的举止比往常更加紧张,非常不安。启程离开的时候他放错了笔记本,在汽车和房子之间来回跑动拿东西。艾利西亚则试图让他平静下来。"卡拉比在一旁看着这一切,心中充满忧虑。提到纳什的数学研究,他说:"我知道,在那个领域,那个问题不可能被一束灵感火花征服。"

纳什向赛尔伯格请教的结果显然也是一无所获。赛尔伯格被他的固执搞得有些烦躁,他后来回忆自己曾粗鲁地告诉纳什,他考虑的概率方法早已有人尝试过了,而且已经证明完全是徒劳的。

人们只能想象,纳什在那个下午站在250位左右前来听他演讲的数学家面前,内心充满怎样的恐惧和困惑。这个讲座由美国数学学会举办,在哥伦比亚大学的一个报告厅里举行。

柯朗研究所教授、数论专家夏皮罗早在1952年夏天就与纳什在兰德共事,现在他介绍纳什出场。

"现在,在攻克最艰深的问题方面已经显示出卓越才华的一位年轻的大数学家将要介绍他认为有可能解决所有数学中最深奥难题的办法。"演讲大厅里充满了高度期待的气氛。美国数学学会的地区会议实际上就是工作会议,听众包括正在找工作的人士以及卓有建树的数学家,其中的许多人都非常了解纳什和他的研究工作。夏皮罗回忆说:"我那时听说纳什对素数很感兴趣。所有人的反应就是如果纳什转向数论领域,那么数论专家最好留心听一下。大厅里出现一阵窃窃私语的嗡嗡声。"

柯朗研究所教授拉克斯将这个演讲形容为"一次非常奇怪的历险"。

当时我们正在听纳什的演讲,别尔斯(Lipman Bers)提醒我说,海费兹(Heifetz)是在卡内基举行了他的第一场音乐会(同台演出的是钢琴家戈多斯基)。一个年纪较大的小提琴家转身对坐在自己旁边的音乐家说:"这里真热。""对钢琴家来说算不上。"对方回答。当时报告厅里一定也很热,不过只是对听众中的数论专家来说是这样。那是正在进行中的研究工作,我不能加以判断,数学家一般不会把没有完成的研究工作公之于众。

起初,整个演讲看上去只是纳什的又一次令人捉摸不透、毫无章法的发言,其中的自由联想多于系统阐述。不过,演讲进行到一半,发生了一件事。纽曼在1996年回忆道:

> 他前言不搭后语。当时我在犹太高等学校工作。曾经研究黎曼猜想的拉德马赫尔(Rademacher)也在座,他写过一篇很出色的文章,说明为什么不可以解决黎曼猜想。这是纳什的第一次失败,所有人都知道出了问题,但是他没有停止,继续喋喋不休地说下去。数学只是些蠢话,这跟黎曼猜想有什么关系?有些人理解不了。接着,有人起身离开,向其他人打听情况,想知道刚才听到的究竟是什么意思。纳什的演讲不能用好坏来形容,它实在是太可怕了。

两年前,在柯朗,莫拉韦茨曾经很喜欢跟纳什开玩笑。演讲结束后她在走廊里遇见纳什。"他被一阵讥笑声赶出报告厅,"她回忆说,"我觉得很难过,对他说了一些安慰的话,但他显得非常压抑,而我感到烦恼不安。"(后来,莫拉韦茨用"嗤之以鼻"来形容听众的反应。)

纳什在返回麻省理工学院的途中还应邀去耶鲁发表一个演讲,这是他那年第二次在耶鲁发表演讲,可是他居然迷了路。他不断给当时正在耶鲁教书的费利克斯·布劳德打电话,说他不知道怎样离开梅里特公园大道。

与在哥伦比亚大学一样,纳什讲的还是黎曼猜想。这次同样惨不忍睹,正如布劳德回忆的那样(他将这次演讲同上一次作了比较)。"前一年根本看不出会出什么问题,当时他完成了椭圆型方程的证明,他是在一次谈话中完成这个证明的。我[曾经]问他想不想到耶鲁来,再作一次演讲。我觉得他某个地方出了毛病。"

第三十五章

身处暴风眼

1959年春

> 这就像遇到一场飓风。你想抓紧你的东西,而不愿看到失去一切。
>
> ——艾利西亚·纳什

尽管艾利西亚在新年前夜看上去兴高采烈,但她在前几个月却一直忧心忡忡。自他们从欧洲度假归来,她眼中闪烁的对新生活的美好憧憬已经变成更加阴暗、更加忧郁的目光。她和纳什搬到了西梅德福,这是剑桥北部的一个小型工业城市。艾利西亚觉得自己中断了与过去的联系,被孤立在这里。她对发展自己事业从来没像现在这样感觉渺茫。她对怀孕也怀有矛盾的心情,她最初以为此事可以密切她和纳什的关系,现在看来也落空了。她的丈夫已经变得越来越冷漠,越来越疏远。随着天气渐渐变冷,白天渐渐变短,她越来越显得无精打采、焦躁不安,而且非常孤独,以至于一度想去看精神病医生。

这样的情景早在感恩节之前已经开始。那时纳什的举止比她自己的低落情绪更令她烦恼。有好几次,他们在家或者车里单独相处的时候,纳什常常提出一些古怪的问题,让艾利西亚不知如何是好。"你为什么不告诉我这件事?"他用一种恼火、激动的声音问,实际上却没有什么事情可言。"把你知道的事情告诉我。"他命令道。他的行为就像是她知道了某个秘密,却不肯告诉他。他第一次这样问的时候,她就想他自己是不是有了什么风流韵事。这可以解释他越来越严重的遮遮掩掩的态度以及心不在焉的样子。他会不会通过指责她来转移人们注意他的视线?

到了新年这一天,艾利西亚满26岁了,她已经可以肯定"出了什么问题"。纳什的行为越来越难以捉摸,他在前一分钟也许性急暴躁、神经过敏,在下一分钟又变得无动于衷,实在令人迷惑不解。他说他"知道某件事情正在进行",抱怨一直有人在对他进行"窃听"。他彻夜不眠,忙于给联合国写一些奇怪的信。一天晚上,在他把两人的卧室墙壁涂满黑点之后,艾利西亚叫他睡在起居室的沙发上。

艾利西亚有些紧张,开始从他们的日常生活中搜寻可能导致这种情况的理由。她的第一个想法就是纳什过分担心悬而未决的永久教职。她怀疑,即将出生的婴儿加上其带来的所有新责任是另外一个压力来源。她还在想,对于一个来自南方的享有特权的中上层白人而言,与一个像她这样"不同的"人结婚是不是难以忍受?

艾利西亚徒劳地试图让纳什安心。她一而再、再而三地对他说,担心永久教职是没有理由的,他是系里的宠儿,而且,马丁毕竟还是相信这个决定会通过的。她对他讲道理,指出继续写信"可能损害他的专业信誉",甚至使他不能得到永久教职。当这些努力失败之后,她提出了抗议。"你不可以做蠢事。"她说。接着,纳什却做了几件事,令她感到非常害怕,不得不面对现实,终于相信他出现了某种精神崩溃。

他开始威胁说要提出他的全部银行存款,并转到欧洲去,看来他有了一个想法,要建立一个国际组织。同时,他开始彻夜不眠,夜复一夜,在她睡觉后很长时间还在写信。到了早上,他的书桌上到处都是用蓝色、绿色、红色和黑色墨水书写的信纸。这些信件不仅写给联合国,还写给几个国家的大使、教皇乃至联邦调查局。

1月中旬,学校的课程还在进行,纳什却在一个夜晚大发脾气,然后出发前往罗阿诺克。艾利西亚在别无选择的情况下打破沉默,打电话给弗吉尼亚,向她发出警报。但是,据马莎回忆,她除了说纳什承受的压力很大,行为不是很有理性以外,没有向婆婆说别的。当他到达罗阿诺克,弗吉尼亚和马莎都被他的烦躁情绪吓了一跳。有一次,他还在弗吉尼亚的胳膊上打了一下。

纳什回去后,继续在私下里欺侮艾利西亚。有一次,他威胁说要打她,"如果你再不告诉我。"

起初,艾利西亚担心纳什和他们的未来多于担心她自己可能遇到什么肉体伤害。她的第一个压倒一切的直觉就是要避免学院得知纳什面对的难题。"我不想让这些坏事传出去。"

她辞去了在技术运作公司的工作,在校园里的计算机中心另外找了一份工作,开始终日看守纳什,尽量靠近他,将他更多地留在身边。每天下午下了班,她就去数学系接他回家。他们出去吃饭的时候,她也不再邀请其他人同行。她特别在意躲开科恩,虽然纳什的固执坚持有时使她不能如愿。"艾利西亚想挽救他的事业,保全他的智力,"艾利西亚的一个朋友后来回忆说,"保全纳什符合她的利益,她真是坚忍不拔。"

在罗阿诺克事件发生之前,艾利西亚一直没有向任何人透露自己的心事。现在她去找麻省理工学院医学系的一名精神病医生谢尔(Haskell Schell)博士。她还几次邀请艾玛一起出去吃午饭。虽然她犹豫不决,多有隐瞒,但还是跟她的朋友谈到了一部分正在发生的事。

开始的时候,艾利西亚发现她的精神病医生向她提问多于提供如何适应目前状况的实际建议,那些问题涉及她的成长过程、她的婚姻以及性生活。"起初，艾利西亚信任他们，因为这里是麻省理工学院，"艾玛回忆说，"但是，当时是一个推崇弗洛伊德学说的时期，精神病学系超乎寻常地注重弗洛伊德学说。他们想要治疗艾利西亚，但是她想要的却是实际的帮助。"艾玛接着说：

> 他们向她提了许多问题，她变得很不耐烦。纳什正在威胁说要搬到欧洲去，要把他们所有的存款都提走，要开创一个国际组织。她开始钻研法律。她发现，只要弄到两个精神病医生的签名，就可以将某人送入医院，关上一段有限的时间。如果需要把病人关更长的时间，就必须首先经过一个法庭听证会。

艾玛有个同事叫莱特文，过去是精神病医生，现在正在麻省理工学院从事神经生理学研究。她问莱特文，艾利西亚应该怎么做。结果是艾利西亚得到非常对立的建议。一方面，莱特文通过艾玛催促艾利西亚考虑采取休克疗法。"莱特文的看法是，一旦某人出现幻觉，他越早接受休克疗法越好。"艾玛回忆说。另一方面，谢尔却建议纳什去麦克莱恩医院，那是一个极度推崇弗洛伊德主义的精神病院，他们拒绝休克疗法，依靠精神分析法和氯丙嗪这类治疗精神病的新药。"艾利西亚对于保全他的天才非常在意，"艾玛在1997年说，"她不愿强迫他接受任何东西，也不想使用任何可能影响他大脑的东西。不要药物，也不要休克疗法。"

1月，系里投票同意给纳什一个永久教职。过了几个星期，马丁已经得知纳什出现了某种"精神崩溃"，决定在下个学期免除他的教学工作。尽管艾利西亚一直担心学院可能已经知道纳什出了问题，不过她现在还是大大地松了一口气。她希望这个决定可以减轻纳什肩上的压力，使他的情况自发好转。

决定采取什么措施并不容易，因为纳什经常看起来相当正常。他的症状具有时好时坏的特征，让他那些系里的同事和研究生们相信其实没有什么大不了的问题。罗塔回忆说,纳什的性格"看来并没有什么太大的变化",虽然"他的数学讨论再也不能说是合情合理"。在一些日子里,一切看来就和从前一样,毫无二致,在下一次离奇古怪的行为爆发之前,艾利西亚也怀疑自己是不是有点小题大做、过分紧张,作出的判断是不是过于草率。

3月中旬,在就黎曼猜想进行演讲的那次灾难性的纽约之行过去两个星期后,他动笔写信回家让大家放心。"我在纽约的讲话进行得相当顺利。"他在3月12日给弗吉尼亚写信说,请求她尽快来波士顿看望他和艾利西亚。同一天,他还写了一封更长的信给马莎,在信中抱怨说自己觉得很无聊。纳什写道:"自从艾利西亚怀孕之后,她就不再喜欢外出。她喜欢看电视,翻阅电影杂志。这些东西让我觉得很无聊,这种水平实在太低了。"

但是,纳什神志清醒而平静的日子很快就被艾利西亚后来比喻为"飓风"的一次突然爆发取代了。这个插曲发生在复活节前后,使艾利西亚相信她已经别无选择,只有把纳什送去治疗。纳什驾驶他的那辆梅赛德斯汽车直奔首都华盛顿。后来发现,他原来是要把信件投入各个大使馆的信箱,以便交给外国政府。这次艾利西亚同他一起出发。他们动身之前,她给她的朋友艾玛打电话说如果他们一星期左右的时间里没有回来,请她与学院的精神病医生联络。艾玛在1997年回忆说,艾利西亚很担心纳什可能伤害她。令人感到奇怪的是,她对自己的担心少于对纳什的担心,至少在艾玛的记忆里是这样:"她想让全世界知道纳什疯了。她为纳什而忧心忡忡,担心如果她受到伤害,他可能会被别人当做普通罪犯来对待,因此她想确保人人都知道他疯了。"

当艾玛真的打电话找谢尔,他却拒绝过来接听,让一个护士转告她说"谢尔博士不会讨论他的病人"。她又补充说:"我在林肯实验室接受了一次有关艾利西亚的访谈。有人问我她是不是很怕她的丈夫。我回答她不是,而他正病得很厉害。"

与艾玛的印象恰恰相反,艾利西亚非常害怕,尽管她想方设法不在任何人面前表现出来。不过,保罗·科恩却回忆说:"她害怕他。"几个星期后,她给格特鲁德打电话,后者曾对她送纳什进医院的打算提出疑问,用格特鲁德的话说,"半夜里出了事,艾利西亚不得不保住自己和孩子。"害怕自己的安全受到威胁,以及考虑到精神病医生警告说如不及时治疗,纳什的病情将要继续恶化,艾利西亚终于下决心送纳什进医院。不过,她希望保密,因为纳什肯定会认定这是一种背叛行为。于是她向婆婆求助,请她到波士顿来。

怀特黑德是纳什的一个同事,曾经跟他的妻子凯(Kay)一起搬到普林斯顿小住过一段时间。4月中旬,怀特黑德夫妇驾车去波士顿,让人检查一下他们那辆仍然在马萨诸塞州注册的汽车,这是每年一次的例行手续。那天晚上,他们去了康科德,参加在戈德曼(Oscar Goldman)家举行的舞会。麻省理工学院数学系的大部分员工都出席了。凯在1995年回忆说:"大家都在说:'明天,艾利西亚就要把纳什送进医院了。'显然,到处都在谈论这事。"

第三十六章

鲍迪奇大楼的黎明

麦克莱恩医院,1959年4—5月

> 麦克莱恩医院鲍迪奇大楼的黎明就是这样来临——"穿着蓝色制服醒来"。
>
> ——洛威尔(Robert Lowell),《生活研究》

一天下午,一个身穿套装的陌生人敲开了保罗·科恩的办公室,问他今天下午有没有见过纳什博士,此人略带一点假殷勤和妄自尊大的神气,使科恩不由怀疑这是不是那个要找人把纳什"锁起来"的精神病医生。这些日子以来,系里比较年轻的成员都在猜测,纳什的妻子很快就要把他关起来,他们的线索就是安布罗斯同其他一些资深教师的只言片语。对于纳什是真的疯了还是只不过举止离经叛道的问题,以及不管他有没有疯,谁有权力剥夺像纳什这样一个天才的自由的问题,人们有过一些非常激烈的争论。科恩觉得自己似乎有些不大公平地被牵扯到这个事件中,因此一直小心注意避开这些争论。尽管如此,他还是怀有一种病态的好奇心。而现在面对这个陌生人,他只是说不,他整天都没有见过纳什博士。

因此,当纳什不一会儿突然出现在科恩的门前,看来并不了解正在进行的某种计划,科恩吃了一惊。纳什想知道科恩是否乐意跟他一起出去散散步,科恩同意了,两个人沿着麻省理工学院的校园四处漫游,走了一个小时或者更长的时间。在散步过程中，纳什用一种没有规则的独白讲话，科恩在一边听着，既困窘又不安。偶尔，纳什也会停住话头，指着某样东西，压低声音神秘兮兮地说："看对面那条狗，它正在跟踪我们。"当他谈到艾利西亚时，科恩被他的措辞吓了一跳，这个年轻人觉得她可能身处险境。科恩后来得知，他们分手之后，纳什就被人逮住，送进了麦克莱恩医院。

要把某人送进麦克莱恩医院并不难，哪怕他根本不想去。纳什被迫进入一家精神病医院接受观察很可能是由麻省理工学院精神病治疗机构安排的，也许咨询过学院院长、马丁和莱温松的意见。考虑到纳什出现严重的妄想狂症状，他写的信离奇古怪，已经没有能力继续教学，而且可能兑现他的威胁言论，伤害艾利西亚，要求院方插手干预的压力应该也是很大的。可以想象，在采取强制性禁闭这样激烈的措施之前，麻省理工学院雇用的一名精神病医生肯定先试图说服纳什自愿接受治疗。麻省理工学院的一名精神病学教授坎恩（Merton J. Kahne）在20世纪50年代曾经负责管理麦克莱恩的入院注册，他在1996年说：

> 他们一定想过怎样在不使用强迫手段的情况下让他接受治疗，一定动员了很多人一起想办法。在那些日子里，人们总努力为这些人保全某种尊严，不管他们有没有疯。他们对专横地违背某人的意愿，把他关进医院的做法不感兴趣，因这种耻辱难以衡量。

由于纳什在学院备受推崇，加上对这种案例总少不了争议，这个决定不得不设计成一个特别微妙的计划。坎恩这样描述："这个人越是有权势或者与众不同，作出决定时就越有争议。"

不过，采用的手段却直截了当。任何一个精神病医生都可以向一家精神病医院提出申请,让一个病人在那里接受为期10天的观察。大学的一个精神病医生可以签署一份临时照顾令,也就是人们所说的"粉红文件",要求麦克莱恩接收纳什,理由是他可能威胁他自己或其他人(尽管一句简单的不能自理就已经足够了)。这份粉红文件使麻省理工学院有权逮住纳什,把他送进麦克莱恩。从技术角度讲,是这家医院决定要留下一个病人,让他待上最初的10天时间。

于是,在那个4月的夜晚,纳什与科恩分手没多久,两个剑桥的警察来到西梅德福纳什的家。纳什回忆说:"他们就像是逮捕我……"从各方面看,动用警察都是个极端措施,它暗示学院的精神病医生遇到麻烦。大多数牵涉到学院个人的强制行动都处理得慎之又慎,避免成为丑闻而丢尽脸面。没穿制服的校园警卫开来了一辆灰色雪佛兰客货两用车,车身上只有几个栗色的字,内部被布置成救护车式样。车开到时,纳什拒绝上车,并进行了反抗。"一开始,我与他们搏斗。"他回忆说。但是,反抗是没用的,尽管他高大强壮,也很快就被制服,并塞进了车厢。从西梅德福开车去贝尔蒙特只需不到1小时的时间。

马萨诸塞州贝尔蒙特市米尔大街115号过去和现在都是一个占地96公顷的青翠世界,到处是起伏的草场和蜿蜒的小路,砖头和铁制品砌成的老房子零星散落在高大秀美的树木之间,或者稳稳当当地站在坡地上——可以说这是具有19世纪晚期风格、经过精心打理的一所新英格兰大学校园的精确翻版。这里的许多较小的建筑物被设计成富有的波士顿上层人士的住宅,他们长期以来就是麦克莱恩的客人。一名精神病医生曾在40年代末期为美国精神病联合会评论过这家医院,他回忆说:"那里都是带有套间的两层小楼,里面有厨房、起居室和卧室,还配备了厨师、女佣和私人司机的套间。"一个旧日的医科学生这样回忆说,厄珀姆楼每层四面各有一个套间,有一阶段,其中一层的四个病人原来都是哈佛俱乐部的成员!

麦克莱恩过去是、现在也仍然与哈佛医学院联系在一起。因此,许多有钱人、文化人和社会名流都来过这里,其中包括普拉特、查尔斯(Ray Charles)和洛威尔,剑桥一带的人们认为它并不是一家精神病医院,而是一种疗养院,神经紧张的诗人、教授和研究生通常都会来到这里,度过一段特殊的休整假期。

当天晚上值班的住院医生要纳什签署一份"自愿书",纳什拒绝了。他说,现在有一个争取世界和平的运动,他就是这个运动的领导者,是"和平王子"。接着,他被告知拥有的合法权利,其中包括递交一份申请书要求离开的权利。接下来又作了一个初步诊断,但是没有同他就结果进行讨论。与此同时,写给法官要求将他留在这里10天的文件也准备好了。他被护送到贝尔纳普1号的病房。这是位于麦克莱恩西部园区的一幢低矮的砖楼,就在行政大楼那边。

纳什用会客厅里的付费电话打了一个电话。他没有找律师,却打给了齐波拉·莱温松。"纳什想知道怎样才能离开那里,"她说,"他说想洗澡,'我身上有一股臭味。'"

弗吉尼亚从罗阿诺克赶来看望儿子,她感到身心交瘁,不停地抽泣。艾玛回忆说,她不停地唠叨说自己不能"忍受看见儿子处于这种状况"。她自己看来也接近崩溃的边缘,没能向艾利西亚提供任何帮助,无论是在金钱或其他方面。艾利西亚手头缺钱,又快要生孩子了,忧心忡忡,几乎要发疯了。她现在非常失望,原本指望从弗吉尼亚那儿得到帮助,但是很明显,弗吉尼亚比她自己更加需要帮助。

不久,纳什就被转送到鲍迪奇大楼,这是位于麦克莱恩园区边上的一幢带白边的低矮建筑物。鲍迪奇是为男病人设立的上锁的病房。两个星期之后,诗人洛威尔就来到这里和他做伴。洛威尔早已享誉文坛,比纳什大12岁,是一个狂躁抑郁症患者,现在已经是他在不到10年中的第五次住院。在洛威尔看来,这是一个"疯狂的月份",他用来"重新撰写我的三部著作中的所有东西",翻译海涅(Heine)和波德莱尔(Baudelaire)的作品,修改弥尔顿(Milton)的《列西达斯》,在这部作品里,他觉得自己也被写了进去,感到"我已经摸到天空,那里所有东西都凝聚在一起"。

"被人扔到一处,如同一堆引火物,没有办法逃跑。"洛威尔的遗孀哈德威克(Elizabeth Hardwick)后来这样形容此地。洛威尔和纳什经常在一起。马图克来看望纳什,发现15—20个人挤在纳什的那个鞋盒一般的狭小卧室里。在一个经常出现的场面里,洛威尔坐在纳什的床上,周围是站在地上或抵墙而立的病人和医院工作人员,正在用他那绝对不可能弄错的"令人厌倦、鼻音很重、犹豫不决、悲哀而含糊的"声音发表长篇独白,纳什弯腰站在他身边。马图克在1997年回忆说:"我不记得那次谈话的任何内容,只记得那是泛泛而谈。换句话说,每次只有一个人说话,洛威尔占据了大部分时间,基本上是一个题目接着一个题目地讲下去,我们其他人则在欣赏这个杰出的人物。纳什没怎么说话,就和我们一样。"

鲍迪奇一度是女性病房,"大约从19世纪60年代以来"就没有一个男人"堂而皇之进入过",而现在,用洛威尔的话说,这里被用于接待"过度妄想狂男性",也就是那些并不认为自己出了什么问题,却又没有人相信他们不会逃跑的男病人。就其本身而言,这里具有一种古怪的优雅气质。在鲍迪奇,纳什和他的病友们因"像老年妇女那样受到温柔而烦人的关注而不知所措"。留板刷头的罗马天主教护士们中有许多是波士顿大学的学生,在晚上就寝时间给他送来巧克力牛奶,询问他的兴趣、要好的朋友的情况,称他为"教授"。"丰盛的新英格兰式早餐"之后就是分量充足的午餐和自在舒适的家庭式晚餐,大家都长胖了。纳什有一个私人房间,"有一扇门,可以阻挡"一盏"加了罩的夜灯的灯光"以及外人的窥探。这里没有尖叫,没有暴力事件,没有紧身衣。他的病友们是"有良好教养的精神病患者",彬彬有礼,充满关切之情,迫切希望结识他,把自己的书借给他,告诉他怎样适应这里的"常规"。他们曾是"称王称霸"的年轻的哈佛学生,现在由于大剂量注射氯丙嗪而迟钝下来,但是仍然"比医生们聪明和有趣得多",纳什在艾玛前来探望时这样透露。这里也可以见到继承老式哈佛传统,"在电视荧光屏前掉下面包屑、懒散地按按钮"的人。(几乎一半的麦克莱恩病人都是上了年纪的老人,就像洛威尔的"鲍比／波尔切利安'29",在夜半时分"身穿他的生日礼服"趾高气扬地在鲍迪奇附近走动。)

不过,在那里,纳什被脱得只剩下内衣裤(他的皮带和鞋子都给拿走了),站在一面剃须镜前面,这不是玻璃镜,而是用金属制成的。而他在第二天早上看到的,用洛威尔的话说就是"蔚蓝的日子／使我的苦闷的蓝色窗户更加郁郁寡欢"。当时的日子一定显得很漫长:"一个小时又一个小时从身边流逝。"最糟糕的是,来访者来探望的时候,他总有一种可怕的清晰意识,知道他们可以自由自在地通过那些上了锁的大门,偏偏他自己就不能这样。这里绝对不是一个可怕的地方,他只不过是,就像另外一个精神病院的病人说过的那样,"被认为超出常理范围……被当做一个小孩;院方待他并不残酷,却高效、有力,摆出一副屈尊俯就的姿态。"他只不过是放弃了作为一个成年人的权力。同洛威尔一样,他一定曾经这样问过自己:"我的幽默感究竟有什么用处?"

艾利西亚催促他们认识的所有人去探望纳什,齐波拉·莱温松制订了一份探访者日程表。此举的想法是,通过朋友们的帮助,纳什也许可以很快恢复健康。"麻省理工学院的全体人员都觉得自己有责任使纳什好过一些,"齐波拉在1996年回忆说,"在麦克莱恩,大家都觉得,他得到的同伴之情和支持越多,恢复健康就会越快。"

一天下午,瓦斯克斯撞见保罗·科恩,后者显得极其烦躁。原来他已经去过麦克莱恩,打算看望纳什,但是却被赶了出来,原因是麦克莱恩似乎有一份禁止来访者名单。"他在那份名单上面,"瓦斯克斯回忆说,"我也在上面。我真是大吃一惊。"瓦斯克斯和系里绝大多数学生一样,当时甚至不知道纳什在那家医院。

那是某种委员会的名单,我记得科恩感到非常不安。那是我第一次知道纳什已经被送进了医院。我有一个印象,记得大约有20人[在那份名单上],几乎都是数学系的人。科恩一定给我讲过其中的一些名字,医院方面不愿意让这些人看望纳什,我把它称为"统治世界委员会"。

起初,纳什觉得光脚走来走去真是奇怪,他非常恼火。"我的妻子,我自己的妻子……"他对加西亚说,后者是最早前去看望的人士之一。他威胁要和艾利西亚离婚,从而"夺取她的权力"。莫泽夫妇记得有过一次类似的谈话,"他怨恨满腹,"莫泽回忆说,"[但是]除此以外没有什么异样。我妻子起初满怀同情,而且对纳什受到的待遇颇有几分恼火。'他看上去没有疯。'她说。"艾玛曾去鲍迪奇看望过纳什,回忆说纳什对她比以往任何时候都好,"他说的话是这样合理。"当罗塔和哈佛教授麦基一起前往看望的时候,纳什还拿那些古怪的上了锁的大门来开玩笑,说被关在这里实在让人莫名其妙,而且用最理性的语气告诉他们他知道自己曾经有过幻觉。纽曼来到之际,纳什半开玩笑地问他:"如果他们非要等到我恢复**正常**才放我出去,那可怎么办?"在费利克斯·布劳德面前,纳什抱怨留在医院的花销太大(那年春天的收费标准是每天38美元)。

一些前去看望他的人想知道他究竟在那里做什么。纽曼最坚定地认为纳什完全正常。"根本没有不连贯的地方!"他反复这样说。加西亚在

1995年回忆说:"他的妻子会那样做实在让我惊骇,我难以相信我的偶像居然落在某个对他拥有全部权力的愚蠢护士的手里,任凭摆布。"

这里最初的治疗就是在入院之后立即注射氯丙嗪,使纳什平静下来,昏昏欲睡,言语迟缓,但这种药物却对消除"深刻的根本的幻觉"毫无用处。

纳什告诉来探望的约翰·麦卡锡,他虽然害怕医院和疾病,"那些想法却还是不断在我的脑海涌现,我没法阻止它们"。他告诉马图克,他相信军方领袖正在密谋夺取整个世界,而自己负责领导这个行动。马图克回忆说:"他充满敌意。我到那里的时候,他说,'你是来带我出狱的吗?'他的脸上带着心虚的微笑,跟我说他私下感到自己是上帝的左脚,上帝正在地球上行走。他被神秘数字迷住了,'你知道这个神秘数字吗?'他问,想知道我是不是得到秘诀的人士之一。"

在最初的两三个星期里(当时麦克莱恩已经向一个法官申请增加40天的观察期),纳什受到监视、研究和分析,并整理成一份传记。一名年轻的精神病医生被指定前来了解纳什的生活经历,完成一份不少于205个专题的有关他性格的全面目录,可能导致这场灾难性疾病的所有问题都包括在内:家庭、童年、教育、工作、疾病史等等。然后,这份个人历史就递交由麦克莱恩资深精神病医生参加的个案研讨会,以便作出一个更加详细的诊断。

从一开始,精神病医生之间就达成共识,认为纳什到达麦克莱恩的时候显然患有严重的精神病,他们很快就作出了妄想型精神分裂症的诊断结论。"如果他正在谈论结党密谋,"坎恩说,"那么这个结论就几乎不可避免。"有关纳什过去的古怪举止的报告一定会使这个结论显得更加合理。当然了,人们也讨论过这个诊断结果是否适当。纳什的年龄、他的成就以及天才一定会让医生们疑惑他也许并不是得了与洛威尔一样的疾病,即狂躁抑郁症。"一个人总是夸大它,另一个则不太确定。"布伦纳说,他在纳什入院没多久就成为病房的初级管理人员。但是,纳什的想法具有古怪而复杂的性质,既宏大又纠缠不清,他的紧张、多疑而又处处设防的举止,相对连贯的话语,没有表情的面孔,极度脱俗的声音以及不时出现的沉默,统统指向精神分裂症。

大家都在谈论这些精神病医生认为哪些事件造成了纳什的精神崩溃。齐波拉回忆说,艾利西亚怀孕被当做怀疑对象:"当时正是弗洛伊德主义鼎盛时期,所有这些事情都会用胎儿嫉妒进行解释。"科恩说:"他的心理分析学家们的理论是,他的疾病由潜在的同性恋倾向引起。"这些流传的意见很可能就是纳什的医生们的看法。弗洛伊德将精神分裂症与被压抑的同性恋倾向联系在一起的理论现在已经受到怀疑,但当时在麦克莱恩却很流行,以至于多年以来任何被诊断患有精神分裂症、住院时情绪激动的男性都被说成正在遭受"同性恋恐慌"之苦。

纳什并不了解这些,他的精神病医生一定不愿意向他和盘托出,即便他提出强烈的要求。但是,纳什要知道他的医生们正在想什么也一定不是什么难事,他可以去麦克莱恩图书馆,或者同自己的病友交谈。

每个人都很乐观,这种乐观主义是麦克莱恩"崇尚心理分析"岁月的一部分。洛威尔的医生们告诉他的妻子伊丽莎白,这种最严重的疾病——狂躁抑郁症,也就是洛威尔笔下的人物鲍比所患的慢性疾病,现在有可能永久治愈。

斯坦顿(Alfred H. Stanton)曾于1954年被麦克莱恩的董事们指责说将麦克莱恩现代化了。斯坦顿在20世纪50年代初抵达麦克莱恩之前,坎恩回忆说,"护士们终日都在将皮毛大衣分门别类,要不就是写感谢信。"此外,病人们则躺在病床上度过每天的大部分时间,就像他们得的是某种身体方面的慢性病。斯坦顿聘请了大批护士和精神病医生,扩展了住院治疗计划,制定了一个彻底的精神疗法规划,组织了社交、教育和工作活动。

麦克莱恩的治疗哲学可简化为"一个人不可能同时既从事社交又处在疯癫状态"。工作人员鼓励所有新来的病人相互认识,无论他们的诊断结果如何。与这样一种被称为"环境"的疗法相互配合,每星期5天进行的深层心理分析成为整个治疗过程的主要模式。大家相信,氯丙嗪只能用作初期的辅助手段,为进行心理分析作好准备。"斯坦顿的态度是要恢复早先用'士气治疗'病人的老方法,"坎恩说,"其中包括对他们有所期待,要求工作人员接近病人。整个想法就是让病人参与制定决策、废除医疗机构的等级制度的某些部分。"

斯坦顿作为美国杰出的弗洛伊德信徒沙利文(Harry Stack Sullivan)的学生之一,曾经协助管理首都华盛顿郊外的一所私立医院栗树小舍,在那里,人们运用精神分析治疗精神错乱的疾病。他同时停止在麦克莱恩使用脑白质切除术和休克疗法。"弗洛伊德主义在麦克莱恩曾经非常流行,"布伦纳说,"这是心理药理学的开端,我们出于善良的本意拼命创造疗法。"

"我们对精神分裂症的认识真是少得可怜,"齐波拉悲伤地回忆说,"我是一个笨蛋,认为他所需要的是一个好的精神病医生和支持,用不了多久一切就会过去。麻省理工学院的所有人都假装相信纳什很快就会恢复健康,在麦克莱恩,他们会用最先进的疗法给他治病。只有维纳是意识到整个悲剧的人,他衷心地表达了自己的同情。'真是很棘手。'他对弗吉尼亚说。她满面泪痕,浑身颤抖,努力保持镇定。她想要尽可能多地了解情况,而维纳早已热泪盈眶。"

一天晚上,辛格和艾利西亚一起去看望纳什,那个宽敞的矩形休息室里没有别人。辛格回忆当时的情景：

> 我们是仅有的来访者。诗人洛威尔走了进来，极度躁狂。当他看见这个身怀六甲的孕妇后，就看着她，开始引述《圣经》中有关生育子女的后果的文字。接着，他开始编造据说是引自神谕的东西，认为应该用詹姆斯王的《圣经》版本采用的一切方式给我们讲解神谕的意义。到了最后，我觉得英语的每一个单词简直都变成了他的私人朋友。纳什非常安静，几乎一动不动，甚至没有倾听，完全保持沉默。纳什夫人坐在那里，挺着怀孕已久的大肚子。我的注意力多半集中在这个妻子以及即将来到的孩子身上，多年以来我的头脑中一直留着这个画面。"对他来说一切都结束了。"我想。

也许是氯丙嗪、这次监禁或者是重获自由的愿望压倒一切的原因，纳什严重的精神病症状在几个星期里就消失了。在病房里，他的举止就像一个模范病人，安静、有礼、宽容，没过多久就获得了各种各样的特权，其中包括不需要监管就可在麦克莱恩园区漫步。在他的各个疗程期间，他没有提过要去欧洲建立世界政府，也不再自称为这场和平运动的领导人。他没有作出任何威胁，除了离婚。只要有人问起，他总是马上同意说他确实写过大量疯狂的信件，使自己在学院当局眼里变成一个捣乱者，而且行为非常离奇古怪。他坚决否认自己有过任何幻觉。负责照顾他的两个年轻住院医生分别是受到器重的德国精神分析学家米勒（Egbert Mueller）和资历相对较浅的法裔加拿大人戈捷（Jacqueline Gauthier），他们认为他的症状已经"消失"，虽然私下里他们一致认为他很可能只是隐藏了这些症状。

确实如此。在内心深处，纳什感到自己成了一个政治犯，下定决心要尽快逃离看守他的狱卒们。在其他病人的帮助下，他很快就找出了这个游戏的规则。如果一个病人想出院，法律将提供证据的责任放在医院一边。因此纳什的精神病医生们将不得不提出令人信服的证据，说明他很有可能伤害自己或其他什么人。在实践中，一个具有幻觉或者很明显妄想症状的病人不大可能获得释放。(后来，他会在自己小儿子的问题上，采取这样的立场，认为一个所谓的精神分裂症患者很有可能同时控制他的妄想和他的行为。)

他聘请了一位律师，名叫布拉德利(Bernard E. Bradley)，提出申请要求释放。布拉德利当时在公设辩护律师办公室工作，但是，根本算不上贫穷的纳什大概成了他的私人主顾。按照纳什的建议，布拉德利聘请波士顿德高望重的精神病医生斯特恩斯(A. Warren Stearns)对他进行检查，支持他的要求出院的申请。斯特恩斯是一位很有名望的研究者，也是该州精神健康与监狱政策方面的权威人物之一，在他漫长的工作生涯中，曾经担任塔夫茨医学院院长、马萨诸塞州监狱总监以及精神健康局副局长。纳什让布拉德利跟他联络的时候，他是塔夫茨医学院社会学系的创办人和系主任。他关于犯罪的观点比威尔逊(James Q. Wilson)的观点更早出现，认为大部分罪行是由人口当中的一小部分人造成的，这些人就是18—23岁的年轻人。他的有关这个问题的著作《罪犯人格》被奉为经典之一。斯特恩斯曾参与研究各种著名的刑事案件，其中包括萨科(Sacco)与万泽蒂(Vanzetti)案件。

斯特恩斯去看过纳什两次，一次是在5月14日，当时他看见纳什的时间只有几分钟；第二次是在几天之后，两人交谈了一会儿。纳什既没有提起任何妄想，也不承认有过幻觉。"我不能说他患有精神病，"斯特恩斯写信告诉布拉德利，"他直接、坦率，当然也迫切希望出去。"大约是在5月20日，纳什的第二个为期40天的监禁还有10天就要到期之际，斯特恩斯第三次来，研究这次监禁的文件和纳什住院期间的记录。他与米勒、戈捷进行交谈，两位医生尽管坚信纳什只是隐瞒了自己的幻觉，却承认他们"怀疑是否可以监禁纳什"更长的时间。斯特恩斯在5月20日写信告诉布拉德利，"我仍然不知道他究竟出了什么问题，"他因这次咨询而得到100美元的报酬。他又补充说："我当然建议让他出院。"

不过，米勒和戈捷却建议继续将纳什留在医院。在这种情况下，艾利西亚告诉他们，她不愿意再签一份申请住院的文件，但是同意在纳什离开麦克莱恩之后，为他找一个精神病医生，继续进行治疗。因此，在5月28日，经过50天的监禁，也是自己的儿子出生一周之后，纳什再次成为一个自由人。

第三十七章

疯子的茶会

1959年5—6月

　　自从纳什住进医院,艾利西亚觉得自己再也不能独自面对西梅德福那空洞的公寓,而且这里的租约将在5月1日到期。艾利西亚打电话问艾玛是不是可以与她住在一起。"一天,艾利西亚给我打电话,说她想和我合租一套公寓。"艾玛回忆说。起初艾玛有些犹豫,因为她担心艾利西亚可能坚持选择一个昂贵的地方,不过,她马上想起她们其实可以租她们共同的朋友休斯(Margaret Hughes)的一所房子。于是,在5月1日,艾利西亚和艾玛搬进了剑桥特里蒙特大街 $18\frac{1}{2}$ 号的一座坡顶小楼房,恰巧位于麻省理工学院与哈佛大学之间。

　　艾利西亚没有让自己沉浸在眼泪、歇斯底里大发作或者过度自信之中,她接受能得到的一切帮助。她对于是不是有人可以帮助她没有什么信心,她心里非常清楚,每个人,即便是马图克这样非常密切的朋友,也会认为她该对纳什负责。她在人们批评她将纳什送去监禁时为自己辩解,不过,只有在受到逼迫的情况下才这样做,比如格特鲁德去麦克莱恩看过纳什后开始怀疑他是不是真的疯了,要求艾利西亚解释为什么要让人把纳什关起来。作为一个年轻女子,自己的丈夫正住在精神病院,威胁说要伤害她、跟她离婚,要带上他们所有的钱财跑到欧洲去,她却保持了非同寻常的沉着。那个外表看来轻松愉快而不要担负任何责任的年轻女子,曾经受过相思之苦,坐在图书馆科幻小说部等待她的偶像出现,原来也具有充沛的勇气,可以支持自己面对未来的人生。

别的年轻女子可能会双手一甩就回家找爸爸妈妈去了,但是,艾利西亚对自己说纳什的精神和研究工作仍然有救。她竭尽全力把注意力集中在这场危机上面,寻求能干的艾玛和齐波拉·莱温松的帮助。她能够全神贯注于自己的计划,她的钢铁一般的自制力、对自己应得权力的认识、深信自己的未来取决于这个男人——也许还有青年时代的精力、乐观主义和无知混合在一起——一切都成为她在那个非常黑暗时刻的依靠。她的全部注意力都落实在一项工作中,不是生育,而是挽救纳什。

"她从来没有提起过孩子,只会谈到纳什,"艾玛回忆说,"她认为怀孕是个问题,对纳什是一种危险。她担心此事可能影响她照顾[他]的能力。"

在那个时候,还没有什么守候护士,没有新生婴儿用品,床头柜上也没有早已翻阅无数次的斯波克(Spock)博士的非常畅销的《新育婴指南》。艾利西亚既没有时间也没有精力考虑这些事情,她情愿结束怀孕,不过她只是这样想想而已,心中隐隐约约觉得她的母亲会过来帮助她,却不打算费神作出安排。她也没有再次请求弗吉尼亚来,实际上她几乎没有这么想过。即便在胎儿开始不断踢她,让她彻夜难眠时,她也没有提过这件事。

艾玛回忆说:"[纳什在麦克莱恩的]观察期就要结束。精神病医生们告诉艾利西亚,这场危机是由她怀孕引起的。她马上请求医生给她做引产术,但医生没有同意。"

5月20日,艾利西亚开始分娩时,纳什还在麦克莱恩。艾利西亚仍然和艾玛住在特里蒙特大街$18\frac{1}{2}$号。疼痛从她的下背部开始,最后她不得不爬上了床。她们两人没有办法判断分娩是不是已经开始。(后来,当艾玛的妹妹即将分娩时,艾玛就知道应该买一本接生术课本,从中发现生产前出现背部阵痛实际上是很正常的。)在那时,两个麻省理工学院的女学生对这些事情一无所知。最后,随着阵痛越来越强烈、越来越频繁,艾玛或者艾利西亚给齐波拉打电话,后者告诉她们这确实像是分娩的阵痛,她马上就会开车过来。齐波拉来到后,只看了一眼满面惊恐的艾利西亚,就叫她上车,马上驾车直奔医院。

当天晚上,艾利西亚生下一个婴儿。他差不多有4千克重,身长55厘米。她没有给婴儿起名字,觉得这事应该等到他的父亲恢复健康,可以帮忙选择后才能考虑。结果呢,这个婴儿几乎有一年时间没有名字。

艾利西亚仍然不得不忍受纳什的怒火。孩子出生后的第二天,纳什来到波士顿产科医院看望妻子和新生的儿子。他得到许可,当晚不必返回麦克莱恩。虽然齐波拉不记得自己有没有安排过,但人们可以想象这是她提出的要求。就在纳什探望期间,另一个朋友也来看望艾利西亚。艾利西亚躺在床上,看上去瘦小无力,纳什坐在她的身边,她的晚餐盘子放在床边的桌子上。纳什小心地拿起餐巾,站起来,走到墙上一个带有这个医院名字的标志牌前面,将其中一部分盖住,这个医院的名字就变成"波士顿撒谎医院"。这位来访者回忆说:"他的意思就是艾利西亚撒谎。她注视着他在做什么,我没有发表任何意见。我当然不希望看到这种情况升级到言语。"

纳什的幽默感没有离他而去。在出院一星期后的一个下午,纳什径直闯入数学系的休息室。他漫步走进去,向每个人打招呼,说他从麦克莱恩直接来到这里。"那是一个美妙的地方,"他对正在品茶的研究生和教授们说,"他们什么都有,就是没有自由。"

过了一两天,纳什回到系里。他小心地在走廊里张贴许多手写的通知,宣布要举办一个"出院舞会"。这张通知是这样写的:"邀请我生命中的所有重要人物参加!你知道你自己是不是!"到了下一个星期,他跑进各人的办公室,询问系里每个成员会不会出席。如果对方说"会的",他就会问他们:"为什么?"

他将这个舞会称为"疯子的茶会",要求大家化装出席。不清楚这是他的主意还是艾利西亚的主意。莱温松的妻子齐波拉认为,是带着一个刚满一星期的婴儿回家的艾利西亚组织了这个舞会,目的是要向所有曾经前往麦克莱恩看望纳什的朋友们致谢。一个研究生说他在那个周末跑到纽约,以便避开这个舞会,他记得这是在马图克的公寓进行的,而马图克却完全不记得有过这回事。舞会很有可能是在特里蒙特大街 $18\frac{1}{2}$ 号举行,齐波拉记得这是一个"大型舞会"。

纳什夫妇至少还举办了一次晚餐聚会。这一次的神秘来宾是瓦斯克斯,他将于6月12日毕业。他记得这是一个既伤感又压抑的场合。他在1997年回忆:

> 这是我有生以来度过的最离奇古怪的夜晚之一。我到了那里,艾利西亚、婴儿以及艾利西亚的母亲都在场。纳什的举止非常古怪,只要他一站起来,艾利西亚的母亲就会立即站起来,设法处于他和婴儿之间。这是一个相当奇怪的舞会,历时大约两个小时。艾利西亚根本不知道我是谁,每个人都尽量装出一副一切正常的样子,这种不可思议的感觉弥漫全场。纳什不愿意老老实实坐下来,他总是突然跳起身来,只要他一这样做,艾利西亚的母亲就会跟着跳起来,为这个或那个事情大惊小怪一番。她就是不愿意让他接近婴儿。

纳什决心尽快动身前往欧洲。6月1日,他给赫尔曼德写信,问他这个夏天会不会留在斯德哥尔摩。纳什考虑这个夏天去瑞典旅游,他写道,目前还在寻找"(挂名的)数学社团",好让这次旅行师出有名。他还写信给正在瑞士的博雷尔夫妇,请他们帮忙为他取得瑞士国籍。

与此同时,纳什决心辞去他的麻省理工学院教授的职位。纳什对麻省理工学院假装不知情、默许将他强行送进医院监禁的行径大为光火,如同他后来描述的那样,他"戏剧性地"提交了一封辞呈,同时要求麻省理工学院立即支付他从成为全职教师之后就开始积累的一小笔养老金。莱温松简直惊呆了,他和马丁以及其他同事一起尝试给纳什讲道理,说他这是疯狂的举动。他告诉纳什,麻省理工学院不会接受他的辞职申请。莱温松的举动完全出于最无私的关切之情,他非常清楚治疗的开支巨大,急于帮纳什保全麻省理工学院为每个教职员工购买的保险。"莱温松努力说服他不要那样做,"齐波拉说,"他觉得自己应该对他负责。"

马丁回忆说:"那是一个非常艰难的时期。如果他真的辞了职,就不可能再见到他的学生们,大家也会觉得他没有希望恢复健康了。我们当时就在现场。我甚至没有办法跟纳什说话,根本不可能与他进行一次有条理的谈话。莱温松总是全力支持纳什,我也没有受到[任何来自管理层的要求接受纳什辞职的]压力。"

但是,纳什决不妥协。在莱温松的催促下,学院管理层努力阻止纳什提取他的养老金,但是,纳什在这方面也取得了胜利。6月23日,与麻省理工学院关系密切的一位医生福克纳(James Faulkner)以麻省理工学院院长基利安(James Killian)的名义打电话给精神病医生斯特恩斯,指出学院对纳什的未来深表忧虑。根据萨缪尔森的说法,斯特恩斯再次采取同样立场,认为纳什并没有疯,从法律角度上看完全有能力作出这样的决定。尽管数目微不足道,但是,一旦签出这张养老金支票,就会切断纳什与麻省理工学院最后的正式联系。

辞职后没过多久,纳什遇到曾经上过他博弈论课的一名学生旺(Henry Wan)时,告诉旺自己现在正集中精力学习语言学。旺表示惊奇,纳什却说数学家具有一种独特的天赋,"可以吸取某个领域的精华,这就是我们可以从一个领域转向另一个领域的原因"。纳什说他要在7月初坐"玛丽王后号"轮船航行。艾利西亚曾经竭力阻止他,可是一旦事情变得再明显不过,他不可能改变主意,她就打定主意陪伴他,把儿子留给她的母亲照顾。

纳什得到邀请,可以在巴黎的法兰西学院度过那年的时光,那里是最重要的法国数学中心。艾利西亚的希望是,在国外度过几个月,远离剑桥的压力,身处陌生的面孔中间,也许可以让纳什忘记他的有关世界和平、世界政府和世界公民资格的梦想;他也许可以静下心来从事研究工作。不过,在纳什看来,这次旅行显然可保证他更加长期地逃离过去的生活,他的话听来总让人觉得他们永远不会回去了。

他们开车去纽约,向艾利西亚的堂兄弟姐妹们告别。这次会面一切顺利,除了纳什拒绝坐在正对一面巨大镜子的餐桌旁吃饭。他们留下了梅赛德斯牌汽车,它的行李箱里装满了过时的《纽约时报》,被停在普林斯顿研究院的停车场。纳什打算将汽车和报纸一并赠予他最尊敬的数学家惠特尼。他们还留下了孩子,因为尚未起名字,就根据一则数学笑话将他称为"婴儿ε",艾利西亚的母亲已经将他带回华盛顿的家。按照他们的约定,只要纳什夫妇一安顿下来,拉德夫人就会尽快前往巴黎与他们会合。

第四篇

失去的岁月

第三十八章

世界公民*

巴黎和日内瓦,1959—1960年

> 在我的面前有一项艰巨的任务,我已经决定用毕生的精力完成它。
>
> ——卡夫卡(Franz Kafka),K在《城堡》的对白

> 我看来处于一种崇高而奇特的出神状态
> 沉思我自己的分离的幻想
>
> ——雪莱(Percy Bysshe Shelley),《勃朗峰》

美国独立日过后不久,纳什和艾利西亚乘坐"玛丽王后号"离开纽约港。他们和其他乘客一同站在栏杆边上望着码头,随着轮船缓缓驶向辽阔的海洋,城市的天际线和自由女神像相继远去。他们看上去很像一年前启程去度蜜月的样子,他个子高高,衣着得体,容貌英俊,她则苗条、瘦小、优雅,只是少了一些生气,多了几分压抑,两人都沉浸在各自的思绪之中。

7月18日,经过一次"平静的"越洋旅行,纳什夫妇抵达伦敦。两天之

---

* 原文为法语 Citoyen du Monde。——译者

后，他们来到巴黎。美丽的巴黎就像一年前那样让他们为之倾倒，"到处是青翠树木……体型巨大的巴黎蓝鸽子在城市上空盘旋，成双成对"。他们到达圣拉扎尔站之后，花了几个小时来到左岸地区一家朴实无华的酒店，这个酒店有一个很不相称的名字，叫做"勃朗峰大酒店"。他们有那么一阵子觉得，在剑桥度过的那些悲惨日子曾经像沉重的铅块一样压在他们肩头，现在看来似乎已经被抛在身后，轻如空气一般了。当天下午，他们出去寻找美国运通办事处，以便购买法郎，并看看有没有他们的信。那年夏天同往常一样，剧院广场到处都是美国游客。让他们高兴的是，很快就看到穆尔那熟悉的面容，他是纳什在麻省理工学院认识的数学家之一，不久就要出任普林斯顿数学系副主任。穆尔当时坐在拉佩咖啡室读书，抬起头来却发现了纳什夫妇。"我感到有些吃惊，不过也不是真的吃惊，"穆尔在1995年回忆说，"许多数学家都来到巴黎。我们谈论爱丁堡，我没有留意到任何异常。"

  他们当时的真正计划是什么，艾利西亚后来也说不上来。她跟随纳什去欧洲，并不是指望巴黎可以帮助解决他的问题，而是因为她没有办法阻止他。在这种情况下，她不能让他一个人动身前往异国他乡，身边没有任何人照顾。不过，在巴黎的头几天，纳什夫妇的举止却让人觉得他们似乎有意将这里视为他们在以后一段日子的新家。艾利西亚报名学习巴黎大学文理学院的一个法语课程，并且四处寻找更加长久住宿的地点。她那20岁的堂妹奥黛特正打算在格雷诺布尔大学度过这一年的时间，这时刚好也在巴黎。于是，两个年轻女子一起出去搜寻合适的房子，最后她们在右岸地区共和国大街49号找到一所漂亮、整洁、宽敞的公寓，周围居住的多是难以确定特征却又绝对体面的蓝领阶层。

  巴黎，乃至整个欧洲，在那年7月简直热得冒烟。报纸上充斥着热浪袭击的报道，其中包括一辆停放的汽车突然起火焚烧的故事，看来很可能是自燃现象的一个真实案例：车后的挡风玻璃显然充当了放大镜，使留在后挡泥板上的一些纸片着了火。巴黎的气氛永远像磁石一样吸引着受到疏远和不服气的美国人,到处都是"沉默的一代"中自我吹嘘为流放者的人,他们这时也非常热闹。阿尔及利亚的战争仍在激烈进行,右翼恐怖分子不断发动炸弹袭击,市民惨遭屠杀,到处饱受摧残。这个城市就以群众示威、罢工和爆炸事件作出反应。与此同时,核军备竞赛的最新消息是美国宣布它现在有能力抗衡苏联的洲际导弹。以导弹抵抗导弹,留下了一个未解决的问题:这个世界是不是正在陷入另外一个更加致命的自燃案例?

如果说高温的天气和重大的政治问题影响了纳什的情绪,那么,它们引出的不是麻痹迟钝,而是对意志的一种夸大的认识。纳什按照"特殊"知识行动,受到一种斩断自己与过去社交圈子的残余联系的强烈愿望激励,抗拒艾利西亚劝他放弃"愚蠢"想法的一切努力。他已经辞去了教授职位,不仅离开了剑桥,而且离开了美国,放弃数学而转向政治。他现在的愿望很简单,就是要像脱去早已穿破的衣服那样脱去自己过去的本性。

世界政府的主张以及与此有关的世界公民的概念在纳什于普林斯顿读研究生时达到全盛时期,充斥于20世纪50年代出版的科幻作品,纳什在学生时代以及后来的岁月里都在贪婪地阅读这些作品。世界大同运动在20世纪30年代国际联盟解散之后出现,在第二次世界大战的最后几年突然发展成为一种全国性的思潮。普林斯顿是这个运动的中心之一,主要原因在于这里的物理学家和数学家,其中最著名的是爱因斯坦和冯·诺伊曼,他们扮演了核时代的助产士。纳什在研究生院的同龄人、才华出众的逻辑学家凯梅尼是爱因斯坦的助手,后来成为达特茅斯学院的院长,当时就是世界联邦主义者的领导人之一。

不过,真正激发纳什想象力的世界大同主义者却是一个跟他一样独来独往的人,世界大同运动的霍夫曼(Abbie Hoffman)。1948年,身穿皮夹克的二战轰炸机飞行员、百老汇演员加里·戴维斯(Garry Davis),社会团体领导人迈耶·戴维斯(Meyer Davis)的儿子,走进位于法国巴黎的美国大使馆,交出他的美国护照,放弃了美国国籍。接着,他又试图说服联合国宣布他是"第一位世界公民"。戴维斯"痛恨、厌倦战争和战争谣言",满心希望创立一个世界政府。"每份报纸都将这事作为头条新闻。"专栏作家布赫瓦尔德(Art Buchwald)在他的《巴黎回忆录》中这样回忆。爱因斯坦、18位英国国会议员以及包括萨特、加缪(Albert Camus)在内的一批法国知识分子都挺身而出支持戴维斯。

纳什打算跟随戴维斯的脚步,他把美国的过分紧张、过度爱国主义的气氛抛在身后,准备选择"阻力最大的道路",也是最能吸引他的极端疏远意识的道路。类似这样的以文化准则为标靶的"极端矛盾性质"早已成为逐步显现的精神分裂意识的标志之一。在崇拜祖先的日本,这个标靶很可能是自己的家庭,在信仰天主教的西班牙则变成教堂。纳什与过去的自己对立给他带来的刺激可能同强烈的自我表现欲望一样多,他特别希望更改曾经统治他的旧法律,并且毫不夸张地说,他要换上他自己的法律,一劳永逸地摆脱统治权威,他一度曾在它的统治下生活。

尽管这个动机可能是高度抽象的,但行动计划本身却非常具体,这令人感到颇为奇怪。为了实现他的改造计划,他打算出让自己的美国护照,换取某种更具世界意义的身份证明,宣称他是一个世界公民。

7月29日,纳什抵达巴黎后刚刚过了一个星期,就乘火车前往卢森堡。他之所以选择卢森堡作为放弃美国国籍的地点,是出于谨慎的理由,很可能是听取了设在巴黎的世界公民登记处的建议,这个组织由戴维斯创立。卢森堡这个国家比较小,没有什么名气,在这里交出美国护照不大可能被立即逮捕和驱逐出境,而法国是出了名不许提出抗议的地方。纳什抵达卢森堡城的中央车站后,径直走进了坐落在埃马纽埃尔·赛尔韦大道22号的美国大使馆,要求面见大使,并且宣布他再也不想做美国公民了。

在《1941年移民法案》第1481条规定中,有一个条款允许美国公民放弃他们的国籍。当然了,这个条款原是用来处理双重国籍的案例。到了1959年,同样是受到戴维斯的影响,几十个美国人开始将这个条款用于表示抗议的目的。这个法律条款写得相当明白,它要求记录一个宣誓,这宣誓必须在另外一个国家进行;宣誓者必须举起右手,在一名美国外交官的见证下说:"我决定正式放弃我的美国国籍……因此绝对而完全地放弃我在美利坚合众国的国籍及其附属的所有权力和特权,我发誓完全戒绝对美利坚合众国的拥戴和忠贞。"

纳什的话引起的反应不难想象。一名大使馆官员——并非大使本人!——提出了一连串措辞强硬的理由,试图让纳什明白他这样做事并不明智。多少有些令人感到惊讶的是,在纳什的决心非常坚定的情况下,这名外交官居然成功地说服纳什收回了自己的护照。这很可能是一个征兆,预示日后纳什逐渐加剧的一种优柔寡断、摇摆不定的精神状态。

这名官员的理由在他看来确实有道理。正如纳什1996年在马德里演讲时所说的那样:"假如我不再持有一本护照,就根本不可能离开卢森堡返回巴黎。他们允许我撤销我的行动,因为那是没有理性和疯狂的。"

当纳什第一次尝试放弃美国国籍的消息传到罗阿诺克,弗吉尼亚、马莎以及麻省理工学院的昔日同事一致认为麦克莱恩的监禁治疗显然没能制止急剧恶化的疾病。弗吉尼亚从波士顿回家之后一直处于深深的沮丧情绪之中,喝酒喝得很厉害,不久就轮到她自己出现精神崩溃(她在9月住院治疗)。博雷尔在那个夏天结束之际从瑞士回到普林斯顿,他打听纳什的情况,一个同事只是简单地告诉他:"出了问题。"

两天后,纳什回到巴黎,这个流产的计划完全没有影响他的高昂情绪。光是作过这样的努力就足以让他感到,就像他7月31日寄给弗吉尼亚的明信片上所写的,他正"走在通往一个世界公民的道路上"。他的头脑里正在思考他有意转变的其他方面。他开始去国家图书馆,那是与美国国会图书馆相当的法国机构,给弗吉尼亚写信,攻读法语("这是计划的一部分",他在约一年以前写信告诉塔克)。他还向母亲透露非常希望"能学会画画"。

但是,没过不久,纳什又为一个新的计划而激动不已。他的目的甚至对他自己来说也一直有些模糊不清,这时候却突然变得清晰起来。随着巴黎进入8月的暑假,人去城空,纳什认为他更应该去瑞士。在他看来,这个国家与中立政策、世界公民和爱因斯坦密切联系在一起。爱因斯坦喜欢称呼自己是个世界公民,已经加入了瑞士国籍。那年夏天,几个欧洲国家正在日内瓦召开一个有史以来最长的峰会,此事可能影响了纳什的思想。不过,纳什夫妇并没有像设想的那样立即离开巴黎,真正动身的时间由于艾利西亚的反对而推迟,她认为不能在刚刚租下一套公寓之后突然搬家。

纳什想去日内瓦,按照他后来的说法,是因为听说日内瓦是"难民之城"。这绝对没有错,无论从历史或现代意义上来看都是如此。日内瓦环抱月牙形的莱芒湖的南岸,面对大片冰川,勃朗峰白雪覆盖的山脊除了雾气最浓的日子都清晰可见。这里一度是新教徒改革的灯塔、法国新教徒以及崇尚自由的知识分子的避难所,其中包括伏尔泰(Voltaire)和卢梭(Rousseau)。1816年夏天,雪莱夫人(Mary Wollstonecraft Shelley)就是在科隆尼郊区创作《弗兰肯斯坦或现代普罗米修斯》。进入20世纪,日内瓦成为命运多舛的国际联盟的所在地以及主要的国际银行中心之一。联合国的欧洲总部以及红十字会这样的国际组织都设在这里。

在1959年,从巴黎到日内瓦还要坐上一个晚上的火车。纳什夫妇到达之后,就在吕马尔加诺的雅典娜酒店要了一个房间。不过,艾利西亚没有逗留多久,她几乎马上动身前往意大利,去与奥黛特会合,并在那里逗留了几个星期。

生平第一次独自在外,纳什"没有了父母、家庭、妻子、孩子、承诺和嗜好……以及可能蕴含的自尊心",因此毫无拘束,可以一心一意、全力以赴地进行他的探索。他的目的,从他所选择的地方来看,一直都在变化。他现在不仅希望抛弃美国国籍,还想取得正式的避难资格,要求成为来自"所有北约、华约、中东以及东盟成员国"的难民之一。可以想象,现在这些联盟在他的头脑中已经成为世界和平的一种威胁。不过,要求取得难民资格的愿望也反映了一种正在扩张的疏远意识、一种受到迫害的意识,以及对进监狱的恐惧。他将自己视为一个有良心的反对者,面临应征入伍的危险,同时也是美国数学家从事的那些军事研究的一个反对者。

他在一个最孤独的地方度过多数夜晚,那是一个空荡荡的酒店房间,位于这个城市偏远而难以名状的郊区。他不断写信,但是这些信件也许永远不会得到回复。他没完没了地提交表格、申请书和请愿书,这些东西可能会被归档处理。白天,他奔走在各个不同的接待室和办公室之间。

在独自居住的5个月里,纳什的含糊不清、自我否定的努力没有取得任何成果,就像卡夫卡的小说《城堡》中那个土地测量员抗拒调查的尝试一样,这个片断可能是所有文学作品里最引人注目的有关精神分裂意识的描写。卡夫卡的男主人公没有名字,被叫做K,他在生活中的惟一目标就是洞察"这座城堡的朦胧阴暗的心脏",它在K到达却怎么也走不出的一个迷魂阵般村庄的上空隐约浮现。在卡夫卡的小说里,K这个男人的工作就是测量和估计,他设法进入行政管理当局的阴云密布的所在地,并不是出于过上"一种受人尊敬的舒适生活"的愿望,而是为了"获得更高或者更神圣的权势人物的认可,从而发现事情的缘由"。

纳什对意义、控制和认可进行的毕生探求,不仅反映在社会方面,同时也体现在他自相矛盾的性格冲突中,但到此时已经削弱成一幅讽刺漫画。就像一个过分具体的梦境与现实生活不可捉摸的主题有关一样,纳什索求一份文件、一个身份证明,反映了他过去从事数学研究的观点。但是,在两个可以辨认的纳什之间的鸿沟就像卡夫卡与K之间一样巨大,前者是一个具有支配能力的富有创造力的天才,在自己选择的职业与正常生活之间挣扎;后者是他的一个漫画像,毫无希望地寻求一份证明自己的存在、权利和义务的合法文件。幻觉并不仅仅是想象出来的东西,也是一种受迫行为。纳什觉得个人和世界的生存已处于危急关头。一旦他的思想形成定势,他就会受到这些思想的强制而持续的支配。

与K一样,纳什也发现自己陷入了一出"没完没了的拖曳纸张的闹剧里……一个用于计算纸张的巨大而冷漠无情的机制……一个杂乱堆放纸张的世界,那是官僚政治制度的白色血液……受制于超出他控制的力量("它们正在戏弄我"),却又被欲望的一种困惑分散了注意力"。

纳什向多个政府当局求助,但是,似乎没能取得什么进展。他发现,美国领事馆并不准备接收他的护照或者允许他作出宣誓放弃国籍。那些外交官总是面带微笑,非常和气,却似乎感觉迟钝。他们试图劝说他,转移他的注意力,向他提出各种借口和理由。当纳什被他们那些冗长的解释搞得迷惑不解而又精疲力竭,他就会再次离开,第二天再来。

纳什将希望寄托在联合国难民事务高级专员公署,可是却被打发走了。原来,这个专员公署虽然有一个听上去大有可为的名字,其实已经制定了将像他这样的案例排除在外的规定。只有与"1951年1月1日之前在欧洲发生的事件"有关,并且"怀有一种理由充分的恐惧,担心可能因种族、宗教信仰、国籍、特定社会的成员身份或持有一种政见而受到迫害的人士才能申请避难资格,[而且这个人必须]在他的国籍所在国以外,不能或者由于恐惧而不愿接受本身国家的保护"。专员公署的官员建议他去找瑞士警方。

那时候,瑞士联邦警察负责处理政治避难权的申请,每年大约有十来个申请案例会被列为"不正常",因为它们涉及的个人来自一般不会产生难民的国家。由于纳什宣称自己是一个逃避兵役的有良心的反对者,警方建议他去找军事当局。这些权威机构小心翼翼地向伯尔尼请求指示,而伯尔尼反过来又向华盛顿征求意见。9月,日内瓦军事当局给伯尔尼写信,报告纳什的问题,说"他要求放弃美国国籍,惟一的理由就是他不愿意应征加入美利坚合众国军队,也不愿意以一个数学家的身份为官方机构服务,担心他的合作可能帮助他的国家政府将冷战持续下去或者准备打仗"。

11月,日内瓦当局得到消息,说无论从什么实际目的考虑,纳什都远远超过了美国的征兵年龄,他也不可能被迫从事与国防有关的研究。与此同时,纳什没有做出任何可能导致美国政府剥夺他国籍的行为。换言之,既然他还没有签署放弃美国国籍的声明书,从技术角度上看他仍然是一名美国公民。到了这个时候,警方开始威胁纳什说要把他驱逐出境。

纳什的自我意识充满了最彻底的矛盾冲突。一方面,他的最直接的想法和行动看上去属于另外一个掌握控制权的灵魂,"我是上帝在地球上的左脚"。另一方面,他觉得自己处于整个宇宙的中央,外部现实就是他的思想的投影。有时候,他像一个落魄可怜的请愿者,有时又像一个"伟大、神秘而又重要的宗教人物"。他花费大量时间开设不同的银行账户,通常是用假名,其中有一个他后来称为"神秘的"账户,把钱电汇到不同的国家。"我把钱从一个银行转向另一个银行,"1996年,纳什在马德里的演讲中这样回忆,"我在一家瑞士银行开了一个账户,它的名字是安道尔信用。账户中存的是瑞士法郎,不过我并没有很多钱。"许多年以后,当纳什乘坐豪华轿车驶向斯德哥尔摩市中心,准备出席诺贝尔奖颁奖典礼的时候,他指着路过的一家银行告诉库恩夫妇,他曾将钱电汇到那里,这是他为防备"一次外星人入侵"而进行的工作之一。

这样的自相矛盾也是精神分裂症的典型特征,每个症状都会有一个"反症状"与之匹配。在公认的第一个有关精神分裂型思考方式的精神病学描述中,哈斯拉姆(John Haslam)早在19世纪就将注意力集中在这种全能与无能的特殊结合之上:这个人"有时候是由人们操纵的一个机器人,有时候是整个世界的皇帝",妄自尊大的倾向与受到迫害、软弱无力、卑微低下的感觉混合在一起。

他同时持两种态度,但常常看不出有什么明显的不一致,这是对亚里士多德视为理性基本法则的原则的一种讽刺。这个原则指出:"一致性原理或矛盾法则指出不可能同时证实是p和非p。"这真是一个冷酷无情而又天大的笑话,那个曾经提出引人注目的有关理性行为理论的人再也不能用非彼即此的方式进行思考。

不过,如果说纳什完全与现实脱离也不正确。实际上现实给他带来沉重而令人不快的压力,最清楚的证据就是他自身所受的挫折开始压迫他。他满怀期待的心情缓慢而又无可挽回地转变为一种深深的失望和沮丧,他长时间地在城里漫步,大部分时间都在公园和湖边,等待,没完没了地等待。9月底,他给弗吉尼亚和马莎写信说:"目前我的生活并不令人兴奋……正在等待情况好转。我对于我的许多旧同伴、同事、朋友和其他人所抱的幻想多少有些破灭。"

他的阴郁思想很有可能反映了比所处困境更多的东西。马莎回信说,弗吉尼亚出现了"一次精神崩溃,在医院待了两星期"。纳什觉得这个消息简直难以置信,他不能想象他强健的母亲会生这样的疾病,但是,他一定从马莎信中的语气中意识到,母亲的痛苦困境在某种程度上与他自己有关。

最后,在9月或者10月,一阵绝望使纳什将他的护照毁掉或者丢弃了。艾利西亚后来回忆说,他只是"丢失了"护照,虽然这是完全可能的,但后来发生的事情却暗示了恰恰相反的情况。领事馆得知丢失护照的事情后,曾努力劝说纳什申请一个新护照,但是他拒绝这么做。

在纳什的思想里,他现在已经是一个没有国籍的人;在政府当局的眼里,他是一个没有适当证明文件的人,这使他处于非常容易受到伤害的地位。正如纳什后来写信告诉赫尔曼德的那样,他曾经"申请难民资格,这带来了麻烦"。10月11日,他写信告诉弗吉尼亚和马莎,说自己"由于某些法律程序"而不能继续旅行,这里指的很可能就是缺少护照的事。在这封信中,他还附上了一首自由体长诗,描述他在莱芒湖岸边喂野鸥的情景。不过,他倒设法去了一趟邻近的列支敦士登,在那里他曾想申请成为公民,原因就是列支敦士登不向外国居民征收所得税。

在艾利西亚短短几个星期的罗马假日里,她再次——后来证明也是最后一次——恢复为往日那个心情愉快的女孩。奥黛特在1995年回忆说,艾利西亚看上去又变成"喜欢寻欢作乐"了。这两位美丽出众而又时髦的年轻女子确实度过了一段美好的假期。她们参观了梵蒂冈,在那里聆听教皇约翰二十三世的演讲。奥黛特突然晕倒,不得不请两位年轻的意大利医科学生抬出会场,后来他们又带这两个女子游览市容。她们去夜总会,逛商店,无论走到哪里,都会受到美国人、意大利人同样的敬慕和追逐。离开罗马后,她们又去了佛罗伦萨和威尼斯。在威尼斯,两位年轻女子请人给她们拍了一张合影,奥黛特看起来像年轻的奥黛丽·赫本(Audrey Hepburn),艾利西亚则酷似年轻的伊丽莎白·泰勒,两人站在圣马可广场,都穿着高跟鞋,梳着柔软蓬松的发型,身边全是鸽子。

8月底,艾利西亚返回巴黎,开始着手安排自己的母亲和儿子前往法国。她很可能先去了日内瓦,不过即便这样,她也只是停留了一会儿。她给纳什写信,催促他赶快来巴黎,并且向美国大使馆求助,希望他们可以将纳什从瑞士送回来。"艾利西亚正在巴黎期待'e'的到来。"11月初,纳什在信中这样写道。"e"指的是约翰·查尔斯(John Charles),纳什叫他"婴儿 ε"。("婴儿 ε"是源自一则著名数学趣事的一个不可当真的称呼,这则趣事说的是有一个著名数学家,他相信所有婴儿一生下来就知道怎么证明黎曼猜想,并且保有这种知识直到他们满6个月为止。)

这是纳什第一次在寄到罗阿诺克的信中提到这个婴儿,但是他却没有说自己是不是有意与他们会合。艾利西亚一边等待母亲和儿子,一边去格雷诺布尔看望了奥黛特。"在我的住处,我们吃点心、用朗姆酒调味的松软蛋糕,"奥黛特回忆说,"我们聊聊其他学生,还去滑雪。"

在华盛顿,"婴儿 ε"终于在他的外祖父母和马莎面前受了洗礼。他身穿一件小小的套头毛衣,在一个树叶铺满地面的明朗秋日,被正式取名约翰·查尔斯·马丁·纳什。洗礼仪式在拉斐特广场的圣约翰教堂举行,这里就是当年纳什和艾利西亚交换婚姻誓言的地方。(至于是谁决定选择约翰这个名字,没有人说得清楚。纳什的第一个儿子已经取名为约翰,这一切好像说明纳什和拉德两家都愿通过这种替代做法,抹去第一个孩子的记忆。)

12月初,刺骨的"干冷北风"吹过莱芒湖,在湖边漫步已经变成受罪,纳什的情绪也比以往更加低落。人们几乎可以想象他的"身处冰冷宇宙的无助之感"。他试图放弃国籍,取得难民身份,可是种种努力却由于令他感到困惑的原因而落空。他把自己关在房间里,将大部分时间用来写信。他曾经认为是自己选择逃离剑桥,现在的感觉却好像是遭到流放。他写信告诉维纳:

> 在给你写信的时候,我觉得是在给一个昏暗的坑道里的一

> 道光线写信……你的住处是一个奇怪的地方，在那里，管理层上面叠着管理层，而且全都在现实的不狭隘的思想方式面前，满怀恐惧或者痛恨（不管措辞多么虔诚）地颤抖。在那条河的上游[指哈佛]，情况稍微好一些，不过在我们两人都很熟悉的某个特定区域还是很奇怪。而且，要想看到这种奇怪之处，观察者本身必须是奇怪的。

这封信用银箔装饰，里面附有一个貌似列宁（Lenin）的人的报纸照片以及尼赫鲁（Nehru）70寿辰的一篇报道，其中提到赫鲁晓夫（Khrushchev），还有一些电车票根。

即便纳什把自己说成以"不狭隘的思想方式"激起他人恐惧的人物，他的有关"管理层……叠着管理层"的说法仍然暗示了一种日益增长的容易受伤的意识、一种自由浮动的焦虑以及一种认为政府当局正在玩弄他的想法。没过多久，出于不可知的理由，纳什换了酒店，搬到一家更加便宜也更加边远的酒店——勃朗峰街的阿尔巴酒店。

在这个导致幽闭恐惧症的酒店房间里，纳什度过了他在日内瓦的最后一星期，他的悲剧的真正特点将要浮现出来。在瑞士，身边没有艾利西亚的管束，没有外来限制，但他却像卡夫卡的另外一部作品《变形记》中的男主角一样被完全固定在这里。这个男主角一天早晨醒来，发现自己变成了一只蟑螂，茫然无助地四脚朝天躺在地上。卡夫卡从来没有写过《城堡》的最后一章，但是他向朋友和传记作者马克斯·布罗德（Max Brod）透露说已经可以看见K躺在小客栈的床上，精疲力竭，累得要命的那一幕场景。"K不会放弃挣扎，只会因此累死。"纳什也没有放松挣扎，也同样遭到了失败。

马里兰大学的政治学家格拉斯（James Glass）对精神分裂症的幻觉进行了研究，他这样描述："幻觉提供一种确定且往往牢不可破的个性，其绝对性可以调遣自我形成一种顽固不屈的态度。在这方面,它就变成一面内在的镜子,反射政治独裁主义,形成自我内部的独裁统治……这种内部独裁统治和一切外部独裁统治一样致命。"

12月11日,警方扣留纳什长达几个小时,然后"在监视下"释放了他,要求他每天到警察局报到两三次。很显然,这是为了让他相信"驱逐出境是不可避免的"。根据12月16日美国驻日内瓦领事维拉德(Henry S. Villard)发给国务卿赫脱(Christian A. Herter)的一份电报,瑞士当局已经在12月11日签发一份驱逐出境的命令,将纳什称为一名"不受欢迎的外国人"。在整个过程中,瑞士当局明显是在"助理科学顾问考克斯(Edward Cox)博士完全知情"的情况下采取行动的,并且可以假定他们得到了国务院更高级别的、心照不宣的默许。

最后一道帷幕在12月15日揭开,纳什遭到逮捕,这是第二次了。纳什与他上次被捕时一样,顽固拒绝返回美国,继续坚持要求签署放弃美国国籍的宣誓书。考克斯,这位来自斯沃斯莫尔学院的像叔叔一样和蔼可亲的退休化学教授,当时正在巴黎的大使馆担任助理科学专员,乘火车连夜赶到日内瓦。15日这天早上,他陪同精疲力竭而又忧心忡忡的艾利西亚来到。他们都想劝说纳什直接返回美国,并且都不知道应该期待怎样的结果,两个人都用各自的方式担心出现最坏的局面。

国务卿赫脱通过每天接收的电报一直在了解整个情况,国务院的科学顾问华莱士·布罗德(Wallace Brode)也是如此。在15日早上,一份来自驻巴黎大使休顿(Amory Houghton)的电报通知他们:"从日内瓦方面得到消息说纳什不听劝告坚持要求签署放弃国籍的宣誓书。"

即便是在监狱里,纳什仍然拒绝返回美国,在办理新护照一事上拒绝进行合作。他继续要求得到允许,宣誓放弃美国国籍。

到此时,艾利西亚同意将纳什带回巴黎,在那里他们毕竟租有一套公寓。总领事同意为艾利西亚出具一份新护照,上面包括了纳什的名字,但纳什坚决表示反对,他连巴黎也不想去。反抗是徒劳无用的,警方护送纳什去了火车站,他被推上了火车。上午11点15分,火车离开带有屋顶的车站,驶出户外。警方督察员报告说,"在开车的时候纳什[还是]不愿意离开日内瓦,不过我们还没有动用武力的必要。"

纳什和艾利西亚在共和国大街49号庆祝了圣诞节,正如纳什写信告诉弗吉尼亚的那样,这个活动"很有趣"。艾利西亚的母亲在场,还有8个月大的儿子约翰·查尔斯。他们有一棵圣诞树,可能是纳什一家拥有的第一棵圣诞树,按照德国风格用许多小巧的苹果和红蜡烛装饰。当他们点燃蜡烛时,艾利西亚的母亲非常害怕,"我们准备了一桶水放在旁边,"抵达巴黎过节的奥黛特回忆说。艾利西亚整个秋天都在学习烹饪,现在则以法国式小菜招待大家。那里还有送给婴儿的礼物,纳什有些嫉妒地在给弗吉尼亚和马莎的一封信中说,"他现在看来已经吸引太多注意了。"

在圣诞节翌日,艾利西亚举行了一个舞会,美国和法国的几位数学家应邀出席。在芝加哥大学认识纳什的数学家陈省身也来了,当时他正在巴黎停留一个学期。他回忆说,纳什有"一个有趣的想法",说欧洲的四个城市构成一个正方形的四个顶点。不过,共和国大街49号最引人注目的客人却是格罗滕迪克(Alexandre Grothendieck),一个非常聪明、富有领袖气质、极其古怪的年轻代数学家。他理了发,身穿传统的俄罗斯农民服装,持有强硬的反战观点。格罗滕迪克刚刚在新的巴黎数学中心得到一个职位,该中心是按照普林斯顿高等研究院的模式成立的。他还将在1966年获得一枚菲尔兹奖章。在20世纪70年代,他创立了一个活命主义者的组织,完全退出了学术界,实际上变成比利牛斯山脉一个没有公开的地方的隐士。但是,在20世纪60年代,他充满活力,口若悬河,非常有魅力。至于他究竟是对美丽的艾利西亚感兴趣还是与纳什的反美情绪志趣相投，人们并不清楚；不管怎样，格罗滕迪克是纳什家的常客，并且好几次尝试帮助纳什在数学中心搞到一个访问学者的职位。

那年1月，奥黛特和艾利西亚经常坐在公寓里抽烟，闲聊奥黛特的男友们，其中包括34岁的丹斯金（John Danskin）。丹斯金是普林斯顿高等研究院的一名数学家，在纳什夫妇的婚礼舞会上邂逅令人神魂颠倒的奥黛特。他写信向奥黛特表示爱慕，最后还从俄罗斯向她发来求婚的电报。她们谈话时，纳什就坐在起居室的一角，仔细查阅一本巴黎电话号码簿，基本上没有说话，只是偶尔抱怨一下烟雾（因为他痛恨抽烟），或者提个问题。奥黛特回忆说：

> 我们过得很愉快，只是笑和闲聊，学习法式烹调，接待艾利西亚请到她的公寓来的人们。我们会喋喋不休地讲话，谈论男孩子们，而纳什根本没有留意这一切。艾利西亚过去常常抽烟，他常常抱怨受不了。偶尔他也会提个问题打断谈话："你们知不知道肯尼迪和赫鲁晓夫有一个共同之处？不知道。他们两人的名字都以K开头。"

奥黛特不久就返回格雷诺布尔，艾利西亚的母亲接着也离开了巴黎，只留下她的女儿和外孙。艾利西亚努力照顾年幼的孩子，同时适应她的丈夫，但却发现两件事都让人不堪重负。她极其迫切地想返回美国，继续竭尽所能寻求美国当局的协助。

实际上，一个早已商定的工作正在进行，领导者就是国务院的华莱士·布罗德，他派遣副手法林霍尔特（Larkin Farinholt）前往巴黎。法林霍尔特是一名化学家，不久就将成为斯隆基金会的奖学金计划总监。他企图说服纳什自愿返回美国，却徒劳无功。其所以进行这个工作，不仅是出于政府希望避免尴尬局面，而且是由于一个真诚的心愿，即希望纳什不要离开科学界，也不因他那看来毫无理性的行为而吃苦头。

纳什的法律地位越来越模糊不清。自从他被瑞士驱逐出境，法国政府给他签署了一个为期三个月的临时居留许可证。他在法国的地位，正如他在1月底写给赫尔曼德的一封信中解释的那样，是"瑞士居民或定居者"。纳什在马德里的演讲中说，当时他想成为北约国家的一名难民，但是既然他身在法国，"为了避免不一致性"，不得不退而求其次，只得争取成为"美国的一名难民"。他再次申请政治避难权，当发现法国政府不会批准之后，又打算申请瑞士签证，同样遭到拒绝。于是他向赫尔曼德求助，后者为此咨询了瑞典外交部，得知纳什如果没有美国护照，就绝对不可能得到一张签证。赫尔曼德已经有点不耐烦了，在回信中说："我个人强烈建议你重新考虑你对北约和其他国家的观点。"

纳什却设法做成了一件相当了不起的事情。3月初，他在独自一人又没有护照的情况下去了一趟民主德国。人们实在难以相信一个没有任何身份文件的美国人能在1960年进入民主德国，纳什在1995年确认他真的去过那里，说他在"思想毫无理性的时候"去过"不需要出示美国护照的地方"。鉴于那个时期边境上的保安工作极其严密，真正可能发生的事是纳什向民主德国政府申请政治避难权，并且获得当局允许进入这个国家，直到这个申请得出结果。反正纳什到了莱比锡，在一个名叫蒂尔默（Thurmer）的人家里住了几天。他寄给弗吉尼亚和马莎的一张明信片，说明他确实出席了恰好在当时举行的一个宣传战的活动——莱比锡世界工业博览会，这是铁幕*对布鲁塞尔博览会的回应。后来，美国数学家从法林霍尔特那里听说，"纳什企图叛逃到苏联人一边"，但是苏联人拒绝与他扯上任何关系。这个由布劳德复述的故事很可能是以纳什在莱比锡的历险记为基础，至少没有证据表明纳什曾经与苏联有所接触。在那个时候，有关的每个人，包括美国人、法国人，假设还有民主德国人，都知道纳什的行动是

---

* 指第二次世界大战后苏联及东欧国家为阻止同欧美各国进行思想、文化交流而设置的一道无形屏障。——译者

重病在身的结果。但是，很显然这个事件已经促使联邦调查局在20世纪60年代初质疑艾利西亚的安全级许可，当时她正在美国无线电公司工作。不管怎样，纳什最终还是被要求离开民主德国，也许是法林霍尔特将他带走的。他返回巴黎，在那里写信告诉马莎和弗吉尼亚，说自己正在"考虑返回罗阿诺克"，但是对返回美国仍然有些担心，因为他没有得到任何保证说他可以再次离开。

同在日内瓦一样，大部分的时间里纳什都在公寓里写信。普林斯顿的埃米尔·阿廷的儿子迈克尔·阿廷在他父亲去世之后，在父亲的文件堆里找到纳什的一封来信。"一开始真的像是在谈论数学，"阿廷回忆说，"可是整封信都贴满了东西，有[地铁]车票和印花税票。到了信的末尾，明显可以看出一种奇特的想法。它谈的是寇歇尔(Köchel)所做的莫扎特(Mozart)的交响乐编号。寇歇尔为莫扎特的全部作品编写了目录，作品总数可能超过500部。信写得非常生动，一定给我父亲留下了很深的印象，因为他把这封信保留了这么多年。"纳什在剑桥最后一年认识的那个麻省理工学院本科生瓦斯克斯回忆说："他的信件满是数字命理学，我没有保留下来。它们不只是信件，而是美术剪贴，是多种风格混合在一起的作品，剪贴物取自报纸，非常聪明。过去我总是把这些信拿给别人看，它们包含一些顿悟，还有小花样和俏皮话。"莫拉韦茨回忆说，她的父亲辛格曾在卡内基教过纳什张量分析，这时也收到纳什寄来的明信片，并被这些东西吓了一跳。他告诉她，这些东西使他想起了他的兄弟哈奇(Hutchie)，他得的就是精神分裂症，从三一学院退学，在第一次世界大战爆发之前就在巴黎的波希米亚聚居地定居下来。莫拉韦茨说："这些信件谈论的是米尔诺的球面微分结构这类东西。纳什会引用一个定理，然后为它推出一些政治含义。"

金钱日益变成问题。纳什一家的房租用美国标准看来是便宜的，但是生活开支却不低，食品尤其如此。纳什处心积虑想要卖掉他的梅赛德斯，当时这辆车仍然停在普林斯顿高等研究院的停车场。帮他保管车子的数学家惠特尼已经给丹斯金打过电话，请他帮忙处理这辆车。发明了一种保龄球瓶的法国人阿巴（John Abbat）与奥黛特的姐姐穆尤（Muyu）结了婚，现在也参与了此事。丹斯金记得汽车的估价是2300美元，但是纳什却非要卖2400或2500美元不可。"他简直太过分了，"丹斯金回忆说，"我没有卖掉它，他回来的时候它还在那里。"纳什不断请求马莎给埃莉诺寄钱，还请求安布罗斯去看望约翰·戴维，埃莉诺回忆说，当时7岁左右的约翰·戴维很害怕安布罗斯。

纳什的头发已经很长了，还蓄了一把胡子。4月初，他给马莎寄去自己的一张照片，是在一家中餐厅里拍的，他要她看完后寄还，说这是"道林·格雷（Dorian Gray）的肖像"。他向一个移民局官员说到4月21日是他受权逗留的期限截止日，还说打算不久就动身前往瑞典。4月21日，弗吉尼亚接到国务院发来的一份电报，要她支付费用以便将纳什带回美国。她将钱电汇过去，法国警察将纳什从共和国大街49号的公寓带出来，一路警卫森严地护送他到奥利。纳什后来告诉瓦斯克斯，他被人从欧洲送回来，"坐在一条船上，戴着锁链，就像一个奴隶"，但是，艾利西亚却记得非常清楚，他们是坐飞机回来的。这次离开变成了日内瓦伤心一幕的翻版，也像一面镜子那样反映了前一年夏天他们启程前往法国的情景。只不过这一次纳什心里并不乐意。同样，具有讽刺意义的是，这一次他走的是戴维斯的道路，因为戴维斯有一次也是乘"玛丽王后号"，被关在一等舱里遣送美国。

◇ 第三十九章

绝对零度

普林斯顿，1960年

那辆橄榄绿色的梅赛德斯180型汽车仍然停在普林斯顿研究院的停车场。纳什直接回到这里，艾利西亚则带着孩子去了华盛顿，同拉德一家住在一起。纳什在普林斯顿游荡，6月，当他知道马莎生了个孩子，便驾车来到罗阿诺克，看望医院里的马莎。她记得自己被他的突然出现吓了一跳，她的生产日期是6月13日，却没有向他提起。"我担心他会赋予这个日期某种含意。"她在1995年回忆说。她的印象是纳什在罗阿诺克和弗吉尼亚一起住了几个星期。

与此同时，艾利西亚正忙于找工作，请求包括已经跟奥黛特结婚的丹斯金在内的朋友们帮忙。丹斯金正在拉特格斯大学教书，这对新婚夫妇就住在普林斯顿的外围。艾利西亚显然想留在华盛顿，因为这样一来，她的父母就能帮忙照料小宝宝，但她也在考虑搬回纽约。这年夏天，艾利西亚同她在麻省理工学院的老朋友乔伊丝住在一起，当时乔伊丝住在格林威治村，在城里工作，艾利西亚则接受了几个计算机编程工作的面试。她在离开乔伊丝的公寓返回华盛顿那天，给乔伊丝留了一张条子，告诉她IBM公司和尤尼瓦克公司都已经同意聘请她，只是她还没有决定要不要接受这些工作，她说："现在我有一个真正的问题，究竟在纽约还是在华盛顿工作？"

奥黛特催促艾利西亚去普林斯顿,纳什对此也表示支持。艾利西亚觉得她丈夫也许可以因置身于数学家之间而受益,希望他在普林斯顿找一份工作。结果呢,艾利西亚推掉了纽约的工作,加入美国无线电公司,在天体电子学分部工作。这个部门拥有一座大型研究设施,坐落在普林斯顿与海茨敦之间的海茨敦路旁。艾利西亚再次将儿子留给她母亲照顾,在沃尔纳特区一角的斯普鲁斯大街58号租了一套小公寓,距离帕默广场大约2千米。纳什在夏季即将结束的时候来到这里与她会合。

至少是在开始的时候,普林斯顿确实为度过巴黎最后几个月揪心日子的纳什提供了一个喘息的机会。艾利西亚和纳什很快就加入到丹斯金和奥黛特那座靠近特拉华—拉里坦运河的漂亮房子的客人中间。格里格斯敦当时有一家名叫特恩奎斯特的百货商店和几所别具一格的房子,其中包括丹斯金过去曾经住过的一个苹果汁工厂,现在已经不再生产。夏天,这里显得特别美丽,空气里充满浓郁的忍冬香味。当时正与莫根施特恩合作的博弈论专家阿弗里亚(Napthali Afriat)就住在那里,另外还有普林斯顿的法语专业研究生科万(Jean-Pierre Cauvin),以及在拉特格斯大学工作的舍曼夫妇(Agnes and Michael Sherman)。丹斯金夫妇经常举办舞会,米尔诺夫妇、纳尔逊(Ed Nelson)夫妇、逻辑学家克赖泽尔(Georg Kreisel)都是常客。这些舞会持续到深夜,演奏贝多芬的奏鸣曲,提供大量美酒、烧烤牛排、烤肉串,晚上在运河游泳,还有喜欢交际、富有教养、雄辩机智的丹斯金引出的愉快交谈。纳什给科万留下了非常清晰的印象。

> 他带有一种孩子般的神情和气质,一种温柔,这是很脆弱的个性。他还给人一种茫然无助的感觉。我猛然意识到,具有一种如此单纯外貌的人可能是个天才。他显得闷闷不乐,漠不关心,说起话来总是那么温和,语气单调而没有变化。我不记得他

是否引发任何一场谈话。他会对一个问题作出反应,或是在一阵短暂的犹豫后发表评论。艾利西亚非常在意他。

艾利西亚正在学习开车,丹斯金和米尔诺都在指点她,时有进展。他们邀请她参加每星期四晚上在206公路的法因斯小姐训练所聚会的一个民间舞蹈团,他们自己就是团员。"她显得很漂亮,很安静。我记得她曾经拿出一张照片,上面有一个非常讨人喜欢的小男孩。"利德(Elvira Leader)说,她的丈夫索尔(Sol)曾经跟艾利西亚跳舞。"她简直轻若鸿毛。"他回忆说。

聚会之后,丹斯金会带跳舞的朋友们回家。他记得曾经与纳什边喝酒边讨论数学。丹斯金试图证明一个定理,

> 他立即用最严密的论点击中你。他仍然非常敏锐,知道我正在做什么。我想回避困难,但他却抓住了我。究竟谁会那样问?你会的,如果你打算自己证明这个问题,不过他只是听着。同时也在理解。

丹斯金带头帮纳什找工作。当时丹斯金正在为莫根施特恩做一些顾问性质的工作,后者似乎愿意聘请纳什担任顾问。那年秋天,纳什得到一份为期一年的顾问合同,薪水上限是2000美元。莫根施特恩向大学声明,他是在"小小的慈善压力"下同意给予这个职位的,但是他觉得"纳什可能会对他的项目作出重大贡献,只要他能摆脱目前的精神抑郁,将他的聪明才智发挥出来"。但校方却阻止了他,理由是"担心这个安排是出于人类的善良本性,而不是现实的技术上的需求"。最后的决定是在两个月之后对纳什的工作表现进行评价。这份合同签署的日期是1960年10月21日。

不过,纳什却开始说起返回法国的事。他同当时正在普林斯顿高等研究院访问的勒雷联络,请求他邀请自己再次前往法兰西学院。这一次,比以前更加警觉的艾利西亚出来干预了。斯潘塞曾经在1950年和1951

年帮助纳什完成有关代数簇的论文的最后版本,现在她请他写信给勒雷,要勒雷劝说纳什不要这么快就返回法国。"她的建议是目前不要邀请纳什去法国,因为她觉得那样做只会再次刺激他……如果[在莫根施特恩那边的]工作可以实现,就会在她丈夫身上产生一种镇静作用。她觉得,如果能够在普林斯顿停留一段时间,也许可以使他重新投入到数学研究中去。"

到目前为止,纳什处在不间断的严重精神疾病的魔爪之下已经接近两年,疾病使他发生了很大变化。纳什的外貌和举止的改变是这样明显,以至于他在数学系的老朋友居然难以认出他来。1960年,在那个令人呼吸困难的夏天,那个来来回回走在普林斯顿主干道上的男人显然深受困扰。他会光脚走进餐厅,黑头发垂在肩上,留着一把浓密的黑胡子,表情僵硬,目光呆滞。女士们尤其觉得他很吓人,他从来不会直视别人的眼睛。

纳什把大部分时间用于在校园里游荡,其中包括范氏大楼。在多数日子里,他穿着一件像罩衫一样的俄罗斯农民外套,如当时一个研究生记得的那样,正准备去"跟松鼠讲话"。他随身带着一个笔记本和一个题有"绝对零度"的剪贴簿。剪贴簿上贴满了各种各样的东西,其标题指的大概是最低温度,在那种温度下,一切活动都停止了。他对明亮的色彩特别感兴趣。

他经常出现在休息室里,在那里"喜欢旁观别人下克里斯皮尔棋,也作一些神秘的简短评论"。比如说,有一次,费勒刚好站在附近,纳什并不特别对着任何人说:"我们应该怎样对付一个超重的匈牙利人呢?"另外一次,他说:"西班牙与西奈半岛有什么共同之处呢?"(此事发生在以色列占领西奈半岛之后。)他自己回答了这个问题:"这两个单词都以S开头。"

当然,在范氏大楼里,人人都知道他是谁。资深教授有意避开他,范氏大楼的秘书们稍微有些怕他,因为他的身材和奇怪举止使他看来多少带有那么一点危险。有一次,纳什让系里的秘书亨利感到不安,因为他问她要一把最锋利的剪刀。亨利大吃一惊,向塔克请教应该怎么做,那时塔克需要借助一根拐杖走路,根本不是纳什的对手,就说:"哦,那就给他好了,如果出了问题,我会处理的。"纳什紧紧握住那把剪刀,向一本摊开的电话号码簿走过去,剪下封面以及一张用原色绘制的普林斯顿地区地图。他把这些东西贴在他的笔记本上。

他找到一个可以交谈的研究生。兰多尔(Burton Randol)当时是数学系的一年级研究生,他回忆说:"我一点也没有因为他的古怪而感到头痛,在体格方面我也不怕他。我乐意和他说话,我们多少有点彼此欣赏。"他和纳什会在普林斯顿进行长时间而漫无目的的散步,兰多尔特别记得纳什的冷嘲式幽默感,那是"有意识的、自我指认的、自我贬低的。他知道自己是疯狂的,有时也就此开一些小玩笑"。

他间接地提到自己,通常用第三人称,自称是某个约翰·冯·拿骚,这个神秘人物的名字与约翰·冯·诺伊曼有着奇怪的相似之处,而且暗示了与拿骚大街的某种联系。拿骚大街是普林斯顿的主要街道,就同拿骚堂是这所大学校园里一座主要建筑物一样。他用相当深奥的语言谈论世界和平和世界政府,明确指出他在非常大的程度上与这些想法有关。不过,即便不是完全不提起,他也很少说及自己在巴黎和日内瓦的真实经历。

与莫根施特恩合作的那份工作最终化为泡影。丹斯金回忆说,纳什拒绝填写必要的W-2表格,宣称他是列支敦士登公民,不必上交任何税收。

> 我给莫根施特恩打电话,为他在经济学研究组找了一份工作,莫根施特恩说没问题。我拿了一张申请表,上面需要填写纳

什的社会保障号码,并且问他是不是美国公民。他就是不肯合作,因此没有得到这份工作。

至于这是不是那份合同在12月初被取消的原因,抑或当时纳什已经病得很厉害,不能继续工作,没有人清楚。

纳什还在继续给人们写各种各样的信。当他听说舒比克正在将博弈论运用于货币理论,就给舒比克寄去了一本《里奇·里奇》连环漫画书。他给卡内基的老朋友兹韦费尔寄去了明信片,由法国驻华盛顿大使馆的法国代办转交。

他还打了许多电话,根据马莎的回忆,通常用的是伪造的名字。纳尔逊回忆说:"那几年我确实在电话里和纳什交谈,尽了我的责任,他给我打过许多电话。"博雷尔回忆说:"我没完没了地接到纳什的电话。哈里什-钱德拉(Harish-Chandra)也经常接到电话。没完没了的废话、数字命理学、日期、世界大事,这真是令人感到头痛。这种事情经常发生。"

纳什的古怪行为渐渐引起了大学官员的注意,丹斯金回忆说:

> 纳什让大学校长烦恼不安。他谈论某件事情,最后会扯到加沙地带。戈欣(Goheen)的秘书打电话给我,他在校园里玩跳房子的游戏。他没有威胁到任何人,但是举止实在疯狂。他会闯进办公室,令年轻女子感到害怕。在我家里,他玩弄我的立体声音响,把它弄得一团糟。他让人们害怕,不过却是一个你能想象得到的最温和的人。

艾利西亚对自己的感情失去了控制,变得非常抑郁。民间舞蹈团成员们记得她当时那副非常忧伤的表情,还有她怎样给他们看她孩子的照片,流露出被迫与孩子分离的伤痛。她开始去普林斯顿的医院看一个精神病医生,他的名字叫做埃利希(Phillip Ehrlich),他建议她将丈夫送进医院治疗,如果有必要的话就不惜违背他的意愿。他推荐了附近的一所州立医院。奥黛特在1995年回忆说:"将这样一个健壮而又英俊的男子关起来确实是件很可怕的事情,艾利西亚有些负罪感,我们曾反复讨论这个问题。医生们给她提建议,但她就是不明白,这真是非常痛苦。"艾利西亚先是请求丹斯金将纳什送进医院,但丹斯金拒绝这么做。于是她就向弗吉尼亚和马莎求助。

就在警察带走纳什之前一两天,纳什出现在校园里,全身都是抓破的血痕。"约翰·冯·拿骚真是一个坏孩子,"他说,可以看出是被吓坏了,"现在他们很快就要来抓我了。"

第四十章

死寂塔楼

特伦顿州立医院，1961年

> 静静地坐落在特拉华山谷最美丽的景色之中，融合了人类的艺术和技巧的全部影响力，守护、安慰和恢复收留在它怀抱里的彷徨流浪的英才。
>
> ——新泽西州立精神病医院第一份年度报告，1848年

> 我好像被丢弃在一座"死寂塔楼"上，日益腐朽，任凭反普罗米修斯主义的秃鹫不断撕咬我的肌体。
>
> ——纳什，1967年

1月底，纳什从巴黎回来10个月后，弗吉尼亚苍老了许多，与女儿马莎在罗阿诺克登上一列火车，经过整整一天的向北行驶，在傍晚时分抵达普林斯顿。她们两人上一次一起出门旅行已经是10年前的事了，当时是去出席纳什的毕业典礼。她们心里一直在比较那次旅行与这次的巨大差别，下车的时候，眼里闪烁泪光，而且疲倦不堪。已经成为普林斯顿大学数学系全职教授的米尔诺正在等候她们。天差不多全黑了，下起了小雪，有些尴尬地相互致意之后，米尔诺带她们到自己的汽车那里，把钥匙交给她们，并给她们指出了去西特伦顿的路线。

马莎负责驾驶，两个女子一言不发地行驶在1号公路上，路面已经覆盖了薄薄的一层冰，汽车在上面行驶难免出现滑行现象，她们几乎因为有这种东西分散注意力而满怀感激。她们害怕想到必须面对的事情，纳什已经进了特伦顿州立医院，他是在当天早些时候被警察抓住的，先是去了普林斯顿的医院，那是一个小型的综合性医院，接着用一辆急救车送往特伦顿州立医院。现在她们要到那里和医生会谈，填写一些必要的表格，如果可能的话，会见一下纳什，之后，她们还将看望艾利西亚，并且住在她的公寓。

她们满怀疑虑和自责之情，认为没有什么别的指望，只好同意再次监禁治疗。不管当初她们怎样以为纳什回到普林斯顿，回到熟悉的环境和数学界的老朋友们中间，情况会发生好转，这些希望在几个星期之前就破灭了。艾利西亚打来的电话越来越显得紧张万分。艾利西亚一直都有联络的那个精神病医生曾经尝试说服纳什自愿住院治疗，却没有成功，纳什已经下定决心反对这个建议。最后，三个女子达成一致，认为再也没有其他办法了，他非去不可。

这一次不是私立医院。马莎在1995年回忆说："起初，我们确实想过在麦克莱恩住30天也许可以让他恢复正常，后来我们知道没有可能短期见效。我们担心纳什的病可能会耗费母亲的存款，她没有能力负担私立医院的开支。"

这座带有白色大理石圆顶和高大柱子的灰白色石砌建筑物坐落在一个坡度缓和的树木繁茂的斜坡上，在月光和新落下来的白雪映衬下，看上去既坚固又令人肃然起敬，非常有安全感。特伦顿州立医院这类机构因19世纪中期反对奴隶制以及争取妇女投票权的改革运动而得以建立，实际上，它们中的许多家是靠迪克斯（Dorothea Dix）的努力才建立起来，这个充满激情、一心一意的一位论派女士将精神疾病患者令人毛骨悚然的悲惨状况——被关进救济院、监狱或者流落街头——当做奋斗终生的改革目标。在老迈病弱而且身无分文的时候，迪克斯就住在特伦顿行政大楼底层那个由特伦顿州立医院的董事们特意为她安排的公寓里，直到1887年去世。

同所有类似的机构一样，与创办者的期待相反，特伦顿医院几乎没有任何发展。具体而言，它很快就被入住的庞大数字压倒了，只得穷于应付。在第二次世界大战期间，特伦顿早已从一座大型建筑物扩大为一个大型建筑园区，平均每年都有4000名病人住在这里。这个数字在战后急剧下降，但是在20世纪50年代后期重新迅速攀升。到1961年，这里有近2500名病人，是麦克莱恩这样的私立医院的10倍。医院员工很少，而且绝大部分是年轻的外国住院医生。以被称为"西区医院"的大楼为例，6名精神病医生负责照顾600名病人；至于住在附楼的500名慢性病患者，则只有一个医生。大量出现的慢性病患者掩盖了多数病人在特伦顿只是短期住院的事实，他们也许只住三个月。

"你根本没有办法接近病人们，"鲍梅克（Peter Baumecker）医生说，他在纳什住院期间同时在这家医院的胰岛素制剂分部和康复训练分部工作。只有最可怜、病得最严重的病人才会来到特伦顿。"我记得的病人很少，"鲍梅克说，"有一个病人把另一个病人的眼睛挖了出来，还有一个病人则杀死了自己的父亲，警察赶来制服他，结果他也失去了一只眼睛，不过这是非常少见的情形。"

"那时有好的病房，也有差的病房，特伦顿没有其他地方那么豪华，实事求是地说是相当寒酸，"鲍梅克在1995年回忆说，"但是我记得那里很温暖，充满关怀之情，我们帮助了许多人。"

后来，纳什满怀辛酸地回忆起他在特伦顿得到一个编号的事情，觉得自己似乎变成了一座监狱的囚犯。他不得不和三四十人共用一个房间，被迫穿上不属于自己的衣服，没有地方放置自己的东西，哪怕是香皂或刮胡膏，甚至没有一个抽屉，这样的经历没有多少人可以想象。但是，这就是纳什将要居住的地方。他由于自己的个性及疾病特点而渴望独处和变通，但在以后6个月里将置身于陌生人中间。当初他对应征入伍都怕得要死，那么现在这种情况对他来说又意味着什么？

纳什很可能被送入了佩顿1号，那是男子收容病房，就在佩顿大楼的底层，主行政大楼的右面。鲍梅克当时负责住院事宜，首先对纳什作了初步的检查。"纳什是我的病人，"鲍梅克说，"他不喜欢我，因为我的名字以字母B开头，他对字母B有些反感。"

入院检查在一间小小的收容室里进行，里面有一张简便卧床、两把椅子、一张桌子和一扇小窗。鲍梅克向纳什提了一些例行问题，比如"你能听见声音吗？"试图确认纳什是否真有幻觉。他留心观察纳什的表情，看纳什对他所说的话的反应是否恰当。就在那个星期，一艘葡萄牙客轮"桑塔·玛丽亚号"被劫持到委内瑞拉首都加拉加斯，劫持者接下来表示他们是葡萄牙总理萨拉查（Salazar）的反对者，要在巴西申请政治避难权，此事看来一直萦绕在纳什的脑海里，他对此事有自己的一套秘而不宣的理论。

第二天早上，纳什的"案例"提交医院员工进行讨论。他在宿舍里当着一群住院医生的面接受了一番面谈，这是为了作出初步诊断，并且据此进行治疗。医院为他安排了一名精神病医生。

如果一个人没钱或者没买保险，要不就是病入膏肓，私立医院已经无能为力，他就会被送入特伦顿。回顾往事，将纳什送进一个人满为患、资金短缺、人手不足的州立医院的决定实在令人感到奇怪。艾利西亚因在美国无线电公司工作，至少会有某种保险，弗吉尼亚当时虽然担心儿子的治疗可能耗费她的存款，肯定也有能力支付聘请私人看护的开支。马莎和弗吉尼亚确实有她们的顾虑："我们去和院方谈过，请求他们在这个案例上打一个示警标志,对纳什特别留意。这是纳什住过的惟一一家州立医院。"

丹斯金回忆说:

> 我听说他去了特伦顿后,给他家里打过电话,说看在上帝的分上,做点什么吧。我开车去了特伦顿州立医院,想知道究竟发生了什么事情。我大为震惊,情况虽不严酷,可是他们相当粗暴地对待他,那个管理员不断叫他约翰尼。
>
> 我告诉那里的人们说:"这就是那个传奇般的纳什。"他也是完全正常的,我在他身上完全看不出任何疯癫的迹象。我一直在想,天哪,这些精神病医生!他们能看出一个天才究竟出了什么问题呢?我痛恨他们。

纳什被送入一家州立医院的消息很快就在普林斯顿传开了。有一个人听说像纳什这样的天才居然被关进了一家州立医院,而这家医院偏偏人满为患,并且因药物、电击休克和胰岛素休克这样激烈的治疗手段而闻名之后,深感不安,这个人就是温特斯(Robert Winters)。温特斯是哈佛培养出来的经济学家,那时刚好在物理系担任业务经理,跟塔克、斯潘塞都很要好。温特斯与普林斯顿高等研究院的精神病学顾问以及霍普韦尔的神经精神病学研究院主任托宾(Joseph Tobin)取得联系,霍普韦尔离普林斯顿只有几千米。他在1月底给托宾打了电话,说:"为了国家利益,必须竭尽所能将纳什教授复原为原来那个富于创造精神的人。"托宾建议温特斯与当时特伦顿的内科主任马吉(Harold Magee)联系。温特斯这样做了,并且从马吉那里得到承诺,就像他后来写信告诉托宾的那样,"在州立医院采取任何治疗手段之前将会对纳什博士的情况进行彻底的研究"。

实际的情况是,这样的期望未免太高了些。正如纽约一名"垮掉的一代"派作家克里姆(Seymour Krim)1959年所写的名为《精神病囚禁期》的有关他自己在精神病院之遭遇的文章中所述,"在一个疯人院里,是由数学来决定"怎样工作,"为了处理在你面前行进而过的脑际回响震天号角的大批不同种类的人群,你必须找出分门别类和治疗手段的公分母"。

在作出那个承诺后不久,或是根本就在作出承诺之前,纳什从佩顿转入迪克斯1号,即胰岛素分部。普林斯顿医院的精神病医生埃利希曾经推荐特伦顿,确信特伦顿具备的治疗手段可以给纳什带来好处。至于究竟是谁明确同意使用胰岛素休克疗法,是艾利西亚、弗吉尼亚还是马莎,现在已经说不清楚。"我不记得这家人有没有在监禁治疗以外给出任何进一步的许可,"鲍梅克回忆说,"在那个时期你不能不征求别人的意见就动手做什么事情。"马莎回忆说有人征求过她的意见,"那是一个重大决定。我们特别谨慎地对待任何可能影响他智力的东西。我们和医生们讨论过这个问题。"

胰岛素分部是特伦顿州立医院水平最高的精英部门。它有两个分开的病房,一个设有22张男子病床,另一个设有22张女子病床。丹斯金后来描述说,它看上去就像"林肯隧道的内部"。这里的主管得到医院理事们的细心关照,医生数目最大,护士水平最高,设施最完善,只有年轻和健康状况良好的病人才会被送到这里。胰岛素分部的病人有特别的饮食、特别的治疗和特别的娱乐。"这家医院所能提供的最好条件全在这里显示出来了,"加伯(Robert Garber)说,他在40年代初期做过特伦顿的精神病医生,后来担任美国精神病学联合会的主席。他说:"胰岛素分部的病人得到许许多多亲切的照料,在家人们的眼里,胰岛素分部非常有吸引力,病人们的亲属简直是为之倾倒。"

在接下来的6个星期里,每个星期有5天时间纳什必须接受胰岛素治疗。一大早,一名护士就会叫他起床,给他打一针胰岛素。鲍梅克会在8点30分来到病房,那时纳什的血糖水平已经急剧下降,他会变得昏昏欲睡，自言自语，几乎不知道自己周围正在发生什么事情，也许处于半昏迷状态。一个女子经常会整天大叫着"跳进湖里去，跳进湖里去！"到了9点30分或者10点，纳什就会进入昏睡状态，越来越不省人事，直到在某个阶段，他的身体变得僵硬，像被冻僵了一样，手指也屈曲了。这时候，一名护士就会将一条橡皮软管插进他的鼻子和食道，开始输入葡萄糖溶液。有时候，如果有必要的话，会用静脉注射的方法输入葡萄糖溶液。于是他就会清醒过来，这个过程缓慢而又痛苦不堪，护士们一直守在身边。上午11点，纳什再次恢复知觉。到了傍晚，这里的所有病人进行职业疗法的时候，纳什也会一起去，护士们会随身带着橙汁，以防病人出现昏厥。

常常会有这样的情况：在昏睡阶段，如果病人的血糖水平下降得太快，就会出现无意识的发作，剧烈扭动摔打，咬自己的舌头，导致骨折的案例并不少见。有时候，病人们会昏迷不醒。"我们失去过一个年轻人，"鲍梅克回忆说，"我们所有人都会非常恐慌，我们召集专家到场，采取各种各样的措施。有时候病人会发高烧，我们就用冰块包裹他们。"

关于这种经历的完善的第一手资料很难找到，部分原因在于这种治疗破坏了大部分的近期记忆。纳什后来将胰岛素治疗形容为"折磨"，并且在以后很多年里对其一直非常反感，有时候会在一封信的回邮地址处写上"胰岛素研究院"。另外一个病人的回忆也许可以提供一些线索，说明这种东西多么令人厌恶：

> 穿越知觉意识的第一个恍恍惚惚的层面……新鲜木材的气息……这些东西每天早上让我苏醒过来，日复一日，从没有知觉的状态中苏醒过来。这种疾病，血在我嘴里的味道，我的舌头发痛，张口器今天一定是滑到一边去了，我的头部那种模模糊糊的疼痛……这是我在三个月以来没有间断过的例行安排……回想起来几乎没有什么东西是清晰的，这样反而减少了每天从昏迷中醒来时的痛苦。

正如加伯所说的那样,胰岛素分部的病人与特伦顿的其他病人相比,确实显得娇生惯养一些。胰岛素分部的病人可以得到更加丰盛、更加多样的食品。他们有特制的饭后甜点,每天晚上就寝之前可吃冰淇淋。大部分人得到下地行走的特权,周末可以出去游玩。所有病人的体重都增加了,这被看作一个好的征兆。病房里的医生们感到自豪,因为他们的病人拥有良好的健康体质。"人们会由于胰岛素而急剧增加体重,"鲍梅克回忆说,"因为血糖水平低,需要给他们补充大量的糖,而糖含有大量卡路里。对于那些身材细长、骨瘦如柴的精神分裂症患者来说,这并不是什么坏事。"不过,病人们通常讨厌这一点。纳什后来对节食减肥的着迷态度,也许就是从这段被人"强制喂养"的经历产生出来的。

用胰岛素休克治疗精神分裂症患者是萨克尔(Manfred Sackel)的主意,他是维也纳的一名医生,在20世纪20年代想到这个方法,并且在30年代运用在精神病人身上,尤其是那些患有精神分裂症的病人。他的想法是,如果大脑缺糖,而糖又是维持大脑运转的成分,那些无关紧要的细胞就会死亡,这就好比治疗癌症的放射疗法。20世纪50年代,第一批抗精神病药物问世,当时正在运用这个疗法的一些医生认为,胰岛素休克疗法比抗精神病药物更加有效,特别是在幻觉思维方面。没有人了解这种疗法的机制,但是20世纪30年代进行的两个大规模研究发现,比起其他疗法,胰岛素治疗对病人的疗效更好,也更持久,不过,胰岛素效用的证据却并不明显。

无论如何,这种疗法比电击休克更具风险、更加复杂,因此到了20世纪60年代,胰岛素疗法就被大多数医生放弃,理由是与电击休克相比,它过于危险和昂贵。结论是不值得在胰岛素疗法上投入时间和金钱,也不值得冒险。

按照加伯的说法,这种疗法在许多病人身上至少取得了暂时性的好转：

> 他们会看见人们围绕在他们身边，非常关心他们，体会到一种充满爱心的友情，我总觉得这是非常具有治疗作用的。生平第一次，有人表示关心，病人们会更加喜欢交际、更加积极。他们会在周末出外游玩。他们得到下地行走的特权，我认为这是有帮助的。病人们更加活泼、更加留心、更加喜欢交谈。

虽然纳什后来责怪这种疗法在他的记忆中造成了巨大的断层，但是，他也在1967年看望在旧金山的堂兄弟理查德·纳什时告诉他说，"我的情况毫无改善，直到钱快要花完了，我去了一家公立医院才有所改变"。

胰岛素疗法既危险，又令人痛苦，但却是能够找到的少数几种治疗精神分裂症这类严重疾病的方法之一，这种疾病直到20世纪中期仍然意味着终身监禁。同其他医院一样，特伦顿也是一个实验室，尝试了涌现出来的各种"疗法"。在第二次世界大战爆发之前，加伯这样指出：

> [我们]运用一切可以利用的工具对病人进行治疗，当时灌肠法仍在使用，还有人为致热疗法。我们还有一种疟疾菌株，用来给病人接种。后来，我们用过一种伤寒菌株。我们会注射一种伤寒疫苗，几个小时之内病人就会出现反胃、呕吐、腹泻，体温升到40—41摄氏度。我们会在8—10个星期里持续这样做，每星期2—3天，这是为了让心理失常的病人失去勇气。
>
> 在特伦顿，每天早上8点我就会来到医院主管办公室，我得到的第一道命令是去看看哪个病人可以迁出隔离病房，腾出地方接收另外8—15个需要隔离的病人。[这些房间]长3米，宽3.6米，铺设了光滑的瓷砖和水磨石地板。在地板中间有一个便池、一个洗涤池和一个下水道，这样一来，如果哪个病人在房间里到

处大小便,我们都可以用软管输水冲洗干净。

你会竭尽所能,找出一个办法,使病人重新处于你的控制之下。

6个星期之后,纳什的胰岛素疗法被认为是有效的,他被转移到6号病房,也就是所谓的康复或假释病房。每天都会接受集体治疗,有一些娱乐消遣,也有职业疗法。"这里可是好地方,"鲍梅克回忆说,"只有大约15张病床,在其他病房里,每个房间有30个病人。病人们得到个别的照顾,可外出旅行,而且得到许可后可以回家看看。"

纳什住在6号病房的时候,实际上已经动手撰写一篇关于流体动力学的论文。鲍梅克回忆说:"病人们拿他开玩笑,因为他总是那样入迷地思考。'教授,'他们中的一个有一次说,'让我来给你示范应该怎样使用一把扫帚。'"艾利西亚每个星期都来看望纳什。有一次,他得到允许可以凭证离开,她就带他去了她的民间舞蹈团,在斯威夫特殖民地风格餐厅吃饭。此事成了纳什那个星期的最精彩片断。

他的症状看来有所缓和,很明显再也不会威胁他自己或者其他人的安全。鲍梅克建议让他出院,并且出人意料地指出:"我们不得不尽我们所能尽快让病人出院,以便将病人数目降下来。"纳什在7月15日出院,当时他的33岁生日刚刚过去一个月。他出院几个月后,鲍梅克打电话给普林斯顿高等研究院,向奥本海默询问纳什现在是不是神智正常。奥本海默回答说:"这件事世上没有人可以告诉你,医生。"

第四十一章

一段强制理性时期

1961年7月—1963年4月

> 在我住院治疗了足够长的时间之后……我终究会和我的妄想猜疑断绝关系，重新将我自己看作一个比较融合于环境的人。
>
> ——纳什，《诺贝尔奖自传》，1995年

一个患肌体疾病、正在康复的人可能对自己的生命力有一种全新的体会，而且会在继续自己原有活动的过程中感受到一种快乐。不过，如果这个人曾经年复一年地以为自己暗中得知宇宙乃至圣人的秘密，现在却发现这些东西再也不属于他，再也不能玩味，那么，他就很可能出现一种很不相同的反应。对于纳什，恢复他日常理性思维的过程引出了一种降格和失落的感觉。他的思路日益变得正常、清晰，他的医生、妻子和同事们认为这是值得庆贺的进步，但是在他看来却是一种退化。在他获得诺贝尔奖之后撰写的自传文章里，纳什写道，"理性思维在一个人与宇宙的关系的观点上加了一个限制"。他并不认为病情缓和是值得高兴的健康恢复过程，而是"一段强制理性时期"。他的遗憾语气使人想起了一个患有精神分裂症的年轻人劳伦斯（Lawrence），他发明了一种"精神数学"理论，并且对拉特格斯大学的心理学家萨斯（Louis Sass）说："人们总是以为

我正在恢复聪明才智,但是实际上我的思想正逐步退缩得越来越简单。"

很自然,纳什的感觉完全有可能真实体现了他的认识能力正在逐渐衰退,这并不仅是与他的尊贵地位比较而言,而且与他的精神出现不正常之前的能力相比也是如此。意识到他的人生境遇以及事业前途已经发生了多么巨大的改变反而加重了他的痛苦。33岁那年,他已经失去了工作,被贴上曾是精神病人的标签,依赖旧日同事的好心过日子。纳什在7月15日从特伦顿出院前后给斯潘塞写过一封信,其中有些片断暗示他对现实的看法变得多么谨慎:

> 以我的现状和预期情况来看,一份研究奖学金……反映了人们希望我从事研究工作和学习,等等,看来是一个更好的前途……比一个标准的教学职位更合适。有一件事,对于……我曾在一家州立医院住过一事可能造成什么影响的可以预料的担忧,大部分将会因此而被忽略一边。

斯潘塞当时正在普林斯顿任教,在他和博雷尔、赛尔伯格、莫尔斯、蒙哥马利(Deane Montgomery)等其他几个高等研究院数学部终身教授的帮助下,很快就给纳什安排了研究院的一个为期一年的研究职位。奥本海默从国家科学基金会那里得到6000美元,用于资助纳什。纳什的申请表是在1961年7月19日填写的,上面说明他希望"继续研究偏微分方程",并且提到"其他感兴趣的研究领域,有些与我早期的工作有关"。

7月下旬,艾利西亚的母亲带约翰·查尔斯来到普林斯顿,当时他已经2岁了,是一个健壮可爱的小男孩。纳什将这次家庭团聚称为"我的一件大事,因为我在整个1961年都没见过我们的小宝贝!"接着,8月刚刚来临,纳什就去科罗拉多出席一个数学研讨会,在那里遇见了不少老朋友,还与那个热情的数学家斯潘塞外出游览了整整一天,一起攀登派克斯峰。

纳什同艾利西亚再次住在一起，不过没有感到特别快乐。前两年的波折已经造成了许多伤害和反感，由此引起的冷淡没有消散，而且因在金钱、教育孩子和其他日常生活事务方面出现分歧而进一步恶化。纳什的姻亲们当时跟他们住在一起，却对解决问题毫无帮助。卡洛斯·拉德的健康状况显著恶化，他和妻子在那年秋天搬到普林斯顿。两对夫妇一起住在斯普鲁斯大街137号的一所房子里。拉德太太在艾利西亚上班的时候照顾约翰尼，确实帮了大忙，但是住在一起产生了另外一种紧张气氛，对于艾利西亚尤其是这样。

他们努力利用这种安排。纳什尝试照顾儿子，把他从幼儿园接回来，做其他一些类似的事情。他们与纳尔逊夫妇、米尔诺夫妇和其他一些人一起参加社交活动。有那么一两次，他们开车直奔马萨诸塞州，看望在前一年秋天搬到那里的丹斯金夫妇，还有约翰·戴维。这样的拜访通常是令人担忧的，埃莉诺常常在过后给丹斯金打电话，抱怨纳什。在其中一次拜访中，纳什随身带去了一袋炸面圈。"埃莉诺不住地说：'真是低档！'"奥黛特回忆说。

10月初，纳什出席了普林斯顿最具历史意义的一个研讨会。这个研讨会由莫根施特恩组织，几乎整个博弈论学界都出席了，可以说是合作理论的一个庆祝仪式。那里没怎么提到非合作博弈或讨价还价，不过，匈牙利人豪尔绍尼、德国人塞尔滕与衣着搭配失当、大部分时间保持沉默的纳什都在那里。这是因博弈论的工作在多年以后共同获得经济学诺贝尔奖的三位学者的第一次会面，此后他们再也没有在一起，直到差不多四分之一个世纪过去，他们分别前往斯德哥尔摩接受诺贝尔奖才得以重逢。豪尔绍尼记得自己向普林斯顿的一个人打听纳什为什么在各个环节的会议上几乎都不说话。回答呢，豪尔绍尼1995年在耶路撒冷的一次谈话中回忆说，是"他担心自己会说出一些奇怪的东西而蒙受羞辱"。

纳什终于可以再度工作了,这是他在将近三年时间里没有做到的事情。他再次钻研流体运动的数学分析,还有某些特定类型的非线性偏微分方程,它们可以用作这些流体运动的模型。他完成了有关流体动力学的论文,就是他在特伦顿州立医院开始撰写的那一篇。论文的题目是《关于一般流体微分方程的柯西问题》,1962年发表在法国的一本数学杂志上。这篇论文被纳什和其他人看作"相当令人起敬的成果",《数学百科辞典》则称之为"基本而值得注意"的工作,最终激发了对所谓的"一般纳维—斯托克斯(Navier-Stokes)方程的柯西(Cauchy)问题"的进一步研究。在这篇论文中,纳什证明了局部时间惟一正则解的存在性。

"纳什住院治疗,后来出来了,而且看上去一切正常,"赛尔伯格回忆说,"在高等研究院工作对他来说是件好事。不是每个普林斯顿的教授待人都很友善,他确实不讲话,把所有东西都写在黑板上,在写东西的时候思路绝对清晰。他作了一个纳维—斯托克斯方程的演讲,与流体动力学和偏微分方程有关,这个问题我的了解不是很多。他在一段时期内显得相当正常。"

他在一对一的对话中最感到轻松,因为幽默感帮了他的忙。理查森(Gillian Richardson)曾在1959年至1961年期间在这个研究院的计算机中心工作,他记得在餐厅里同纳什一起吃过午饭,纳什谈的都是有关精神病医生的枯燥无味、固执己见的事情。有一次,他问:"在普林斯顿,你认不认识一个好的精神病医生?"又补充说他自己的精神病医生"坐在高高的王位上,远离他",他想知道对方是不是认识没有这种奇怪特性的人。

一天,纳什出现在法语105课的课堂上,这是大学里的一个为期三个学期的法语课程,他向乌伊蒂(Karl Uitti)询问是不是可以旁听。乌伊蒂觉得他就是那种"典型的喜欢做白日梦、心不在焉的数学家"。纳什相当准时地来上课，同时继续自己的研究工作。他看来对复习会话式的"旅行者法语"没有什么兴趣，反而更加愿意取得"对法语结构的一种感觉"，乌伊蒂回忆说，"他相当支持法国，喜欢它的语言和人民。"

乌伊蒂和纳什变得熟络起来，在课堂外见面，有好几次艾利西亚也在场。有一次，乌伊蒂问纳什为什么学习法语，纳什说正在写一篇数学论文。"这个世界上只有一个人可以看懂这篇论文，而这个人是法国人。因此，他想用法语写这篇论文。"乌伊蒂说。乌伊蒂想不起来纳什究竟要给谁看这篇论文，很可能是勒雷，那一年他正好在这个研究院，要不就是格罗滕迪克。这篇论文发表之后，纳什拿给研究院的另一名成员看，而当他第二次看见这个人时就问他："你有没有看出性感的弦外之音？"乌伊蒂在1997年评论说：

> 那个时候正是戴高乐执政时期，对法国科学家施加了巨大的压力，要求他们用法语撰写论文。在我看来，纳什总是那么知书达礼、谦恭殷勤。我确信他心里对那个即将看到他这篇论文的人充满尊敬之情。他真是善解人意，我就是喜欢他这一点。

纳什请求科万对这篇论文的草稿进行编辑。科万当时正在做一些翻译工作，记得纳什曾经告诉他"巴黎是这类数学的中心"。纳什还请了一个法国本科生戈尔德施密特（Hubert Goldschmidt）帮忙。

纳什还是没有打消返回法国的念头。1月19日，他将这篇柯西问题的论文寄给《法国数学会通报》。科万认为，他比以前更加孤僻、更加抑郁。现在看来，他当时满脑子都在想着离开普林斯顿，很有可能与法国高等科学研究院的格罗滕迪克保持联系。4月，奥本海默写信给法国高等科学研究院院长莫查纳（Leon Motchane），正式请他邀请纳什到那里度过1963—1964学年的上半年。奥本海默还写信给那一年正好也在那个研究院的勒雷,看看他能不能提供一份下半年的国家科学研究中心资助。与此同时,他指出,普林斯顿高等研究院本来也欢迎纳什在这里多待一年:"如果[纳什]请求留在这里度过秋季,我认为我的同事们很有可能同意;但是,这不是他的选择。"

纳什没有暗示艾利西亚是否陪他一起去欧洲。这一次艾利西亚并不打算劝阻他,也没有提出要一起去。很显然,这段婚姻通过达成某种私下协议已经成为往事,他们从此就要各走各的路,互不相干。

那年冬天,纳什待在范氏大楼休息室的时间越来越长,通常在茶会时间出现,直到深夜才离开。"他穿着松松垮垮、满是褶皱的衣服,"当时的一名研究生伯尔(Stefan Burr)回忆说,"他看来一点儿也不具进攻性,在某些方面,他的举止跟许多数学家没有什么两样。"有一段时间,伯尔跟纳什一起没完没了地玩"六角棋",那块棋盘是多年前画在厚实的卡纸板上的,现在早已变得模糊不清,只好不断用红色圆珠笔重新描绘一番。

他的情况再次出现变坏的迹象。博雷尔回忆说:"他不是很正常,我觉得他像是垮掉了。他的数学再也不是原来的水平。我发现他很古怪、出人意料、荒谬可笑,这真是很可怜。秘书们都很怕他,别人也躲着他,你永远不知道他会做出什么或者说出什么。"

有一次,博雷尔夫妇在家里招待纳什和艾利西亚喝午茶。"我们上了茶水和小甜饼,"博雷尔说,"纳什跑进厨房,我跟在他后面。'你想要什么?'我问。'噢,我想要一些盐和胡椒粉。'"博雷尔夫人补充说:"等他把盐和胡椒粉放进茶杯里,又抱怨说那杯茶实在太难喝。"

在那年春天,他变得越来越恼火、越来越不安,又开始唠叨以前有过的那些古怪想法。他突然决定去西海岸旅行,在那里看望了一些老朋友,其中包括瓦斯克斯,当时他已从麻省理工学院毕业,正在伯克利读研究

生,还有沙普利、塔克的前妻贝肯巴克(Alice Beckenback)及她的新丈夫。瓦斯克斯回忆说:

> 我刚刚走进[伯克利的]休息室就看见他在那里。他看见我就像我看见他一样惊奇。他事先没有说过要来,我根本不知道他住在哪里。他在那里待了不止一两天,不过并不是在找我。我有一种印象,觉得他曾经在欧洲和东海岸待过,现在正在四处旅行。他不断说话,相当清晰地谈起[胰岛素]休克疗法,认为休克疗法极其痛苦。他还说自己是被人从欧洲带回来的,戴着锁链。他不断地提到奴隶这个词,对他的经历充满怨恨。
>
> 他很茫然,无所适从,除了他的那些古怪想法,完全不能谈其他东西,我渐渐失去了兴趣。真是古怪,我从来没有弄懂他为什么要同我说话,他认识我,但实际上并不是要交流。他就是想用令人困惑的方式说话,[但是]说的东西并非莫名其妙,有时甚至是精明的,带有许多诙谐的双关语和典故。

沙普利曾经收到纳什写来的许多信件,现在他也觉得出现在圣莫尼卡的纳什令人烦恼。"他把我看作亲密朋友,你不得不忍受下来。他给我寄来用彩色墨水写的明信片,这件事真是令人伤心,上面笔迹潦草地写着数学和数字命理学的东西,好像他根本没有指望得到回信似的。他的心里一直想着我。他正通过一种非常令人吃惊的方式逐渐衰退,"沙普利在1994年回忆说,"他在黑暗之中摸索。"沙普利记得,纳什曾经告诉他:"我有这个问题。我觉得可以理顺这个问题,只有我能找出这是数学学会的哪个成员干的。"他没有停留很长的时间,沙普利补充道:

> 这真有些吓人,我们有两个年幼的孩子。毫无疑问,根本没有办法跟他讲话,甚至也听不懂他究竟在讲些什么。他会不断从一个话题转向另一个话题。如果你不能把握住你头脑中的一

个想法，你就很难成为一个数学家。

6月，纳什出发前往欧洲。他应该在6月的最后一个星期出席在巴黎举行的一个研讨会，然后参加8月上旬在斯德哥尔摩举行的世界数学家大会。他首先去了伦敦，住在布卢姆斯伯里的拉塞尔酒店，他形容说那里"非常宏伟"。

他给自己开办了一个私人信箱，再次开始写信，有些就写在厕纸上，用的是绿墨水和法语。他还不断寄出一些图画，其中一张画着一个被万箭射穿而倒下的人。有一封信的信封上盖着6月14日的邮戳，里面有一张小纸片，上面用绿墨水写着以下内容：$2 + 5 + 20 + 8 + 12 + 15 + 18 + 15 + 13 = 78$。

在巴黎的法兰西学院举行的那个研讨会是一个小型而气氛融洽的活动，基本上由勒雷主导，他那时正在为非线性双曲方程而激动不已。纳尔逊已经在那个学年与纳什相当熟络，他记得勒雷说过，没有统一的存在性定理实在是一种耻辱。"他想表达的意思，"纳尔逊说，"是我们最好着手研究，否则这个世界随时可能走向终结。"大部分演讲者用的都是英语。赫尔曼德当时也在场，他回忆说，"1962年与以前去的时候相比差别很大。"但是，纳什坚持用他自己称为"大杂烩式的法语"发表自己的演讲。他并不是即席演讲，而是用他的非常柔和的声音宣读他的笔记，带着很重的美国口音。赫尔曼德回忆说："纳什的论文在数学上看来是值得尊敬的，我们所有人都感到惊喜[他原来完全可以完成工作]。对于我们，就好比目睹一个人从坟墓里站起来一样。"

但是，他的行为却肯定是古怪的。赫尔曼德后来说：

> 研讨会的正式组织者马尔格朗热（Malgrange）为出席者举办了一个晚宴。就在餐桌上，纳什把他的盘子交换给旁边的那个人，接着又继续与别人交换，直到他满意地认为他的食物没有被

下过毒药。大家都看到他那异乎寻常的行为,但是没有一个人说话。

马尔格朗热买了一罐精美的鱼子酱,让大家一直往下传。当这个罐子传到纳什那里,他把整罐鱼子酱一古脑儿倒在自己的盘子里。其他人的举止都很得体,什么也没有说。

7月2日,纳什还在巴黎,他的岳父突然去世。艾利西亚通过米尔诺和丹斯金试图联络纳什,却没有成功。卡洛斯·拉德后来在拿骚大街的圣保罗教堂的墓地下葬。

与此同时,纳什返回伦敦。不清楚究竟是什么原因使他返回伦敦,因为他原先的计划是在巴黎度过那个夏天以及随后的一个学年,除了去斯德哥尔摩参加那个大会。7月24日,纳什还在伦敦,他在位于塔尔博特广场的斯特凡酒店给马莎写了一封信。很明显,他仍然计划继续旅行,前往斯德哥尔摩。他用马莎的中间名埃米兰称呼她,说他现在只是打发时间,没有任何事情可做,在等待斯德哥尔摩的数学家大会召开;他正在考虑去看一个精神病医生或者去某个诊所看看。

丹斯金回忆说,某人去找纳什,结果却发现他正在伦敦的中国大使馆周围徘徊。那年夏天,麻省理工学院经济学系的主任正好带领一个商业管理团体也去了伦敦,他突然撞见纳什,就问他:"你现在在什么地方?"纳什看上去有些摸不着头脑,反问他说:"你在哪里呢?"

世界数学家大会于8月的第三个星期在斯德哥尔摩召开。在正式发言者中,有博雷尔、米尔诺和尼伦伯格。菲尔兹奖章则授予了米尔诺和赫尔曼德,他们两人都已经在5月接到通知,并且得到指示不得向任何人透露,必须保守秘密,让周围的人继续猜测那一年谁最有可能得奖。

纳什觉得自己应该成为得奖者之一,但是他没有去斯德哥尔摩,反而去了日内瓦,回到他在1959年12月最后一个星期住过的阿尔巴酒店,用法语给"在莱格家的"马莎写信。这封信清楚地表明,他又在思考他的身份问题了!他用中文设计了一张身份证明卡,上面贴着"秘密"的标签。"你可不可以签发这张身份证明卡……一个在陌生世界里完全独处的人。"他在底下写道。他给弗吉尼亚寄去另一张日内瓦风光明信片,但却把它寄到了巴黎。

1962年夏末,纳什回到普林斯顿,他已经病得很厉害了。一张明信片寄到了数学系,上面的地址是:新泽西州,普林斯顿,范氏大楼转毛泽东。纳什在上面只用法语写了一句有关三重切平面的神秘评语。

艾利西亚让他搬回来住,那年秋天他基本上都待在家里,同约翰·查尔斯一起看电视上的科幻节目,比如塞林(Rod Serling)的《黄昏地带》。他给普林斯顿和其他地方的数学家们写了大量信件,还打了许多电话。

他仍然没能摆脱精神病院的梦魇。在盖着11月19日的邮戳、寄给马莎和查理的一封信上这样写道:"也许你们会说我发了疯……请求普林斯顿的圣保罗教堂给予庇护。"纳什显然每天都经过圣保罗教堂。这封信提到主教特别会议,还有他在那个月早些时候写给圣保罗教堂牧师的信件。这封信的末尾提到有关"过去的不幸事件,尤其是在那个秋天"。与他在伦敦写给马莎的那封信相反,纳什再也没有把他遇到的困难看作疾病的一种征兆,而认为是主教特别会议的阴谋诡计所造成。到了1月,他给马莎和查理的信已经变得几乎完全不可思议,其中的思路从阿尔巴尼亚人转向斯大林(Stalin),再转向"不能泄露的秘密"和"这个真正的十字架的木头和钉子"。

艾利西亚早已被长达三年的混乱局面弄得精疲力竭、垂头丧气,她确信纳什的状况基本上已经无可救药,就向一名律师咨询,并且开始实施离婚手续。她觉得嫁给了某个她以为可以照顾自己的人,但是这个人做不到这一点,反而非常怨恨她,指责她有恶毒的打算。她写信给弗吉尼亚和马莎,说结婚其实增加了纳什面临的问题,她觉得如果可以从婚姻中逃脱出来,那么对他也一样会有好处。

艾利西亚的律师斯科特(Frank L. Scott)是普林斯顿负责离婚事务的一个和蔼可亲的律师,他的事务所就设在拿骚大街上。艾利西亚在1962年圣诞节后的第二天提出了离婚诉求,并在一个星期之前就在一份证词上正式同意开始办理手续。从这份诉状来看,纳什当时仍然同她一起住在斯普鲁斯大街137号。办理离婚时,艾利西亚在范迪温特大街临时租了一套独立的公寓。

艾利西亚的正式理由如下:

> 1959年3月前后,此处之原告有必要将被告关进一家医疗机构,被告于1959年6月前后出院。尽管上述管束行为是为被告的最大利益着想,但是被告由于原告造成他被管束而满怀怨恨,宣称再也不愿与原告继续以夫妻名义生活。与被告发誓不再与原告生活相一致,被告实际上已经搬入一个单独的房间,并且拒绝与原告保持婚姻关系。1961年1月,被告由他的母亲送进特伦顿州立医院,1961年6月出院。被告对他的妻子的怨恨及不再保持婚姻关系的决心仍然没有改变,如同被管束之前一样,并且继续违背原告到目前为止的愿望。被告遗弃原告,而且当时被告没有被关在任何机构,完全可能自愿维持婚姻关系,但是他没有这样做。这段时间已经超过两年,而且这样的遗弃是故意的、连续的和顽固的。此外,被告没有能力适当供养原告。

纳什接到一张传票。第二天,斯科特拜访了纳什。4月17日,斯科特再次和纳什谈话,他说纳什还"没有任何改变居住地点或职业状况的计划"。1963年5月1日,判决在没有经过审理的情况下就作出了,准予离婚,并且将约翰·查尔斯的监护权判给艾利西亚。终审判决于1963年8月2日作出。

没有证据表明纳什反对离婚,虽然上述诉状只是一份律师文件,其中各个细节不一定是真实的,比如丹斯金夫妇就坚持说纳什和艾利西亚从来没有停止同床,但是纳什对艾利西亚的憎恨无疑是非常真实的。他指责艾利西亚,说她指挥了将他送入医院的行动,还是在麦克莱恩的时候就已经威胁说要跟她离婚,后来也很可能这样做过,并且已经作出要离开艾利西亚,在巴黎生活的计划。

那年春天,纳什日益心理失常的状况以及就要离婚的传闻促使不少数学家自发聚集在他的周围。那时,纳什需要治疗已经是不争的事实。斯潘塞和塔克再次找到温特斯。温特斯在哈佛的朋友米勒(James Miller)当时正在密歇根大学精神病学系,与大学主办的由瓦戈纳(Ray Waggoner)管理的一个诊所有联系。通过米勒,温特斯成功地作出了一个独特的安排,使纳什可以在诊所接受治疗,同时有机会以统计员的身份参与这个诊所的研究项目。

普林斯顿的塔克和麻省理工学院的马丁决定设立一个基金,确保这个密歇根计划得以实现。密歇根大学的拉帕波特(Anatole Rappaport)、弗勒德,纽约大学的莫泽,西屋的奥斯特洛夫斯基(Alexander Ostrowski)和其他人都全力投入到以纳什的名义在数学家中筹集资金的工作。

安阿伯的人们相信纳什有必要住院两年。州外病人的收费是每年9000美元,两年就是18 000美元。弗吉尼亚保证提供10 000美元,数学家们负责通过美国数学学会发起一个募捐活动,筹集余下的8000美元。"如果我们可以达到目标,很有可能大部分的资金来自那些认识纳什的数学家,"马丁写道,"如果在帮助纳什返回数学领域方面有什么事情可以做,哪怕是在一个很有限的范围,也一定是不仅对他,而且对数学都很有好处。"

学会的会计米德尔(Albert E. Meder)对于这个建议非常热心,他说:"在我看来,美国数学学会接受为在[马丁的]3月25日的信中提到的目的而筹集捐款应该是完全正确的……我赞成这么做。"

纳什越来越莫名其妙的行为正在引起怨言,其中一些来自普林斯顿高等研究院。这些怨言大部分与纳什不断在研究院的黑板上书写神秘字句,并且给不同的人士打去烦人的电话有关。有一天,坐在一进入富尔德大楼就可以看见的办公室里的总机接线员们全都开始低声嘀咕,原来,每个穿越这座大楼门口的人都被倒下来的水淋成了落汤鸡。研究院的餐厅当时设在富尔德的四楼,后来经过调查发现,纳什就是在这里通过窗户不断向大门倒水。

斯潘塞不能容忍在一个人遇到麻烦的时候袖手旁观,他被推举去说服纳什接受密歇根方面的安排,自愿进入那家诊所。斯潘塞选择一家酒吧作为谈话地点,就同他一贯的做法一样。他请纳什去拿骚酒店喝啤酒,纳什曾经在那里庆祝自己通过了综合考试。他们在雅座里坐了好几个小时,斯潘塞喝马提尼酒,纳什只喝了一罐啤酒。斯潘塞不断地讲呀讲呀,纳什看上去一直听着,却很少说话,除了在几个间断的地方指出他对于从事统计工作毫无兴趣。一切都没有用,纳什不相信自己病了,他也并不准备进另一家医院。

很多年后,当温特斯回忆这个故事时,他哭了:

> 当时我以为自己已经给一个最不寻常的问题找到了最完满的解决方案,以为自己可以挽救一个非常有价值的人。我在感情上与这件事联系密切,以为自己正在做一件非常了不起的事情。米勒告诫我绝对不能让纳什接受休克治疗,这样做会破坏天才的锋芒。有人送他去了卡里尔,在那里他们对他进行了休克治疗[原文如此],我认为这使他在许多年里成为一个怪人。

我将此事看作我一生中最惨痛的失败之一。当我放眼观察世界各地的人种时,认为人类生存下去的理由为零。但是当我观察几个个人,就觉得人类确实有充分理由生存下去。他值得人们尽力而为。

与此同时,艾利西亚、弗吉尼亚和马莎已经达成一致,认为应该强制将纳什关进医院。这一次,他们选择了普林斯顿附近的一家私立医院。马莎写信告诉斯潘塞:

> 在这之前没有这样做的惟一原因是我的母亲和我正在等待艾利西亚的来信,当时她正在作出安排……我们真的想过在3月就这样做。
>
> 我们满怀希望,以为可以说服纳什前往密歇根大学,充分利用那里可以同时研究和治疗的绝妙安排。不幸的是纳什不认为他需要治疗。既然我们觉得有必要对他采取某种措施,我们就把他送进了卡里尔……
>
> 他就是不肯自愿进入任何一家医院。一旦我们确切地了解了这一点,就别无选择,只好把他送进新泽西的这家医院。

第四十二章

"破裂"问题

普林斯顿与卡里尔诊所，1963—1965年

卡里尔诊所的前身是一家为老年人和智力发育迟缓者设立的疗养院，后来成为新泽西州仅有的两家私立精神病医院之一。它坐落在风景如画的小村庄贝尔米德，四周是起伏的山丘和茂盛的农田，在普林斯顿北部，距离只有8千米。不过，尽管这个地方很容易到达，但一般而言，普林斯顿人都不愿意到那里去。曾经担任美国精神病学联合会主席的加伯当时正好是卡里尔的内科主任，他回忆说："他们不想去一个离自己家这么近的精神病院。这很丢人，一种可怕的耻辱，同现在完全不一样，当时的想法是能去多远就去多远。"

在普林斯顿人眼里，外观看起来像是一个稍稍有些不舒服的寄宿学校的卡里尔还有一个原因让人厌恶。卡里尔没有类似麦克莱恩、里格斯或栗树小舍这样的一流医院的崇高威信，尤其是在学术界看来。那些地方与学术界关系密切，其精神分析原则和建立在"交谈疗法"基础之上的长期治疗方式更加具有人道主义，更加恰当，对于那些受过良好教育的病人更是这样。公众对于精神病院的看法是从《飞越疯人院》《我从没跟你说过那是一个玫瑰园》以及萨斯（Thomas Szasz）的自由意志论观点得来的。萨斯认为，疯狂与其说是疾病的一种症状，倒不如说是一种社会构造。正当这些观点逐步流行，尤其是在大学校园里盛行的时候，卡里尔却

树立了大胆使用"化学紧身衣"、电击休克疗法,以及完全为了配合保险条例规定的时间限制而设计的、短期的、千篇一律的疗法之名声。

卡里尔的员工非常了解这种态度,通过说他们的方法更加实际、效果更好来为自己的诊所辩解。"麦克莱恩、里格斯、栗树小舍、普拉特和生活研究院,所有这些医院只不过更加花里胡哨而已,"卡里尔的一名精神病医生奥蒂斯(William Otis)这样说,"我们是非常客观冷静的。我们当中没有一个人受过什么花里胡哨的培训,没有一个人是明星人物。但是,具有讽刺意味的事情是,如果你病了,你在卡里尔可以康复得更好。"加伯说:"在卡里尔,我们为决心成为一家短期治疗中心而感到骄傲,这就是我们能够取得成功的原因。我们有能力治疗病人,让他们出院,与麦克莱恩和栗树小舍形成对比,那里以留住精神分裂症患者长达四五年或七年而闻名于世。"

艾利西亚尽管离婚之事已经近在眼前,仍然感到自己对纳什负有责任,因此不得不面对这个抉择。这样做需要非常大的勇气,如同所有不得不作出类似决定的人所了解的那样。卡里尔的一名精神病医生就这样说过:"监禁治疗通常都会在家庭内部造成可怕的分歧。很难找到哪个人愿意承担这个责任。"艾利西亚同纳什周围的人们一样,痛恨被迫监禁治疗,担心治疗不一定能够取得成功,还有可能造成无法修复的伤害。但是她也知道,纳什的病情正处于一个危险的发展进程,坚信如果不采取行动,就一定会进一步恶化。麦克莱恩的精神分析家们已经失败了,特伦顿的休克疗法已经证明只是短期有效。她作好了准备,打算尝试一些新的东西。她意识到最德高望重的医院的费用是难以负担的,而在卡里尔,病人的家属只要交付80美元一天的房租,外加集体治疗和个人治疗的按小时计算的费用,弗吉尼亚有能力支付这笔费用。此外,在艾利西亚看来,能够让纳什留在附近是很重要的,只有这样,她和他在普林斯顿的老朋友们才可以看望他。

于是，在4月的第三个星期，当大家已经非常清楚纳什绝不会前往密歇根接受治疗，她着手执行了将纳什送入卡里尔的计划。她再一次请求马莎和弗吉尼亚到普林斯顿签署有关的监禁治疗的文件。

不过，从一开始，艾利西亚就拒绝电击休克疗法。"我们对电击休克疗法有过争论，"马莎回忆说，"但是我们不想破坏他的记忆。"

在卡里尔，电击休克经常用来治疗精神分裂症患者，他们接受这种治疗的次数是一般抑郁症患者的3倍，即25∶8。加伯说："我们想要做的就是在尽可能短的时间里取得对那个病人的控制权，克制他的兴奋、惊慌和抑郁。"一般而言，首先将会对精神病患者使用氯丙嗪，如果患者的失常心理不能迅速改善，就会使用电击休克疗法。卡里尔的一些精神病医生认为电击休克疗法行之有效，而且与精神抑制药相比，几乎不会产生任何副作用。无论如何，尽管普林斯顿内外一致认定纳什在卡里尔接受过电击休克疗法，事实却是他很显然没有这样的遭遇。

1963年接下来的5个月，纳什基本上是在"同源1号"度过，那是卡里尔惟一一个上锁的病房。他后来说他曾经尝试推翻监禁治疗的决定；如果真是这样，这些努力没有成功。斯科特回忆说，纳什至少有一次离开卡里尔，成为所谓的"擅离职守者"，也许可以假设当时他已经得到下地行走的特权，斯科特找到他，并且将他送回医院。

与特伦顿相比，卡里尔即便不是一个乡村俱乐部，至少也更像是一个少年犯管教所，但不是一座监狱。那里只有80个病人，主要来自舒适的中产阶级家庭，许多人来自纽约和费城，大部分人有酗酒、吸毒成瘾或抑郁症的问题，而并非精神方面的疾病。卡里尔的员工中有12名精神病医生，护理人手则比特伦顿更加充裕，内科医生、精神病医生和社会工作者的比例相当合理。

"同源1号"有单人房和双人房。纳什独自拥有一个房间,可以使用一部电话。他得到许可,可以穿自己的衣服。人们用病人们的头衔和姓来称呼他们,因此他就是纳什博士,而不像在特伦顿那样被称为约翰尼。纳什的素食主义愿望显然也得到尊重,而他其实"并不排除类似牛奶这样的动物制品,只是不要动物死后(杀死动物)才能得到的制品"。艾利西亚定期前来看望他,普林斯顿的好些人也这样做,其中包括斯潘塞、塔克和博雷尔夫妇。

在卡里尔,纳什碰到的最好的事情也许莫过于遇到了一个叫梅莱(Howard S. Mele)的精神病医生,此君将在他以后两年的生活中扮演一个重要而又积极的角色。这个精神病医生恰巧在纳什被送入卡里尔的那天晚上值班,因此被安排照顾他。梅莱个子矮小,说话温柔,精明干练,具有意大利血统。他在长岛医学院取得医学学位,在纽约市的西奈山医院度过住院医生的阶段,是一个安静而谨慎的人。他以前的同事们形容他"举止拘谨"、"小心谨慎"、"不是一个有趣的人物",后来发生的事情表明,梅莱非常能干,而且满怀关切之心。他受到护理人员的尊敬。当时正在这家医院工作的社会工作者帕尔梅(Belle Parmet)这样提到梅莱及其他精神病医生:"他们并不仅仅是医生或者开处方的人,他们全都是人道主义者。"

纳什对最初的氯丙嗪治疗很快就有了反应。如果某人对现在称为"典型"精神抑制药的东西完全有反应,那么,引人注目的改变通常会在一个星期之内出现,6个星期之内可以明显看到全部效果。进入医院两个星期之后,纳什就给维纳写了一封相对比较清晰明白的信,其中提到:"看来我的问题本质上是沟通的问题,我不知道怎样才能解决它们,也许应该通过请求帮助而找到它们的解决方案。(但是,这不是一封请求信!)"

纳什在梅莱那里接受各期治疗,同时参加一个集体治疗,这是梅莱特别喜欢的治疗方法。不过,没有人打算马上释放纳什。正如加伯所说,"偏执狂精神分裂症患者不是那么容易就有反应的。一旦你确实使他们处于控制之下,你就非得等到他们安定下来才会感到满意。你不想看到症状复发,在有过一次监禁治疗之后更是这样,因为如果出现复发,你和病人家属就不得不从头开始。"

到了8月,纳什开始要求离开卡里尔。他给弗吉尼亚写信,说他正在期待艾利西亚在周末看望他,而且"想着离开"。他补充说:"梅莱认为这要看能不能找到一份工作。"纳什承认他得了病,需要治疗,但是又说"密歇根本来也许可以成为一个更好的安排"。他向米尔诺求助,要找一份工作。9月24日,纳什再次写信,说那个星期天是"伤心的一天",因为艾利西亚必须加班工作,不能带他出去。他说,普林斯顿高等研究院已经决定给他安排一份工作。一个星期之后,他再次变得乐观起来,写信说他正想着买一辆汽车,而且与艾利西亚"鸳梦重温的事情出现了美好前景"。

对于精神分裂症患者,一个令人沮丧却又证据充分的事实就是他们与严重抑郁症患者相比,具有极高的自杀风险,比正常人更是高出100倍。这个风险并不是在病情最严重的时候达到最高值,而是在一个阶段的治疗取得成功之后不久出现。虽然其他人没有办法真正了解导致某人想要结束自己生命的那种精神状况,但是人们可以想象,这个时刻缺乏分心之物,从而使其他感觉得以涌现,其中包括一些非常痛苦的感觉,还有在过去几个月以来一直不断增长的希望与严酷现实所发生的冲突。

路易莎(Louisa)在1963年夏天嫁给科万,她有一个难以忘怀的记忆,很可能就是在那年夏天发生的事,当时她与纳什进行了惟一的一次交谈。他们在一个舞会上相遇(也许当时他凭借通行证离开卡里尔回了家),纳什告诉路易莎说,他不认为生活还有什么继续下去的意义,看不到有任何理由使他不应该干掉自己。没有任何证据显示纳什曾经打算实践这个想法,不过,他确实非常抑郁消沉。举一个例子,他对与艾利西亚和好的希望看来是过于乐观了。艾利西亚坚持要让纳什与她和约翰尼(人们就是这样称呼约翰·查尔斯)分开居住,因此,与搬回斯普鲁斯大街相反,纳什不得不住在默瑟大街142号一个租来的房间里,距离爱因斯坦在普林斯顿住过的那所房子只有几户人家。

博雷尔和赛尔伯格再次在普林斯顿高等研究院为纳什提出一份为期一年的成员资格申请,尽管这次他们心里抱有的希望比上次更小。这份1963—1964年度的成员资格也许是一个拯救行动。博雷尔后来说:"所有的成员都要经过整个研究院的人士投票决定。我负责跑腿的工作,就是向我的同事们解释这个案例。"这次,奥本海默决定动用研究院自己的资金,在写给赛尔伯格的一张字条上说:"这个复杂的计划在我看来不是很适合动用合同资金。"暗示与1962—1963年度的安排形成鲜明相比,这次更加明显具有一种慈善的性质。

与此同时,纳什在普林斯顿外面的老朋友们继续关注他的进展情况。盖尔写给研究院的蒙哥马利的一封信同时抄送米尔诺和莫根施特恩,显示了对纳什现状的注意和关切之情:

> 我们也谈到纳什的情况,想知道他目前的情况如何,尤其是与他的精神状况有关的部分。结果发现我们当中没有人了解治疗方面有什么进展,我们也不认识其他任何了解情况的人。我们都听说了各种流言,从"医生说已经没有希望了"一直到"他又开始研究数学了",什么都有。
>
> 令我们感到不安的倒不是我们对纳什的情况一无所知,而是数学界的所有人士也许与我们处于相同的境地,结果导致纳什很可能得不到他可以得到的最好的治疗。毫无疑问,数学界

已经向纳什提供了研究资助以及不同种类的工作,无论他什么时候需要这些东西。这也是人们希望我们做的事情,即提供某个有能力胜任、精明干练、获得足够资金的人或者人群来负责治疗的工作,既然纳什现在在这个研究院,我想你也许知道是不是有这样一个人,并且向我们保证说一切可以做的事情都有人负责。比如说,纳什如果因为缺少资金而不能得到他应该得到的照顾,我相信我们可以团结起来,成立一个纳什之友团体,看看可以为此做些什么。

走出病房,经历重新开始的过程,再次见到自己的老朋友和老同事,这并不是一件轻而易举的事情。在研究院里,纳什一直处于人们的视线之外。那一年的来访者没有几个记得曾经在那里见过他。那年秋天,纳什抱怨说"觉得孤独"。他同艾利西亚仍然一起出席舞会,但是她抵制任何恢复他们婚姻关系的建议。当时,她自己的工作遇到了麻烦,并且发现儿子也不是那么容易对付。但是,当她母亲在那年冬天带约翰·查尔斯去萨尔瓦多住几个月时,她又非常非常挂念他。纳什尝试表示同情,在3月写信说"艾利西亚正在看一个精神病医生。她非常抑郁低落,她在哭泣"。

不过,他也说他"正在学习新的东西"。在12月,赛尔伯格想办法为他在麻省理工学院或伯克利争取一个访问学者的职位。他继续希望鸳梦重温,与艾利西亚成双结对出入社交场合。随着秋天来临,纳什的情况看来比上次在研究院时有了很大的好转。正如他在马德里演讲中提到的那样,他"有一个称为'纳什破裂'的想法,跟一个名叫广中(Hironaka)的卓越数学家进行过讨论"。(广中后来将这个猜想写成论文。)威廉·布劳德那年刚好在研究院访问,回忆说:"纳什正在研究实代数簇,没有其他人曾经思考过这些问题。"

那年冬天,当时已经成为系主任的米尔诺和他的同事们对"[纳什的]

某些极有意思的代数几何学的想法"产生了浓厚的兴趣。这个崭新的研究激发了一轮乐观主义的冲击波,使人们再次希望能助纳什一臂之力。在研究院和整个大学,人们越来越觉得纳什完全有可能继续从事他被中断的事业。米尔诺决定为纳什提供一个为期一年的研究数学家兼讲师的职位。1964年4月,米尔诺试探性地建议让纳什在接下来的秋季学期负责讲授一门课程,在春季学期则可能讲授两门课程。

米尔诺咨询了纳什的精神病医生梅莱的意见,后者在3月30日肯定纳什正在定期拜访他,以便进行精神疗法,指出这是自纳什患病以来,第一次同意接受为门诊病人设立的治疗方法。加伯回忆说:"尝试继续用药物对他进行治疗,同时帮助纳什与其他人交往。从我的经验看来,积极的社交关系加上药物治疗可以创造奇迹。'有人喜欢我',这是精神分裂症患者几乎难得得到的体验。"

梅莱认为纳什的康复是永久性的,应该可以应付下个学年的一两门课程,完全没有什么问题。他补充说:"我不能保证他将来的精神健康(就像我不能保证我自己或者其他任何人将来的精神健康一样),但是我确实坚持认为在他的案例里,不大可能出现故态复萌的情况。"

教务长布朗写信给校长戈欣说"这是一个特殊情况",又补充说,纳什"现在已经康复……他需要得到一个机会,以便逐步重返教学岗位,重建他的地位"。布朗说,数学系一致支持这个建议。"我强烈主张这样做。我认为,让我们最杰出的一个博士恢复一流的创造力是我们的工作之一。"这个职位5月1日正式生效。

令人伤心的是,就在事情显得最有希望的时候,尽管有纳什的艰苦努力、梅莱的大力支持,以及同事们和大学方面善良无私的美好愿望,另外一场风暴却正在酝酿之中。2月,纳什开始抱怨无法入睡,他的"头脑充满进行一种毫无意义的想象出来的计算的想法"。3月上旬,一个有关纳什一直"努力避免重新坠入幻觉"的说法显示他已经深受困扰。到了那个月的月底,纳什一边说仍然希望与艾利西亚和好,一边却说他也许不得不离开普林斯顿。

等到普林斯顿的职位摆在面前的时候,纳什已经确信他应该返回法国,这是一个明确的证据,表明他的情况完全不像他的举止暗示的那样好。他写给家里的信件已经奇怪到让马莎感到恐慌的地步,她马上和梅莱联系。梅莱回信的语气先是令人放心,说纳什现在已经不再吃药,不过仍在接受治疗,而且这个疗法看来很有效。纳什也写来了令人放心的回信,显然是要回答焦虑不安的弗吉尼亚提出的问题,说他现在还去梅莱那里治疗。

但是,就在那时,纳什出人意料地拜访了他以前的法语教授乌伊蒂。他看来"相当焦虑不安",乌伊蒂回忆说,"他说:'我有兴趣弄到科克托(Jean Cocteau)和吉德(André Gide)的地址,我要给他们写信。'我很小心地告诉他说科克托和吉德都已经去世,给他们写信是不可能的事情。纳什非常非常失望。"

到了5月,纳什开始抱怨他的工作出现了麻烦:"我有一些想法,但是大部分看来都不能得到证明。"

纳什显然再次与格罗滕迪克取得联系。格罗滕迪克也显然以邀请他下一年前往高等科学研究院作为回答。这年夏天刚刚来临,纳什写信给欧洲的一名同事,说他想在下一年前往法国,而不是留在普林斯顿,接受这所大学的职位。

纳什抱怨说自己处于一种忧虑不安的境地,在试图研究数学的时候遇到了麻烦,而他与这所大学的几名教授和学生的关系也受到了影响。我们并不清楚他指的是谁或者什么事情,当时的情况是,由数学系提供的职位已经得到米尔诺以及其他教师的一致赞同,而纳什与学生们的接触则很可能局限于范氏大楼的休息室。他写信说希望6月1日有些事情可能出现变化,但是又并不肯定,并用法语补充说,"如果我的情况在本质上继续维持目前的样子,"他在信纸中间画了一个圆圈,上面标有附注:"包括我的家庭,等等,等等。"然后继续说,"如果到了秋天我可以很有效率地研究数学,我想我应该接受格罗滕迪克的邀请,放弃普林斯顿大学提供的职位,如果他仍然愿意聘请我。"

就研究院当时了解的情况看来,纳什正打算在富尔德大楼度过整个夏天,其间只有三个星期例外,之后他就会在秋天动身前往法国。5月24日,奥本海默许诺为他提供这年夏天的资助,因为"得知你在这个夏天会留在普林斯顿"。纳什在回信中提到他打算在6月22日至7月19日离开,在科德角一个叫做伍兹霍尔的地方参加一个研讨会,会议由泰特组织,主题是奇点理论、曲面和模的分类、格罗滕迪克上同调、ζ函数以及阿贝尔簇算术。按照泰特和其他与会者的回忆,纳什压根儿就没出席这个研讨会,他实际上去了欧洲。

他乘坐"玛丽王后号"旅行,在伦敦短暂停留之后,继续前往巴黎。在那里,他试图与格罗滕迪克联系,但是后者当时显然不在城里。纳什在那里又待了几天,接着坐飞机去了罗马。如同他后来所说的那样,他把自己看作一个"伟大而神秘的宗教人物"。这个想法也许可以解释他为什么想去罗马。纳什说他在那里"参观了古罗马广场遗址和地下陵墓群,却没有去梵蒂冈"。无论事实究竟如何,教皇本人当时并不在罗马。

当他开始听见"类似心灵感应一般的来自神秘人物的电话"之际,双脚正站在古罗马广场遗址前面。1996年,他在马德里演讲中指出,那时在他看来,那些是"反对我的数学家们的声音"。此后,他在20世纪60年代写的一封信中说:"我注意到当地的罗马人对走进电话亭打电话表现出相当大的兴趣,他们喜欢用的一个词是'马上'。"他在信的末尾说发生了一件奇怪的事情。库恩后来说:"很显然一股单词的潮流正在输入一个中央机器,在那里被翻译成英语,然后,这个机器将变成英语的单词装进他的大脑。"

不过,纳什从罗马发出一张明信片,上面的日期是9月1日,说他将要返回巴黎,已经尝试联络格罗滕迪克和其他数学家。他说将住在勃朗峰大酒店,5年前他和艾利西亚曾经在那里下榻。两天后,他回到巴黎,但是仍然没有见到格罗滕迪克,后者看来还没有回来。高等科学研究院的职员"建议他与塞尔(Jean-Pierre Serre)联络",但是塞尔不记得纳什究竟有没有和他联络过。纳什寄回家的第二张明信片是一幅美术剪贴,上面没有任何字迹,只有一张巴黎风景、一枚法国硬币和一个用作回信地址的长长的号码。

与此同时,纳什仍然没有通知普林斯顿大学数学系他不准备接受他们提供的职位。最后,9月15日,塔克给布朗教务长写了一张简洁的字条,取消了这个安排,说纳什已经去了巴黎大学。

纳什继续在巴黎逗留了几个星期,直到终于放弃希望。9月中旬,他从巴黎写信给弗吉尼亚,说准备在24号乘坐"玛丽王后号"返航,并附言:"情况看来令人沮丧。"

回到普林斯顿之后,纳什再次开始不断地给人们打电话,并且在研究院好几个研究室的黑板上书写稀奇古怪的东西,赛尔伯格回忆说,其中一条信息包含几个社会保障号码。"他试图找出神秘的模式,"赛尔伯格说,"他宣称出生在一个叫做默瑟的县里,那里有一个镇叫做普林斯顿,他似乎发现这是一个神秘的征兆。"

到了12月中旬,纳什已经回到卡里尔。这一次又是艾利西亚作出了这个痛苦的决定。纳什写给米尔诺的一封信显示他的思想跑得多么快,一个联想又是怎样引发另外一个,即便纳什已经意识到米尔诺可能觉得这是一派胡言。这封信的标题是"供你取乐的疯狂信件",里面是一段异想天开的独白,从奴隶的日程安排和月食一直说到广告的诗句和米尔诺论文里的方程式。

梅莱再次负责照顾纳什,纳什也再次对精神抑制药物作出了迅速而明显的反应。1965年4月初,他的情况已经好转到可以离开卡里尔一整天,同丹斯金一起出席在普林斯顿举行的另外一个博弈论研讨会。丹斯金后来回忆说:"在这个会议上,人们多次提到纳什的名字,我觉得将他介绍给大家很有好处。"纳什一听说自己要出席,就打电话给库恩,请他带两本博弈论的书去卡里尔,库恩照办了,后来回忆说"那是一个营房一样的地方,没有多少隐私可言"。纳什在卡里尔一直待到仲夏时节,他的出院被推迟了,直到梅莱确信一份工作和一名精神病医生正在等待他的这个病人。

4月,布兰代斯大学的数学家帕莱开车来到普林斯顿研究院,递交一份手稿。"那天博雷尔提议米尔诺、我和他一起吃午饭。"他回忆说,其间他们开始谈到纳什,米尔诺和博雷尔认为纳什现在已经好多了,他们觉得让他逐步重返学术生活对他来说会是一件好事。他们相信波士顿会是一个好地方。在他从麻省理工学院辞职,并且威胁要跟学院打官司之后,麻省理工学院和哈佛可能不容易进去。哈佛的数学系太小了,没有办法聘请他。在那个时候,研究院尚未设立为期5年的成员资格,几乎从来没有听说过有谁被聘请超过两年时间。

莱温松一直与梅莱、米尔诺和博雷尔保持联系,现在提出要用他的海军研究办公室和国家科学基金资助纳什。他认为现在谈论纳什在麻省理工学院得到一个办公室仍然为时太早。帕莱回忆说:

> 我有一种感觉,认为他们已经到了准备帮助他返回正规工

作岗位的阶段，况且离开普林斯顿而留在剑桥对他来说应该是件好事。当时已经很迟了，我对于我们仍然可以办到一些事情感到惊讶。但是[布兰代斯]管理层真的喜欢数学系，[科恩，当时的系主任]愿意出面帮我们。

[关于纳什的]这种感觉很普遍，人们在这个家伙身上寄托了很大的期望。在任何一个4年或5年的时间，总有那么一两个聪颖过人的年轻人被大家视为特别人才，每个人都希望得到他们。他被列入了这个类别，他确实非常特别。

这一次，纳什在7月中旬离开卡里尔，在米尔诺家里住了两个晚上，接着坐火车去了波士顿。他再一次满怀希望。与一年前的情况完全相反，他接受了也许不得不在没有艾利西亚的情况下开始一种新生活的可能性。

第四十三章

独居生活

波士顿，1965—1967年

在离开6年之后独自回到波士顿，多少是一件令人奇怪的事情。这个城市几乎同纳什本人一样，已经发生了很大的变化。星期天是最令人沮丧的日子，纳什说他的"传统的星期天"都是独自度过的。他坐在一个图书馆里试图进行研究，或者在更多的情况下进行长达好几个小时的散步，然后停下来观看公共花园里的滑冰者和打冰球的人们。夜晚则多数用来写信，一封给艾利西亚，一封给马莎，近来在纳什与马莎之间建立了一种更加热情、更加信任的关系。寄这些信件给了他一个借口，可以在晚上出去作最后一次漫步。

星期天以外的日子就好过多了，纳什抵达波士顿后就买了一辆破旧的老式纳什漫步者牌敞篷车，驾驶它在沃尔瑟姆与学校间来往。他几乎已经喜欢留在布兰代斯，这个地方充满生机，到处都是过去在剑桥认识的学生和朋友，当年的麻省理工学院本科生约瑟夫·科恩现在已经是数学系的主任，瓦斯克斯则是助理教授。他很高兴可以再度拥有一个办公室，出席研讨会，同其他数学家们一起吃午饭，交流各种想法和数学界的流言。

不过他仍然深感孤独，想念艾利西亚和约翰·查尔斯。他对在数学界等级分明的体系中自己的崭新而卑微的地位有深切的体会。但是，也许是发病以来第一次，他也同时看到自己毕竟还没到山穷水尽，他希望能重新成为学者,甚至找到一个可以共同生活的伴侣。他几乎是在7月29日离开卡里尔之后就立即离开普林斯顿,坐火车前往波士顿。他在剑桥的一家酒店逗留,直到他找到一个公寓和一辆汽车。他已经见过莱温松,后者用直率、沉默寡言、非常圆滑老练的方式告诉纳什说,他会用国家科学基金和海军资助支付纳什的工资,希望纳什可以继续研究他的课题,就跟从前一样。纳什没有任何教学任务,至少在这年秋天是这样,这真是一件令人宽慰的事。

他开始到一个38岁的精神病医生埃斯米奥尔(Pattison Esmiol)那儿求医。埃斯米奥尔是个和气的科罗拉多人,在哈佛获得医学学位,当时刚刚从海军退役,在布鲁克林开设了一个私人诊所。埃斯米奥尔开出了一种精神抑制药,叫做三氟拉嗪,作用和氯丙嗪相仿。纳什不喜欢这种药和它的副作用,担心会影响他清晰地思考,从而阻碍他重新开始进行数学研究工作。埃斯米奥尔认为他的病人的顾虑也有道理,将用量减少到最低限度,纳什每星期要去诊所一次,他对于这种值得信赖的人与人之间的交流充满感激之情。

每个星期或者每隔差不多的时间,纳什也会去看望埃莉诺和约翰·戴维,他现在已经是一个12岁的男孩了。纳什喜欢埃莉诺为他做的晚饭,也喜欢和他们做伴,他写信告诉弗吉尼亚,他们三个人一起度过万圣节。但是,他与埃莉诺的关系中原有的紧张气氛很快又浮现出来,他和约翰·戴维之间也形成了新的出人意料的紧张局面。比方说,纳什形容那个万圣节是一个"悲伤的"场合,虽然我们不知道这种悲伤情绪是不是来自当天晚上出现的争执,或者只是因为他意识到长久分离已经在他和儿子之间造成了一道鸿沟,而他看不到有什么办法可以弥补。约翰·戴维是一个特别英俊的男孩,声音悦耳,非常聪明。但是,纳什发现儿子的语法经常出错,在学校里的表现也是一般而已。他很难掩饰自己的失望——约翰·戴维只要顺口说出一个错误的时态,就足以让纳什对他大发雷霆,而这样做当然会导致与埃莉诺爆发一场激烈的争吵,重新勾起往日的种种怨恨情绪。约翰·戴维后来回忆说,他父亲的来访"令人灰心丧气"。"他总是唠唠叨叨,""他会吃东西,会放松一下,会离开。他从来没有帮我做作业或者问一下我正在做什么。他就是那么冷淡。"

约翰·戴维在成为一个十几岁的年轻人、同埃莉诺开始在海德公园村定居下来之前,曾经在二十几个地方生活过,有时跟他的母亲在一起,有时则没有,其中包括婴儿时期和6岁那年在马萨诸塞州和罗得岛的一系列不同的收养者家庭以及波士顿郊区的一个孤儿院,还有在他终于可以与埃莉诺团聚的时候,所寄居的那个查尔登妇幼之家,那是一个为穷苦无依者设立的机构(不接收超过9岁的男孩!)。在他的学习阶段,他上过三个新学校,被判定有"行为问题",有一次还留了级。这样的事情其实往往是由穷苦人家生活中常有的不幸之事,比如失业、健康不佳、缺乏照顾以及对犯罪的恐惧引起的。埃莉诺回忆说,有一次,"我找了一个妇女照顾他,她说约翰对她的小儿子不好,所以她打了他,他的一只眼睛都发青了。我因此有一段时间没有工作,总是心烦意乱。"

就像约翰·戴维自己说的那样,那是"一个悲惨的童年,一个不幸的童年"。他的母亲当然爱他,但是她自己也处于极度痛苦之中。埃莉诺经常生病,多次出现严重的贫血,经常失业,而当她工作时常常是同时做两份工作。约翰·戴维成为私生子是一个不光彩的秘密;埃莉诺编造了一个故事解释他为什么没有父亲,这个孩子被迫在不同的学校和邻居面前复述这个故事,在担心这个秘密被揭穿的恐惧中生活。"这是一个真正的耻辱烙印,"约翰·戴维说,"我不得不撒谎。"

但是,在约翰·戴维的眼里,他的父亲突然重新出现在他的生活里是一件美妙的事情。父亲纠正他讲话的方式,劝告他应该加倍努力学习,这不仅传递了一种批评的意见,而且体现了一种父亲特有的关注。纳什还许诺供约翰·戴维上大学,解释说"他的教育背景会影响他一生的整个发展进程"。纳什有时也会不遗余力地让儿子高兴。每逢星期六,他会带约翰·戴维和一个朋友一起去打保龄球,接着,他们去一家中餐馆吃晚饭。在约翰·戴维过13岁生日时,纳什给了他一个惊喜:纳什带他去了附近的一家自行车商店,给他买了一辆十速赛车。第二年,也许部分由于父亲的关注带来了激励作用,约翰·戴维在学校格外努力地学习,参加了一个全市考试,考取了波士顿一所一流的"考试"学校。

1月,纳什写信提到"我花在埃莉诺身上的时间比较少",也许暗示他觉得自己对她陪伴的依赖性正在逐渐减轻,并且感到某种安慰。这很有可能为埃莉诺提供了新的抱怨理由;她很有可能觉得他只是再次利用她,却没怎么认真打算给予回报。在2月底,埃莉诺和约翰·戴维的角色是"我的少数社交联系之一",突然爆发的激烈争吵仍然不断出现。"埃莉诺对我并不友好。"他在他们一起去餐馆吃饭之后写信说。4月,埃莉诺搬进一个新的公寓后,拖了好几天才决定把自己的新电话号码告诉他。5月,纳什再次在信中提到埃莉诺对他不是很友好,这让他感到很"伤心"。如果说,纳什重返波士顿使他与埃莉诺结婚的可能性再度浮现,在纳什写给马莎的信里却没有丝毫的暗示。纳什仍然没有完全放弃与艾利西亚和好的希望。

在那个伤心的万圣节,他非常非常想念艾利西亚。"我很喜欢她。"他写信告诉弗吉尼亚。他在那个晚上的悲伤情绪也许与她劝他别在感恩节期间去普林斯顿看望她有很大的关系,因为他确实希望回去看看。很显然,她用一些借口拒绝了他的提议,其中还提到了什么是"符合礼节的正当行为"。纳什坚持自己的想法,艾利西亚则坚决劝阻他,因此,到了离节日只有一星期的时候,纳什说他仍然没有得到任何邀请。现在,艾利西亚开始提到让他在圣诞节期间回来,不过没有人知道这次访问是不是真的会成行。在书信来往的过程当中,他很可能清楚地意识到约翰·戴维在他的身边感到不自在,从而表达了自己的担心,害怕小儿子约翰·查尔斯会"渐渐忘记他的父亲"。

要想恢复与老朋友之间的友谊并不那么容易,虽然他经常与马图克和他的妻子琼(Joan)、明斯基夫妇见面。人们都很和气,但是也很忙。他迫切需要找点什么事情充实他的夜晚,于是独自一人去看了许多电影,还有戏剧和音乐会。艾利西亚继续温和地打消任何有关和好的可能性,鼓励他出去找一个女性伴侣。他写信告诉马莎:"艾利西亚没有留下多少希望的余地。"1月,纳什开始有些笨拙地向别人请教约会的事情。他想邀请马图克夫妇到家里吃饭,使这个场合变成一个"四人聚会"。显而易见,马图克夫人再次将他介绍给艾玛,可是艾玛后来完全不记得有这么一回事。他花了好几个星期追求艾玛,对马莎说:"她非常健谈,但是真的不漂亮。"直到他发现艾玛原来已经有了未婚夫。

11月初的一个星期天下午,他看完电影《苦日之夜》,内心突然感到悔恨交加,不能自拔,于是给马莎写了一封沉痛而充满自我反省的信,尽情倾诉,其中多次提到他的"冷酷无情的超我"与"原来的简单的我"之间的斗争。就是在这封信里,纳什用"当年曾经如何"来回顾1959年在他的生命和意识中出现的那段"特别的友谊"。他承认说,"除了与几个非常特别的人联系之外,我迷失了方向,完全迷失在旷野荒郊……"

布兰代斯充满生机活力。一笔"后斯普特尼克"投资加上大学方面在数学系认真建立一个研究生项目的承诺,引来了八九个年轻新秀,全部都在三十几岁。"我们拥有大量研究资金,有充足的钱聘请研究助理和兼职讲师,所有事情都是我们一起完成的。"帕莱回忆说。这里的气氛友好而轻松,纳什发现别人欢迎他的到来。"人人都知道他是一个一流的数学

家。"帕莱又补充道:

> 我经常同他一起吃午饭,看见他多少还是恢复了真是高兴,他的心智看上去相当正常。他正在接受抗精神病药物的治疗,得病之后他变得比以前友善多了。我在哈佛当讲师时就已认识他,但是并不熟络。我当时问他一个问题,他会显得非常傲慢,为自己深感自豪。你会害怕向他提问,因他连想都不想就开始奚落你。典型的情况就是,我说:"我问个问题。"然后纳什就会反击:"噢,天哪,你怎么可以拿这个问题来问我?你究竟有多蠢呢?怎么可以不知道这个?"后来,他变得友好、温和,跟他说话可以得到很多乐趣。过去那个骄傲自大的家伙已经消失了。

瓦斯克斯也有类似的回忆:"纳什第一次出现在布兰代斯时,看上去真有点像个怪人。开始的时候,他什么也不说,在那一年的时间里他渐渐发生改变,越来越正常。他开始与人们交流,我们大多谈论数学,他从来没有提起他的私生活。"

纳什对生活重新燃起了热情,最明显的表现体现在那一年他投入到研究工作中的精力。那年秋天,他在布兰代斯完成了一篇长篇论文,名为《具有解析数据的隐函数问题之解的解析性》,从他对偏微分方程的想法引出了自然的结论。他将论文草稿四下传阅,征求意见,接着在1月初寄给《数学年刊》。博雷尔是杂志的编辑之一,将这篇论文寄给莫泽进行审阅。博雷尔和纳什在电话里商量了几次之后,纳什很快对论文作出修改,在2月15日收到《数学年刊》最终采纳的通知。纳什简直欣喜若狂,在华盛顿诞辰纪念日写信给马莎,说《数学年刊》是"最令人尊敬的美国数学刊物"。

他复苏的创造力激发了强烈的自信心。他去哈佛拜访了扎里斯基

（Oscar Zariski），讨论一些新的想法，也许还想看看有没有可能得到一个访问学者的位置。他同一个年轻的德国数学家布里斯科恩（Egbert Brieskorn）成了好朋友，那一年后者正在麻省理工学院访问。他给布里斯科恩看了自己刚刚完成的论文，讨论有关将来的研究工作。布里斯科恩当时正从事某项有关奇点的很有意思的研究工作，"纳什有一些有趣的想法，"布里斯科恩回忆说，"他总是提出能做什么事情的建议。不过，我总有那么一种感觉，认为他要不就是不能做到，要不就是不愿意自己动手。"纳什过去的傲慢情绪又开始冒出一些苗头。那年春天，显然曾经有人提到让他到西北大学任教的事情。"我宁可待在一个更加有名的地方。"他向马莎透露。相比之下，他觉得自己更愿意申请麻省理工学院的职位。他写信给马莎，说他觉得麻省理工学院应该重新接收他，"当然了，麻省理工学院并不是最著名的学校……哈佛的名次更高一些。"那年春天，他因为可能被迫接受一所二流院校的职位而烦躁不安："我希望避免在社会地位的阶梯上走下坡路，因为要想再爬上去可能很困难。"

最早可能是在2月初，纳什有了一个想法，可以写成第二篇论文，但是两个星期之后他写信给马莎，说他"很伤心，因为我的新想法有一部分完全散了架"。不过，他倒是泰然自若地接受这件令人失望的事情，而且到了4月初，他已经开始撰写有关"奇点的典范解"的论文。许多年以后，他说这个工作比他在1966年发表在《数学年刊》的论文更加有意义。5月，他在布兰代斯举办了一个有关这个题目的演讲会，月底，完成了一份草稿，还给布里斯科恩看过，征求他的意见。纳什很可能同样将这篇论文寄给了《数学年刊》，但是却从来没有发表。1968年9月，一个副本终于出现在普林斯顿大学范氏大楼的图书馆。在以后的岁月里，这篇论文经常被别人引用，最后于1995年才发表在《杜克数学学报》的一个向纳什表示敬意的纪念特刊里。

这两篇论文的质量——几何学家格罗莫夫称第一篇"令人惊叹"——

成为最有力的理由,对把纳什定为偏执型精神分裂症患者的做法提出了疑问。对于一个到1965年患严重精神病差不多6年时间、记忆受到严重破坏的人来说,写出开辟新领域的论文是非同寻常的伟大成就。与狂躁抑郁症不同,偏执型精神分裂症极少允许康复者哪怕只是短暂地重新回到他们在发病之前达到的水平,至少人们相信事实就是如此。但是,至少有另外一个患有慢性精神分裂症的数学家在一个短暂的病情缓和期间,取得了非常杰出的成就,而且,纳什的论文虽然优异,却没有达到他在发病之前打算撰写的论文的超凡水平。

6月底,纳什搬进约瑟夫·科恩位于帕克大街38号的公寓,那是一座两家人居住的房子,距离哈佛广场不远。科恩已经前往厄瓜多尔,度他为期一年的假期。齐波拉·莱温松安排了有关的转租事宜,后来回忆说:"人人都想帮助纳什。他的头脑实在太出色,总不能让它浪费了。"

纳什报名参加了"配对行动",这是剑桥的一个由计算机安排约会的服务。他参加了第三者安排的男女之间的初次约会,非常强烈地意识到"我需要学习如何举止得体、待人有礼,诸如此类"。他在信中说他"满怀希望和乐观情绪":"我会结交一些好朋友,会结婚,哪怕对象不是艾利西亚,然后我就能过上幸福的家庭生活。"麻省理工学院有一份工作正在等待他,时间是在秋天:马丁已经提出让他教授一个博弈论高级研究班。5月,纳什写信告诉科恩,说他想在博弈论方面"收集合适的资料,了解近来的进展",并且征求科恩的意见。

不过,有些东西是再也不能正常了。纳什在布兰代斯的一些同事记得他在那年暮春时节出现了一个突如其来的变化。帕莱回忆说:"他好像完全失去了平衡,完全疯狂了。"瓦斯克斯记得一个更加具有渐进性质的片断:"他恰好超过了正常的范围,变得非常亢奋。到了某个阶段,他不愿意停止讲话,举止也不再符合常理。到了那年夏天,他再也不能与别人交流。"很难说清楚究竟是什么引发了他的这次旧病复发。纳什很可能是因为变得过分自信，于是停止继续服药。

显而易见，那年夏天他是在剑桥度过的。到了9月，他写给马莎的信件已经变得莫名其妙。在一封信中，他提到"印第安的生命轮……如果一个人永远正确和公正……就有很好的理由产生希望"。马莎感到恐慌，写信给埃斯米奥尔，说她哥哥的语气显得"乐观，但是不大正常"。她引用他的话"我已经把幻觉抛在脑后"，但是她肯定这些幻觉已经完完全全回来了。埃斯米奥尔在10月初回信说他见过纳什，而且"他同上次没有什么两样"，他建议她直接向哥哥表达自己的忧虑。一天之后，纳什写信给马莎，让她放心，说他的乐观情绪是有充分根据的，不过，他也承认"总有值得担心的危险"。但是，接下来他却说接到艾利西亚的一封有关"一大笔赠款"的"有意思的"来信。马莎后来回忆说，纳什每逢出现幻觉的时候，总是暗示"有些大事将要发生"。

到了11月，他写信的语调已经变得偏执狂躁，比如他写给弗吉尼亚的一封信说："过去我有幻想破灭的感觉……希望日后我跟所有亲戚的关系，特别是跟你以及马莎的关系，可以变得更好。"在感恩节当天，他写道："这个感恩节我没有多少东西可以感激的。"他打算回罗阿诺克过圣诞节，在普林斯顿迎接新年，这天是艾利西亚的生日。

瓦斯克斯当时就住在纳什附近的一个公寓，撞见纳什正在哈佛广场漫无目的地游荡，就像他以后在普林斯顿游荡一样：

> 他很关心毛泽东的政见以及其他类似的东西。在哈佛广场，他谈到一个正在与外国政府沟通的委员会，他们篡改了《纽约时报》上面的新闻报道，目的是向他传递信息。他认为通过这些信息，可以找出不同力量之间的谈判究竟进行得怎么样了。

纳什仍然参加每星期四举行的哈佛数学讨论会。"他非常特别,"瓦斯克斯回忆说,"他相信存在一些魔术数字、危险数字,他正在拯救这个世界。"

不久,科恩就开始从他的邻居以及房子的主人那里收到来信,他们抱怨说纳什从来不把垃圾拿出来,他的公寓到处都是成堆成堆的报纸。齐波拉记得当时觉得尴尬异常,而且感到自己应该负责。"科恩想放弃那个公寓,他尝试联络莱温松,但没联系上,因此打电话给我。于是我在每个小时的正点打电话给纳什。我很担心,甚至疯狂地给他一直去咨询的牧师打电话。这个牧师告诉我说纳什不在城里。"

刚刚过了新年,纳什就离开波士顿前往西海岸。他首先去了旧金山,在那里待了几天,看望他的堂兄理查德·纳什(Richard Nash)。他先给堂兄打电话,后者马上打电话告诉了马莎。"他指责马莎将他关进医院,"理查德·纳什回忆说,"她感到难以接受这个指责。"

> 他来到我的办公室。他相貌英俊,非常强壮有力,说话温和,不过他的声音比现在有力多了。同他说话很有意思,他喜欢滔滔不绝地说到深更半夜。有时候他的谈话富有理性,几乎充满诗意。他很担心自己不能有所贡献,"我起步的时候那么出色,"他说,"我把自己看作一个有价值的人,但是现在我却没有作出贡献。"其他时候他就显得不合常理了,他拜访了旧金山的一个天主教神父。我说:"我还以为你是一个无神论者呢。"

理查德·纳什是个经纪人,在旧金山要开车去上班,也会带纳什一起去。到了那里,"他就会坐公共汽车四处转悠"。纳什可以把握复杂的时间表,到处游荡,却总是可以在指定地点与理查德会面,一起回家,而且与约定的时间分毫不差,这一点使理查德·纳什感到非常惊讶。

接着,理查德·纳什回忆说:"约翰在奇怪的时间打电话给我,他完全没有时间意识。我叫他不要在就寝时间之后打电话过来,结果呢,一眨眼的工夫我就接到了他的电话。我很粗鲁,当时应该和气一些。"

离开旧金山之后,纳什动身前往西雅图,在2月3日到达。几乎可以肯定他去那里是要拜访福里斯特,这是他在西雅图惟一认识的人。他同福里斯特待了差不多一个月时间,因为他直到复活节才到达下一个目的地圣莫尼卡,而那一年的复活节是在3月中旬。在那里,很显然,沙普利和兰德的其他熟人拒绝见他。纳什同样拜访了洛杉矶的布里克。布里克回忆说纳什"一举一动真是疯狂"。

纳什显然不断打电话给埃斯米奥尔,虽然他完全不理会对方请求他返回波士顿继续治疗的苦心。马莎在那个月也给埃斯米奥尔打了好些电话,埃斯米奥尔的想法是通过许诺为纳什在麻省理工学院找一份工作,劝说纳什继续接受治疗。

马丁开始谈论让纳什在接下来的秋季学期讲授线性代数的一部分课程,莱温松仍然满怀希望,正在为纳什回到麻省理工学院作出安排。他恳求普林斯顿高等研究院的博雷尔写一封推荐信,后者在5月17日来信极力保荐:

> 在过去8年左右的时间里,他一直受到健康问题的严重困扰。即便如此,他还是设法完成了一些有意义的工作……纳什毫无疑问是目前活跃的数学家中最具有利己主义的人之一。在长期项目上,他不会系统地研究。对于他在或多或少可以预见的线路上的进展,人们可以相当自信地作出预测,但是他更像是一个先锋,沿着新的道路前进,因此对他相当难以预料。不过在某些方面,他显然很有可能取得新的成就,尽管他的健康状况时好时坏。任何达到他过去的研究工作水平的数学贡献,都将是极其有价值的,因此我强烈地认为他应该得到支持。

现在已经不清楚纳什究竟在什么时候回到剑桥。但是当他回去的时候，已经病得很厉害了。在一次可怕的发作之后，约翰·戴维在一个冰冷刺骨的晚上将他锁在走廊外面。有一次，纳什告诉帕莱说他已经停止吃药。"为什么呀，它们正在使你好转，为什么你要停止吃药呢？"他回答说："如果我吃药，我就听不见那些声音了。"

纳什写给莫泽的一封信透露了他在5月底回到剑桥之后的精神状况。纳什说回信地址是：满洲里，哈尔滨，海维克朗大学。

> 与满洲里接壤的苏联境内的那个州……就是那个叫做布比赞的城市……如果联合国安理会的所有原子能力量投入一个行动，标上号码0、1、2、3、4，那么人们就可以说没有人做过这件事，人人都做了这件事，所有人都做了这件事……

这封信的签名是"新江"（Chiang Hsin），意思是新的江河。

齐波拉在地铁里撞见纳什，他的举止狡猾、可疑、羞怯，嘴边露出古怪的微笑。她问他准备去哪里，他回答说："回罗阿诺克的家，同我母亲待一段时间。"6月26日，纳什离开剑桥，抛下那像废墟一样混乱不堪的公寓。他开车去了普林斯顿，由于"举止符合礼节"的要求，他住进一家酒店，而不是与艾利西亚、约翰·查尔斯住在一起。几天之后，他动身前往罗阿诺克。

齐波拉给约瑟夫·科恩打电话，说她将弄一辆家具搬运车，把纳什的家具送回他的家。"我感到如此愧疚，以至于想把他的东西搬出去。我也确实这样做了，搬出了所有东西，除了那个浴室磅。我甚至从来没有去过那个浴室。"科恩的妻子罗莎（Anna Rosa）去帕克大街的那个公寓看过，说："那里有一些折叠的袋子，一个叠在一个上面，还有麦片盒子，环境不是很糟糕，只是有些压抑感。"几天后，莱温松写信告诉马莎：

> 在过去两年里，在我的合同资助下，纳什一直受聘为一名研

究助理，但他不想住在这里，我没有办法说服他留下。几天前纳什离开了帕克大街38号，那里到处都是垃圾，还有银行账户的单据，以及这里和国外的其他账户。纳什在过去一年非常烦躁不安，但是在1965到1966年，他的表现非常好，做了出色的工作。

第四十四章

独处在奇怪的世界

罗阿诺克,1967—1970年

> 接着理性的一个支柱,断了,
> 于是我掉下来,掉下来——
> 撞到一个世界,非常突然……
>
> ——迪更生(Emily Dickinson),
>
> 《作品第280号》

1968年夏天,纳什40岁了,他站在母亲的公寓的浴室里,面对那面镜子,看见他后来所说的"几乎就是一具尸体"。他的两颊深深下陷,眼窝凹陷,头发灰白,双肩向前弯曲,看起来不像是刚刚进入中年,更像是一个老人。他给一个朋友写信说:"你应该为我感到惋惜……年龄老化和枯竭的进程已经造成损害。"他的头脑里充满了活死人的形象:在给另外一个朋友的一封信中,他向孟买的帕西人的偶像"死寂之塔"祈求保佑,在那里,琐罗亚斯德(Zoroaster)的追随者把他们的死者留给秃鹫吞噬。

他在罗阿诺克住了差不多一年时间。他仍然保有那辆"漫步者"和一些存款,不过,长达8年的疾病已经让他的前妻和朋友们感到精疲力竭,也损害了他在这个世界上的大部分信用。他没有别的地方可以去。对于他，罗阿诺克，这个位于阿巴拉契亚山脉脚下的可爱小城市，同时也是诺福克—西部铁路公司的总部所在地，正是末路终点。

他同弗吉尼亚一起住在格兰丁路一个小小的花园公寓里。马莎和查理就住在几条大街以外。这里没有人认识他，这个精神分裂症患者的存在可以与一个住在一个玻璃监狱里的人（此人不断敲打墙壁，却没有人听见，然而非常清晰可见）相比。马莎在1994年回忆说："罗阿诺克不是一个居住的好地方，那里没有一个知识分子，他会觉得非常孤独。他在城里到处游荡，一边吹着口哨。"

在许多日子里，他只是在公寓里走来走去，一圈接着一圈，他的细长手指握住弗吉尼亚的一个精致的日本茶杯（这是多年以前在伯克利度过的那个夏天的纪念品），慢慢呷着台湾乌龙茶，吹着巴赫的曲子。这个梦游者的步伐以及凝固僵硬、恍惚出神的表情不能让人看出一丝半点正在他脑海里上演的那些宏大而永无止境的戏剧。"很显然，我来看望母亲只是打发时间而已，"他在信中写道，"但是我一直处于困扰之中，我希望能有所减轻。"

他的日常活动范围不超过图书馆或者格兰丁路尽头的商店，不过在他的头脑中，却一直旅行到这个地球最边远的地区：开罗、泽巴克、喀布尔、班吉、底比斯、圭亚那、蒙古。在这些遥远的地方，他住在难民营、外国大使馆、监狱和防空洞里，其他时候他又会觉得自己住在一座地狱、炼狱或者受到污染的天堂（"一所腐朽衰败的房子，到处都是老鼠、白蚁和其他败类"）。他的身份就和他写在信封上的回信地址一样，像一个洋葱的外皮，每一层下面都隐藏着另外一层：他是 C.O.R.P.S.E.（一个巴勒斯坦裔的阿拉伯难民）、日本幕府时代的大将军、C1423、以扫（Esau）、L'homme d'Or（宠儿或大人物）、项清（Chin Hsiang）、约伯（Job）、卡斯特罗（Jorap Castro）、诺西斯（Janos Norses），有时甚至是一只"老鼠"。他的同伴包括封建时代的日本武士、魔鬼、纳粹党徒、神父和法官。拿破仑（Napoleon）、艾比利斯

(Iblis)、莫拉(Mora)、撒旦(Satan)、铂人、泰坦(Titan)、纳西波特利安(Nahipotleeron)和锡克格鲁伯(Napoleon Shickelgruber)这样的灾难之神正在威胁他,使他生活在持续不断的灭绝的恐怖当中。这种灭绝既是威胁这个世界的(有计划的灭绝种族和屠杀、世界末日的善恶大决战、预示大动乱的天启、最后审判日以及奇点解决之日),也有威胁他本人的(死亡和破产)。一些特定日期在他看来是不吉利的,其中之一就是5月29日。

持续不灭、复杂难懂、具有强制性的幻觉是定义精神分裂症的症状之一。幻觉是虚假的信念,这些信念构成对引起反射活动的现实的一种戏剧性的排斥,它们经常是对知觉或者经验的曲解。今天,人们认为它们主要起因于感觉器官的数据严重失真以及在头脑深处处理思想与感情的方式发生变化。因此,它们错综复杂、神秘莫测的逻辑有时候会被视为头脑为了理解奇怪而不可思议的东西而进行孤独抗争的结果。首都华盛顿的圣伊丽莎白医院的研究员、《逃脱精神分裂症》的作者托里(E. Fuller Torrey)将它们称为"头脑正在体验的东西的自然产物"以及"维持某种心理平衡的巨大努力"。

精神分裂症的综合征一度被称为"早发性痴呆",不过,实际上这些精神分裂症典型的幻觉状态常常与早老性痴呆病这样的早发性痴呆没有什么共同点。它并不是抑郁、迷惑以及毫无意义,而是超常知觉、过度敏锐以及一种不可思议的警觉。迫切的先入之见、复杂的原理阐述以及构思精巧的理论占据了统治地位。无论多么缺乏想象力、脱离常规或者自相矛盾,其思想并非漫无目的,而是坚守朦胧暧昧、难以理解的规则。患者精确把握日常生活特定方面的能力,仍然保持完好,令人感到奇怪。如果有人问纳什现在是哪一年、谁在白宫执政或者他住在哪里,只要他愿意,毫无疑问会非常准确地给予回答,即便纳什有一些最荒诞不经的想法,却也显示了一种反常的清醒意识,知道他的见解在本质上是私人的,只属于他自己，注定在别人看来是奇怪或者难以置信的。"我想要描述的这个概念……也许听起来是荒诞的"，这类话是他相当拿手的开场白。在他的句子中到处可见"考虑"、"就好像"、"也许会被看作"这样的短语，就好像他正在进行一个思想实验，抑或是意识到将要读到他所写的东西的人可能会把它翻译成另外一种语言。

像这个综合征的所有其他表现一样，幻觉并非精神分裂症独有的症状；它们可能出现在一系列不同的精神错乱之中，包括狂躁、抑郁以及一些身体疾病。不过，困扰纳什的那些幻觉特别符合精神分裂症的特征，尤其符合偏执型精神分裂症的特征，而后者正是前者的一个变种。一般看来，这些幻觉的内容既有夸张做作的成分，又有纠缠折磨的成分，通常随着时间不同而从一种转向另外一种，甚至也可能同时出现。我们知道，有时纳什相信自己是独具威力的强者，比如一个王子或者一个皇帝；但是在另外一些时候，他又会认为自己极度虚弱，容易受到伤害，比如一个难民或者一场审判中的被告。他的这些信念相当典型，是现在人们所说的诊断参考物。他相信一些外部环境的线索，从报纸的消息一直到个别的号码，都在向他发出明确的指示，而且只有他一个人可以体会这些东西的真实意义。另外，他的幻觉也是复合的，这是偏执型精神分裂症一个特别常见的特征，尽管这些幻觉已经通过微妙的方式围绕相互关联的主题组织起来。

离奇古怪尤其被视为精神分裂症幻觉的重要特征。很显然，纳什的幻觉难以置信，难以捉摸，并不是明显来自生活经历。但是作为一个整体，它们没有其他精神分裂症患者叙述的许多幻觉那么离奇古怪，而且它们与纳什的生活经历和周围环境的联系虽然不是直接的，却也是可以辨认的，或者说原本完全可以辨认，只要认识他的人愿意用巴尔扎克（Balzac）忠诚的妻子兰伯特（Louis Lambert）那样的精神进行研究。许多精神分裂症患者相信他们的思想已经被外部力量俘虏，或者是外部力量将思想塞进他们的头脑,但是类似这样的信念看来并没有在纳什的思维过程中占突出地位。偶然地,比如在罗马,他也许觉得思想正在通过机器直接塞进他的头脑,或者1959年年初在剑桥,他认为自己的行动受到上帝的指引。但是,总的说来,纳什仍然保留了自己或者不同的自我是首要行动者的一份意识。而且,他的许多信念,比如他是处于应征入伍危险中的一个拒服兵役者、他没有国籍、美国数学学会的数学家们正在毁灭他的事业,或者不少人装出同情者的样子,实际上却抱着恶毒的用意,合伙要将他关进精神病院,其实并不比一个人怀疑自己受到警方或者中央情报局的监视更加难以置信。因此,在某种意义上讲,现实以及自我与外部世界边界的崩溃给他设定了限制,即便在罗阿诺克也是如此。

尤其是,虽然纳什后来将他的幻觉状态称为"我的不合理时期",他还是保持了原来那个试图理解复杂繁琐现象的思想者、理论家和学者的角色,他正在为"完成从奴隶制解放出来的理想",寻找"一个简单的方法",创立"一个模型"或者"一个理论"。他提到的这些行动大部分属于思想的成就,或者包括语言在内。他充其量只是进行"谈判"、"起诉"或者尝试劝说。

他的信件是乔伊斯式的独白,用他自己发明的一种隐语写成,到处可见梦一般的逻辑以及微妙的前后不连贯的叙述。他的理论包括天文学、博弈论、地缘政治和宗教。多年以后,尽管纳什经常提到幻觉的令人愉快的方面,但是这些醒着的人的梦幻经历,看来却显然是极度令人不快,充满着焦虑和恐惧。

在1967年阿以战争爆发之前,他曾经说他是一个左翼巴勒斯坦籍的阿拉伯难民、一个巴勒斯坦解放组织成员、一个在以色列边境留下G型印记的难民,请求阿拉伯国家保护他,以免"落入以色列国的手里"。

没过多久,他又想象自己是一块围棋棋盘,四条边上分别标明洛杉矶、波士顿、西雅图和布卢菲尔德。他的身上盖满了代表儒家思想的白子和代表伊斯兰教的黑子。这个"最高等级"的游戏在他的两个儿子约翰·戴维和约翰·查尔斯之间进行。至于派生出来的"第二等级"的游戏,则是"在我个人跟犹太人集体之间的一种意识形态分歧"。

几个星期之后,他想起了另外一块围棋棋盘,四条边上分别标明他曾经拥有的四辆汽车的名字:史蒂倍克、奥尔兹、梅赛德斯和贝尔韦代雷。他觉得也许有可能建立"一个设计精巧的示波显示器……一个忏悔功能"。

与此同时,在他看来,一些真相"在星星之中清晰可见"。他发现土星与以扫、亚当(Adam)有关,他认出了这两个人,而土星的卫星土卫六是雅各(Jacob),同时也是佛祖的敌人艾比利斯。"我已经发现土星的一个B理论……这个B理论说的就是布里克是撒旦。'艾比利斯主义'是与最后审判日联系在一起的一个可怕问题。"

在这个时候,纳什自以为是一个强权人物的那些夸张做作的幻觉,比如他是和平王子、上帝的左脚或者南极洲皇帝的幻觉,再也没有明显出现;相反,幻觉的主题基本变成纠缠棘手的内容。他发现,"所有灾祸的根源,就我自己的个人生活而言(生活经历),在于犹太人,特别是布里克,他是希特勒,是莫拉、艾比利斯和拿破仑三位合一的邪恶化身。"这些,他说就是"与我有关的布里克"。在另外一个场合,他在提到布里克的时候说:"想象一下,假设有一个人对一个小伙子表示鼓励,给予赞扬和夸奖,却在同一时刻用致命的猛力击中他的下腹部。"他可以如此清晰地看见这个场面,然后得出结论说必须起诉犹太人、数学家以及阿拉伯人,"这样他们就有机会纠正错误",但是,此事绝对"不能过分坦率地公开"。他还认为应该向教堂、外国政府和人权组织寻求帮助。

在《圣经·创世记》有关雅各和以扫的故事中,纳什看出一个很有意义的反映他自己生活的寓言。雅各和以扫是两兄弟,是以撒(Isaac)和利百加(Rebekah)的儿子,他们相亲相爱。以扫是哥哥,父亲以撒爱他,但是母亲利百加更加喜欢雅各。随着这个故事逐步展开,以扫两次遭到雅各的陷害。第一次,雅各设下圈套,将以扫引入一个不利的交易,卖掉了他的长子权;接着,已经失明的以撒原本打算为以扫赐福,福分却被雅各偷走了,当时他假扮哥哥,达到了这个目的。当以扫发现雅各的诡计,以撒却拒绝再次为以扫赐福,说:"地上的沃土必为你所住,天上的甘露必为你所得。你必将依靠刀剑度日,又必须侍奉你的兄弟。等到你强盛的时候,必然会挣脱你颈项上的轭。"以扫因此对弟弟满怀愤恨,想道:"为我父亲居丧的日子近了;到那时候,我要把雅各杀死!"

纳什相信他已经遭到摈弃("我一直处在一个失宠的位置")和流放,持续不断地受到破产和剥夺财产的威胁。"如果银行账户为一个受托人开设,实际上这个人就跟一个死人没有什么两样,由于缺乏'理性的前后一致性'……银行账户就像为那些正在一个地狱饱受折磨的人开设一样。他们永远不可能从这些账户中得到收益,因为这就好比他们按照假定本来应该来自地狱,现在来到银行办事处收款,但是,在他们掌握任何可以从账户中得益的可能性之前,这个地狱首先应以一种革命性的方式走向彻底完结。"

纳什有一种负罪感。惩罚、悔改、悔悟、赎罪、坦白以及悔恨是他思想中永恒持续的主题,伴随而来的是罪行揭露的恐惧以及拐弯抹角、保守秘密的需求。这看起来与他对于同性恋倾向的感觉直接相关,却并不局限于此。他曾经提到"我在整个个人生活经历中做过的最令人怀疑的事情",包括"逃避兵役、逃学"。

逮捕、审判和囚禁也是反复出现的主题。就像K在卡夫卡的小说《审判》中的遭遇一样,纳什觉得自己"在完完全全缺席的情况下"遭到审判。

他发现,"这就好比被告恰恰是他自己的主要起诉者……这种自我起诉的结果是死路一条"。他想象,有一个"调查法庭"正在调查雅各和以扫的"生活经历……以及相互影响",他确信这两个人就是布里克和他自己。

这些是充满负罪感和恐惧感的梦魇。表面看来,纳什感觉的囚禁状态并不是指他的疾病,因为他在承认身体方面的疾病之外不相信自己有病。这具有存在主义的特点。他写信告诉埃莉诺:"你看,你必须对解放的需求抱以更大的同情,从奴隶制中解放、从'阉割'中解放、从监狱中解放、从隔离中解放……实际上我是一个难民,逃避虚假的记号和危险的记号。"他多次觉得自己面临被钉死在十字架的危险。

纳什说他的需求是"获得自由、获得安全以及为朋友生存"。他说,他总是"处于(印度式)'死亡'的恐惧之中,他将与艾比利斯进行的一场末日善恶决战……在最后审判日那天"。即便是在这些非常悲观的时刻,他仍然固守一种解放的观点,这种观点后来变成更加具体的一种追求性解放的愿望。"我热切地希望在40岁之前得到拯救(解脱),"他在自己生日之前几个星期这样写道,"一个人不能因二十几岁、三十几岁以及十几岁时失去的那些可能性,而放弃四十几岁的自由生活和爱。"

纳什非常清楚地感觉到时间的流逝。"在我看来,我并不是一个遥遥无期地等待解放的牺牲品……前面似乎不会出现一个解救的机会,比如来自科威特的机会,而这种机会本来完全可以为我大大缩短等待的时间。"

他正在等待解救:"看起来出乎意料地清楚的是,现在就同过去一样,在那个时刻之前存在一个宽限期,一个珍贵的宽限期,如果没有好好把握、及时行乐,并且使它的重要意义得到充分体现,就会永远失去。"与此同时,纳什听见奇怪的声音,这些声音吓坏了他:"我的头脑简直就像一个夸夸其谈的人,各种声音在里面争辩不休。"

幻想出来的声音可能涉及任何一种感官，包括听觉、嗅觉、味觉、触觉和视觉，但是一个或者多个、熟悉或者陌生的声音在一个人的思想中明显凸现出来，就是精神分裂症的最大特征。这与其他幻想出来的声音完全不同，后者包括在宗教修道体验中听见的并不存在的声音，一个人的头脑中嗡嗡作响、偶尔听见自己的名字，或者在入睡或醒来之际发生的那种幻想出来的声音。精神分裂症的幻听可能是亲切温和的，但是它们通常包含嘲笑、批评和威胁，一般与幻觉主题的内容有关。这些声音与思想结合在一起，可能形成对现实的一种敏锐感觉。

大多数临床医生认为，人们所说的精神分裂症的负面症状甚至比幻觉和幻听更加具有破坏力。用来形容这些症状的术语起源于希腊语：无精打采、不合逻辑，等等。那种大声宣告"我是带有一个大写N的纳什！"时机警的外貌、热情的手势以及急躁的肢体语言再也不见了。他的面部表情单调，眼神空洞茫然，好像幻觉的火焰已经把一切曾经生动活跃的东西消耗殆尽，只留下一个空虚的躯壳。

如果人们可以相信，纳什在他生命中的这段可怕时期，没有意识到自己的状况，也许会感到一些安慰。慢性精神分裂症的影响早已有人提到，并且在以后的大量研究中得到证实，就是对身体疼痛出现一种奇怪的麻木不仁。这种麻木不仁感觉常常达到严重的地步，导致精神分裂症患者由于身体疾病而英年早逝的比例很高，至少在病人不得不在医疗机构消磨大部分时间的那个时代是这样。是不是存在一种相似的使人变得迟钝的作用，麻醉了一个人对身体疼痛的感觉？这完全有可能。但是纳什还是有他清晰透彻的自我认识的时刻，感受到难以承受的悲伤："这样漫长的一段时间已经过去。我遭遇到许多伤心的悲剧，今天我觉得非常悲伤和抑郁。"

一般情况下,很难将疾病的影响从其治疗的影响中区别出来。但是,纳什在罗阿诺克度过的一两年里,他的情况却几乎完全就是疾病导致的结果。自从纳什接受胰岛素治疗后,6年时间过去了,当时他已经定期服用精神抑制药物超过一年。虽然他的部分记忆消失无疑是1961年上半年接受胰岛素治疗的后果,他在返回剑桥最初几个月的极度沉静则清楚显示了三氟拉嗪的副作用,但他在罗阿诺克的情况却是一个有力的证据,表明疲倦、漠不关心以及奇怪的念头首先是他生病的结果,与早期的治疗工作无关。一般认为,抗精神病药物是化学紧身衣,压制清晰的思考和自愿行为,但是在纳什身上却没有得到证明。不管怎样,他相对不受幻听、幻觉和意志消磨影响的时期出现在胰岛素治疗及使用抗精神病药物之后。换句话说,与其说药物治疗将纳什变成一个怪人,还不如说它减缓了他的离奇古怪行为的发展。

很显然,纳什是大多数可以从传统的抗精神病药物中得益的精神分裂症患者之一。这些药物是1952年至1988年期间仅有的选择,随后出现了更加有效的氯氮平。

霍普金斯大学经济学家纽曼(Peter Newman)曾经编辑一部有关数理经济学重要贡献的著作,他希望收录纳什在美国科学院发表的论述纳什均衡的文章。

第一个任务就是找到他。我发现他正在罗阿诺克附近的一所小型女子学院教书或者从事类似工作。我写信给他,希望得到他的许可,重印这篇文章。我得到的回复是一个信封,上面用不同颜色的蜡笔写着我的地址,还有用不同语言(德语、法语、英语等)称呼的一系列的"你",并且呼唤世界性的兄弟情谊。信封里面没有任何东西。我于是请求驻在约翰斯·霍普金斯出版社的编辑打电话给纳什。他照办了,并说那是他一生中遇到的最奇怪的电话谈话。接着我们找到莱夫谢茨,因为他是支持发表这篇文章的人。给莱夫谢茨打电话也不是一件容易的事情,莱夫谢茨只是说:"啊,是的。他不是原来那个他了。"于是我只好放弃原来的打算。后来,当这部著作送去评论的时候,评论者们责备我没有收录纳什均衡。

纳什一直害怕马莎和弗吉尼亚会再度把他关进医院。他在一封信中写道:"所有有关人士可以合力把我关进医院的机制使我处于危险境地,我感到害怕。"

这个时期的大部分信件都以类似下述片断的文字结尾:

> 让我(谦卑地)恳求您,希望您赞同我应该受到保护,从而免除被(非自愿或者"错误地")关进精神病医院……这完全是为了保存一个"有意识的"以及"具有合理程度的良心"的人的个人智力……还有"良好的记忆力"。

对弗吉尼亚来说,纳什的疾病是马莎后来用机智老练、轻描淡写的语言描述的"一种私人的悲伤"。弗吉尼亚从来没有跟她在罗阿诺克少有的几个熟人提到这件事,这些人大部分是她打桥牌时结识的朋友,而且在马莎面前也很少谈到。她的朋友们不大可能知道这件事对她究竟意味着什么。这也是一个非常实际的噩梦:纳什打了那么多长途电话,以至于弗吉尼亚最后不得不在她的电话上加锁。

马莎在1969年生了第二个孩子,她对于纳什的情况至少可以说感到生气:"这真令人沮丧泄气,日日如此。你会奇怪,难道这病就永远不会好转么?"她意识到,罗阿诺克至少不能算是个友善的地方。"我只请求过一次帮助,"马莎回忆说,"牧师在礼拜结束之后留下我,说我应该给予母亲更多帮助,他没问我要不要帮助。后来,我打电话给他,问他是否愿意过来串门。他没有来,来的却是一个退休牧师,不是我要的那位。"

有一次,弗吉尼亚和纳什差一点被赶出公寓。直到30年后,马莎说起此事仍然充满愤慨。炉子引起火灾,当时纳什在家,他打电话去消防部门。"房东说是纳什放的火。"马莎回忆说。他曾经和前来帮忙的邻居说话,他们发现这个在公寓大楼各层来回走动的高大、古怪的男人实在令人担忧。后来马莎威胁说要采取法律行动,才说服房东让弗吉尼亚和纳什搬回去。

1969年的感恩节过去不久,弗吉尼亚就去世了,纳什确信她的去世寓意不祥。他同时觉得,自己可能不该跑到拐角那家商店为她买威士忌。马莎回忆说:"母亲去世之后,日子过得很不好,我们并不亲密。他觉得受到威胁,觉得我会把他送进医院。"

当时,埃莉诺获得一份法庭指令,迫使纳什继续支付孩子的抚养费用。在他的钱花光之后,弗吉尼亚接过了支付这笔费用的负担。她还给她的两个孙子分别留下了一笔小小的遗产。

后来,纳什同马莎、查理一起住过一段短暂的时间,但是马莎觉得没有办法与哥哥融洽相处。"母亲一去世,我就不能好好同他待在我的家里。我跟孩子们在一起,他则四处游荡,喝茶,吹口哨。他会产生一些想法,然后做出稀奇古怪的事情。"

马莎设法在圣诞节刚过就把纳什关进疗养院:

> 母亲去世之后,我担心他会离开这座城镇。我希望这家医院可以指定一个监护人,好让他得到社会保障,也可以让他的儿子得到社会保障。
>
> 我们去见一个法官,并得到一份法庭指令。这个法庭派出警察来带走他。我们由我母亲的律师缪斯(Leonard Muse)办理

此事。你可以将某人关进医院接受观察,而不必作出非常强硬的安排。在医院里,他们会决定要不要留下某人。德加内特疗养院认为约翰有一些偏执狂的想法,但是他仍然有能力自立。

2月,纳什从位于弗吉尼亚州斯汤顿的德加内特州立疗养院出院。他给马莎写了最后一封信,切断了与她的全部联系,原因是她将他关进了医院。接着,他上了一辆公共汽车,前往普林斯顿。

第四十五章

范氏大楼的幽灵

普林斯顿,70年代

> 在一双具有识别力的眼睛里,
> 疯狂往往是最不同凡响的意识……
>
> ——迪更生,《作品第435号》

一座没有人情味、覆盖花岗岩的塔楼凭借国防资助在越南战争后期建立起来,取代了旧的范氏大楼以及附近的贾德温大楼。在醒着的大部分时间里,数学和物理专业的学生都留在底层,建筑师们把以前位于旧的范氏大楼最高层的图书馆设在这里,连带还有计算机中心。几天或者几个星期之内,这些尚未成熟的科学家或数学家就会发现"一个非常奇特、消瘦而沉默的男人走进这座大楼,夜以继日",他"眼窝凹陷,面容忧伤而凝滞"。他们偶尔有机会看见这个幽灵,通常身穿卡其布长裤、格子布衬衣和鲜红的凯德牌高筒靴,在连接贾德温和新范氏大楼的地下走廊两侧排列的许许多多黑板中的一块上不辞劳苦地书写。更常见的情况是,学生们听完上午8点开始的演讲后出来,发现前一天晚上早已写好的一条难以理解的文字,比如:"……的犹太男孩成人仪式是在勃列日涅夫(Brezhnev)的割礼之后13年13个月13天进行的。"或者是:"我同意哈佛的观点:

出现了一种智力萧条。"也可能是赫鲁晓夫写给摩西的一封信,其中包含将很长的10—15位数字分解成两个庞大素数的神秘莫测的数学陈述。"没有人知道它们是从哪里来的,"1977年毕业的勒布尔(Mark Reboul)回忆说,"没有人知道它们是什么意思。"

最后,一些二年级或者三年级的学生就会向新来的人提供线索,说这些信息的作者被称为"幽灵",是一个数学天才,但是"突然疯了",当时他正在发表一个演讲;他正在尝试解决一个难度超出想象的问题;他发现某人抢在他前面发表了一个重要成果;或他得知妻子爱上了一个数学界的对手。高年级学生会补充说,他在大学高层有一些朋友,学生们不可以打搅他。

在学生中间,这个幽灵变成一个引以为鉴的人物:如果有人过分埋头苦读,或者缺少上流社会的优雅风度,就会受到警告,说他或她"将来就会落得那个幽灵的下场"。不过,如果一个新生抱怨他在附近徘徊使人不自在,也会立即受到警告:"你这辈子也不可能成为像他那样杰出的数学家!"

没有几个学生曾经同这个幽灵交谈,虽然一些急躁冒失的学生偶尔也会讨一支香烟或借个火,因为这个幽灵现在抽烟抽得很厉害。物理专业的一个新生有一次擦掉了两三条信息,却在几天之后发现这个幽灵站在黑板前面继续书写;他"流汗,颤抖,实际上也在哭泣",这个学生以后再也没有擦掉任何一条信息。

学生们和年轻教师研究过这个幽灵留下的信息,有时还逐字逐句抄写下来。这些信息为这个幽灵洒上了一层神秘的光辉,证实了有关他的天才的传奇故事。普林斯顿高等研究院的物理学家维尔切克(Frank Wilczek)现在就住在位于默瑟大街的爱因斯坦旧居,当时正在大学里担任助理教授,他记得自己觉得"困惑和留下深刻印象",知道"面前是一个伟大的天才"。格林内尔的物理学教授施奈德(Mark Schneider)是在1979年从普林斯顿毕业的,他回忆说:"我们大家都留意到那些引人注目的前后关系、讲究细节的程度、广博的知识面……实在非同寻常,所以我……从其中最好的部分收集了几十条。"

在广中因出色地证明了奇点的解而赢得一枚菲尔兹奖章之后不久,纳什的一条信息这样写道:

$N^5 + I^5 + X^5 + O^5 + N^5 = 0$

广中可以解决这个奇点吗?

有些信息看来是纯数学的,至少在一个人更加仔细地研究它们时是这样,比如这条1979年的信息:

致广中平教授的公开信

$0 = E_1^5 + V^{22} + E_2^5 + R^{18} + E_3^5 + T_1^{19} + T_2^{20}$

上述表现在七维仿射空间中的六维代数簇是奇异的,在坐标原点(0, 0, 0, 0, 0, 0, 0)具有一个奇点。

问题是:上述六维簇具有多大的奇异性,即与用作比较标准的那种类型的奇点相比,它的奇异性的比较度是多少?

其他信息则间接提到了过去的事情:

印度地狱

$B = (RX)^7 + (MO)^6 + (OP)^5 + (QU)^4 + (ME)^3 + (OT)^2 + AAP$

OT表示"职业疗法",与医学博士比特尔(O. T. Beetle)的表示法一样。

AAP=PR(2)-1,作为一个数字。

还有一些狡黠的幽默:

真假问题

陈述：总统卡特(Jimmy Carter)患了黄瘤病，也就是以前曾经影响尼克松、阿格纽(Agnew)的事业的同一种疾病，因此，可以认为这种疾病跳过了明显免疫的北方共和党人福特(Ford)、洛克菲勒(Rockefeller)构成的鸿沟，通过卡特本人重新传染了空军一号。

上述陈述是真的。

上述陈述是假的。

有一个时期，所有的信息都以一个叫做丰塔纳(Ya Ya Fontana)的评论员为主角，此人就时事发表神秘莫测的公告，主要与中东问题有关。在另一个时期，格罗滕迪克的名字经常出现。又有一个时期，丢番图方程，即 $x^n + y^n = z^n$ 这样形式的方程，占据了主要地位。《毕达哥拉斯的长裤》是一部讲述数字命理学历史的著作，作者沃特海姆(Margaret Wertheim)曾经指出，"当世界分崩离析之际，人们就会研究数字序列"。纳什对数字命理学的兴趣就是这样在他的世界崩溃之际迅速增长，这再一次说明"神秘、膜拜宗教的全盛时期"这样的幻觉并不仅仅是疯子的胡言乱语，而是一种有意识、煞费苦心的、通常也是不顾一切的努力，为了理解混乱的局面。

纳什从名字当中编造数字，常常因为自己发现的东西而极度忧虑。"如果认为那些数字是某个严重问题的征兆，他会感到焦虑不安。"范氏大楼的图书馆主管奇夫拉(Peter Cziffra)回忆说。在普林斯顿教书的数学家特罗特(Hale Trotter)回忆说："我向他打招呼，他就开始谈话。我记得有一次他因为美利坚合众国参议院的电话号码与克里姆林宫相仿而疑虑重重。他的计算是正确的，但是其中的论证却是疯狂的。"

在那些年月里，纳什打了许多电话。早先，奇夫拉记得，纳什尝试打电话给公众人物和大学里的人们："这确实有点儿奇怪……他想谈谈某个已经刊登在报纸上的事情,想和别人谈谈俄国的一场危机。"

威廉·布劳德现在已经成为数学系的系主任,他回忆说:

> 纳什是这个世界上迄今最伟大的数字命理学家。他会用数字进行令人难以置信的操作。有一天,他打电话给我,从赫鲁晓夫的出生日期一直演算到道·琼斯平均指数。他不断运算,加入新的数字,最后得出的结论就是我的社会保障号码。他没有说那是我的社会保障号码,我也不会承认它是的,我尽量不让他感到满足。纳什从来不会尝试说服任何人接受任何事情,他做事只是出于一个学术观点,所谈论的每一件事总是带有非常学术化的性质。他正在努力对某件事情取得一种理解,但是从纯粹数字命理学方面,而不是实用方面。

人们产生了一种直觉,认为纳什的情况已经稳定下来。走到黑板那边是需要勇气的,与别人分享自己认为重要的、但是在别人看来可能是疯狂的东西,充分表明了纳什与社区人群建立联系的愿望。留在一个地方而不是溜之大吉,努力清晰阐述他的幻觉,从而吸引尊重这些幻觉的听众,一定被人们视为回归由感觉引起行动的现实与行为进程的某种证据。与此同时,能够让他的幻觉看来并不仅仅是离奇古怪、难以理解,而且具有一种内在价值,当然是最终通往病情缓和的那些"失去岁月"的一个方面。

《私人恐怖/公众场所》以及《幻觉》的作者格拉斯听说了纳什在普林斯顿的故事之后指出:"看来这里成了一个包容他的怪异的地方。"很显然,对于纳什,普林斯顿是一个具有治疗效用的社区。这里宁静、安全;这里的演讲大楼、图书馆和餐厅都向他开放;这里的成员总的来说恭敬有礼;在这里可以享受人与人之间的沟通,但是没有强制性。在这里,他找到了曾在罗阿诺克梦寐以求的东西:安全、自由、朋友。就像格拉斯所说的那样,"可以更加自由自在地表达自己的想法,不必担心有人会叫他闭嘴或者给他灌药,这样肯定有助于牵引他走出痛苦不幸、离群索居的语言隔绝状态。"

位于巴尔的摩的普拉特医院的心理学家卢因(Roger Lewin)说:"看来纳什的精神分裂症确实以别人可以看见的那种方式逐渐缓解,他的疯狂开始限于智力和幻觉的描述,而不是完全局限在行为表达方面。"这些人的话与纳什自己谈论他在普林斯顿的岁月的情节非常接近:"我觉得我是一个类似弥赛亚的像神一样的人物,带有秘密的想法。我变成一个满脑子都是幻觉思维但是行为相对温和的人,以此希望逃避住院治疗以及心理学家的直接关注。"

制造那些信息的巨大努力,包括阅读、计算和书写,也许起到了防止纳什的思维能力走向衰退腐朽的作用。那些信息自有它们的历史进程,随着时间流逝而不断演化。在某个阶段,可能是从20世纪70年代中期起,纳什开始书写以基数26的计算为基础的讽刺诗和书信体诗文。当然了,基数26就是指使用26个符号,这恰是英文字母表包含的字母数目,就像日常计算的基数10包含从0到9的10个整数一样。按照这样的方式,如果一个计算的结果是"正确的",就会得出一个真正的单词。

这就是当时的纳什(他还是一个小男孩的时候就已经很喜欢发明神秘的密码),运用他出众的数学能力和不可思议的全神贯注,以及手头的充裕时间记录名字,按照字母与数字的对应关系将它们转变为数字,将最后结果分解为素因子,然后比较这些素数,希望从中发现"秘密的"信息。经济学专业的研究生芬伯格(Daniel Feenberg)曾在1975年左右在计算机中心遇见纳什,他回忆说:"纳什曾对洛克菲勒怀有一种难以摆脱的顾虑。他记录那些字母,给每个字母安排一个数字,得出一个很大的数字,然后分析这个数字后面隐藏的意义。这些字母与数学的关系就跟占星术与天文学的关系一样。"诚然,这不仅耗费时间,其难度也是令人咋舌的,找出有意义的字母或者字母组合的机会微乎其微。

纳什当时用的是一台老式的弗里登—马钱特计算器,带有一个小小的闪绿光的阴极射线管。他一定写出了一个算法,用于基数26的计算。操作这些计算器肯定是非常冗长沉闷的事情,而且随着计算的不断进行,还要不断抄下中间的计算结果,因为这些计算器没有什么储存空间,而且不可以编程。不过,发明构成他那黑板信息的核心内容的方程,并不仅仅是奇思妙想的结果。物理学专业的一个学生回忆说:"那需要真正的数学家的那种深入的抽象思维。"他会通过运用类似A的四次方加上B的四次方这样的代数公式创造数字,计算数字。

有一次,芬伯格为纳什写了一个计算机程序:

> 他问我,编制计算机程序是不是他应该做的事情。他看过我运用计算机工作,想将一个12位的数字分解为素因子,他觉得这是一个合数,已经通过一个台式计算器用头7万个素数对这个数字进行验证。他做了两次,没有发现一个错误,但没有找到素因子。我说我们可以解决这件事,编写这个程序和测试只要大约5分钟时间。答案出来了:他的数字是一个合数,是两个素数的乘积。

纳什开始对学习使用计算机发生兴趣。(一个人只要待在计算机中心,他就不得不整个小时坐在那些古老的台式计算器前面,埋头在成堆成堆的计算机卡片里苦苦搜索。)特罗特当时正在计算机中心兼职,他这样描述:"那是从前的事情了,我们用卡片进行数据输入。那里有一个巨大的'准备室',里面配备了一个很大的柜台、一个卡片阅读器,还有书桌、椅子,另外一个房间则放置了一个计算器。那里到处都是大堆纸片。"

那个时候,特罗特回忆说,他会记录人们使用计算机的时间,但是没人需要交钱。从某个时期开始,管理层认为他必须向个人研究账户收取费用。学生同教师一样,必须开设账户,得到一个密码。起初,特罗特让纳什使用他的账号。在每周例会上,有人提到就纳什的情况立个规矩,因有些学生开始疑惑特罗特的名字怎么会出现在纳什输出的东西上。"有人建议",特罗特说,"给他一个属于他自己的账号。"大家都同意给他一个免费账号。"他从来没有出过乱子。如果有的话,就是与众不同,令人窘迫。有时候,纳什与某人交谈,这个人就很难脱身。"

在20世纪70年代的大部分时间里,纳什都在普林斯顿大学费尔斯通图书馆的参考书阅览室进行艰苦研究,一代又一代的学生称他是"图书馆疯子",后来又变成"费尔斯通的疯才"。到70年代后期,他经常成为午夜时分最后一个离开图书馆的人。他在参考书阅览室度过每个夜晚,他那松软的高尔夫球帽放在宽大的木制书桌上,旁边是整整齐齐摆成一叠的书本。他也会在卡片目录那里站上两三个小时。

《科学传记字典》编辑、科学史学家吉莱斯皮(Charles Gillespie)在费尔斯通图书馆三楼有间办公室。每天纳什都会来到费尔斯通,沿着走廊走过,眼睛直视前方,手里拿着一个手提箱。他几乎总是直接走向三楼的书架,停在图书馆用来存放宗教和哲学书籍的地区。吉莱斯皮总是向他道早安,而纳什总是一言不发。

不过,纳什偶尔也会主动结识别人,比如他在1975年夏天认识了两个伊朗学生。阿萨迪(Amir Assadi)是一个虎背熊腰的大个子,常带微笑,现在是威斯康星大学数学系的教师。他回忆说:

> 我弟弟来跟我一起过暑假,当时我正在复习功课,准备综合考试,弟弟经常在休息室等我。我早就在附近见过纳什,也听说

过他，但是有一天，当我走进去，见他与我弟弟正在热烈交谈，我也加入谈话。之后，我总是跟他打招呼，我们偶尔交谈。他极其温和，非常害羞，看来非常孤独。我们是两个少有的曾经与他交谈的人，而他同我弟弟说起话来就毫无拘束。我觉得他看到的是一个孤独的外国人。

这些谈话通常都很短，不过有时他会继续讲下去。我们觉得他具有学者气质，举止并不离奇古怪。他经常阅读《不列颠百科全书》，有广博的知识。纳什对琐罗亚斯德宗教感兴趣。琐罗亚斯德是古伊朗的一个先知，他不是"有一头黄色骆驼（即疯癫）的"人。他建立的这个宗教基于三个原则：好的行为，好的思想，好的表达。认为火是神圣的，光明与黑暗永远斗争不休。火永远在琐罗亚斯德教派的庙宇燃烧，教徒是一神论者。纳什会请我们证实这一点或那一点，偶尔我们也真的会为此去读一些书。

在伊朗，人们会对一个孤独者怀有深刻的同情和遗憾之情，我们为他觉得惋惜。

在那些年里，纳什每天的行程变成一个可以预见的模式。他起床不太早，乘小电车"丁奇号"进城，买一份《纽约时报》，散步去奥尔登小径，在普林斯顿高等研究院吃早饭或午饭，接着游荡回到大学，人们会在范氏大楼或者费尔斯通图书馆见到他。有一段时间，他准时出席范氏大楼的茶会。1972年，约瑟夫·科恩成为数学系主任，那一年他因纳什的问题而度过了"许多难以入睡"之夜。数学系的一些秘书已经几次向他报告，说纳什的举止让她们担心。科恩不记得究竟是什么举止，但是猜想其中包括注视。无论如何，他没有理会这些女子的怨言，只是说没有什么可担心的，不过，私底下他并不是那么有把握。

教师们宁可避开他，除了几个例外，比如特罗特。戈尔丁（Claudia

Goldin)当时正在经济学系,她回忆说:

> 他是一个有趣的谜,就在我们附近。这就像有个巨人,我们所有人都站在他的肩膀上,不过,那是怎样的肩膀呢?对于学者来说,永远摆脱不了一种恐惧,你所拥有的就是你的头脑,只要一想到它可能出什么问题就会害怕。当然了,所有人对此都同样感到害怕,但对于学者,这就是问题的全部。

在多数情况下,倒是学生们对纳什的传奇有点了解,发现他并不怎么令人害怕,而且会去找他。比如芬伯格就同纳什一起吃过午饭。"人人都知道他是一个伟人,光是跟他一起吃午饭已经是一种有趣的经历,但也是令人伤感的事情。面前就是他本人,就是我们中间非常著名的人士,普林斯顿以外的人经常以为他已经死了。"

1978年,在很大程度上多亏了纳什在研究生院和兰德时期的老朋友沙普利的善心,他终于获得一个数学奖。他被运筹学研究学会和管理科学研究院授予冯·诺伊曼理论奖,同时获奖的还有伦斯勒理工学院的数学家莱姆克(Carl Lemke)。纳什得奖的原因是他发明了非合作均衡,莱姆克则因其计算纳什均衡的研究工作而得奖。

沙普利是评选委员会成员,是他提的名。"当时我觉得有些感伤和怀旧,"在前一年已经得奖的沙普利认为,"现在有个机会可以为纳什做点什么。"他后来说,他的动力来自希望通过表彰纳什多少为艾利西亚和约翰尼带来一些帮助。"当时我的伤感主要是想到这个孩子正在长大,而他的父亲不在身边。这也许可以有助于增加他的自尊心,看到他的父亲虽不在身边,但是很伟大,做的工作受到表彰。"

不过,纳什并没有得到邀请出席在华盛顿举行的颁奖典礼。IBM公司的数学家、评选委员会的第二号成员霍夫曼(Alan Hoffman)专程前往普林斯顿,把这个奖送到纳什手上。他说:"我们聚集在塔克的办公室。塔克和库恩在场,我们聊了一会儿。纳什坐在一个角落里。我告诉你,看见这个过去的天才现在的举止处于一个青春前期孩子的水平,实在令人痛苦。在道听途说与亲眼所见之间,确实是有差别的。"

第四十六章

一段平静的生活

普林斯顿，1970—1990年

> 我在这里得到庇护，因此没有变成无家可归。
>
> ——纳什，1992年

1970年，当艾利西亚提出让纳什住在她那里，完全是出于怜悯、忠诚以及意识到这个世界上再也没有别人愿意收留他。他的母亲已经去世，他的妹妹没有能力接过这个重担。艾利西亚无论离婚与否都是他的妻子，不管她对与患有精神疾病的丈夫住在一起有过什么犹豫，却一点儿也没想过不再理他。

与此同时，艾利西亚确信她还可以给纳什提供物质庇护之外的东西。她相信，抑或是希望，他和同行住在一个学术社区，没有关进医院继续治疗的威胁，可以有助于他的康复。她将纳什的自身需要——安全、自由和友谊——一丝不苟地记在心里。1968年年底，当时纳什相信母亲和妹妹计划再度将他送入医院治疗，艾利西亚应纳什的要求给马莎写了一封信，争辩说住院治疗既没有必要，也是有害的："我现在觉得他过去接受的大部分治疗是错误的，完全没有带来有益的永久性效果，而是恰恰相反。如果他要进行一种持久的调整，我认为必须在正常情况下才能进行。"

在1968年，艾利西亚的心情已经发生了变化，原因不仅在于纳什经历了大胆的治疗之后还是故态复萌，而且在于她离婚后的亲身经历使她对纳什的情况有了一些新的了解。她在写给马莎的信中说道："我在亲身经历过一些他那样的困难后，觉得我现在比以往任何时候更能理解他的难处。"与许多尝试帮助纳什的人一样，艾利西亚对他承受的苦难有一种切身的直接感受，并且因此采取相应的行动。

艾利西亚的美丽与脆弱，由于她个人的悲剧经历而显得更加明显，使别人很有可能爱上她。四十几岁的数学教授穆尔很可能生活在一部菲茨杰拉德的小说里，而不是在现实世界的范氏大楼。他皮肤黝黑，容貌英俊，仪态严谨，身穿定做的套装，在相当不拘小节的同行数学家中格外引人注目。他会说法语，对自己的出生地纽约以及一些欧洲城市了如指掌，这更赋予他一种温文尔雅的气质。当时尚未结婚的穆尔是女士们心中的理想情人。

穆尔、纳什、艾利西亚重逢之后，三人有时也会一起出去吃晚饭。不过，直到1963年年中纳什离婚，被一个前女友形容为"僵硬、呆板"的穆尔自己也遭受了一次破坏性的精神崩溃后，这段关系才开始转向浪漫爱情的方向。当时，穆尔深受酗酒和严重抑郁之苦，被送入费城郊外一家上等的、以精神分析为主的医院接受治疗。穆尔在这家医院待了两年半时间，其间除了斯潘塞以及他在麻省理工学院读书时的论文导师怀特黑德，艾利西亚就是仅有的定期前来探望的朋友。怀特黑德曾经几次遇见艾利西亚，回忆说："费城有很多人没来看他，他对于探望者满怀感激。"

这段友谊在共有的经历以及彼此的同情中萌芽，最后发展成为爱情。1965年夏天，穆尔返回普林斯顿重执教鞭，差不多与此同时，纳什搬到波士顿。穆尔成为艾利西亚的固定伴侣，双双出席普林斯顿的晚餐舞会、音乐会和类似的社交场合。没人知道他们两人是否如同她和纳什的婚姻一样属于绝妙的天作之合。穆尔尽管具备魅力和热忱,却没有纳什那种让艾利西亚心醉神迷的吸引力。不过,她真的非常渴望有人照顾,有一段时间他们好像也确实到了谈婚论嫁的地步。

纳什离开普林斯顿的时候,艾利西亚仍在美国无线电公司工作。她的母亲在丈夫去世后搬来与她同住,就像几年前在剑桥一样,担任管家的工作。拉德夫人还帮忙照顾约翰尼,他已经长成一个非常聪明、可爱的男孩,高个儿,容貌讨人喜欢,而且头发也是金色的。

但是,当艾利西亚突然失去在美国无线电公司的工作时,问题就来了。这家公司的空间分部经常发生取消合同或临时解雇的事情。艾利西亚那时经常请假,常常迟到,要不就是由于过度抑郁而不能好好工作,尤其容易成为解雇的目标。她很快就找到另外一份工作,只是没干多久。这段艰难时期持续了好几年,其间她不断换工作,经常处于失业状态,此事在她写给马莎的信件里有过间接的暗示。艾利西亚决心找一份与自己的学历相当的工作,可是在那时没有几个航空航天公司愿意聘请女性担任工程师,人们拒绝给她这样一份工作的次数超过30次。"有一段时间我天天跑去面试,"她后来回忆说,"可就是得不到工作,这真叫人郁闷。"

在她的失业津贴用完之后,情况一度恶化到不得不依赖福利救济和使用食品券生活的地步。她想嫁给穆尔的愿望也落空了,穆尔觉得同时接受一个妻子和一个继子实在"难以承受",便抽身退出了。她的母亲"竭尽所能维持大局",艾利西亚后来说,这确实不容易。

艾利西亚和她母亲不得不放弃位于普林斯顿中心地带的富兰克林大街的漂亮房子。艾利西亚在普林斯顿铁路枢纽站那儿找到一所19世纪样式的小房子,很久以前它就被隔音砖包裹起来。这所房子非常简陋,不过租金便宜,而且交通方便,它实际上就坐落在火车站对面。约翰尼已经12

岁了,由于不得不离开原来的学校和同学而非常不高兴,但是艾利西亚没有选择的余地。

纳什搬到这个枢纽站同他们住在一起,用弗吉尼亚留给他的基金信托所得少量收入的一部分分担租金和家庭生活开支。艾利西亚把他叫做一个"房客",但是实际上他们总是一起吃饭。纳什花了不少时间与约翰尼在一起,有时也帮他做功课或跟他下国际象棋。艾利西亚早已教会儿子怎样下国际象棋,他后来也成了一个下棋好手。

纳什沉默寡言,非常安静。"他可没有惹麻烦。"奥黛特回忆。他的衣着随意,披着一头灰白长发,表情茫然,沿着拿骚大街来回游荡。孩子们嘲笑他,站在他的必经之路挥舞手臂,当着他的面大声说粗言秽语,让他饱受惊吓。艾利西亚是个高傲的女子,对于形象总是非常敏感;但她的忠诚和同情压倒了对其他人可能怎么想的顾虑。

她很耐心,什么也不啰嗦,很少对纳什提出什么要求。回顾漫长的岁月,她的温柔举止也许在他的康复中起到了极其重要的作用。如果她曾经威胁或劝说纳什去做什么事情,他很可能落得流浪街头的下场。这是杜克大学精神病医生基夫(Richard Keefe)的看法。常识认为精神病患者的家人应该"直言相告",可是近来越来越多的研究显示,精神分裂症患者并不比从心脏病突发或癌症手术康复过来的病人更能承受带强烈感情色彩的表达方式。

艾利西亚是个小心翼翼的诚实的人。对自己在保护纳什方面起到的作用,她只是简单地说:"有时你没打算去做什么事,只是事情恰好那样发生罢了。"不过,她确实意识到那样做对纳什是有帮助的,她说:"他受到的对待是不是有助于他的好转?噢,我想是的。他有自己的房间,饮食无忧,有人照顾他的基本生活需求,没有受到多少压力。这就是一个人需要的东西:受到照顾,而且没有多少压力。"

1973年,艾利西亚的处境开始好转。她起诉波音公司有性别歧视现象,波音是在20世纪60年代拒绝聘用她的公司之一。做这件事需要付出很大精力,不过,波音公司最后跟她达成条件相当不错的庭外和解,大大激励了她的士气。她在纽约的爱迪生公司找了一份编制程序的工作,她的大学同学乔伊丝正在那里工作。每天早上4点半她就要起床,从普林斯顿枢纽站坐两个小时的车到爱迪生公司位于纽约市中心曼哈顿的格拉默斯总部,每晚到家已经过了8点。她常常对工作本身感到沮丧,她的老板、麻省理工学院时代的另一个老熟人贝利(Anna Bailey)回忆说,她觉得她的头脑和教育背景没有得到充分的重视。

不过,现在她再次得到很好的收入,有能力将约翰尼送入佩迪学校读书,这是位于普林斯顿以西16千米左右的海茨敦的一所私立预科学校。约翰尼尽管在家里变得情绪化,难以相处,却无疑是一个非常出色的学生。在大学二年级结束之际,他不仅在全国比赛中获得一枚伦赛勒奖章,而且学业平均分达到4.0。与此同时,他开始在数学方面显示出浓厚兴趣和天赋才华。"在约翰尼成长的岁月里,约翰同他有过许多数学讨论,"艾利西亚后来回忆说,"如果约翰尼的父亲不是一个数学家,他也许会成为一个医生或者律师。"

约翰尼开始在范氏大楼的休息室流连,在那里下国际象棋和围棋,与一些研究生讨论数学问题。阿萨迪记得,当时他"举止文雅,是个有礼貌的孩子,有一点点拘谨,就跟其他数学家一样……直到熟悉他们的环境"。约翰尼显然很有天赋,阿萨迪记得他正在学习一些"非常艰深的数学书籍"。有时,父亲也会同儿子一起出现在范氏大楼。约翰尼并不显得尴尬,当然从来也不会在与其他学生说话时提起自己的父亲。阿萨迪回忆说:"有一天他消失了。当他回来的时候已经剃了头,变成一个重生的基督徒。"

1976年，利德前往卡里尔诊所看望他的朋友根舍尔，就是当年在麻省理工学院与纳什同窗学习的那个根舍尔，后来成为普林斯顿大学的教授。当医院的侍者引导利德穿过病房那道上锁的门时，一个高个儿、两眼发直的年轻人突然出现在他的面前。"你知不知道我是谁？"他冲着利德大声喊道，"你想不想得到拯救？"利德注意到他手里拿着一本《圣经》。后来，根舍尔告诉他那个人是纳什的儿子。

到艾利西亚采取主动，将约翰尼送入卡里尔接受治疗的时候，他已经逃课将近一年。他抛弃了所有的老朋友，在很长一段时间里，一直拒绝离开自己的房间。如果他母亲或者外婆打算干预，他就会对她们大发雷霆。他开始着了魔似地钻研《圣经》，谈论赎罪和惩罚。没过多久，他就开始同一个小小的基要主义团体的成员待在一起，四处派发小册子，在普林斯顿的街头巷尾纠缠陌生人。

艾利西亚和她母亲并没有马上意识到，约翰尼令人烦恼的行为远远不止青春期反叛这样简单。不久，显而易见，约翰尼产生了幻听，而且相信自己是一个伟大的宗教人物。艾利西亚想送他去接受治疗，他却逃跑了。他在外面待了好几个星期，最后艾利西亚不得不请警察帮忙搜寻他，并且将他送回家。之后，当她的儿子进了卡里尔，艾利西亚知道自己一直以来最害怕的事情已经变成现实：她的才华横溢的儿子得了跟父亲一样的病。

经过第一次治疗，约翰尼的病情似乎很快就好转了。但是，他又过了整整三年才重返校园。艾利西亚从来没有在公司提起他，只有在被迫请假的时候除外。她也从来没有告诉爱迪生公司的任何人说纳什又跟她住在一起了。和弗吉尼亚10年前做的一样，她将她的所有不幸遭遇视为个人的伤痛。她努力应付约翰尼拒绝吃药、不断从家里逃跑、定期需要接受治疗的情况以及落在她微薄资源上的沉重负担，竭力不向自己的抑郁情绪屈服。"你牺牲了这样多，投入了这样多，结果却付诸东流。"后来她这样形容。

随着约翰尼的难题日益令艾利西亚应接不暇,她开始向朋友、博雷尔夫人盖比求助。盖比陪艾利西亚去卡里尔看望儿子,后来则是去特伦顿精神病院,还与她在电话里交谈,有时邀请纳什夫妇来家吃晚饭。穆尔证明了这一点:"盖比是艾利西亚在这里最亲密的女性朋友,盖比非常好,再没有别人这样坚定地站在她身边。"

盖比对艾利西亚坚毅个性的赞美之辞直到今天仍然令人信服:"起先,你说不出她有什么特别,没有意识到她是谁。她在自己身边筑起了一道防御外壳,不过,她是一个非常勇敢和忠诚的人。"

1977年,约翰·戴维短暂地出现在纳什的生活中。父亲和儿子至少从1971年开始一直保持通信联络,当时约翰·戴维正在高中毕业班。纳什对儿子上大学的计划非常关心,艾利西亚也写信请马图克给约翰·戴维提一些建议。约翰·戴维上了邦克山社区学院,通过担任医院侍者筹措资金,自力更生。四年后,他向好几所四年制大学递交了入学申请表,一些大学许诺提供奖学金,他在1976年转学至阿默斯特大学,这是全国最著名的文科大学之一。

那年秋天,阿默斯特数学系教授斯塔尔(Norton Starr)聘请一名学生做一些收拾庭院的工作,之后,斯塔尔请他进屋喝冷饮。他们聊天的时候,这个年轻人发现斯塔尔是在麻省理工学院完成博士论文的,就问他是否认识那里一个名叫纳什的数学家?斯塔尔回答,听说过他的名字,也见过他本人。"他是我的父亲。"这个年轻人说。斯塔尔仔细地打量他。"天哪,你看上去确实很像他。"他说。不久,约翰·戴维开车去普林斯顿看望父亲,艾利西亚对他很友好,他第一次见到了弟弟约翰尼。

随后的圣诞节,约翰尼去了波士顿,住在埃莉诺和约翰·戴维的家里。埃莉诺对他表示热烈欢迎,给他做可口的饭菜,围着他问长问短,关怀备至。他没有带冬天穿的大衣,埃莉诺就给他买了一件羽绒外套。约翰尼在他哥哥面前总是举止得当,可是只要单独同哥哥的母亲在一起,就可能突然变得难以对付。埃莉诺回忆说:这个假期即将结束之际,"他不舍得让约翰走。于是约翰让他陪着回到学校。"

纳什与约翰·戴维的重逢并没有带来持久的和好。"这就好比某种平息。"约翰·戴维回忆说。他的父亲更有兴趣谈论自己的问题,而不是他儿子的。"当我征求他的意见时,他会答非所问地提到尼克松的什么事情。"纳什的心绪一直动摇不定,认为儿子既然已经达到法定年龄,就可以"在我个人的期待已久的'同性恋解放'中扮演一个基本而重要的角色"。他已经等了很长时间,就像他当时所说的那样,想要"给他讲讲我的生活、难题以及整个生活经历的各个方面"。埃莉诺回忆说他确实这样做了。约翰·戴维最终再也没有回复父亲的电话,两人在以后17年里也没有再次见面。"我不大希望跟他联络,"约翰·戴维说,"有一个患精神病的父亲实在令人烦恼不安。"

与人们普遍意识到的情况相比,精神分裂症在更多时候表现为一种短暂发作的疾病,在它的初次发作之后那几年尤其如此。严重的精神变态期之间可能出现相对平静的时期,其间各种症状都会明显缓解,无论这是治疗的结果或者自发现象。这也是约翰尼的经历。

1979年,位于新泽西州劳伦斯维尔的赖德学院秋季学期开学的第一天,数学系主任菲尔兹(Kenneth Fields)就被请去同一名一年级新生好好谈谈,因为该生在数学系迎新情况介绍会上成了难缠的捣蛋鬼,对一切事情发问,还抗议说整个讲述方式不够准确。"我不需要修读微积分学,"这个年轻人一来到菲尔兹的办公室就说,"我要专攻数学。"由于赖德学院很少能吸引对数学有兴趣或者受过一些专业教育的学生,菲尔兹不禁感到迷惑不解。他们在校园里散步,他不断试探这个学生,很快就得出结论,即赖德目前还没有足够高深的数学课程可供这个年轻人学习,于是他提出亲自辅导他。"顺便提一下,你叫什么名字?"他最后问道。"约翰·纳什。"这个学生回答。看到菲尔兹的震惊表情,他又补充说:"您可能听说过我的父亲,他解决了嵌入问题。"对于20世纪60年代就读于麻省理工学院本科、早已熟悉纳什传奇的菲尔兹,这是一个令人难忘的时刻。

菲尔兹开始每周会见约翰尼一次。约翰尼花了一些时间起步,但是很快就得心应手,顺利完成线性代数、高等微积分和微分几何学的艰难部分。"很显然,他是一个真正的数学家。"菲尔兹说。约翰尼也是聪颖而友善的,他是一个基要主义的基督徒,却可以同信仰其他宗教、智力早熟的学生交朋友。他与菲尔兹谈到自己的精神疾病,菲尔兹自己就有几个亲戚是精神分裂症患者。偶尔,他也会夸张地谈论一下外星人,有一次还威胁一位历史教授。不过总体而言,菲尔兹说,约翰尼的病情看来没有失控,他的成绩一直是A,二年级时还获得了一份奖学金。

菲尔兹不久就发现,约翰尼在赖德只是浪费时间,他应该进入博士课程。1981年,尽管约翰尼没有高中或者大专文凭,还是被拉特格斯大学录取,并且得到一份全额奖学金。到了那里以后,约翰尼不费吹灰之力就通过了入学资格考试。他曾经不止一次威胁说要退学,菲尔兹也不止一次接到艾利西亚的电话,惊慌失措地请求他跟约翰尼谈谈。菲尔兹这样做了,约翰尼则回答:"为什么我非要做什么事情不可?我的父亲就不必做任何事情,我母亲供养他,为什么她就不能供养我呢?"不过,他终于没有退学,并取得了优异的成绩。

当时正在拉特格斯数学系的教授内桑森(Melvyn Nathanson)喜欢在他的数论研究生课程里布置一些被他称为尚未解决的经典难题的简单版本作为功课。"我在第一个星期就出了一道题,"他回忆说,"约翰尼第二星期就交出了答案。我在那个星期又出了一道题，过了一个星期他又交出了答案，这真是不同寻常。"约翰尼与内桑森共同完成了一篇论文，后来成为约翰尼学位论文的第一章。接着，他独立完成了第二篇论文，内桑森的评价是"非常精彩"，同样成为学位论文的一部分。他的第三篇论文是对埃尔德什（Paul Erdös）*在20世纪30年代就所谓B序列的一个特例而证明的一个定理的一项重要推广。无论是埃尔德什还是别人都没有办法证明这个定理是不是在其他序列上同样成立，约翰尼出色地攻克了这个问题，结果引出了其他数论专家的一系列论文。

约翰尼1985年在拉特格斯获得了博士学位，内桑森说，他看来已经作好准备，要作为一个一流数学家开创一段长期而富有成果的工作。西弗吉尼亚州马歇尔大学提供了一份为期一年的讲师职位，这似乎是将这个数学新博士引入学术界某个终身职位的传统道路的第一步。约翰尼还在研究生院的时候，拉德夫人已经永远返回萨尔瓦多，艾利西亚则转到纽瓦克的新泽西运输公司从事计算机程序员工作。看起来，一切都充满希望。

---

* 见《数字情种——埃尔德什传》，保罗·霍夫曼著，米绪军等译，上海科技教育出版社，2000年。——译者

第五篇

弥足珍贵

第四十七章

病情缓解

> 你知道,他得了那种疾病,但是现在他一切正常。这不能归为一件或几件事情的结果,这只是过上一种平静生活的问题。
>
> ——艾利西亚·纳什,1994年

萨尔纳克(Peter Sarnak)是个急躁莽撞的35岁的数论专家,1990年秋天加入普林斯顿,他的主要兴趣在于黎曼猜想。他刚刚主持了一个研讨会,一个一直坐在后排的高个儿、白头发的男人在人群散去之后上来向他索取论文的一个副本。

萨尔纳克曾经在斯坦福大学做过保罗·科恩的学生,自然听说过纳什的名字,也见过他本人。萨尔纳克早已多次听说纳什完全疯了,所以要求自己对他和气一些。他答应给纳什送去一份副本。过了几天,在午茶时间,纳什又来找他,说有几个问题要讨论。纳什说话时避开萨尔纳克的目光。起初,萨尔纳克只是很有礼貌地听着,但是没过几分钟,他就知道自己不得不高度集中注意力。后来,当他仔细思考这次对话时,感到相当震惊。纳什在萨尔纳克的证明中发现一个真正的问题,与此同时,他还提出一个解决办法。"他观察事物的方式与其他人很不一样,"萨尔纳克后来说,"他会立即领悟一些东西,我却不知道自己会不会有朝一日达到那个水平。这是非常引人注目的领悟,非常与众不同的领悟。"

他们经常交谈。每次谈话之后,纳什就会消失几天时间,回来的时候会抱着一捆计算机打印的东西,他显然非常精通计算机。他会想起一个微小的问题,然后通常以天才的方式,把玩这个问题。萨尔纳克发现,如果在他的头脑中,某件事情在一个小范围里起作用,纳什就会跑去找计算机帮忙,试图看出它是不是"在以后几十万次运算里同样成立"。

不过,真正让萨尔纳克吃惊的是,纳什看来完全具有理性,与其他数学家描述的那个丧失本性的人大相径庭。萨尔纳克心中绝对不只一点点不平,在他面前站着的是一个学术巨人,但是他却早已被数学专业的同事遗忘多年。如果确实有理由支持这种漠视态度,那么这个理由现在也过时了。

回顾往事,已经不可能确切指出纳什究竟是在什么时候开始出现这种奇迹般的病情缓解的。这个变化首先是由普林斯顿一带的数学家发现的,时间大约是在20世纪90年代初期。与他刚刚发病时持续好几个月的突然发作相反,病情缓解是在漫长岁月里逐步出现的。用他自己的话说,这是一种缓慢的进化,"在20世纪70和80年代缓慢出现的渐进过程"。

特罗特在那些日子里几乎每天都在计算机中心见到纳什,他肯定了这一点:"在我的印象里,这是一种相当渐进的好转。在早期的日子里,他从各种名字中拼凑出数字,对他发现的事情忧心忡忡。渐渐地,这种情况消失了。接着就钻研比较具有数学性质的数字命理学,从公式和分解因子当中取乐。这还不是有条理的数学研究,不过已经去掉了离奇古怪的性质。后来就变成真正的研究。"

早在1983年,纳什就开始走出他的封闭庇护所,同学生们交朋友。经济学专业的研究生杜代(Marc Dudey)在1983年去找过纳什。"当时我觉得见这个传奇人物实在是够大胆的。"他发现纳什和他一样对股票市场很有兴趣。"我们沿着拿骚大街散步,我们讨论股市。"杜代惊讶地发现纳什是一个"选择股票的好手",偶尔也会听从他的建议,虽然没有取得重大成果。此后一年,杜代忙于撰写他的毕业论文。他没有办法对付要用到的一个数学模型,纳什就施以援手,领他走出困境。"其中涉及计算一个无穷大的乘积,"杜代回忆说,"我做不到,所以拿给纳什看。他建议我用斯特林公式计算这个乘积,接着就写下几行方程式,显示应该怎样做到这一点。"在这整段时间里,杜代根本不觉得纳什比自己遇到的其他数学家更古怪。

到了1985年,曾在10年前帮助纳什将洛克菲勒的名字变成的数字进行因子分解的芬伯格已经是普林斯顿的客座教授,他与纳什一起吃午饭,目睹纳什身上出现的变化,深感震动。"他看来好多了。他介绍了自己有关素数的研究工作,我没有水平进行评论,但是听上去像是真正的数学、真正的研究。这真是令人高兴的变化。"

这些变化过程只有几个人能够看出来。尼尔格斯(Edward G. Nilges)从1987年至1992年一直在普林斯顿大学计算机中心担任程序员,他回忆说,纳什起初"显得惊慌不安,沉默寡言"。 但是,到了尼尔格斯在普林斯顿工作的最后一两年,纳什已经向他请教有关因特网以及程序的问题,这些都给尼尔格斯留下深刻的印象:"纳什的计算机程序的精致程度令人惊讶。"

1992年,沙普利在访问普林斯顿期间,同纳什共进午餐,在相隔许多年以后第一次进行相当愉快的对话。"当时纳什非常敏锐,"沙普利回忆说,"他完全没有容易分心的毛病,学会了使用计算机。他正在研究创世大爆炸,我感到很高兴。"

这个纳什,在经历了这么多年的严重疾病之后,却"处于'数学人物'

的正常范围",这引出了许多问题。纳什是不是已经真的康复了?这样一种康复的机会有多罕见?这"康复"是不是表示他其实根本没有真正患过精神分裂症?因为人人都知道这种疾病是不可救药的。他在20世纪50—70年代出现的精神病症状,是不是只是躁狂与抑郁交替出现的疾病?而这种疾病一般不会造成那么大的伤害,也有更大的机会康复。

如果不在纳什的精神病记录基础上再次进行诊断,人们就不可能得出确切的答案。精神病学者现在认为,精神病的症状本身"不会招致精神分裂症",而且,尽管今天已经有了更加精确的诊断标准,在症状出现的初期,仍然难以区分精神分裂症与躁狂抑郁交替的疾病。不过,人们仍然有足够的理由相信,对纳什的最初诊断实际上是正确的,他属于数量极少的得以在经历漫长而严重的精神分裂症折磨后显著缓解的幸运儿。

纳什的小儿子同样被诊断为躁狂型精神分裂症和情感分裂型精神病,这一事实是有力的证据,支持纳什本人患有精神分裂症的说法。与20世纪50年代盛行的弗洛伊德主义理论相反,精神分裂症现在被认为具有很大的遗传成分。

纳什的症状的持续时间和严重程度也是一个有力证据,他没有能力继续从事患病前后一直热衷的工作,并且与大部分的人断绝接触。此外,纳什形容自己的疾病不是时好时坏,或者一个又一个回合的躁狂爆发和令人丧失能力的抑郁,而是一种持续的梦境一般的状态,伴随着离奇古怪的想法,与其他精神分裂症患者的描述相同。他提到自己被幻觉困扰,不能工作,并与周围的人们隔绝。不过,与此同时,他也将这类困扰描述为不能进行推理。实际上,他曾经告诉库恩和其他人,他仍然带有偏执狂的思想,甚至还听到并不存在的声音,虽然与过去的情况相比,这种噪声的水平已经大大降低了。纳什将理性行为与节制饮食相提并论,意指这是一种长期而自觉的斗争。他说,试图辨别偏执狂的想法,并且对它们进行抵制是监察个人思想的问题,这就好比某人希望减轻体重而不得不决定自觉回避脂肪或甜食一样。

精神病学虽然已经在定义疾病方面取得进展,但是,在确定康复的定义上仍然存在争议。威诺克(George Winokur)和庄敏(音译,Min Tsuang)写道,缺乏明显的症状,"并不一定意味着[这些人]是健康的,因为他们仍然可能带有某种存在缺陷的状态,这状态已经稳定下来,而且患者也已经学会如何与之相适应。"但是,这样一种评定也许适用于纳什在20世纪70—80年代早期的情况,现在看来却过分悲观了一些。认识纳什的人们和纳什自己的理解反映了一种更加广泛、更加深远的变化。"纳什确确实实已经康复了。"赖德学院的菲尔兹说,他从20世纪70年代后期就认识纳什,并且拥有丰富的与精神分裂症打交道的第一手经验。

当然,如果将纳什的康复描述为"病情缓解"就更加确切一些。事实表明,这一病情缓解的案例虽然如同奇迹一般,却并不是独一无二的。直到几年以前,人们仍然对精神分裂症患者的生活经历没有多少了解,仅有的研究是在20世纪70年代完成的,由在州立医院的精神病医生主持。由于当时留在医院可供研究的仅是重病在身的老年人,他们需要不断接受治疗,精神分裂症因此被看作一种伴随年老或器官退化而出现的变性疾病,人们认为它对大脑的伤害或多或少会均匀地继续下去,直到病人死亡。

布洛伊勒(Manfred Bleuler)是一名德国精神病医生,也是首先向这个观点系统地提出挑战的研究者。在对200多名病人所做的为期20年的跟踪研究中,他发现20%的病人"完全康复"。此外,他得出结论,长期维持的康复并不是治疗的结果,而是自然出现的。

接着,波恩大学的一个德国小组做了一个长期跟踪研究,对象是在20世纪40年代末50年代初这段时间曾被关进这个城市的精神病院的病人。他们重新翻阅疾病记录,评论精神分裂症的诊断书,从中挑选病史和症状都符合这种疾病的现代定义的病人,总数大约有500人。然后,他们找出这些人或者他们的家人的地址，通过访问病人和认识他们的人，得出了在他们身上发生的事情的详细记录。

许多人已经去世，大约占总数的四分之一，大部分是自杀身亡。有些人仍然被留在专门机构，显然是对任何药物或者电击休克疗法毫无反应，电击休克疗法在那里的应用远比美国广泛。另外一些人则同他们的家人住在一起，不过身上仍然留有疾病的症状，特别是那些消极症状，比如漠不关心、缺乏动力、在生活当中找不到兴趣和欢乐。但是，一个数量惊人的人群，大约占总数四分之一，看来已经完全摆脱所有症状，能独立生活，有自己的朋友圈子，在他们受过训练或者发病之前工作的行业任职。他们中的大部分人在很多年前就已经不需要医生的照顾了。

研究人员感到非常惊讶。随着这个研究项目的结果在小小的全球精神病研究界传播，美国佛蒙特大学的一个小组决定着手进行一个类似的长期研究。虽然他们起初抱有怀疑的态度，但是得出的结果却极其相似。初次发病10年之后，大部分病人的病情还是很严重，但是30年后，一个引人注目的少数人团体开始过上相当正常的生活，只有大约5%是好转缓慢的典型。研究发现，这些人中的自杀现象是在患病最初10年发生的，他们看来处在严重发病的间隔期间，神志恢复到足够正常的地步，以至于可以清楚意识到面前的道路多么可怕，因此陷入绝望。这种疾病对思想和感情造成的伤害显然也是发生在这段时间，在这之后，症状就开始稳定下来。

随后进行的研究多多少少冲淡了这些乐观的结论。所有的长期研究项目都受到诊断结果的不确定性及对"康复"的不同见解的影响。威诺克和庄敏对170名病人所做的研究也许是最严谨的项目，结果发现发病30年后，只有8%的病人可以被认为是恢复健康的。

因此，虽然纳什引人注目的康复不是独一无二的例子，却也是相当罕见的。

没有一项研究可以回答有助康复的因素是什么,但是它们却暗示某个在疾病发作之前具有纳什那样经历的人,即处于较高社会阶层、智商超群、曾取得非凡成就、亲戚中没有精神分裂症患者,而且是在生命的第三个10年的后期患病,尽管初期出现非常严重的症状,在某些重大的生活转折时刻发作,但会有最大的机会出现病情缓解。另一方面,同纳什一样的年轻人,早期的成就与疾病缠身而导致无能为力的状态之间的区别也是最大的,因此他们最有可能走上自杀的道路。由于自杀行为在住院治疗的病人中少有发生,因此,马莎在20世纪60年代坚持将纳什关进医院也许可以说是挽救了他的生命。没有人清楚胰岛素休克和抗精神病药物是不是增加了日后病情缓解的机会,虽然这些东西显然导致了纳什在20世纪60年代上半段出现的暂时性的病情缓解。在20世纪50年代,抗精神病药物在一个很大的范围内可以找到,虽然当时得病的许多病人属于在中年后期症状完全消失的那部分人,早期的药物治疗也并不是一个特别明确的指标,可以预示后来的进展。与此同时,纳什在20世纪70年代之后拒绝服用抗精神病药物,而且他在60年代没住院的大部分时间里实际上也是这样做的,这也许是幸运的决定。如果定期服用,这些药物可能引发比例很高的可怕而持久的不良反应,其中之一就是迟发性运动障碍,患者的头部和颈部肌肉僵硬,包括舌头运动在内的运动不受控制;另外一种就是思维模糊,所有这些不良反应都会使他难以逐步重返数学世界。

正如后来许多人认为的那样,纳什的病情缓解并不是由某种新疗法造成。"我终于从非理性的思维中解脱出来,"他在1996年说,"没有经过治疗,除了随着年龄增长而出现的自然的激素变化。"

他认为这个发展过程包含两方面的内容,一是逐步意识到他的妄想幻觉不会产生任何结果,二是抗拒幻觉的能力日益增长。他在1995年

写道:

> 渐渐地,我开始有意识地不遵循某些受到幻觉影响的思维路线,这些东西曾经是我的本能特征。最可辨认的是,我开始抗拒以政治为导向的思想,认为那纯粹是一种毫无指望的智力浪费。

他相信,不管是对是错,是他决定了自己的康复:

> 实际上,这可能类似于意志力量在有效节制饮食中所起的作用:如果一个人努力使他的思想"理性化",那么这个人就可以辨别和抗拒幻觉思想的非理性猜测。

"关键的一步就是决定不再为与我的秘密世界有关的政治感到担忧,因为那不会产生预期效果,"他在诺贝尔奖得主自传中写道,"这进一步引导我抛弃任何与宗教事务有关的东西,以及教学或者教学的意愿。"

"我开始研究数学问题,学习计算机,因为当时它已经出现。我得到了(当时为我安排计算机使用时间的那些数学家的)帮助。"

到了20世纪80年代后期,纳什的名字开始出现在一流经济学杂志的十几篇论文的标题里,不过,纳什本人仍然默默无闻。当然,许多年轻一辈的研究人员认为他已经去世,其他人则相信他被冷落在一家精神病院里,垂垂老矣,抑或是进行了一次脑白质切断手术。即便是消息最灵通的人士,也几乎完全将他看作一个幽灵。特别是除了沙普利为他争取到1978年度的冯·诺伊曼奖之外,所有应该对他的成就进行的表彰和奖励没有一项授予他。在1987—1988学术年度发生的一件非常过分的事情可以表明,人们认为纳什患有精神疾病的想法如何根深蒂固,使他继续处于被忽略的地位,即便是在经济学领域,这个他曾经帮助发起革新的领域也是这样。

当选计量经济学学会的研究员,就像这个学会的一位前主席所说的那样,相当于在一流经济学理论学者俱乐部取得一张会员卡。到了1987年,大约有350名在世的研究员,其中包括所有到那时已经或者即将获得诺贝尔奖桂冠的学者,惟一的例外是诺思(Douglass North)(原因很可能在于他是一名经济历史学家,而不是一名数理经济学家)。学会研究员几乎包括全体曾经对博弈论作出重要贡献的学者:库恩、沙普利、舒比克、奥曼、豪尔绍尼、塞尔滕,等等,就是没有纳什。1988年年底,一名新近当选的研究员鲁宾施泰因(Ariel Rubinstein)非常惊讶地注意到这个"历史性的错误",立即决定提名纳什。

这个提名对于1989年11月进行的评选来说显得太迟了一些。此外,根据这个学会的规则,每个只有一人提名的候选人必须首先通过这个学会的一个五人提名委员会的审定,这个步骤的目的之一是"确定以前的评选委员会是否忽略了某人",并且纠正这样的失误。结果呢,这份提名表被送交这个评委委员会,后者在1989年春天着手进行处理。那时,博弈论学者鲁宾施泰因同时拥有特拉维夫大学和普林斯顿大学的教授职位,也是这个委员会的成员之一。其他成员全部都是经济学教授,他们分别是伦敦经济学院的金(Mervyn King)(兼任英格兰银行副主席)、明尼苏达大学的艾伦(Beth Allen)、哈佛的张伯伦(Gary Chamberlain)和耶鲁的比利(Truman Bewley)。

将纳什列入候选名单的提议在鲁宾施泰因与委员会的其他成员之间引发了一场非常激烈的争论,足足持续了好几个月的时间。从一开始,议论的主题就是纳什的精神疾病。金在1996年说:"大家模模糊糊地觉得这是一个关键之处。"委员会的其他成员指出,纳什最近没有发表任何东西,甚至还不是这个学会的会员,即便当选也未必可以积极参与活动。有一次,委员会主席比利写信给鲁宾施泰因说"我不相信[纳什]会当选,因为人人都知道他已经疯了很多年",以"没有意义"为由要否决这个提名。由于鲁宾施泰因拒绝放弃，比利就叫他进一步了解"纳什目前的健康状况"。在鲁宾施泰因反驳说没有其他候选者曾经接受类似的调查之后，比利自己出马，四处打听，给许多人打电话，其中包括他在耶鲁的同事舒比克，后者早在读研究生时就认识纳什，也曾收到纳什寄去的一些"疯狂"信件。比利向委员会报告说："我已经打听过了，纳什仍然处于疯癫状态。研究员资格与其说是对过去工作的一种奖励，不如说是一种活动许可。研究员们是计量经济学学会的根本领导团体。"

6月，委员会投票以4:1否决了将纳什列入1989年11月候选名单的提议，鲁宾施泰因就是那个惟一的反对者。艾伦回忆说："委员会要求大家排列一个次序，纳什没有通过。鲁宾施泰因大发脾气，坚持说应该将纳什列入候选名单。"比利清楚地指出这个问题已经讨论完毕，他后来为这个决定追悔莫及。"这是一个错误的决定。"他在1996年说。这个事件让人想起了普林斯顿高等研究院在许多年前拒绝向世界著名的逻辑学家哥德尔授予数学教授职位的一幕。不过，在那件事里，理由更加充分一些，因为研究院的小小的数学分部害怕哥德尔的人人皆知的偏执狂及决策恐惧症会大大影响他们开展工作，这些工作之一是选举每年的访问学者。

这个事件最具讽刺意义的一幕在于，后来鲁宾施泰因找到密歇根大学的宾莫尔(Kenneth Binmore)、西北大学的迈尔森共同提名，绕过了提名委员会这一关，使得纳什终于被列入1990年的候选名单，根据当时的学会行政总监戈登(Julie Gordon)的回忆，他最后得到了"压倒多数的选票"。

第四十八章

诺贝尔奖

> 你将不得不等上50年的时间才能了解纳什得奖的经过,我们永远不会透露。
>
> ——雅各布森(Carl-Olof Jacobson),
> 瑞典皇家科学院秘书长,1997年2月

1994年10月12日,星期二*。韦布尔(Jörgen Weibull),一个风度翩翩的年轻经济学教授,可能已经是第50次看表了,他正站在瑞典皇家科学院巨大的会议厅前不远处。会议厅金碧辉煌,上面是装饰华丽的天花板,两边墙上挂着肖像画。此时此刻到处都是记者和摄影队,他们全都挤在U型桌子之间的狭窄过道里。大厅里几乎一片混乱,大家都在四下打听,大声议论为什么迟迟没有消息。

韦布尔这天上午10点左右离开他在斯德哥尔摩大学的办公室时真是兴高采烈,一路小跑穿过高速公路下面的人行隧道,爬上小山坡,来到只有800米距离的科学院。诺贝尔经济学奖委员会主席林德贝克(Assar Lindbeck)曾经问他愿不愿意在记者招待会上帮忙回答提问,这可是一个

---

* 应为星期三。——译者

崇高的荣誉。但是现在,韦布尔已经唇干舌燥,双肩酸痛,并且当他试图想象出了什么问题时,就觉得隐隐有些头痛。

按照惯例,诺贝尔奖记者招待会在上午11点半开始。这些谨慎稳重、经过精心策划的招待会,总是在最后的正式投票之后进行,而且**永远**准时开始。可是现在已经是下午1点了,却仍然见不到任何科学院方面的官员,也没有传来半点风声。在场的所有记者都非常纳闷,这样的事情可从来没有发生过。

突然,韦布尔左边的几扇大门被推开了,一小群科学院官员匆匆闯入大厅,每个人的脸上都带有一点茫然恍惚的神情,就像看电影的人们从电影院里一步跨至阳光灿烂的室外,一时不能适应一样。他们匆匆走过闹哄哄的人群,大声呵斥他们,对一切问题充耳不闻,完全没有理会希望解释延误原因的请求。不过,站在配备麦克风的讲台一边的韦布尔,还是设法留意到林德贝克的一个稍纵即逝的微妙眼神,他随即大大地松了一口气。"林德贝克以前从来不会这样发信号,"他后来说,"但是,我马上就明白结果一切正常。"很快,这种轻松就转化为欢乐的情绪,因为他听见英俊而头发花白的科学院秘书长雅各布森读出新闻发布稿的头几个字:"小约翰·福布斯·纳什,普林斯顿大学,新泽西州……"

有关纳什获得诺贝尔奖的幕后传闻,简直就跟一个数学家成为得奖者那样不同寻常。这是多年来人们首次考虑向博弈论领域颁发一个诺贝尔奖,即便是纳什的最热情的拥护者也认为他获奖的希望实在非常渺茫。但是,过了很久以后,得奖的消息传来,在接到正式通知的一个小时之内,这样至高无上的荣誉几乎让他不知所措。纳什的得奖也给经济学奖本身的未来造成深远的影响。

这个以前从来没有透露的故事,是瑞典皇家科学院以及诺贝尔基金会一直竭力保守的秘密,他们的用意是保全笼罩在诺贝尔奖上的奥林匹斯山神般神圣庄严的光辉。这个科学院可称得上是世界上最守口如瓶的团体之一，包括提名、征询意见、审议和投票在内的整个漫长选择过程的全部细节，是世界上受到最严格保守的秘密之一。诺贝尔奖的规定就提出了这样的要求：

> 收到的颁奖建议书以及有关颁奖的调查和意见不得泄露。如果出现涉及得奖者的分歧意见，它们不得记录在案或以其他方式泄露出去。但是，得奖者在个别情况经过充分考虑之后，可能获得许可，接触有关评奖的基础材料，用于历史研究目的。这种许可最少必须等到受到议论的决定作出之日过去50年才能赋予。

当然了，历史上确实有过违反规定的事件。比如在20世纪60和70年代，有关文学奖得主的流言就经常从艺术与文学学院泄露出来，而且人人都知道这种泄露具有规律性。1994年，挪威诺贝尔奖委员会的一名成员由于和平奖将被授予巴勒斯坦领导人阿拉法特（Yasir Arafat）而辞职，并且向新闻界发表了自己的抗议声明。直到现在，诺贝尔基金会主席索尔曼（Michael Sohlman）提起此事仍然怒火中烧。

不过，在负责颁发物理学、化学和经济学奖的瑞典皇家科学院，在那些古典装饰风格的灰色高墙里面，却几乎从来没有出现过这样的漏洞。假如不是在宣布纳什获奖当天出现了神秘的长达一个半小时的延误，科学院原本完全能继续保守整个评选过程的秘密。实际的情况是，科学院的官员们不仅拒绝解释为什么延误，而且否认这是一次重大的延误，他们很快就发表声明说此事从来没有发生。最近，1994年经济学奖委员会秘书、人人皆知的参与全部事件的当事人梅勒（Karl-Göran Mäler）甚至说："我不记得有过**任何**延误。"

经济学奖多少有点像一个过继的孩子。1894年，当瑞典工业家和投资家诺贝尔（Alfred Nobel）开始动笔写下他的著名遗嘱，设立诺贝尔物理学、化学、医学、文学以及和平奖的时候，根本没有想到经济学这个沉闷无趣的学科。经济学奖直到将近70年以后，才由当时的瑞典中央银行主席创立。这个奖由这家银行提供资金，瑞典皇家科学院和诺贝尔基金会负责管理。实际上，这个奖并不算是诺贝尔奖，更确切的说法应该是"瑞典中央银行为纪念诺贝尔而设的经济学奖"。对于普通公众而言，这个划分其实没有多少区别。早期的经济学奖得主，包括萨缪尔森、阿罗和默达尔（Gunnar Myrdal），被公认为学术巨人，为这个奖增添了夺目的光彩，使它至少已经成为"科学家和普通人眼里表示杰出成就的最高标志"，也使诺贝尔经济学奖得主变成"学术界的终身贵族"。

经济学奖的评选条件、规则和过程是按科学奖的模式建立的。候选者必须仍然在世，每次得奖者不得超过三人。与物理学领域相比，这个限制在经济学领域没产生什么问题，因为物理学通常更加需要团队合作。尽管包括参与提名过程者在内的许多人并不赞同，但是诺贝尔奖既不授予任何杰出个人，也不是一个终身成就奖，这个奖只授予具体的成就、发明和发现，它们可能是一种理论、一个分析方法抑或纯粹的经验结果。比如在物理学领域，虽然数学在这里起的作用和在经济学领域一样重要，却存在强硬的倾向性意见，认为不能单纯由于数学成就而颁奖。（据说诺贝尔本人非常讨厌数学家，虽然最能够说明个中原因的一些故事——围绕性和专业方面的妒忌心理而展开——已被证明是编造的谣言。）

这个奖的评选实际上也同科学奖的程序一模一样。由瑞典资深经济学家组成的一个五人委员会负责收集世界各地的精英学者提交的提名表和推荐书。这个委员会在每年春天决定人选，通常是在4月。被称为"社会科学组"的组织由科学院全体经济学和其他社会科学专业的成员组成，在初秋时节推选出一个或者多个候选者，通常是在8月末或9月初。接着,科学院在10月初进行投票,并于投票当天公布得奖者名单。

至少是在理论上,经济学奖委员会的全体成员与候选人一样出类拔萃,得奖者的评选过程是一个不受他人影响、毫无私心、最终也是民主的科学的评判,与个人喜好和厌恶、偏见或者政治和金钱方面考虑毫无关系,就像在体育比赛中确定胜利者的工作一样公正。在这个对于实际运行状况的理想化描述里,相当一部分甚至大部分说的都是实情,不过,这个描述并非全部真相。

林德贝克在1969年加入经济学奖委员会,1980年成为主席,在诺贝尔经济学奖的整个历史上一直统治着评选过程。他身材高大,红发,健壮有力,看上去就像一个机床商店或者煤矿的老板。他来自瑞典偏远的北方地区,有一点儿粗俗,有一点儿忧心忡忡,还有远远不止一点儿的鲁莽脾气。他那富有活力的头脑对所想到的几乎所有问题都有自己的意见,而且还相当强硬,结果呢,他在科学院里相当不受欢迎。但是,他也并非没有某种世俗的魅力,他有那种狡黠而冷面滑稽式的幽默,还是一个业余画家,参加委员会会议时,带有角制边框的眼镜上还留着颜料的痕迹。在他的大学办公室里,挂着一幅巨大的性感图画,画面非常生动。

林德贝克是瑞典最重要的经济学家。在瑞典,学术界、政府以及产业界长期保持着密切联系,一流经济学家一直以来就比他们的美国同行拥有更大的政治权力。经济学奖委员会的首任主席奥林(Bertil Ohlin)长期担任反对党的领导人。获得1974年诺贝尔经济学奖的默达尔曾经在社会民主党当政期间担任部长职务。林德贝克本人就受到总理帕尔梅(Olof Palme)的重用,担任多个政治顾问职务,参与了20世纪60年代至今的大部分公共政策讨论会。

林德贝克跟奥林、默达尔不同,他没有放弃自己的研究工作而成为全职政治家。实际上,人们普遍认为他本人就可能成为诺贝尔奖的竞争者。即便是现在,他已经68岁,在他的斯德哥尔摩大学办公室的书桌后面的书架上还有一系列整齐摆放的文件,这是引人注目的大量论文,上面分别标明"准备中的论文"、"提交了的论文"和"已被录用的论文"。与此同时,他运用自己的政治见识和威望建立了多个经济学系和研究机构。"他有点像一个秘密政党的领导人,一个在政党之间奔走调停的人。"经济学奖委员会的助理成员、于默奥大学资源经济学系教授勒夫格伦(Karl-Gustaf Löfgren)说。他又补充道:

> 以前我从来没有做过什么资源经济学的研究,但是我成了一个资源经济学教授。[林德贝克]对于谁应该到哪里去有很好的主意。他倾听别人的意见,也有自己的看法。我喜欢他,他是一个非常稳妥的家伙,聪明绝顶。

人人都知道林德贝克总是可以找到办法,他的作风与其说是一个首席执行官,还不如说是一个中央银行的银行家,正如他的老朋友梅勒所说的那样,"他从来不用命令进行统治"。20世纪80年代中期,林德贝克写过一篇文章,他在文中这样夸耀道:"到目前为止,这个诺贝尔奖委员会向科学院递交的建议书都得到全体一致同意。在激烈的讨论之后,这个委员会内部实际上已经相当'自动地'达成一种共识,就好像有一只看不见的手在控制一样。"当然啦,这只看不见的手其实就是他自己的手。"你**可以**这样认为,"勒夫格伦说,大笑起来,"你可以说这是全体一致同意……不过他是一个占据统治地位的人物。我们不正式投票,而只是表示赞成。"

瑞典皇家科学院的院长弗雷德加(Kerstin Fredga)有一次说过:"没有几个人敢对林德贝克说不。"具有讽刺意味的是,到了1994年12月,在弗雷德加作出这个评论的时候,已经不是这么一回事了。

20世纪80年代中期,纳什的名字第一次出现在一份诺贝尔奖候选者的名单中。诺贝尔奖的评选过程好比一个巨大的漏斗。无论何时,经济学奖委员会总是在进行十几项有关可能的候选人的领域和团体的"调查"工作。不过,没过多久,焦点就会落在最热门的领域和最热门的候选人身上。到1984年为止,"显而易见的"诺贝尔奖总是授予萨缪尔森、阿罗和托宾之类的经济学家。这个委员会也会放长眼光,考察经济学的一些新近出现的分支,而在那个特定时刻,没有什么比博弈论显得更新鲜或者更热门的了。

1984年,这个委员会与耶路撒冷希伯来大学的一名年轻研究员鲁宾施泰因联络。鲁宾施泰因是一名战争退伍兵,也是以色列和平运动的积极支持者,他花了好几个月时间不辞辛劳地完成一份长达10页的报告,推荐博弈论方面的获奖候选人。他把纳什的名字放在名单的首位。

鲁宾施泰因在1982年发表的那篇使他成为博弈论一流研究者的论文,就是纳什在1950年发表的讨价还价论文的延伸。因此,很显然,鲁宾施泰因对纳什抱有感激之情,也非常钦佩纳什的原创成就。自从在访问普林斯顿期间遇到纳什,鲁宾施泰因也因纳什过去的贡献与目前境遇的强烈反差而深受震撼。由于他曾经亲身遭遇精神疾病带来的耻辱,这种义愤也变得更加强烈:他的母亲曾经因为抑郁症而被送进医院治疗,医生和亲戚们对待她的态度缺乏人与人之间最基本的相互尊重,对此,鲁宾施泰因一直耿耿于怀。

诺贝尔经济学奖委员会直到1987年才开始着手处理这个问题,当时它委托另外一个学者提交第二份报告,他就是韦布尔。韦布尔提交报告之后,林德贝克说委员会想向他提几个问题,邀请他出席在皇家科学院举行的两个会议。当然,韦布尔必须发誓绝对保守秘密。

当韦布尔走进隔板划分的房间,相互介绍的礼节几乎显得毫无必要。作为瑞典规模不大的精英学者阶层的一名成员,韦布尔早已认识这5个委员,他们大部分来自学术界,现在正围坐在一张巨大的桌子旁。不过,他倒是感到稍稍有些惶恐,因为从委员会的问题中他意识到自己实际上被赋予一个非常难得的机会,可以参与一个历史性抉择的最初阶段。"我的印象……[是]这个委员会第一次聚集一起讨论这个问题。"

韦布尔简单介绍了他的报告的内容,向委员会解释了博弈论的中心思想、这些思想对于经济学研究的重要意义以及主要的贡献者。他也把纳什放在6个重要思想家的名单首位。

委员会提出的问题全部经过字斟句酌,尽量避免流露委员们自己的看法。第一次会议讨论的重点是博弈论究竟只是一个流行一时的兴趣呢,还是研究一个广泛系列的有趣的经济学问题的重要工具。但是,到了第二次会议,委员会主席林德贝克就把注意力集中在纳什身上。纳什只是研究数学吗?林德贝克问。他是不是仅仅把经济学家们至少早在100多年前就已经得出的结果加以公式化而已?纳什是不是真的在20世纪50年代初就已经停止了博弈论研究?这个问题是整个委员会提出的所有问题中,最直接涉及纳什的精神疾病的问题。

韦布尔离开会议室的时候,觉得委员会很有可能最终为博弈论领域颁一个奖,但是,考虑到纳什的精神疾病以及他的早期论文是在几十年以前发表的事实,他没有任何理由相信纳什可能幸运中选。

那年正在斯德哥尔摩大学国际经济学院的访问学者费希尔(Eric Fisher)回忆说,林德贝克曾经向他询问过纳什的精神状况。费希尔曾在普林斯顿大学读本科,经常见到纳什在大学费尔斯通图书馆的大厅流连。林德贝克想知道纳什是不是"具备足够的能力,可以应付获[诺贝尔]奖可能遇到的公开场面"。

两年后,1989年秋天,韦布尔匆匆穿过普林斯顿大学的校园,去同纳什进行第一次会面。由数学系主任负责从中协调,经过好几个星期的微妙谈判,这个令人难以捉摸的数学家终于同意共进午餐。韦布尔有个很具体的目的要见到纳什。在他离开瑞典前往美国前夕,林德贝克曾经把他拉到一边,请他回来之后汇报一下纳什的精神状况。林德贝克说,某些人说纳什出现某种症状缓解,举止行事相当有理性,这是不是真的呢?韦布尔此行就是要找出答案。

韦布尔一眼就认出,站在普林斯顿那幢维多利亚哥特式教工俱乐部"远景堂"前面的汽车道上的那个高个儿、满头银发、面容虚弱的先生就是纳什。他站在那里,显得很不自在,一边抽烟,一边低头看着地下。显然,为了这次会面,他特意穿戴整齐,白色网球鞋,配的却是长袖礼服衬衣和长裤。韦布尔逐渐走近时,看到纳什紧张得要命,他马上致以友好的微笑,并伸出手来。纳什不敢看他的眼睛,并且在迅速地握了一下手后就把手抽了回去,插入口袋里。

他们没在那个主要而正式的餐厅吃饭,而是选择了楼下的一个小型自助餐厅。韦布尔是个文雅而声音温和的人,他向纳什提了一些有关工作的问题。有时候,谈话会出现奇怪的转折。当韦布尔问纳什应该怎样通过考虑博弈者的非理性行动而使纳什均衡概念更加精细,纳什的回答却与非理性行动无关,而是说到永存不朽。不过,总体看来,韦布尔并不觉得纳什比其他许多学者更加古怪、没有理性或者具有偏执狂的特征。韦布尔还了解到一些以前没有听说过的有关纳什的博弈论论文的有趣细节。纳什还是在卡内基工学院读本科的时候,就通过思考国家之间的贸易协定,得出讨价还价问题的解决办法。尽管他采用了布劳威尔和角谷(Kakutani)两人的不动点定理来证明自己的均衡结果,却认为通过布劳威尔理论得出的证明更加精彩,也更加确切。他说,冯·诺伊曼曾经反对他的均衡概念,但是塔克支持他。

不过,这次会面之后,在韦布尔看来,最突出的记忆,同时也是当天将他从一个无关的旁观者以及一个客观的报信者转变为一个热情的支持者的事情，却是纳什在他们走进教工俱乐部时说的一句话。"我可以进去吗？"纳什问，他没有什么把握，"我不是大学的教师。"这个非常伟大的学者竟然并不认为自己有权力在教师俱乐部吃饭的事实，深深震撼了韦布尔，他认为这是一个需要纠正的不公正现象。

1993年夏天，关于诺贝尔经济学奖可能落在博弈论领域的传言四处蔓延。6月中旬，一个非常小型、经过精心挑选的博弈论专题研讨会召开，地点就在斯德哥尔摩北部数百千米的比约克博恩的诺贝尔的炸药工厂旧址。这样一个由诺贝尔奖委员会举办的专题研讨会，不可避免地会被看作诺贝尔奖的选美比赛。这次会议由梅勒负责组织，其间得到了韦布尔和剑桥的经济学家达斯古普塔(Partha Dasgupta)的协助。林德贝克当时正在剑桥度过这个春季学期，通过电话监督整个筹备情况。十多位获得邀请的专家代表了博弈论领域的两代杰出研究者，他们大部分是理论家和经验主义者，其中包括豪尔绍尼、塞尔滕、奥曼、克雷普斯(David Kreps)、阿尔·罗斯、米尔格龙(Paul Milgrom)以及马斯金(Eric Maskin)。会议的主题呢？策略互动关系中的理性与均衡。

大部分与会者想当然地认为他们完全是为委员会工作，相信他们中那三个上了年纪的学者豪尔绍尼、塞尔滕和奥曼很有可能成为获奖者。胡子花白的奥曼是以色列博弈论领域的"教务长"，现在正神气活现，"就像他已经赢得奖项一样"。他们花了许多功夫选择论题，集中讨论理论性的、与合作博弈相反的非合作博弈。那些没有受到邀请的人士当中，最引人注目的当然就是纳什。

结果证明，委员会的工作其实还远远没有到确定一个候选人的地步。 正如委员会的佩尔松(Torsten Persson)后来指出的那样，委员会召开这个会议的主要动机，是要创造一个机会，让委员会"教育自己"，这种说法是绝对确切的。实际上,出席会议的委员会成员除了梅勒之外,就只有斯塔尔(Ingemar Stahl),他的兄弟因戈尔夫(Ingolf)是演讲者之一。斯塔尔声明他去那里是要听兄弟的演讲,不过大家都认为他是委员会派来的一个间谍。

几个星期之后,普林斯顿大学数学和经济学教授库恩收到一份来自斯德哥尔摩的急件传真,发件人是韦布尔,他请库恩寄去一系列文件,其中包括纳什的博士论文和一份兰德备忘录,并且"不要迟于8月中旬,切切"。韦布尔还请库恩给他弄一份历史学家伦纳德对纳什进行采访的记录副本。在那次采访当中,伦纳德并没有录音,他在写给库恩的一张便笺上说,这个请求"使我的思绪转向了斯德哥尔摩"。

与此同时,在斯德哥尔摩,经济学奖委员会差不多已到了向人们所说的科学院"第九组"提交报告的时候,这个组别包括社会科学领域的全体成员。这份厚重的长篇报告完全用于介绍1993年度经济学奖的两个候选人,也是两个经济学历史学家,分别是芝加哥大学的福格尔(Robert Fogel)和圣路易斯华盛顿大学的诺思。不过,委员会同时向这个组别的学者报告了另外两三份报告的进展情况,这些报告将要决定以后最应该考虑颁奖的领域,其中之一就是博弈论,纳什的名字出现在6名候选人中间。

经济学奖委员会几乎只在一个问题上达成一致,即在1994年为博弈论颁发一个诺贝尔奖,因为当年是冯·诺伊曼和莫根施特恩取得重大成果50周年。

林德贝克和其他成员仍在反复考虑两个和三个得奖者的"每一种可能的构成情况"。最后的候选人名单由委员会最为关注的候选人组成,自从经济学奖设立以来,这个名单一旦形成就很少会发生改变。在纳什之外,名单上还包括沙普利,纳什早在普林斯顿读研究生的时候就已经认识他。沙普利既是冯·诺伊曼和莫根施特恩最直接的学术继承人,而且在20世纪50、60年代,当大部分研究工作集中在合作博弈的时候,他是这个领域无可争议的领导者。塞尔滕和豪尔绍尼由于详细阐述了非合作博弈论,也被列入候选名单中。豪尔绍尼的突破性成就使分析信息不完全博弈成为可能;塞尔滕则创立了一种方法,区分博弈中那些合理与不合理的结果。奥曼由于确定了公共知识在博弈过程中的地位,也同样榜上有名。谢林则因发明了外交冒险政策战略价值的观念,在将博弈论运用到社会科学方面富有远见,所以也被列入考虑之列。

最后的得奖决定是分阶段作出的。每年,1月31日是提名截止日期,届时大约200份提名表从世界各地的一流经济学家那里汇集到委员会,这天一过,委员会就会迅速召开会议。到了4月,委员会应该确定一个或几个具体的候选人。到了8月下旬,委员会应该向"第九组"提交他们的建议书,以供投票决定之用。建议书所附的文件有十几厘米那么厚,其中包括推荐报告、发表著作以及其他证明材料。科学院随即在10月上旬对候选人进行投票。不过,参与这个过程的每一个人都非常清楚,决定权其实掌握在委员会的手中,而且直到目前为止,还是在一个人的手里,他就是林德贝克。勒夫格伦回忆说:"经济学奖委员会聚集开会整整一年时间。从技术角度来说,更高级的组织不可能作这个决定。"

从林德贝克、梅勒、斯塔尔、佩尔松和斯文森(Lars Svenson)出席的第一次会议开始,委员会内部的讨论就出乎意料地充满火药味。林德贝克已经下定决心,要将这个奖授予非合作博弈领域的理论贡献。人们已经证明这些贡献给经济学带来了丰硕成果,"是迄今为止最重要的贡献,"正如林德贝克后来所说,"合作理论在经济学中有一些有趣的应用,不过它在政治学中的用处可能更大。"虽然梅勒自始至终站在林德贝克一边,但是说服其他成员的艰巨性超出了林德贝克的预计。"事后看来是不言而喻的事情,但我们花了很长时间才达成这个结果,说服了其他成员。"诚然,他后来承认,如此缩小这个奖的范围将会马上把一些重要的竞争者排除在外,他们就是沙普利和谢林。与此同时,争辩的真正核心在于:将焦点放在非合作理论的做法也意味着难以拒绝向纳什颁奖。"一旦我们决定将这个奖限于非合作理论,接下来要确认谁是……[关键的贡献者]就轻而易举了。很明显,纳什是这个奖[的一部分]。"林德贝克提议颁奖给确立非合作博弈均衡定义的三名学者:纳什、豪尔绍尼和塞尔滕。

这就是委员会的讨论开始变得不可开交的转折点。

在整个经济学奖委员会中,最不害怕林德贝克,同时也最富有才华,可以起来挑战他的成员就是斯塔尔。他已经60岁,在隆德大学担任经济学及法律的双重职位。斯塔尔才思敏捷,能言善辩,在任何辩论中他都乐于成为反对者,经常选择极端的方向。自从20世纪80年代早期开始,他就一直是委员会里最活跃的成员之一,并且执笔撰写了委员会的许多颁奖建议书。

斯塔尔个子矮小,脑袋很大,肚子也很大,恶意诽谤者在背后管他叫"茨韦格尔"或者"小矮人"。斯塔尔曾经被认为是神童,只是从来没有完成其早期才华预示的伟大成就。他之所以在隆德备受尊敬,拥有科学院院士资格,而且长期担任经济学奖委员会成员,很大程度上应该归功于他与政界的关系以及在公共政策论坛那引人注目的高姿态,而不是他的研究成果。同林德贝克一样,斯塔尔很早就开始向上爬,那时他还在高中念书,是包括帕尔梅在内的好几个社会民主党政治家的忠实门徒,不过,他在20世纪60年代后期转向了保守的反对派那边。

斯塔尔强烈而坚决地反对将诺贝尔奖颁给纳什。他从一开始就非常怀疑博弈论,实际上他怀疑一切纯理论。他拥护制度学派,相信直觉多于相信严谨的逻辑推理,对数学和"技术专家"怀有重重疑虑。举例而言,布坎南(James Buchanan)和科斯(Ronald Coase)能够分别在1986年和1991

年获得诺贝尔经济学奖,斯塔尔在委员会的大力主张起了很大作用。这两位经济学家的理论,主要集中在政府和法律体系影响市场运行的方式。斯塔尔因自己把握诺贝尔奖的策略而自豪,他越是了解纳什,就越反对颁奖给纳什。具体说来,他认为颁奖给纳什是一种考虑欠周的举动,很可能导致尴尬的结局,最重要的是可能破坏委员会的形象。

"我早就知道他曾经患病,"他后来说,"我觉得没有多少人知道这件事。我想我当时听取了赫尔曼德的说法。"

斯塔尔确实做了不少深入的调查。那年初秋,他打电话给瑞典最具影响力的数学家、1962年菲尔兹奖得主赫尔曼德,当时,赫尔曼德刚刚从隆德大学退休。斯塔尔介绍说自己是经济学诺贝尔奖委员会的成员,听说赫尔曼德在20世纪50、60年代与纳什相当熟悉,而委员会现在正考虑向纳什颁发一个诺贝尔奖,不知赫尔曼德能不能向他介绍一下纳什的真实情况。

赫尔曼德吃了一惊,与其他许多纯数学家一样,他并不认为纳什在博弈论方面的工作有什么重大意义。赫尔曼德最后一次留意纳什是在1977至1978学年,当时他正在普林斯顿大学访问,看见纳什在范氏大楼内外流连。纳什是一个"幽灵",赫尔曼德觉得纳什没有认出他来,或者根本就没有发现他来了。赫尔曼德甚至想都没有想过要同他交谈,在他看来,颁奖给这样一个人显然有些"荒诞无稽、相当危险"。

赫尔曼德的态度严密而诚恳,他对纳什的记忆特别糟糕。他记得纳什如何决定放弃自己的美国国籍;他遭到驱逐,先是在瑞士,接着是在法国;纳什在1962年的巴黎研讨会上做出离奇古怪的举动;在赫尔曼德获得1962年菲尔兹奖后源源不断地给他寄来匿名明信片,其中充满妒忌和敌意的暗示。

斯塔尔还咨询了他认识的几位精神病医生的意见,他们认为这种疾病不像是抑郁症或躁狂症,因为在这两种情况下,病人的本性至少可以断断续续地辨认出来。"我了解这种疾病,"他后来说,"我认识这里的一些精神病医生,一些最出色的精神病医生。在我跟他们交谈的时候,我发现,患上这种疾病之后,个性就会完全改变。他已经不再是取得重大成就的那个人了。"

林德贝克以韦布尔和库恩的报告为依据,告诉委员会纳什的情况大有改善,实际上他的头脑已经恢复正常。对于这一点,斯塔尔同样深表怀疑。他访问过的精神病医生曾经告诉他,精神分裂症是一种慢性而无休止的变性疾病。"这是一种非常悲惨的疾病,它会平静下来,不过完全康复却是另外一回事。"

斯塔尔知道,人们对纳什怀有很大的同情,他也看出林德贝克已经下定了决心,因此他并不从正面发起进攻,却一个接一个地提出新问题。"他抛出一个理由,就会有人起来加以反驳,"委员会的另一个成员回忆说,"于是他就转向另外一个理由。他想激怒我们,让我们感到迷惑……从而产生疑虑。"

斯塔尔说:"他有病……你不能选择这么一个人。"

他问到颁奖典礼怎么办。"他会来吗?他能应付过来吗?那可是一个大场面哪。"

他也引用赫尔曼德以及其他一些早在20世纪50、60年代已经认识纳什的人的说法,并借用了在读研究生期间认识纳什的舒比克的一本书,向大家宣读其中一段他认为足以定罪的文字:

"最足以定罪的事情,"斯塔尔后来重复说,就是舒比克在他的一本书里提到:"你只有见过纳什才能理解纳什均衡,这是一个游戏,是一个人玩的游戏。"

他提到纳什为兰德工作的经历:"这些家伙在冷战期间同原子弹一起工作,这会成为这个奖的耻辱。"

他提到纳什在读完研究生后就对博弈论丧失了兴趣。正如林德贝克、学院秘书长雅各布森和其他人后来暗示的那样，斯塔尔不是诺贝尔奖委员会中第一个对某个特定候选人怀有深刻敌意，为了将这个候选人排除在外而竭力提出一大堆学术反对意见的成员。随着春季渐渐过去，斯塔尔打了许多午夜电话。韦布尔后来回忆说，他看来是要寻找一切理由，竭尽全力反对给予纳什候选人的资格。

在那几个月的时间里，瑞典皇家科学院的一名成员说，斯塔尔和其他人无疑越来越觉得"一些错误选择可能损害这个奖的声誉，纳什当然不是一个有力的得奖者。大家担心整个事情可能一败涂地，变成一大丑闻"。斯塔尔非常信任的一个通过稿件辛迪加同时在多家报刊发表文章的专栏作家沃什(David Warsh)后来写道："整个学术界都密切关注瑞典皇家科学院将对纳什作出怎样的决定。众所周知，瑞典人担心纳什可能会说些什么。"当时担任科学院数学组主任及科学院管理委员会成员的基塞尔曼(Christer Kiselman)记得斯塔尔曾告诉他纳什的研究工作是在很久以前完成的，而且数学味道太重，以致不能得奖。基塞尔曼因其儿子奥拉(Ola)从16岁就患上精神分裂症，对这样的说法当然有不同的理解："[斯塔尔]害怕精神分裂症，所以会有一些偏见。他以为其他人的想法也是一样的，他害怕委员会可能弄出丑闻。"

林德贝克一个接一个地驳倒斯塔尔的反对意见，他以富有勇气著称，从不畏惧不受欢迎，哪怕要冒与政治盟友为敌的风险也在所不惜。举例而言，在20世纪70年代后期，他曾经公开反对社会民主党一个相当讨人喜欢的建议，这个建议的目的是提高工人在制造业公司中的所有权，当时这种做法颇为流行。

现在，林德贝克认为，斯塔尔的反对意见，比如纳什是一个数学家、在40年前就对博弈论失去了兴趣、患有精神疾病，都是与主题无关的东西。

他同样担心纳什可能会在颁奖典礼上做出什么奇怪的举动,但是他相信这种情况应该可以解决。总之,拒绝向一个从学术角度上看最应该得奖的人颁奖,是毫无理由的。

与此同时,他注意到自己的感情也牵涉在里面。大多数诺贝尔奖得主在得奖之前已经非常出名,备受推崇,诺贝尔奖只不过是其获得的"其中一项"至高无上的荣誉。但是在纳什的例子里,情况就有些不同了。林德贝克对"他的人生悲剧"以及纳什无论从什么角度看都已经被人遗忘的事实想了很多。后来他说:"纳什与众不同,他从来没有得到过任何表彰,生活在真正悲惨的境地中,我们应该尽力将他带到公众面前。在某种程度上使他再次受到关注,这在感情上是令人满意的。"这是林德贝克第二次怀有这样的感情,上一次是在维也纳的一个自由主义者、凯恩斯学说的批评者哈耶克(Friedrich von Hayek)得奖的时候。"哈耶克当时那样遭人痛恨,受人蔑视……他告诉我曾经得过非常严重的抑郁症。能够彰显他的伟大之处实在令人心满意足。"

委员会仔细听取了斯塔尔的发言,但是,不多久局势就很清楚了:他不可能争取到同盟者。年轻一辈的斯文森和佩尔松热心支持向博弈论领域颁奖,老一辈的委员不大愿意向林德贝克宣战。

如果出现未能解决的争议,正常程序是在委员会的报告上附带一份正式的保留意见,一个属于少数人的意见。类似这样的保留意见将在投票环节完整地向整个科学院报告,听说在物理学或化学领域的评奖中曾经这样做过。另外,尽管这些保留意见不会在宣布最后决定的时候一起公开,却会变成正式记录的组成部分,可能在50年之后公之于众。经济学奖委员会的情况有所不同,林德贝克对于委员会的记录深感自豪,显然认为取得全体一致通过对于维护这个奖的信誉大有必要。

当委员会着手准备递交给"第九组"的报告时,斯塔尔威胁说要登记一份正式的保留意见。最后呢,不管是不是由于林德贝克施加压力、他的老朋友梅勒出言劝说抑或只是犹豫不决,拿不准究竟要不要成为历史上第一个打破原有全体一致通过传统的人,他没有这样做。过去一向同意委员会报告的"第九组",对这份建议书表示赞成。

对于林德贝克来说,问题已经解决,他如同往常一样取得了胜利。但是,他仍然觉得有必要采取非常措施,以便在媒体激起强烈反响时确保一切顺利进行。他做了一件前无古人的事情:打电话给普林斯顿的库恩,告诉他"现在已经有99%的把握确定"纳什将会得奖。"投票结果是全体一致通过。"他没有暗示任何有关的争议,并允许库恩把即将颁发的诺贝尔奖通知普林斯顿大学校长,以便大学作出相应安排。结果呢,库恩不得不等到劳动节之后才能传达这个激动人心的消息,因为校长夏皮罗当时正在外地度假。

不过,林德贝克不管多么具有政治远见,这一次他却错了。不仅斯塔尔的愤怒远远超过了他的预期,而且这并不是惟一一个一触即发的火药桶,林德贝克自己长期的统治地位以及经济学奖本身都面临超出他想象的危险境地。科学院内部那些对他的统治地位以及经济学奖心怀不满的批评者们,其中包括科学院的一名前任秘书长和一些非常有名的物理学家,按捺不住想要做点什么,这个奖就变成他们借以发挥的一个题目。

实际上,在瑞典以外,确切地说在瑞典皇家科学院以外,没有几个人意识到,经济学奖自1968年创立以来就处于备受争议,甚至不堪一击的脆弱地位,而且这种状况一直持续至今。

经济学奖在科学院内部从来没有引起特别的重视。"许多人在这里对这个诺贝尔[经济学]奖表示怀疑。"科学院的一名资深院士说。老一辈的学者仍然认为,在原有奖项之外增设一个新的诺贝尔奖是个严重的错误,这样做贬低了诺贝尔奖的身价,而且,他们在"错误地"接受了经济学奖之后,成功地否决了任何以诺贝尔的名义再设立的奖项。瓦伦贝里(Wallenberg)家族是瑞典最富有的家族之一,经济学家达门(Erik Dahmen)是这个家族一名关系密切的顾问,他将这个奖称为"所谓的诺贝尔经济学奖"。他还补充说:

> 这不是一个真正的诺贝尔奖,永远不要把它与其他奖项相提并论。科学院本来绝对不应该接纳这个经济学奖,我从成为科学院成员以来就一直反对这样做。

一名物理学家说:"经济学奖完全就是赶诺贝尔奖的时髦,是诺贝尔奖的副产品。"

自然科学家在科学院占据统治地位,他们中的许多人对经济学奖没有什么很高的评价。他们说,经济学不是一个可以跟物理学和化学这类硬科学相提并论的领域。各种思潮可能时髦一阵子,接着就过时了,没人可以说这就是科学进步,是由确定的几乎公认的理论和实验事实组成的东西。物理学家卡尔奎斯特(Anders Karlquist)说:"它不像物理学和化学那样是一项实在而庞大的事业。"又比如,科学院的一名数学家戈丁后来就说,纳什是因为"一件很小的事情"而得奖。

终于,出现了一种广泛意见,尤其是在自然科学家和数学家这边,认为经济学领域的肤浅性质正在导致得奖者的素质严重而急剧地下降,并且这种下降趋势会随时间流逝而继续恶化。诺贝尔物理学奖委员会秘书内格尔(Bengt Nagel)曾经开玩笑似地引用据说是一名经济学家在20世纪80年代初说过的话:"所有高大的杉树已经倒下,现在只剩下一堆灌木。"

偶尔也有人呼吁取消这个奖。默达尔获奖之后,据说就曾经建议废除这个奖,因为再也没有任何值得颁奖的候选人了。最近的一个例子是在1994年,瑞典前任财政部长、即将就任资助诺贝尔奖的瑞典银行董事会主席的费尔特(Kjell Olof Feldt)在一本政治月刊上发表长篇文章,指出这个奖应该废除。

尽管科学院的许多成员原先对建立这个奖表示遗憾,卡尔奎斯特说,他们却"意识到这是生活现实之一"。实际上,到1994年,批评者的目标已经转向把这个奖的控制权从经济学家那里夺过来。林德贝克本人很不讨人喜欢,特别让人恼火的是,经济学奖委员会的成员资格似乎是一种一辈子不变的闲差,而且这个委员会的成员可以在完全不对科学院承担任何实际责任的情况下选择得奖者。

2月,科学院的一个委员会建议经济学奖委员会应该同样采取适用于物理学奖和化学奖委员会的规则。这个建议没有任何约束力,却提出了一个警告,是对这个奖的批评正在迅速发展的第一个坚实证据。随之而来的还有科学院的承诺,说科学院管理委员会将抽出时间委任另外一个团体,专门负责处理经济学奖的问题。这种设立限制条款的做法同其他常务委员会面临的情形是一样的,当然会对经济学奖委员会产生重大而直接的影响,它将削弱林德贝克、梅勒和斯塔尔三位长期成员的地位,并且最终结束他们的统治。另外一个更加重要的建议是扩大成员资格的范围,从而接纳非经济学家;最激进的部分在于将诺贝尔经济学奖改为实质上的"诺贝尔社会科学奖",这一点不仅符合自然科学家的心意,而且得到科学院第九组的心理学家、社会学家和其他非经济学家的热烈欢迎。

因此,林德贝克与斯塔尔关于纳什是不是一个合适的经济学奖候选者的争论,实际上也是关于纳什会不会让委员会丢脸的争论,是在非同寻常的敌意气氛和密切关注之下展开的争论。经济学奖委员会以及经济学奖的前途从来没有比现在更加不堪一击。所有这些发生在幕后的意见和花招,可以解释斯塔尔为什么会在9月末至10月初争取到一批强有力的同盟者,他们出于与纳什的候选人资格没有太大关系的理由跟他站在一起,万事俱备。

最后,在科学院的投票中,纳什与1994年度诺贝尔经济学奖的另外两名候选人勉强以微弱多数胜出,这是历史上最接近失败的一次评选。诺贝尔奖评选过程有一个奇怪的特点,其实也是管理和逻辑方面一个重要的令人担心的问题,即没有任何一个奖项可以说已确定下来,除非瑞典皇家科学院的全体成员已经发表了意见。他们拥有"惟一的决定权",一本诺贝尔奖小册子这样提到,"哪怕是委员会全体一致通过的建议也可能会被推翻。"只有这个全体参加的投票过程开始,选票经过点算,结果也宣布之后,科学院秘书长和这个奖的委员会成员才会赶忙打电话通知得奖者。接着,他们一起进入学术报告厅,向世界各地的新闻记者公布获奖者名单。与此形成对比的是,其他奖项,比如数学界的菲尔兹奖和经济学的克拉克(John Bates Clark)奖,都会在事前几个月确定下来,它们的得奖者也会在一段时间之后得知消息,并且被小心嘱咐保守秘密,直到颁奖机构有时间签署它们的新闻发布稿或者举行典礼为止。可以预料,诺贝尔奖在最后一分钟决定的制度带来的不便之处,超过了它能防止消息在正式公布之前泄露的好处。

诺贝尔奖的投票,更像一种传统的庆祝仪式,得出的或多或少是这个奖的委员会资深成员统治的一个漫长评选过程的最终结果。在经济学奖方面,随机挑选的几十名科学院成员在10月的第二个星期聚集一堂,这个人数比参加科学院管理的另外两个诺贝尔奖(即物理学和化学奖)投票的人数少。为物理学奖和化学奖投票的主要目的是聆听候选人就其对科学进步的贡献所作的精彩演讲,享受其中的乐趣。正如一个科学院成员所说,"成员们出席的原因主要不在投票本身,而在于听取演讲的机会"。最近几年,经济学奖投票要达到40名的法定人数看来并不容易。根据规则,科学院的成员有三个选择,他们可以对委员会提出并且得到社会科学组赞成的候选人进行投票;可以投票选举他们自己提名的候选人;也可以投票决定当年不颁奖。得奖个人或者团体必须获得简单多数通过。直到

1994年,所有得到委员会提名的候选人全部获得绝大多数选票。

10月12日星期二,科学院大会在上午10点准时召开。会议是在科学院底层一角的相当狭小、灯光昏暗的演讲厅里进行的,注定不会跟过去年月里的大会有什么不同之处。不到60名学者四下分散坐在演讲厅里,令到场的科学院官员感到满意的是,现在不存在什么达不到法定人数的问题。(两年前,39名学者坐在这个演讲厅里等待第40名参加者,他最后倒是真的出现了。)科学院院长、天体物理学家弗雷德加与雅各布森并肩坐在主席台上,投票箱设在主席台边上。经济学奖委员会的5名成员也是科学院成员,现在坐在靠近演讲厅前排的地方。

林德贝克昂首阔步走上讲台,他戴着厚厚的黑边眼镜,如同往常一样由于集中注意力而皱起眉头。他直接进入主题,概括介绍了委员会决定推荐博弈论作为得奖领域的整个过程。一向热情的林德贝克语调激昂,挥舞着长长的手臂,还说了好些枯燥无味的笑话。接下来发言的是雅各布森,此人的低调作风与林德贝克形成鲜明对比,他只是正式代表社会科学组表示赞成。两人都宣称委员会以及社会科学组的表决与往常一样是全体一致同意。林德贝克补充说,全体一致通过的结果"好像是由一只看不见的手"引导出来的,这也是他常说的笑话。最后,梅勒站起身来,开始作关键的报告,也就是介绍三位候选人的学术贡献。

这个演讲相当令人失望。梅勒从来就不是一名杰出演说家,现在则比往常显得更加紧张和没有把握,他很快就陷入了专门术语和难以理解的词汇的沼泽,几乎只是照本宣科而已。他的妻子在几个星期之前离他而去,在痛苦和压抑中,准备这份演讲稿在他看来真是困难透顶。

上述这些过程花了大约一个小时的时间。如果事情进展同平时一样,那么台下就会提出一些相当表面化、基本上是出于礼貌的问题,也许先是其中一个旧时代学者对经济学奖提出疑问。这个过程之后就是静场几分钟,然后开始派发正方形的白纸和2号铅笔,接着听见笔走如飞的沙沙声、纸片折叠声，科学院成员们一个接一个走上主席台，将他们的选票投入投票箱。

这次的情况恰恰相反，整个会场突然一片混乱。后来，诺贝尔基金会主席表情冷漠地评论说："特洛伊只可能由城墙里面的某个人破坏，这就是这里发生的事情。"没有人记得斯塔尔是不是带头抛出问题，不过，林德贝克和梅勒很快就意识到，他们已经陷入埋伏圈。斯塔尔向梅勒发起挑战，要求他举出一个关键例子，证明在这个理论中确实具备经验证明合理的内容，不管这是哪一部分内容。梅勒当时恰巧处于特别不能应付问题的精神状态，他手足无措，竭力寻求答案。与瑞典两家日报之一在6个星期后发表的一篇报道相反，斯塔尔没有做任何愚蠢或冒险的事情，比如敦促科学院以这个数学家的精神疾病为由拒绝向纳什颁奖，实际上，他非常有力而且措辞严密地争辩说，颁奖给非合作博弈论实在过于狭窄，过于缺乏实质，过于强调技术性。他提醒听众，纳什的成就是在差不多半个世纪以前取得的，而且偏重数学多于经济学。他嘲笑豪尔绍尼和塞尔滕非常"沉闷无趣"，"只不过是两个技术人员而已"。其他听众立即随声附和。

斯塔尔没有犯单纯批评经济学奖委员会的提名建议书的错误，因为他自己毕竟也在上面签了名。他说他有另外一个建议，考虑到在座听众的不悦情绪，考虑到尚未得到回答的问题，考虑到梅勒的报告实在不能令人满意，推迟向博弈论领域颁奖是不是更加谨慎稳妥？为什么不转向投票决定是否将这个奖授予芝加哥大学教授卢卡斯(Robert Lucas)呢？反正委员会实际上已经决定提名他为下一年的得奖者。他提醒大家说人人都热切支持卢卡斯，他发明了一个理论，用于解释政府管理商业周期的努力为什么注定会失败，即所谓的"理性期望"理论，毫无疑问他是这个世纪最重要的经济学家之一，这是一个无懈可击的选择。

林德贝克起初看来确实被斯塔尔突然袭击的大胆行为弄得有些目瞪口呆，但随后却用确切无误的句子向听众们指出斯塔尔的真实意图究竟何在。他提醒在座听众,斯塔尔已经签名同意颁奖给博弈论领域,并且指责斯塔尔企图以纳什有病为借口而逃避向他颁奖。他告诉听众们,不颁发这个奖项将构成一个非常严重的不公正行为。他没有告诉他们,自己已经通知普林斯顿大学校长、艾利西亚以及纳什本人即将得奖的消息,因这样做绝对违反了诺贝尔奖的规则。

到了雅各布森宣布开始投票的时候,房间里的气氛仍然紧张而充满火药味。与往常不同,大部分科学院成员都留下来旁听点票。由院长和雅各布森挑选的两名科学院成员将投票箱搬到听众面前,开始计算选票。他们将选票一张张递给雅各布森,雅各布森则每次读出一个名字。对于林德贝克,这是一个令人难以忍受的悬念。纳什先生……豪尔绍尼先生……塞尔滕先生……卢卡斯先生……不颁奖……

过了一段时间,这个房间里只剩下深受震动的弗雷德加、雅各布森、林德贝克和梅勒。他们推荐的候选人得到了需要的一切:占据微弱多数的选票。

后来,在公众面前,这些人一致否认曾经发生过任何不同寻常的事情。他们谎称梅勒的演讲比别的时候更长,而且人们提出了许多问题,在桂冠归属的问题上难以达成一致意见,要不就是干脆指出根本就没有出现任何推迟的情况。不过,在紧紧关闭的大门后面,在科学院内部,一定有过震荡、惊愕和指责。"这是一个独特事件,以前从来没有发生过。"科学院的一名成员说。"对于科学院,投票结果接近不是一件好事。"基塞尔曼说。就在第二天,科学院管理委员会任命了一个特别委员会,"研究经济学奖的前途问题"。

此后,与斯塔尔关系密切的一名委员会成员说,斯塔尔是"被物理学家们利用了"。斯塔尔的欺骗产生了事与愿违的相反效果,他不仅没有成为挽救经济学奖委员会,使它避免尴尬局面的人物,反而触发了他最担心看到的结果。就像纳什和他在普林斯顿大学的朋友们早在40多年以前发明的"再见,笨蛋"游戏的玩家那样,林德贝克、梅勒与经济学奖的批评者们组成了一个临时联盟,他们用规则变化掩护自己。他们下定决心要惩罚斯塔尔,将他驱逐出委员会,哪怕新的规则意味着他们自己也要靠边站。经济学奖委员会的一名成员称他们的策略"精致优美"。如果纳什知道了这件事,他一定会认为这是麦卡锡报复规则的一个案例教材,特别是考虑到林德贝克原本很有可能在三年任期届满之后再次入选委员会时更是如此。但是斯塔尔呢,他一手炮制了这个丑闻,而且由于私自向一名记者发表讲话而加重了自己的罪过,当然会被永远逐出委员会。

不过,此事的后果并不仅仅是这样。科学院的几名成员说,特别委员会以书面方式提议修改经济学奖的根本性质。在几个月后的1995年2月提交的报告中,这个特别委员会制定了一个指导原则,主要就是将经济学奖重新定义为社会科学奖,向诸如政治科学、心理学和社会学等领域的重大贡献开放。这份报告同时要求这个奖的委员会接受两名非经济学家。这些影响深远的改变没有作过任何公开的宣布,但是,在一年之内,林德贝克、梅勒和斯塔尔都离开了经济学奖委员会。两名不是经济学家的社会科学家成为委员会的成员,一个是统计学家,另一个是社会学家。在候选人名单的前列也出现了特韦尔斯基(Amos Tversky)的名字,他是以色列心理学家,专门研究决策制定过程中的非理性特征。

10月12日,在演讲厅里,这三个人立即跑进一个小型会议室。雅各布森手里拿着得奖者的电话号码表,他应该向得奖者宣布即将颁奖给他们的消息。

他们打算先联络塞尔滕,因为塞尔滕当时正在德国,不像纳什或者豪尔绍尼那样也许还在睡觉。纳什所在的新泽西州正是黎明时分,豪尔绍尼在加利福尼亚州,那里夜色正浓。不过,塞尔滕却出去买东西了。雅各布森接着尝试联络豪尔绍尼,他一听见对方的声音,就把跟豪尔绍尼相熟的梅勒叫过来,让满怀喜悦的梅勒向对方保证雅各布森绝对不是某个打算跟他开玩笑、捉弄他的学生或者讨厌的记者。

纳什是他们最后一个通知的人。电话铃响的时候,雅各布森满怀期望地等待着,他在科学院的大多数同事都不知道,他有一个弟弟,同纳什一样早在20世纪50年代还是一个年轻人时就被诊断患有精神分裂症,从此被囚禁在专门的医疗机构。对于雅各布森来说,这是一个难以置信的激动时刻,是他在科学院工作20年以来"最美妙的时刻",他后来这样描述。

"他出人意料地平静,"他在事后说,"这是我的想法。'他非常平静地接受了这个消息。'"

◈ 第四十九章

最大的拍卖

首都华盛顿，1994年12月

1994年12月5日下午，纳什乘坐出租车前往纽瓦克机场，准备飞赴斯德哥尔摩，几天之后，他将在那里从瑞典国王手中接受刻有诺贝尔肖像的金质奖章。大约就在同一时刻，在南方数百千米之外，在首都华盛顿市中心，副总统戈尔（Al Gore）正在大吹大擂地宣布"有史以来最大的拍卖"正式开始。

那里，正如《纽约时报》后来报道的那样，既没有讲话急促的拍卖员，没有砰砰作响的拍卖槌，也没有18世纪以前欧洲大画家的传世佳作。拍卖台上只有微薄的"空气"，也就是可以用于诸如电话、寻呼和传真这样的无线装置的频道，价值数十亿美元，早已准备了充足的许可证，完全可以确保美国各个主要城市拥有三个相互竞争的移动通信服务供应商。留在秘密作战室以及隔离的投标摊位里的，是世界各个通信巨头的首席执行官，也许还有一群精通证券交易管理法规的经济理论家在旁边出谋划策。3月，这场拍卖会终于结束，胜出的投标叫价总值超过70亿美元，从而使这次拍卖成为美国公共财产销售史上最大的一笔交易，也是有史以来经济学原理应用于公共政策方面最成功（且利润最丰厚）的典范之一。普林斯顿大学的威尔逊学院教务长罗斯柴尔德（Michael Rothschild）后来将它描述为"是人们只要努力思考一个问题，就可以使这个世界更有效地运转的一个例证……是抽象思维的一次大胜利"。

将戈尔和纳什放在一起,将这场高科技拍卖会和诺贝尔颁奖典礼放在一起,并不是一个意外巧合。联邦通信委员会主持的这场拍卖会是由一些年轻的经济学家设计的,他们使用的就是纳什、豪尔绍尼和塞尔滕发明的方法。这些学者专为分析一小批理性参与者的敌对与合作而设计了思路,其中的参与者的利益既有相互冲突之处,也有相互一致的地方,这些参与者可能是人民、政府或者企业,甚至还可能是动物种群。

至于这个诺贝尔奖本身,则标志着诺贝尔奖委员会在经过长期拖延之后终于认识到,经济学发生了重大变化,这个变化其实早在十多年前就已经开始了。作为一个学科,经济学一直处于亚当·斯密有关"看不见的手"的杰出隐喻的统治之下。斯密的完美竞争的概念包含了如此数量巨大的买家和卖家,以至于没有一个单独的买家或卖家需要担心别人将要采取什么应对措施。这是一个强有力的主张,预言自由经济将会发展演化,为政策制定者提供了一个鼓励增长、公平划分经济这个大蛋糕的指导原则。但是,在一个充满超大型兼并者、大国政府、外国巨额直接投资以及大规模私有化的现实世界中,博弈的参与者简直屈指可数,每个人都在考虑别人的行动,都在设法制定自己的最佳策略,博弈论因此开始显示出非常重要的作用。

经过长达数十年的抗拒,比如萨缪尔森过去就经常拿"n人博弈论的沼泽地"来开玩笑,在20世纪70年代末和80年代初之间,年轻一代经济学家开始将博弈论运用在贸易理论、产业组织理论直到国家财政等各个方面。博弈论打开了"过去一直紧闭的系统思考的领域"。实际上,随着博弈论和信息经济学日益紧密地联系在一起,人们越来越多地运用博弈论的推断,对传统上一直被看作符合纯粹竞争模式的市场进行研究。如今,一流研究生院采用的最新版本的教材,已经全部运用策略博弈重新分析作为经济学基础的有关企业与消费者的基本理论。

"来自博弈论的概念、术语和模式已经占领了经济学的许多领域，"普林斯顿大学经济学家迪克西说，他将博弈论用于国际贸易的研究当中，是《策略思维》一书的作者。"我们终于看到，冯·诺伊曼和莫根施特恩发起的那场革命的真正的潜在能量正在发挥出来。"与此同时，由于博弈论的大部分应用都用到纳什均衡这个概念，因此，"纳什就是起点"。

这场革命远远走出了专业期刊、卡内基工学院和匹兹堡大学的实验室、一流商学院和大学的课堂。当前的新一代经济政策制定者，其中包括财政部副部长萨默斯（Lawrence Summers）、总统经济顾问委员会主席斯蒂格利茨（Joseph Stiglitz）和副总统戈尔，都深受这些理论的影响，他们认为这些理论有助于思考从预算草案、联邦储备政策到消灭污染的一切问题。

博弈论应用的最具戏剧性的例子，莫过于澳大利亚、墨西哥等各国政府向最有能力发展稀有公共资源的买家出售这些资源。现在，无线电频谱、短期国库券、石油租约、用材林以及污染权都在博弈论学者设计的拍卖中出售，取得了以前政策难以企及的巨大成功。

从20世纪50年代开始，包括诺贝尔经济学奖得主科斯在内的经济学家，就一直提倡政府运用拍卖手段。长期以来，人们一直认为，只有在出售类似陈年佳酿和电影放映权这样不同寻常的物品的市场，卖者不知道投标者究竟愿意出多大价钱，才会用到拍卖。这样做的主要目的是让投标者说出自己认为这个东西值多少钱。不过，科斯和其他经济学家用抽象的、完全理论化的术语陈述观点，而且没有想过这样的拍卖实际上应该怎样进行，因此，国会继续持怀疑态度。

在1994年以前，华盛顿一直免费发放许可证。在1982年以前，仍然由政策制定者决定哪个公司有资格得到这些许可证。毫无疑问，这个评审程序主要是由政治压力、代价极其高昂的文书工作以及长时间的拖延组成，发放许可证的步伐无奈地被市场变化和新技术抛在后面。1982年之后，华盛顿通过抽签决定谁能得到许可证，得到许可证者可以将其再次出售。虽然这项改革确实大大加快了颁发许可证的进度，但是程序仍然缺乏效率，而且不公平。一些投标者根本没有打算真正经营一项电话服务，却愿意花费数百万美元以获得参加这个博弈的资格，目的是通过转售大发横财。更糟的是，尽管电话公司被迫支付取得许可证的代价，华盛顿（以及纳税人）并没有从中得到一分钱的收入。事实上，肯定存在一个更好的方法。

年轻一代的博弈论学者，包括斯坦福大学商学院的米尔格龙、罗伯茨（John Roberts）和威尔逊（Robert Wilson），找到了更好的方法。正如米尔格龙所说的那样，他们的主要贡献在于意识到"单纯设计某种拍卖还不够……确保这个拍卖的设计正确同样具有极其重要的意义"。具体而言，他们得出结论，最显而易见的拍卖设计，即一个接一个通过密封投标方式拍卖这些许可证，其实最难实现华盛顿提出的目标——保证许可证落在最有能力有效地加以运用的企业手中。

博弈论学者将一场拍卖看作一个具有规则的对弈游戏，尝试综合考虑一套给定的规则将会对投标者的行为产生怎样的影响。他们考虑了这些规则允许的大量可供选择的方案、与这些方案相关的投标者的收益以及投标者对他们的竞争对手可能作出什么选择。

为什么这些经济学家认为传统的拍卖形式不能奏效呢？主要原因在于，在一个用户的眼里，每个许可证的价值就像在拍卖一幅伦勃朗（Rembrandt）或者毕加索（Picasso）的作品时一样，取决于这个用户还能得到其他哪些许可证。一些许可证完全可以相互取代，这可能是运用相似波段提供一种特定服务者的情形。不过，另外一些许可证则是相互配套、缺一不可的，这可能是在全国不同地区提供寻呼服务的公司的情形。

"为了确保有效分配许可证，一场拍卖必须允许投标者考虑几种不同的许可证组合，在拍卖过程中将配套波段的选择与在相互取代的波段中间进行选择两者结合起来。设计这样的拍卖相当困难。"米尔格龙说,他是参与设计戈尔提到的那场联邦通信委员会拍卖会的经济学家之一。

第二个复杂问题,米尔格龙说,在于颁发这些许可证的目的是开发新的服务,这些新的服务涉及未知的新技术和顾客需求。既然投标者的观点必然存在巨大分歧,那么许可证颁发就很有可能更多地取决于投标者的乐观主义,而不是开发一种符合需要的服务的能力。最理想的情况是设计一个可以将这个问题减小到最低限度的拍卖。

正当国会和联邦通信委员会犹犹豫豫地开始考虑拍卖频段使用权的时候,澳大利亚和新西兰两国已经分别举办了频段拍卖会。这些先例变成代价高昂的失败苦果和政治灾难的事实,揭示问题其实出在细节上面。在新西兰,政府举行了一个所谓"第二价格拍卖",报纸上到处都是获胜者只需支付远远低于他们所出标价的价格的报道。其中出现这样一个案例,最高投标价是700万新元,第二投标价是5000新元,获胜者只需支付相对低得多的那个价格。在另外一个案例中,奥塔戈大学的一个学生出价1新元竞投一个小城市的电视许可证,其他人没有参加这场竞争,因此他用1新元就得到了这个许可证。这个国家的政府原本指望出售移动电话许可证带来2亿4000万新元的收入,但实际的收入是3600万新元,只有预计数目的1/7。在澳大利亚,一个设计拙劣的拍卖使暴发户似的投标者蒙骗了政府,将付费电视的推出时间推迟了差不多一年。

联邦通信委员会的首席经济学家支持进行拍卖,但是在该委员会设计拍卖过程的第一阶段,没有一个博弈论学者参与其中。直到联邦通信委员会签署了一个试验性质的建议书,上面带有几十个引用拍卖理论文献的附注,这些学者的电话才开始偶尔响起来。一流的拍卖理论家米尔格龙和他的同事威尔逊就是这样开始参与到这个过程中。

米尔格龙和威尔逊建议联邦通信委员会采纳一个同时进行的多回合

拍卖。在一场同时进行的拍卖中，一组许可证将会同时出售。多回合的意思就是，第一回合的投标结束后，马上公布价格，让投标者有机会收回出价或者互相抬高对方的出价。如此反复，直到拍卖结束。这种形式的主要优点在于，它允许投标者考虑各个许可证之间相互依赖的关系。就像依次进行、出价保密的拍卖允许出售者了解投标者打算为各个物品出价多少一样，同时进行、向上提价的拍卖让他们可以了解物品的不同组合的市场价值。

这个早期的建议书，也就是联邦通信委员会最终采纳的方案，没有提到看来微小却非常关键的细节：要不要收取订金？要不要设定最低竞价增幅？时间限制呢？投标系统应该完全计算机化还是人工操作……等等。米尔格龙、罗伯茨和另外一名博弈论学者，艾太奇（AirTouch）公司的顾问麦卡菲（Preston McAfee）等人就这些问题提出了解决方案。联邦通信委员会还聘请了另外一名博弈论学者、加利福尼亚大学圣迭戈分校的麦克米伦（John McMillan），协助评价现在提出的每个拍卖规则的效果。米尔格龙指出，"博弈论在这些规则的分析过程中担当了主要作用。纳什均衡、理性化能力、反向归纳法以及不完全信息，虽然很少明显提到，却是每天工作中对这个拍卖程序的细节作出判断的真正基础。"

到了1995年暮春时节，华盛顿已经通过拍卖频段获得100多亿美元的收入，新闻界和政治家都欣喜若狂。企业投标者在很大程度上保护了自己免受侵略性投标的威胁，同时可以选择从经济角度看来合理的许可证组合。正如麦克米伦所说的那样，这是"博弈论的胜利"。

第五十章

再度觉醒

普林斯顿，1995—1997年

> 数学是一种年轻人的游戏。不过，让人难以忍受的是经历一阵短暂的荣誉和勃发的活力(以后)……接着就是持续一生的厌倦。
>
> ——维纳

诺贝尔奖揭晓的那天下午，新闻发布会之后，在范氏大楼进行了一个小型香槟酒会，纳什发表了简短的讲话。他说，他不习惯发表讲话，但是这次有三件事要说。第一，他希望获得诺贝尔奖可以改善他的信用评级，因为他实在太需要一张信用卡了。第二，本来一个人在这种情况下应该说感到很高兴，因为可以和别人分享这个奖，可是他但愿自己一个人独得这个奖，因为实在太需要那笔钱了。第三，他是因博弈论得到这个奖，他觉得博弈论就像是数学上的超弦理论，是一个具有高度内在智力趣味的课题，以至于世人倾向于想象它应该具有某种实用性。他的语气之中带有足够的怀疑态度，因而使这段话听上去显得有趣可笑。

对于纳什将会怎样面对斯德哥尔摩的隆重仪式、瑞典人的所有忧虑、还有库恩私底下的忧虑，全部证明是毫无根据的。招待会、新闻发布会、诺贝尔奖颁奖典礼、后来在乌普萨拉发表的演讲,实际上,从得奖结果揭晓当天一直到颁奖典礼举行之间的几个星期里,纳什做了他几十年没能做到的事情,体会了他几十年没有体会到的东西。韦布尔回忆说,他刚抵达斯德哥尔摩时,举止就是韦布尔几年前在普林斯顿见过的样子:"他不看你的眼睛,说话含糊。他在社交场合显得非常犹豫不决,非常没有把握。不过他的情绪一天比一天高涨,越来越少觉得不高兴。"

库恩夫妇陪同纳什和艾利西亚前往斯德哥尔摩。这真是一段令人兴奋的经历,那个星期的日程非常紧密,全部都是大场面和庆祝仪式,最美好的时刻是纳什受到他最害怕的听众,即瑞典国王单独接见的时候。按照传统,国王会和每一位获奖者单独相处几分钟,轮到纳什时,他满面愁容,眉头深锁,以至于库恩担心他可能会在最后一分钟拒绝进入国王的会客厅,不过,最后他还是跟随副官进去了。

5分钟过去了,然后是7分钟,最后,整整10分钟过去了,纳什终于走了出来,看上去很轻松,甚至有些开心。"你们究竟谈了些什么呀?"大家立即问。事实是,他们还真的谈了好一阵子。纳什告诉库恩夫妇,1958年,他和艾利西亚曾经在欧洲有过一次美妙的旅行,还驾驶他们新买的梅赛德斯180型汽车一路直奔瑞典南部。当时国王恰巧在乌普萨拉念书,对高速赛车特别着迷。大约就在那个时候,瑞典刚刚从左向行驶改为右向行驶。纳什跟国王就用了10分钟时间探讨在道路左边高速行驶可能隐藏什么危险。

黄昏时分,纳什和韦布尔乘坐一辆豪华轿车穿越斯德哥尔摩北部的乡村地带。农庄一个接一个亮起了灯,星星在天空开始微微闪光,纳什探身靠近韦布尔说:"看,多美!"

他们这是在从乌普萨拉的返回途中,纳什在那里发表了演讲,这是他在过去30年来的第一次。没有人要求纳什在斯德哥尔摩按照惯例发表长达1小时的诺贝尔得奖演说,他在乌普萨拉大学发表讲话是基塞尔曼的安排。纳什选择的题目是早在他患病之前就感兴趣、在病情有所缓和之后再度开始研究的问题:为与已知物理学观察一致的非膨胀宇宙建立一个正确的数学理论。毫无疑问,一直以来的观点认为宇宙在膨胀,尝试推翻这种共识,正是纳什一直乐此不疲的那种具有挑战性的智力赌博。

纳什有关"宇宙不在膨胀的可能性"的讲话从张量分析和广义相对论开始,这些问题是如此复杂,就连爱因斯坦过去也常常说他只是在头脑处于非常清晰的时刻才能真正理解。尽管纳什后来承认自己非常紧张,但是拥有物理学博士学位的韦布尔回忆说,纳什当时没带任何笔记,而且讲话条理清晰、令人信服。听众中的物理学家和数学家后来指出,纳什的想法很有意思,也有道理,而且表达的时候带有恰如其分的怀疑态度。

生活的长河平静流淌。尽管有了斯德哥尔摩的童话般经历以及诺贝尔奖得主的崇高地位,纳什夫妇仍然住在那所隔音砖砌成的房子里,前面是沿着小径盛开的绣球花,对面是普林斯顿火车站。现在他们有了一个新的烧水壶、一个新的屋顶、一些新的家具,仅此而已。(纳什已经有能力支付他承担的那一半房屋按揭款项。)他们定期拜访的朋友很少,其中包括曼加纳罗(Jim Manganaro)、布劳德夫妇,当然还有博雷尔夫妇,这是他们多年来一直拜访的朋友。他们的日常生活发生了一些改变,但是没有别人想象的那么大,占据主要地位的仍然是赚钱谋生和照顾约翰尼这两个基本需求。艾利西亚每天坐火车去纽瓦克,纳什已经不再开车,乘"丁奇号"小电车进城,在高等研究院吃午饭,下午去图书馆,难得也会去他的新办公室。如果约翰尼不是在医院或路上,他常常将约翰尼带在身边。

生活重新开始,不过,在纳什过去做梦的日子里,时间却没有停滞不前。就像温克尔(Rip Van Winkle)、奥德赛(Odysseus)和难以计数的虚构的空间旅行者一样,他一觉醒来,发现自己抛在脑后的世界在他不在的时候已经向前发展。昔日出类拔萃的青年现在陆续退休,或者快要离开人世。孩子们则步入中年,那个身材苗条的美人、他的妻子,现在是年届六旬的成熟妇人。至于他自己,70岁生日很快就要到来。

有时候他觉得自己侥幸没有随着时间流逝而日益衰老,相信自己可以重拾当初抛在一边的工作。他觉得自己就像"一个拖到六七十岁再从事他本该在三四十岁进行的研究"的人!在诺贝尔奖得主自传中,他写道:

> 从统计学看来,没有任何一个已经66岁的数学家或科学家能通过持续的研究工作,在他或她以前的成就基础上更进一步。但是,我仍然继续努力尝试。由于出现了长达25年的部分不真实的思维,相当于提供了某种假期,我的情况可能并不符合常规。因此,我希望通过目前的研究或以后出现的任何新鲜想法,取得一些有价值的成果。

不过,很多时候纳什不能工作。有一次,他告诉库恩说:"那个幽灵只在很晚的时候出现,在晚上6点之后,因为即便是一个幽灵,也会有普通人的问题,需要去看医生。"在另外一些时候,他会在自己的计算中发现一个错误,或是知道一个大有前途的想法其实已经被别人探讨过了,再不就是听说了一些新的实验数据,使他的一些猜测显得不那么有意义。

在这样的日子里,他满怀悲伤遗憾之情,诺贝尔奖不能恢复他已经失去的某些东西。在纳什看来,人生的基本乐趣来自富有创造性的工作,而不是与别人的亲密关系。因此,对他过去的成就进行表彰虽然带来了一种慰藉,却也让人突然充分意识到他现在究竟有能力做什么的令人苦恼的问题。正如纳什在1995年指出的那样,在长期患精神疾病后获得诺贝尔奖,并不能给人留下深刻印象;真正引人注目的,是"在患精神疾病一段时间之后仍有高度思考能力(而不仅仅是在社会上值得高度尊敬)的人们"。

纳什在一群精神病医生面前对自己的情况作了最直截了当的描述。1996年马德里演讲结束之前,他在回答一个提问时说:"要在丧失理性之后恢复理性,恢复正常生活,是一件了不起的事情!"不过,他接着停顿了一下,向后退了一步,然后用一种更加坚定、更加确信的语气说:"但是,这样的事情也许并不存在。假设你见到一个画家是有理性的,但假设他不能画画,却可以保持举止正常,这是不是一种真正的治愈呢?是不是一种真正的解救呢?……我并不认为自己可以作为一个很好的康复者例子,除非我能做出某项出色的工作,"他又用一种忧愁的耳语一般的声音补充说,"虽然我已经很老了。"

1995年,普林斯顿大学出版社提出向他支付3万美元,打算出版他的选集,纳什没有答应,当时他的心里就充满了上述想法。"从心理学角度上看,自从我很不幸地长时间没有发表东西以来,我就是有问题的。"他对库恩说。简言之,他不愿意因承认自己这一生的杰作已经完成而将日后的研究成果排斥在外。

正如纳什所说的那样:"我不想仅仅由于希望将自己看作一个(像他们所说的那样)仍然积极投身研究、并非躺在自己荣誉上面睡觉的数学家,而且假设自己确实能行,就出版一套论文选集。我当然也知道,如果选集不在现在出版,也有望在以后能增添一些出色的新成果的时候出版。"但是,当他怀有这些想法的时候,他跟自己同龄人中的佼佼者没有什么不同。他们同样不得不将要面对或者已经面对再也不可能取得过去那种成果的前景。有些人一直比其他人更加积极,然而,岁月催人老毕竟是人生的一大严酷现实,而且这一点对数学家来说显得更加紧迫。对于他们当中的大多数人而言,数学是一种年轻人的游戏。

经过长达近30年的中断之后重新开始研究工作,需要非同寻常的勇气,然而这确实就是纳什所做的事情。正如他在马德里对听众所说的那样,"我再次投身于科学研究,努力避免例行公事,相反,我正在'戏水'。"

自从纳什与爱因斯坦会面那一时刻起,他就一直在思考一个有关宇宙的数学理论。在乌普萨拉发表讲话之后,他经历了几次不同的挫折。1995年8月,他说:"我得出了一些结果,证明我在很久以前曾经犯过一个根本性的错误,从而必须重新建立……[这个]理论。"很显然,"在一个奇异积分中漏掉了一些东西,我在考察分布而不是一个质点的问题时,发现了以前被错误地漏掉的那些东西。"接着,他又用独特的客观态度补充说,"这是好事,因为我已经避免出版建立在一些错误基础上的版本。"

他继续描述这个具体的错误:

> 在这个领域有一个不一致的地方……把事情弄糟了。在重新计算后发现……计算中存在一些错误。现在我必须完成这个有关受重力吸引的物质的分布问题的计算,至少应该达到一阶近似的水平。这个水平本身有可能带来一个有趣的[特别的结果]。

纳什对自己在研究过程中遇到的困难的上述评价,清楚地显示出他正在研究的问题具有宏大的规模,他完全没有失去对高风险赌博的兴趣(不管赌的是想法还是股票!),而且他的思维仍然敏锐。即便从统计学看来他取得全新突破的机会很小,就像他自己所说的那样,但是思考问题的欢乐再次回到他的生活里。

不过,真实的情况却是,这个研究并非他目前生活的主要部分。重要的主题一直是重新同家人、朋友和社会建立联系,这已经成为最迫切的任务。过去他曾经害怕依赖别人,也害怕别人依赖他,现在这种恐惧已经消散,他最大的心愿是安于现状,关心需要他的人们。他跟妹妹马莎疏远了差不多25年,如今每星期通一次电话。当然了,最令人关切的还是约翰尼,这是永远不会改变的。

叫街上那个女人打电话叫警察的,正是纳什。约翰尼一直住在家里,有一段时间一切正常,可是不久他就开始戴上一顶纸做的皇冠。一天下午,他想要一点钱,因为他相信自己是个统治者,应该可以从名为"统治者银行"的银行取钱。但是,这家银行门前的自动柜员机不打算吐出一分半厘的现金,实际上它也不打算退回他的银行卡。约翰尼深感恼火和不悦,打电话给在"统治者银行"那里设有账户的母亲,要她赶到自动柜员机这里与他会合,将他的卡从机器那里弄出来。艾利西亚把这件事告诉了纳什,他坚持同她一起去。这对夫妇尝试将约翰尼的卡拔出来,却只是白费劲。他们还尝试安慰约翰尼,却没有成功。此时,他们的儿子大发雷霆,抄起一根大木棒,先是捅向他的母亲,然后是父亲。街道对面的一些旁观者看见这个年轻人正在威胁两个老人,不由停住了脚步。纳什向其中一个人大声呼喊,要求立即报警。一辆警车开了过来,警察抓住他们早已熟悉的约翰尼,将他送回特伦顿州立医院。

当约翰尼的父母亲从斯德哥尔摩方面得知获得诺贝尔奖的消息时,他正在医院里。纳什和艾利西亚首先给他打电话。他认为他们正在捉弄他,这只是一个玩笑,于是挂断了电话。后来,他在有线电视新闻网的新闻中看见了父亲的面孔。

有关约翰尼未来前途的话题特别令人痛苦。纳什非常实事求是地谈到这件事,艾利西亚看上去满怀悲伤,什么也没有说,只是深深地蜷缩在她坐的椅子里,闭上了眼睛。最后,她突然迸出一句话:"他只是想适应他的生活。"

约翰尼在20出头时曾经踏上了充满希望的道路,现在这一切已经烟消云散。无论是不是由于教学的压力、社交孤立,或者病情缓和的过程就是这样,在马歇尔大学度过的那一年完全是一场灾难。他回家了,而且从此再也没有工作。"当然,我一直就是一个坏榜样。"纳什承认说。

纳什说,约翰尼想找一份工作,但是他认为自己可以在一所大学的数学系得到一份工作。他一直四处写信,自我介绍说是一位诺贝尔奖得主的儿子,现在希望得到一份工作。现在,纳什告诉库恩夫妇说,约翰尼只要不在医院,就不肯吃药。艾利西亚补充说:"他会去医院,会好转,但是等他回到家,就不想吃药了。"接着他就会再次发病,听见奇怪的声音,出现幻觉,被再次关进医院,然后情况再次好转,一切又从头开始。看护约翰尼是纳什目前生活中的主要工作。除了约翰尼"在路上",乘坐灰狗巴士漫游全国的时候,纳什就是他的看护人。纳什确信照顾儿子是他的责任。纳什在一个场合说过:"我出现幻觉的时间是在过去,但是我儿子出现的幻觉发生在现在。"每天早上,他们在艾利西亚上班之后一起起床,中午一起吃午饭。纳什带他去图书馆,去研究院,去范氏大楼。星期一的晚上,他们一起参加家庭治疗。纳什试图让儿子对电脑发生兴趣,同他一起玩电脑国际象棋。他说过:"电脑最终可以成为一种很好的职业疗法(就像我在特罗特的帮助下熟悉电脑使用方法,从这种职业疗法中获益匪浅那样)。"

约翰尼已经38岁了。他和父亲一样高大、英俊,而且一样喜欢数学和国际象棋。但是约翰尼在人生的大部分时间都受到疾病困扰,患病至今已有四分之一个世纪。人们用最新发明的药物给他治疗,如氯氮平、利培酮以及刚刚出现的奥氮平,这些药物最多只能使他不必住院,却无法使他获得新生。在他看来,时间似乎已经停止。他不再参加国际象棋比赛,而这曾经是他最大的乐趣;也不再读书,说已经有很长时间不能这样做了。他经常生气,偶尔变得非常暴戾。

同约翰尼一起生活,使纳什和艾利西亚承受着一种沉重压力,纳什将它形容为"使人心慌意乱",近乎"虐待",并常常由于想到"退化的倾向和危险"而心事重重。即便在约翰尼乘坐灰狗巴士漫游全国的时候,这种困扰也不会改变。情况常常就是这样。比方说,艾利西亚跟纳什一起去"橄榄树花园"庆祝纳什的生日,约翰尼打电话来说丢失了提款卡,身上没有一分钱,于是这个晚上他们就会忙于将钱电汇给他。"我们已经无计可施,"艾利西亚最近说,"你这样努力地尝试……然而他却失去了理智。父亲的诺贝尔奖对约翰尼毫无帮助。"

约翰尼一方面使纳什和艾利西亚走到一起,另一方面又将他们分开,深刻的矛盾确实存在。当约翰尼破坏屋里的东西、攻击他们,或是当众做出不正当的举止,他们就会相互指责说对方应该为儿子的行为负责。纳什觉得艾利西亚希望他扮演一个凶恶的坏警察,而由她来扮演温柔的角色,但是,他不喜欢安排给他的那个角色。不过,他们毕竟相互依赖,于是他们就每天谁应该做什么及什么时候应该将儿子关进医院达成一致。纳什比较倾向于认为约翰尼应该为自己的疾病负责,有时候他显得相当冷酷无情,曾经不止一次对库恩或其他人说像约翰尼这样的人应该被关进监狱,或者说是他自己选择变成现在的样子:"我不会认为我的儿子……完完全全是一个受害者,在一定程度上,他就是选择逃避这个'世界'。"

尽管他有时显得这样冷漠,真实的情况却是只要纳什认为一种新药、一种新疗法或是他想到一个主意——比如教约翰尼怎样在电脑上下国际象棋——对约翰尼会有所帮助,他就会流露出希望和欢乐的情绪。当他的朋友迪克西邀请他去吃晚饭,他马上就问可不可以带上约翰尼。

在迪克西的家里,约翰尼拿出一副国际象棋,父子两人坐下来开始对弈。纳什的水平"中等偏下",有一次,他要收回一着坏棋,约翰尼让他这样做了,接着他又要收回另一着坏棋。

"爸爸,如果你继续这样悔棋,你就会赢了。"约翰尼说。

"可是当我跟电脑对弈的时候,我总是可以悔棋的。"纳什说。

"可是，爸爸，"约翰尼抗议了，"我不是一台电脑，我是一个**人**！"

需要去药房给约翰尼买药的时候，纳什会陪同艾利西亚一起去。约翰尼有时也会报名参加一个门诊病人的治疗计划，到了家庭招待日那天，纳什总是准时出席。艾利西亚将这一切看在眼里，体会到他是支持自己的，她觉得自己已经不能没有他。

婚姻毫无疑问是人类关系中最神秘莫测的一种。表面看来肤浅的情感，可以变得惊人地深挚绵长，纳什和艾利西亚间的关系就是这样。回顾往事，人们就会觉得这两人的结合并非偶然，他们确实都需要对方。艾利西亚虽然意志坚定、讲究实际，而且独立自主，但是，少女一般的爱恋，在经历过幻想破灭、艰难困苦和种种令人失望的事情之后，却始终没有消失。她带纳什逛街买衣服，每当他出门在外，她就会感到烦躁不安，担心他会被恐怖分子绑架、由于飞机失事而丧生或是他把自己弄得精疲力竭。他的脚踝因为扭伤而肿起，她立即从一个晚餐聚会起身离开，陪伴在他身边，在急诊室门外整整坐了四个小时。更能流露心迹的插曲可能是，她看着他身穿泳裤站在加利福尼亚一个游泳池旁边的旧照片，吃吃一笑，说："他的双腿是不是很漂亮？"

与此同时，他则跟随她的作息节奏。纳什虽然性格顽固、沉默寡言，以自我为中心，吝惜他的时间（和金钱），却从来没有不先征求艾利西亚的意见就去做什么事情。他顺从她的愿望，努力帮助她，不管是刷洗碗碟、在银行解决一个问题或是同她一起参加每个星期一晚上的家庭疗法。他忠实地向她报告每天发生了什么事情、遇见了谁、演讲的内容是什么、中午吃了什么午饭。虽然他们也会为金钱、家务劳动、约翰尼和社交应酬的问题而争论，可是他已经下定决心，要使她的生活变得轻松一些、快乐一些。

纳什努力变得更加敏感和顺从。他带着自我批评的语气说："我知道我有社交缺点,而且会在她说话的时候,由于已经预计到后面她要说什么就打断她,开始说另外一件事,好像她所说的事情完全不值一提,使她非常生气。"他用某种幽默感接受了这样一个事实:他的天才没有让他在所有问题上成为权威。当需要重新筹划他们的按揭事宜,或者选择用煤气还是石油作为取暖能源时,他就会语调幽默地抱怨说,艾利西亚根本没有真的把他看作一个"经济学大师……就算得到诺贝尔奖也不管用"。

当然,他确实经常伤害她,这一点他自己也知道,并且设法改正。这里有一个典型的交流的例子:在博雷尔夫妇家里举办的晚餐聚会中,艾利西亚向聚集一堂的朋友们宣布说,他们的儿子得到墨西哥一所小型学院的一个临时职位,将在那里教授数学。纳什作出了一个冷酷无情的举动,"是啊,"他说,"我儿子现在住在阿肯色州的一所精神病院,但是他却得到了一份工作!"他觉得把这两件事放在一起实在是荒谬可笑。艾利西亚认为这太过分了。"你对约翰尼应该公道一些。"她反击说。纳什一言不发,不过,当天晚上他确实想了一些办法弥补自己的错误。他在博雷尔家书架上的藏书中找到一些墨西哥地图,带着这份求和礼物来到艾利西亚身边。在一个有关怀尔斯对费马大定理的成功证明的谈话中,他抓住机会,指出约翰尼在研究生院期间曾经做过一些"经典的"数论研究。约翰尼曾经发表"一个正确的结果和一个不正确的结果,但是正确的一个具有突破的性质",他对其他客人说。艾利西亚的回应就是留心他的讲话,领会他的良苦用心。

他们婚姻关系的复苏,大部分出现在获得诺贝尔奖之后。现在他俩心中出现了一种回报感,重新得到同行尊重看来使纳什觉得更有力量帮助自己生命中的重要人物,也让这些人亲近他。他意识到自己可以给予别人更多帮助,而对艾利西亚更是如此,这变成一种心理强化的过程。有一次,在获得诺贝尔奖之前,艾利西亚说纳什是她的"房客",他们住在一起实际上就像同一屋檐下的两个关系疏远的人,现在他们甚至开始谈论复婚的事情，尽管他们也许就像纳什过去坚持"理性"一样，认为这个想法不切实际而放弃了。他们和其他老年爱侣一样顾虑到随之而来的税务和社会保障的罚金，不过，一张证书并不重要，现在他们再度成为一对真正的伴侣。

约翰·戴维采取主动，结束长达20年的父子疏远关系。他首先给纳什寄去了1993年6月出版的《波士顿环球报》的一份剪报，上面是一篇推测纳什有多大机会获得诺贝尔奖的专栏文章。他寄这份剪报时没有署名，可是纳什立即猜到是谁。他不知道应该怎样看待约翰·戴维的这个举动，是嘲笑呢还是友好的提示。他告诉库恩，那信封上的地址写法似乎暗含嘲笑的意味。不过，在接下来的2月，即他从斯德哥尔摩凯旋之后又过了两个月，纳什登上一辆前往波士顿的汽车，去那里与大儿子共度周末，重温父子之情。

这样一次会面，由于抱有将悲伤往事抛在身后的愿望，注定会是苦乐参半，不仅勾起了许许多多痛苦的回忆、令人失望的往事和种种误解，同时也唤醒了更加快乐的感觉。这两个男人终于见面时，约翰·戴维已经不再是纳什记忆中那个19岁的阿默斯特学院历史专业学生，而是一个44岁的男人，年纪差不多就同1972年的纳什一样，当时他们最后一次见到对方。从体形上看，他简直就是父亲的翻版，给人留下深刻印象的身材、宽阔的肩膀、明亮的眼睛、英国佬性情和轮廓清晰的鼻梁，全是从纳什那里得来的。不过，在所作的人生抉择方面，在助人为乐的性格方面，他毫无疑问带有母亲的印记。约翰·戴维一直住在波士顿，一直没有结婚，一心希望成为一个注册护士。当时，他曾经想过读研究生，以便取得护理专业的一个高级学位。

他们相互做伴的两天，是他们一次相处的最长时间，他们的谈话只是偶尔触及个人问题，实际上，他们几乎一直同别人在一起。对于纳什而言，让别人确认这种和好是很重要的。他们坐在一起，翻看跟埃莉诺一起拍摄的旧照片，和纳什的"第一个家庭"最亲密的朋友马图克一起吃饭，到麻省理工学院的人工智能实验室拜访明斯基。有一次，纳什从约翰·戴维的公寓给马莎打电话，还把儿子叫来接听。

当父亲和儿子终于进入个人领域的时候，纳什跟平时一样满怀好意。他希望儿子知道自己在父亲的心目中是多么重要，想与他分享自己最近得到的好运气，想给他一些父亲式的建议。纳什受到爱和责任感的驱使，告诉约翰·戴维，他将和弟弟平分自己的产业，他还邀请儿子陪同去柏林参加一个研讨会，所有这些都出于好意。不过，就像在纳什一生中的其他关系里一样，他的用心并不总能找到相应的倾诉方式而完满地表达出来，即便他想跟儿子亲近一些，所说的话、所做的事却只能被理解为冷漠和疏远。他没有想过隐瞒自己的失望情绪，他批评儿子的外表，说他胖（其实他一点儿也不胖）。他批评儿子选择的职业，认为他应该追求高于护理专业的工作，并敦促他去医学院深造，不要把目标设定在护理专业硕士。他强烈地暗示约翰·戴维最好能帮助照顾弟弟，却又说什么让约翰尼跟在一个"不那么聪明的哥哥"身边会有好处而激怒了他。最后，他说希望约翰·戴维改名为纳什，这个建议本来是要显示自己心地高尚，而实际上却令对方伤心，因为这表明他希望约翰·戴维忘记过去的一切。埃莉诺当然也会感到非常伤心。

几个月后，纳什确实带约翰·戴维一起去柏林。他们初次团聚的紧张关系再度浮出水面，纳什毫无愧色地责备儿子虚度光阴，在儿子想读书的时候叫他关灯，不让他点饭后甜品，叫他不要吃黄油面包。不过，即便是这样，在纳什发表演讲的时候，约翰·戴维仍然觉得非常自豪。纳什也写信告诉库恩："柏林真是一次了不起的经历……我的儿子喜欢这次旅行。"

诺贝尔奖得奖过程终将过去，虽然有了这个无与伦比的荣誉，生活仍然要继续下去,而不会停留在童话一般的斯德哥尔摩庆典上。与其他得奖者相比,纳什的未来显得更加不确定。没有人知道他的病情缓和是不是永久性的,一些人会在多年全无症状之后再度发病,目前的现状是非常珍贵的。

与"六角棋"不同,现实生活的发展过程不是由第一步或者第五十步就可以预先确定的。这个美国天才的奇特历程,这个令人惊讶的人的奇特历程仍在继续。自我贬低的幽默感表明了他有一种更加明确的自我意识;跟朋友们推心置腹地谈论伤心、快乐和依恋,显示了他的一系列更加广泛的情感体验;每天努力给予别人他们应得的东西,而且对他们向他提要求的权利表示认可,说明他已经不再像青年时代那样冷漠而傲慢了。纳什性格中最大的特征是思想与感情分离,不仅出现在他发病的时候,也出现在那之前,这在现在看来非常明显。确实,哪怕在语言上稍有欠缺,纳什也已经获得新生,思想与感情更加密切地联系在一起,获得与给予是他生活最主要的部分,人际关系也更加和谐。他也许没有以前那么聪慧过人,也许再也不能取得另外一个重大突破,但是他已经比过去好了很多很多。他是"一个非常出色的人",艾利西亚有一次这样描述。

现在,我们就要离开本书的主人公了。他也许正步履匆匆地穿过艾森哈特门,直奔范氏大楼……或者正坐在起居室的沙发上,与艾利西亚一起观看大屏幕电视上播映的"无名博士"节目……或者正在与约翰尼下棋,即将输掉这一局……或者正在打一个长达105分钟的电话,安慰沙普利,因为他的妻子去世了……或者在库恩问他去比萨演讲的发言稿准备好没有时,像顽童一般做个鬼脸……或者带着他的午饭盒坐在高等研究院数学部的书桌旁,刚刚读完卡林顿(Carrington)情书的邦别里正在为书信艺术失传而惋惜,而他在一边点头表示同意……或者,在听过一个天文学讲座之后,他现在正透过一架望远镜观察夜空里微微闪光的某一颗遥远的星星……

主要文献

Bell, E.T. *Men of Mathematics.* New York: Simon & Schuster, 1986.

Blaug, Mark. *Great Economists Since Keynes.* Totowa, N.J.: Barnes & Noble Books, 1985.

Bleuler, Manfred. *The Schizophrenic Disorders: Long-Term Patient and Family Studies.* New Haven: Yale University Press, 1978.

Boehm, George W. "The New Uses of the Abstract." *Fortune* (July 1958).

Brian, Denis. *Einstein: A Life.* New York: John Wiley & Sons, 1996.

Buchwald, Art. *I'll Always Have Paris.* New York: G.P. Putnam & Sons, 1996.

A Century of Mathematics in America. Providence, R.I.: American Mathematical Society, 1988.

Chaplin, Virginia. "Princeton and Mathematics." *Princeton Alumni Weekly* (May 9, 1958).

Chronicle of the Twentieth Century. Mt.Kisco, N.Y.: Chronicle Publications, 1987.

Community of Scholars: Institute for Advanced Study Faculty and Members, 1930—1980, A. Princeton: Institute for Advanced Study, 1980.

Davies, John D. "The Curious History of Physics at Princeton." *Princeton Alumni Weekly* (October 2, 1973).

Davison, Peter. *The Fading Smile: Poets in Boston from Robert Frost to Robert Lowell to Sylvia Plath, 1955—1960.* New York: Knopf, 1994.

Diagnostic and Statistical Manual for Mental Disorders, 3rd ed. Washington, D.C., American Psychiatric Association, 1987.

Dixit, Avinash K., and Barry J. Nalebuff. *Thinking Strategically.* New York: W.W. Norton, 1991.

Dixit, Avinash, and Susan Skeath. *Games of Strategy.* New York: W.W.Norton, 1997.

Eatwell, John, Murray Milgate, and Peter Newman, eds. *The New Palgrave: Game Theory.* New York: W.W. Norton, 1989.

Ewing, John H., ed. *A Century of Mathematics.* Washington, D.C.: The Mathematical Association of America, 1994.

Gardner, Howard. *Creating Minds.* New York: Basic Books, 1993.

Gardner, Martin. *Mathematical Puzzles and Diversions.* New York: Simon &

Schuster, 1959.

Glass, James M. *Delusion*. Chicago: University of Chicago Press, 1985.

Goldstein, Rebecca. *The Mind-Body Problem*. New York: Penguin, 1993.

Gottesman, Irving I. *Schizophrenia Genesis: The Origins of Madness*. New York: W.H. Freeman & Co., 1991.

Grob, Gerald N. *The Mad Among Us*. Cambridge: Harvard University Press, 1994.

Halberstam, David. *The Fifties*. New York: Fawcett Columbine, 1993.

Hale, Nathan G., Jr. *The Rise and Crisis of Psychoanalysis in the United States*. New York: Oxford University Press, 1995.

Halmos, Paul R. "The Legend of John von Neumann." *American Mathematical Monthly*, vol.80 (1973), pp.382—394.

Hardy, G.H. *A Mathematician's Apology*, with foreword by C. P. Snow. Cambridge, U.K.: Cambridge University Press, 1967.

Heilbroner, Robert. *The Worldly Philosophers*. New York: Simon & Schuster, 1992.

Hironaka, Heisuke. "On Nash Blowing Up," *Arithmetic and Geometry* II. Boston: Birkhauser, 1983.

Hollingdale, Stuart. *Makers of Mathematics*. New York: Penguin, 1989.

Ito, Kyosi, ed. *Encyclopedic Dictionary of Mathematics*, vols. I, II, and III, 3rd ed. Mathematical Society of Japan; Cambridge: MIT Press, 1987.

Jamison, Kay Redfield. *Touched with Fire: Manic-Depressive Illness and the Artistic Temperament*. New York: The Free Press, 1993.

"John von Neumann 1903—1957." *Bulletin of the American Mathematical Society* (May 1958).

Kafka, Franz. *The Castle*, with introduction by Irving Howe. New York: Scholastic Books, 1992.

———. *The Metamorphosis*. New York: Shocken Books, 1995.

Kagel, John H., and Alvin E. Roth. *The Handbook of Experimental Economics*. Princeton: Princeton University Press, 1995.

Kanigel, Robert. *The Man Who Knew Infinity: A Life of the Genius Ramanujan*. New York: Pocket Books, 1992.

Kaplan, Fred. *The Wizards of Armageddon*. Stanford: Stanford University Press, 1983.

Keefe, Richard S. E., and Philip D. Harvey. *Understanding Schizophrenia: A Guide to the New Research on Causes and Treatment*. New York: The Free Press, 1994.

Kuhn, Harold W. Introduction, "A Celebration of John F. Nash, Jr.," *Duke*

Mathematical Journal, vol. 81, no.1 (1995), pp.i—v.

———."Nobel Seminar: The Work of John Nash in Game Theory, December 8, 1994," *Les Prix Nobel 1994.* Stockholm: Norstedts Tryckeri, 1995.

Larde, Enrique. *The Crown Prince Rudolf: His Mysterious Life After Mayerling.* Pittsburgh: Dorrance, 1994.

Leonard, Robert J. "From Parlor Games to Social Science: Von Neumann, Morgenstern and the Creation of Game Theory, 1928—1944." *Journal of Economic Literature* (1995).

———. "Reading Cournot, Reading Nash: The Creation and Stabilization of the Nash Equilibrium." *The Economic Journal* (May 1994), pp.492—511.

Lindbeck, Assar. "The Prize in Economic Science in Memory of Alfred Nobel." *Journal of Economic Literature,* vol. 23 (March 1985), pp.37—56.

Lowell, Robert. "Waking in the Blue." *Life Studies and For the Union Dead.* New York: Farrar Straus and Giroux, 1992.

Luce, R. Duncan, and Howard Raiffa. *Games and Decisions.* New York: John Wiley & Sons, 1957.

McDonald, John. "The War of Wits." *Fortune* (March 1951).

Milnor, John. "A Nobel Prize for John Nash." *The Mathematical Intelligencer,* vol.17, no.3 (1995), pp.14—15.

Nash, John Forbes, Jr. "Sag and Tension Calculations for Cable and Wire Spans Using Catenary Formulas"(with John F. Nash, Sr.). *Electrical Engineering* (1945).

———."Equilibrium Points in N-Person Games." *Proceedings of the National Academy of Sciences, USA,* vol. 36 (1950), pp.48—49.

———. *Non-Cooperative Games,* Ph. D. thesis, Princeton University, May 1950.

———. "A Simple Three-Person Poker Game"(with Lloyd S. Shapley). *Annals of Mathematics Study,* vol.24 (1950).

———. "The Bargaining Problem." *Econometrica,* vol.18 (1950), pp.155—162.

———. "Non-Cooperative Games." *Annals of Mathematics,* vol.54 (1951), pp.286—295.

———. "Real Algebraic Manifolds." *Annals of Mathematics,* vol. 56, no.3 (November 1952), pp.405—421.

———. "Some Experimental N-Person Games"(with G.Kalisch, J. W. Milnor, and E. D. Nering). *Decision Processes,* ed. R. M. Thrall, C. H. Coombs, and R. L. Davis. New York: John Wiley & Sons, 1954.

———."Two-Person Cooperative Games." *Econometrica,* vol.21 (1953), pp.405—421.

———."A Comparison of Treatments of a Duopoly Situation"(with J. P. Mayberry and M. Shubik). *Econometrica*, vol.21 (1953), pp.141—154.

——."Higher Dimensional Core Arrays for Machine Memories."RAND Memorandum, D-2495, 7.22.54.

——."LODAR."RAND Memorandum, D-2349, 7.23.54.

——."Continuous Iteration Method for Solution of Differential Games." RAND Memorandum, RM-1326, 8.18.54.

——."Parallel Control."RAND Memorandum, RM-1361, 8.27.54.

——."C^1 Isometric Imbeddings." *Annals of Mathematics*, vol.60, no.3 (November 1954), pp.382—396.

——."Results on Continuation and Uniqueness of Fluid Flow." *Bulletin of the American Mathematical Society*, vol.60 (1954), pp.165—166.

——."A Path Space and the Stiefel-Whitney Classes." *Proceedings of the National Academy of Sciences USA*, vol. 41 (1955), pp.320—321.

——."The Imbedding Problem for Riemannian Manifolds."*Annals of Mathematics*, vol.63, no.1 (January 1956), pp.20—63.

——."Parabolic Equations." *Proceedings of the National Academy of Sciences USA*, vol.43 (1957), pp.754—758.

——."Continuity of Solutions of Parabolic and Elliptic Equations."*American Journal of Mathematics*, vol. 80 (1958), pp.931—958.

——."Le probleme de Cauchy pour les equations differentielles d'un fluide general." *Bull. Soc. Math., France*, vol. 90 (1962), pp.487—497.

——."Analyticity of Solutions of Implicit Function Problems with Analytic Data." *Annals of Mathematics*, vol. 84 (1966), pp.345—355.

——."Arc Structure of Singularities." *Duke Mathematical Journal*, vol.81, no.1 (1996), pp.31—38.

——.Autobiographical essay, *Les Prix Nobel 1994*. Stockholm: Norstedts Tryckeri, 1995.

——.Plenary lecture, World Congress of Psychiatry, Madrid, 8.26.96 (unpublished).

Nicholi, Armand M., Jr. *The New Harvard Guide to Psychiatry*. Cambridge: The Belknap Press of Harvard University, 1988.

"Norbert Wiener 1894—1964." *Bulletin of the American Mathematical Society*, vol. 72, no.1, part ii (1964).

Poundstone, William. *Prisoners' Dilemma*. New York: Doubleday, 1992.

Regis, Ed. *Who Got Einstein's Office?* Reading, Mass.: Addison-Wesley, 1987.

Reid, Constance. *Courant in G-ttingen and New York*. New York: Springer Verlag, 1976.

Rota, Gian-Carlo. *Indiscrete Thoughts*. Boston: Birkhauser, 1997.

Sass, Louis A. *Madness and Modernism*. New York: Basic Books, 1992.

Schelling, Thomas C. *The Strategy of Conflict*. Cambridge: Harvard University Press, 1960.

Storr, Anthony. Solitude: *A Return to the Self*. New York: Ballantine Books, 1988.

——. *The Dynamics of Creation*. New York: Atheneum, 1972.

Torrey, E. Fuller. *Surviving Schizophrenia*: A Family Manual. New York: Harper & Row, 1988.

Trimble, Michael R. *Biological Psychiatry*. New York: John Wiley & Sons, 1996.

Ulam, Stanislaw. *Adventures of a Mathematician*. New York: Scribner, 1983.

U.S. House of Representatives. *Hearings*. Committee on Un-American Activities, April 22 and 23, 1953.

von Neumann, John, and Oskar Morgenstern. *Theory of Games and Economic Behavior*. Princeton: Princeton University Press, 1944, 1947, 1953.

Williams, John. *The Compleat Strategyst*. New York: McGraw Hill, 1954.

Winokur, George, and Ming Tsuang. *The Natural History of Mania, Depression and Schizophrenia*. Washington, D.C.: American Psychiatric Press, 1996.

Zuckerman, Harriet. *Scientific Elite*: Nobel Laureates in the United States. London: The Free Press, 1977.

致 谢

许多人为这本书的出版作出了贡献。首先两位,是与我有25年交情的朋友特伦佩尔(Ellen Tremper),他鼓励我并在每一阶段给我以无私的帮助;以及库恩,他对事业的热忱,对纳什和数学界的熟悉,是我写作的指导和灵感的源泉。他们的贡献无与伦比。

我深深地受惠于艾利西亚·拉德·纳什、马莎·纳什·莱格,没有她们的支持,我不可能开始这本传记的写作,更谈不上完成它。我也衷心感谢约翰·戴维·斯蒂尔、埃莉诺·斯蒂尔、约翰·查尔斯·马丁·纳什的合作。

感谢我的编辑梅休(Alice Mayhew),以及我的经纪人罗宾斯(Kathy Robbins),他们发挥了难以取代的作用。

感谢森和格里菲思(Phillip Griffiths),他们让我以院长访客的身份在普林斯顿高等研究院进行为期一年的关键性采访调查;罗塔让我在麻省理工学院数学系进行稍短但同样重要的访问;阿特伯里(Vivien Arterberry)为我安排了在兰德公司收获巨大的一个星期的访问。

《纽约时报》的莱利维尔德(Joseph Lelyveld)、贝尔(Soma Golden Behr)、克拉蒙(Glenn Kramon),慷慨地给予我假期和热情的帮助。

《纽约时报》的同事弗朗茨(Doug Frantz)和《财富》的同事诺顿(Rob Norton),在每一阶段都给了我珍贵的建议和鼓励。

迪克西特、库恩、迈尔森、鲁宾斯坦、罗伯特·威尔逊耐心地与我分享他们关于博弈论的洞识和看法,他们是不可多得的咨询者。

斯潘塞、库恩、赫尔曼德、迈克尔·阿廷、约瑟夫·科恩、米尔诺、尼伦伯格、莫泽努力协助我清晰而又精确地表述纳什对纯粹数学的独创性贡献。

麦克唐纳、庞德斯通、卡普兰(Fred Kaplan)和哈伯斯塔姆(David Halberstam)提供了纳什在兰德工作时的背景材料。里吉斯(Ed Regis)对普林斯顿高等研究院历史的生动描述,以及戈尔茨坦(Rebecca Goldstein)出色的小说《身心问题》给我的帮助也同样珍贵。

怀亚特(Richard Jed Wyatt)指导我阅读大量艰深的关于精神分裂症的文献。萨斯、施托尔、冈德森、肯德勒(Kenneth Kendler)、戈特斯曼、基夫、格拉斯、贾米森(Kay Redfield Jamison)、托里(E.Fuller Torrey)杰出的工作不但为我提供了重要的资料,还提供了写作的灵感。特别感谢国家精神分裂症和抑郁症研究组织的创始人利伯夫妇(Connie and Steve Lieber),感谢他们对这个项目的兴趣。

心理学家霍华德、布伦纳、加伯和鲍梅克,提供了纳什接受治疗的机构的第一手描述并介绍了神秘的临床心理疗法。

韦布尔、诺贝尔经济学奖委员会和瑞典科学院的其他成员在我访问斯德哥尔摩期间极其热情好客,并且帮我解译"ne plus ultra"荣誉赠予的高深程序。社会学家朱克曼(Harriet Zuckerman)对诺贝尔奖桂冠学者的划时代研究*,成为我极好的导引。

无尽的感谢给予数百人——那些为我提供素材的数学家、经济学家、物理学家、心理学家和其他认识纳什的人。他们贡献的每一个片段,无论如何微小,都使本书生色不少,而且都值得珍藏。除了以上所提及的人以外,我还要特别感谢萨缪尔森、马图克、保罗·科恩、奥黛特·拉德、托马斯(Dorothy Thomas)、拉克斯、莫拉韦茨、纽曼、瓦斯克斯、贝斯特、穆尔、博雷尔夫妇、齐波拉·莱温松、诺伊维尔特、布劳德夫妇,以及弗拉托、丹斯金、艾玛·杜坎恩和乔伊丝·戴维斯。

卡内基梅隆大学、普林斯顿大学、麻省理工学院、哈佛大学、普林斯顿

---

* [美]哈里特·朱克曼著《科学界的精英——美国的诺贝尔奖金获得者》,周叶谦、冯世则译,商务印书馆,1979年。——译者

高等研究院、洛克菲勒档案管理中心、麦克莱恩医院、瑞士国家档案管理局和美国国家档案局的档案管理人与图书管理员，提供了重要材料和专业指导。特别感谢高等研究院的黑斯廷斯（Arlen Hastings）、甘古利（Momota Ganguli）和汉森（Elise Hansen），他们使我在高等研究院收获良多。还有沃尔夫（Richard Wolfe），感谢他与我分享对剑桥学术界的认识。

特伦佩尔、奥布赖恩（Geoffrey O'Brien）、库恩、迪克西特、赫尔曼德、莫泽、迈克尔·阿廷、斯潘塞、怀亚特和诺顿审阅了大量的手稿。他们的辛劳清除了我的一些错误，改进了文稿，还加入重要的新见解。剩下所有的错误，当然，都是我个人的责任。

我的丈夫麦克劳德（Darryl McLeod）与孩子克拉拉（Clara）、莉莉（Lily）和杰克（Jack），不仅伴随这本书稿和它的非常忙碌的作者长达三年，而且在交稿期限日近、我焦头烂额之际在周围的图书馆帮忙进行电脑输入。我深深感谢他们的挚爱和忍耐。

校译后记

爱是无法抗拒的

我喜欢美国记者娜萨关于1994年诺贝尔经济学奖得主纳什的传记著作《美丽心灵》。事实上，在娜萨的著作问世以前，我已经在我国的《读书》杂志上发表过介绍纳什的动人故事的文章《桂冠学者，爱心玉成》，很得一些读者的鼓励。纳什是一个富有色彩、毛病许多但是对人类思想作出重大贡献的天才学者，特别还是一个既不幸而又万幸的学者。纳什是在美国普林斯顿大学取得数学专业的博士学位的，正是他的为非合作博弈论奠定基础的学位论文，导致他在40多年以后获得诺贝尔经济学奖。

我喜欢博弈论，前后曾经在普林斯顿大学度过两年多时间，邀请人都是纳什的挚友库恩教授。出于这样的背景，我自然关心纳什的故事。我一向认为，学问故事和学者故事，常常可以给读者超乎具体学术的浸润和启迪。其他学问和学者故事是这样，围绕纳什的学问和学者故事，就更是这样。

所以，当潘涛博士看到我和尔山在上海《书城》杂志发表的介绍该书的文章《普林斯顿的幽灵》以后，代表购得该书中文版权的上海科技教育出版社，来函商请我主持该书的翻译工作时，我欣然答应说"我非常喜欢这本书，将非常乐意承担主持翻译的工作"，并且作为一个热爱纳什故事的有普林斯顿经历的博弈论教师，坦言自己"是最合适的人选"。具体翻译工作是尔山做的，我主要给她把关。

关于本书人物姓名的翻译，有必要作简要的说明。按照上海科技教育出版社的"译稿体例要求"，"西文姓名只译姓"。但是本书的很大分量是纳什的家庭故事和家族故事，一共出现十几个"姓"纳什的人物。所以我们有时候必须把"名"也翻译出来，以便区分。另外，围绕纳什夫妇的许多人物，也是一对一对出场，典型的情况是：教授是本书传主纳什的同事，夫人是纳什夫人艾利西亚·拉德·纳什的朋友，于是这对教授夫妇也不能只以姓氏出现。由于传记类书籍的这个特点，我们只好在出版社的"体例要求"下面变通一下，依具体情况作不同处理。这样，既有艾利西亚·拉德·纳什，又有艾利西亚·纳什，还有只称名的艾利西亚。既然家庭类型的人物姓名这样翻译，其余人等原则上也就享受同等"待遇"，以求体例统一。不知读者诸君是否认同这样的处理。

我们还严格按照出版社开始时一再坚持的要求，十分认真地翻译了这部传记著作的主要名词索引和全部注释，并且按照汉语拼音字母的顺序重新排列，以利中文读者稽查和追踪。绝大部分注释是说明每一件事、每一句话的出处。典型的是"1995年12月14日在麻省剑桥采访哈佛大学数学教授 George W. Mackey"，或者是"参看 Havelock Ellis, *A Study of British Genius* (Boston: Houghton Miflin, 1926)"。如果排起版来，索引和注释会占据上百页篇幅。由于本书篇幅巨大，为避免本书价格"厚重"得令许多读者不敢问津，出版社只得"忍痛割爱"，舍去索引和注释。

在翻译工作结束的时候，我们对中山大学数学学院院长朱熹平教授的帮助表示感谢，他对纳什的数学成就的了解和评论，使我们获益匪浅。骆许蓓同学提供了法语方面的帮助，王欣欣同学和冯琨同学帮助翻译了注释，高志霞同学承担了索引和注释的翻译和重新排列，在此一并表示感谢。有这样出色的学生，我作为一个教师，深以为荣。还要感谢当时在中山大学岭南学院任教的包立德（Alex Brenner）先生热情解答有关美国民俗的几个问题。

我的电子信箱是 lnswzk@mail.sysu.edu.cn,诚挚地欢迎读者和专家的反馈和批评。

王则柯

庚辰年新春识于广州康乐园,甲午年暮春修改

再版后记

爱在风雨飘摇时

根据同名传记改编的影片《美丽心灵》刚刚赢得2002年度金球奖的四个主要奖项,分别是剧情片最佳影片、最佳男主角(拉塞尔·克罗)、最佳女配角(詹妮佛·康纳利)以及最佳剧本(艾奇瓦·戈德斯曼),成为最大赢家。正当影迷们再次开始谈论去年初次加冕的奥斯卡影帝拉塞尔·克罗能不能在今年3月的颁奖典礼成功卫冕,全世界的目光逐渐汇聚一点:传记主人公、1994年诺贝尔经济学奖得主小约翰·福布斯·纳什。

我第一次听说纳什博士的故事,是在父亲为《读书》写的文章《桂冠学者,爱心玉成》。若按杂志文章看,这篇文章很长,但是若按传记看,这篇文章很短,以至于没有给我留下深刻的印象,反倒是再次听见父亲以毫不掩饰的推崇态度提到普林斯顿的名字,加深了我的一个想法,觉得那儿一定是一个宁静和谐的世外桃源。

当时我并不知道,我会在一年后的1999年幸运成为传记《美丽心灵》的译者,该书由上海科技教育出版社出版。

也就是在着手翻译这本传记的时候,我开始了解纳什博士惊心动魄的曲折人生。

旷世天才最孤独

《美丽心灵》无疑是一部深刻细致的传记佳作,否则难以跻身《纽约时报》畅销书榜,最后获得美国书评界传记奖,还是美国最受推崇的普利策奖的人物传记类最后入围作品。

不过，在我看来，一切始于大数学家约翰·米尔诺在《美国数学学会会刊》发表的文章《约翰·纳什与〈美丽心灵〉》。假如我父亲不是美国数学学会会员，看到这本刊物，他未必留意到这本书，也就不会有后来撰文推荐乃至促成引进中文版，帮助我完成翻译的事情了。

实际上，数学是理解纳什的旷世才华的关键。这可以从纳什的朋友那儿得到证明。比如普林斯顿大学经济学系教授阿维纳什·迪克西特，去年秋天我在普林斯顿大学拜访他的时候，他听说我翻译了《美丽心灵》，接下来准备翻译他的一部介绍博弈论及其应用的普及性的著作，马上说："若是你连那样高深的数学都能弄懂，我那本书应该没有问题。"

又比如普林斯顿大学数学系及经济学系教授、纳什最亲密的朋友哈罗德·库恩，当我告诉他，我父亲曾于1981—1983年间蒙他邀请访问普林斯顿大学，在他指导下进行研究工作；就是在那个时候，他提到纳什的故事，还在美丽的普林斯顿大学校园远远指着一个孤独的身影说，那就是纳什。现在，我在父亲的指导下翻译了《美丽心灵》。库恩教授的第一反应就是问："你是不是主修数学或经济学？（否则怎么可能翻译这本书？）"

好一个"否则怎么可能"，我忍不住笑起来，马上联想到纳什的同辈或前辈数学家在将近半个世纪以前陷入的尴尬困境：

> 1954年10月底，当纳什的手稿落在《数学年刊》编辑们的书桌上时，他们几乎看不出这究竟是怎么做出来的。它看上去几乎不像一篇数学论文，跟一本书一样厚，没有用打字机，完全用手写成，而且混乱不堪，运用了工程师们比数学家们更常用的概念和术语……当纳什在芝加哥作有关他的嵌入定理的演讲之际，阿蒙德·博雷尔恰巧是那里的客座教授，仍然记得当时听众们的震惊反应……这个成果如此出人意料，纳什的方法又这样新颖独特，以至于专家们也感到非常棘手，难以理解他究竟做成

了什么事情……国际数学联合会前任主席霍普夫在纽约作了一次有关纳什嵌入定理的讲话……他的讲话通常都是透彻清晰的典范……"现在我们终于可以了解纳什做了什么事情。"……但是,随着讲话进行,我的天哪,霍普夫让他自己给弄糊涂了。他没有办法拼凑一个完整的描述。他被彻底击败了。

库恩教授年近八旬,虽然退休了,其实只是卸下教学工作,仍然活跃在研究领域,继续主持几个项目。不过,在繁忙的工作之余,他对我这个陌生小辈的好奇提问却一直非常耐心,慈爱有加,使我无论如何没敢冒昧问一句:那么——您——当时是不是理解纳什究竟做成了什么事情?

尽管如此,这两次宝贵的访问仍然有助于我理解一件事:纳什作为一个旷世天才可能体会到的孤独。高处不胜寒。没有人知道他做成了什么事情,从他小时候开始就是这样,他不得不面对误解、怀疑、嫉妒和排挤,谁能说这令人烦恼的点点滴滴没有扭曲他的精神,并且最终诱发了可怕的疾病呢?反过来,可以得到他的青睐的人也是寥若晨星。而在这个短小的名单里,一定有他在普林斯顿攻读博士学位期间遇到的本科生约翰·米尔诺。按照《美丽心灵》作者的说法,米尔诺是"普林斯顿大学数学系有史以来最聪慧过人的本科新生":

> 在一年级期间,在塔克讲授的微分几何课上,他得知波兰拓扑学家博苏克的一个尚未证明的猜想,与空间里的一个纽结的曲线的全曲率有关。流传的故事说米尔诺误以为这个猜想是一道家庭作业,无论是不是这样,几天之后米尔诺带着一份书面证明过程来见塔克,他请求:"是否能行行好,帮我指出这个尝试中的瑕疵。我肯定里面有一个瑕疵,可就是找不出来。"塔克仔细研究了这则证明,还给福克斯和陈省身看过,都没发现有什么问题。塔克鼓励米尔诺将他的证明作为一个注记投给《数学年

刊》。几个月后，米尔诺完成一篇精心构思的论文，提出一个阐述纽结曲线曲率的完整的学说，博苏克猜想的证明反倒变成了其中的一个副产品。这篇论文比大部分博士论文都更有价值，于1950年发表在《数学年刊》上。米尔诺在普林斯顿的第二个学期就赢得了帕特南竞赛奖，令整个系乃至纳什都非常惊讶（实际上，他后来还两次在这个竞赛中取胜，并且得到一份哈佛奖学金）。

谁会比一个数学天才更适合评点另一个数学天才呢？实际上，米尔诺在他的评论文章里只用一段话就简洁而精确地概括了纳什走过的曲折道路：

> 小约翰·福布斯·纳什17岁那年与父亲合作发表他的第一篇论文。他在21岁完成的学位论文阐述了清晰而基本的数学思想，在覆盖经济学、政治学和进化生物学的广泛领域引发了一场缓慢的革命。以后9年，在一次令人惊叹的数学活动高潮期，他挑出他在几何和分析领域可以找到的最艰巨也最重要的问题，并且经常可以顺利解决。接着，一次精神崩溃导致以后30个春秋白白浪费，痛苦不堪，其间多次被关进医院，偶尔也能获得自由。不过，最近10年出现了一个明显的复苏，而他也再度回到数学领域。与此同时，人们以各种方式彰显纳什的工作的重要性：冯·诺伊曼奖、计量经济学会会员、美国艺术与科学学院院士、美国科学院院士，直到1994年诺贝尔经济学奖。

再用一段话，他就带过了纳什在数学领域的成果：

> 纯粹数学家在判断数学领域任何一项工作的时候，倾向于以提出的新数学概念和方法或在解决久拖未决的数学难题方面达到的数学深度和广度为基准。从这个角度看，纳什的获（诺贝

尔）奖成果是对广为人知的方法的一种天才的却并不令人惊讶的应用，他后来的数学成果反而更加深厚、更加重要。以后几年，他证明每一个光滑紧致流形都可以实现为一个实代数簇的一叶，证明了与直观完全不同的 C0 等距嵌入定理，引进全新的有力工具来证明更加困难的高维 C∞ 等距嵌入定理，从而大大推动了偏微分方程的存在性、惟一性和连续性的问题的解决。

这是什么意思？我得承认我感到目瞪口呆，进一步理解了另一件事：为什么美丽聪颖、从小梦想成为当代居里夫人的艾利西亚会对纳什一见钟情，将麻省理工学院无数崇拜者抛在脑后，一心一意追求他。

这是因为，纳什可以带来无与伦比的震撼感，那种让你感到不可思议，而自己又是如此渺小无知的震撼感。

爱是一种优势策略

我第一次听说《美丽心灵》即将搬上银幕，是在去年春天。当时的新闻重点放在拉塞尔·克罗身上。当然了，克罗刚在3月凭借《角斗士》获得奥斯卡最佳男主角奖，影迷们很想知道他的下一部影片会是什么。纳什的故事反而成了陪衬，只是一笔带过。

2001年11月25日，影片《美丽心灵》在美国公映，获得一些好评，甚至有人大胆预言本片可以帮助克罗再夺"小金人"。不过，从电影公司发布的资料来看，影片有意离开传记的轨道，带给人们一个并不真实的纳什形象。制作该片的环球公司将它列为"剧情片"，而导演朗·霍华德在接受采访时明确表示，这不是行内所说的"传记片"，换言之，这是一部虚构作品，只不过有些地方约莫暗合纳什博士的生平轨迹而已。

看过传记的读者只要看看剧情梗概，就会发现两者确实存在很大区别。比如，纳什博士为什么会在其风华正茂之年突然罹患称为"精神癌症"的精神分裂症，这个关键问题迄今尚未得到完满解释，影片却通过创造一个来自国防部的情报人员的角色,暗示说纳什博士卷入了情报工作,由于承受不住压力而出现精神崩溃,怀疑到处都是心怀不轨的人。

库恩教授曾说,不要相信那部影片,那不是真实的纳什故事。剧情梗概证明了他的说法。再说,无论剧本是不是忠实于传记,我仍然怀疑,哪怕电影公司多么不惜工本,新科影帝多么努力,这世上有没有人可以真实再现这个曲折的故事。在我看来,影片从将女主角变成女配角的一刻就偏离了方向,因为本书虽是纳什博士的传记,作者却将此书题献纳什博士忠实美丽的妻子艾利西亚·纳什。

为什么?

因为艾利西亚作为一个美丽优雅如温室兰花的无忧无虑的天之娇女(麻省理工学院物理系同一年级仅有的两名女生之一),在新婚不久突然发现丈夫罹患精神分裂症而自己的第一个孩子又要出生之际,没有两手一甩跑回妈妈身边撒娇,而是表现出钢铁一般坚定的意志。正是这种意志支撑她走过丈夫被禁闭治疗,自己孤立无援的日子,走过惟一的宝贝儿子同样被诊断罹患精神分裂症的震惊与哀伤,默默承受;而她的英雄崇拜式的一见钟情也经受住严酷的考验,虽然发病的丈夫坚持要跟她离婚,法院也判决同意他们离婚,她却在他最彷徨无助,就要流落街头的危险时刻收留了他,嘴里说他只不过是"房客",却处处为他着想,从不对他提任何要求,反而主动搬回远离尘嚣的普林斯顿的一所简陋小房子,目的是让丈夫离他熟悉的学术圈子再近一些,希望昔日同窗的探望以及和谐宁静的气氛有助于稳定丈夫的情绪……时光转过漫长的半个世纪,她的无与伦比的忠贞爱情与耐心终于换来同样无与伦比的奇迹:同她的儿子一样,纳什博士渐渐康复,并且获得迟来的荣誉,成为1994年诺贝尔经济学奖得主。

纳什博士的故事如此刻骨铭心,以至于我会独自前往普林斯顿;及至真的到了这个地方,走过书中早已熟悉的拿骚大街、范氏大楼,却又觉得自己来到这里真是难以置信,更没想过要去晋见那一个人。

这是一种什么样的感情?记得一个女孩子在堕入爱河的时候这样回答别人的询问:假如你没有爱过,我没法跟你解释;假如你爱过,我就不必解释。套用这个格式,我大概也可以说,假如你没有读过《美丽心灵》,我没法解释;假如你读过,我就不必解释。

我父亲在同他的朋友钱颖一教授谈起这本传记的时候得到启发,用这样一段话概括纳什博士的曲折经历:

> 数学家把正无穷大和负无穷大视同为一个无穷远点,从而把无限伸延的实数轴结合成一个圆周,获得数学上宝贵的紧致性,即有限可操作性。如果把天才看作正无穷大,那么白痴离负无穷大不会太远。纳什就是这么一个生活在无穷远区域的边沿人。推一推,他就掉下去了,将永远不能回来;拼命拉他,却未必能够把他拉住。现在,他终于回来了,那只能是爱的奇迹。

爱的奇迹。

然后想起艾利西亚以及他们身边的忠实朋友和支持者,正是这些人的热爱换来了纳什康复的奇迹。

也是机缘巧合,虽然我即便去到普林斯顿也没敢有拜访纳什的念头,却在拜访迪克西特教授的时候,发现他正是纳什的朋友之一。

迪克西特教授机敏风趣、平易近人,对我不敢拜访纳什博士的胆怯心情感到惊讶,他说纳什博士其实和其他学者没什么两样,他们两人经常一起参加经济学系的研讨会。当我问他有没有计划访问中国,他立即皱起眉头,夸张地说他受不了长途旅行的折腾,但我后来发现,2000年6月,正是他陪同纳什博士远赴希腊,参加雅典大学授予纳什教授荣誉学位的典礼,并发表满怀敬意的演讲。

而对于我要翻译的著作,迪克西特教授引用英国桂冠诗人丁尼生的诗句：T'is better to have loved and then lost than to have never loved at all.（爱过而后失去总比从未爱过更好。）"换言之，"他写道，"爱是一种优势策略。"

什么是优势策略？简单地说，在一个博弈中，无论对手采取什么策略，你若有几个策略，而其中一个策略可以使你得到比采取其他策略更好的结果，那么这个策略就是你的优势策略。按照迪克西特教授总结的法则，假如你有一个优势策略，请照办。

不知为什么，我看到这里，就想起迪克西特教授的真情演讲，想起纳什博士的传奇故事。

爱的奇迹。

也许纳什的故事就是一个生动例证，表明在人生的漫长博弈当中，无论命运对我们采取什么策略，疾病或其他挫折，献给爱人与朋友的忠贞之爱将使我们得到比采取其他策略——比如抛弃病人或自暴自弃——更好的结果，爱是我们的优势策略。

王尔山

2002年春

图书在版编目(CIP)数据

美丽心灵:纳什传 /(美)西尔维娅·娜萨著;王尔山译;王则柯校. —上海:上海科技教育出版社,2018.7(2024.5重印)

(哲人石丛书:珍藏版)

ISBN 978-7-5428-6744-5

Ⅰ.①美… Ⅱ.①西… ②王… ③王… Ⅲ.①纳什(Nash,John Forbes 1928—2015)—传记 Ⅳ.①K837.126.11

中国版本图书馆CIP数据核字(2018)第117111号

责任编辑	潘 涛 郑晓林 傅 勇 殷晓岚	出版发行	上海科技教育出版社有限公司 (201101 上海市闵行区号景路159弄A座8楼)
封面设计	肖祥德	网 址	www.sste.com www.ewen.co
版式设计	李梦雪	印 刷	常熟市华顺印刷有限公司
		开 本	720×1000 1/16
美丽心灵——纳什传		印 张	36.25
[美] 西尔维娅·娜萨 著		版 次	2018年7月第1版
王尔山 译		印 次	2024年5月第9次印刷
王则柯 校		书 号	ISBN 978-7-5428-6744-5/N·1034
		图 字	09-2016-007号
		定 价	85.00元

A Beautiful Mind:

The Life of Mathematical Genius and Nobel Laureate John Nash

by Sylvia Nasar

Copyright © 1998, 2011 by Sylvia Nasar

Chinese (Simplified Characters) Trade Paperback copyright © 2018 by

Shanghai Scientific & Technological Education Publishing House

Published by arrangement with The Robbins Office, Inc.

Through Bardon-Chinese Media Agency

ALL RIGHTS RESERVED

上海科技教育出版社业经 Bardon-Chinese Media Agency 协助

取得本书中文简体字版版权